“十二五”国家重点图书出版规划项目
亚洲重大地质问题研究系列著作

华北克拉通早前寒武纪地层划分对比及岩浆演化

杨崇辉　杜利林　任留东　宋会侠　万渝生　著

科学出版社
北京

内 容 简 介

本书是在中国地质调查局地质调查项目"中国与亚洲地区关键地层划分与对比研究"部分研究成果的基础上编写而成。对华北克拉通主要的早前寒武纪地层的基本组成、形成时代及变质特征进行了较系统研究和初步总结，提出新的早前寒武纪地层划分、对比方案。对华北克拉通中部早前寒武纪岩浆-构造-热事件进行了研究，厘定新太古代具有~2.7Ga和~2.5Ga两期TTG岩浆和地壳增生活动；发现新太古代晚期岩浆活动具有明显的俯冲-碰撞-造山后伸展的演化时序；总结古元古代期间华北克拉通的地质演化特征，提出~2.1Ga的岩浆活动形成于伸展的构造背景。

本书可供从事区域地质调查和研究的专业人员及相关大专院校师生参考。

图书在版编目(CIP)数据

华北克拉通早前寒武纪地层划分对比及岩浆演化/杨崇辉等著. —北京：科学出版社，2015.6

(亚洲重大地质问题研究系列著作)

"十二五"国家重点图书出版规划项目

ISBN 978-7-03-044551-3

Ⅰ.①华… Ⅱ.①杨… Ⅲ.①前寒武纪地质-地层划分-研究-华北地区 Ⅳ.①P534.1

中国版本图书馆CIP数据核字（2015）第122066号

责任编辑：韦 沁／责任校对：赵桂芬
责任印制：肖 兴／封面设计：王 浩

科学出版社 出版
北京东黄城根北街16号
邮政编码：100717
http://www.sciencep.com

北京通州皇家印刷厂 印刷
科学出版社发行 各地新华书店经销
*
2015年6月第 一 版 开本：787×1092 1/16
2015年6月第一次印刷 印张：18 1/4
字数：433 000

定价：158.00元

(如有印装质量问题，我社负责调换)

《亚洲重大地质问题研究系列著作》编委会

出 版 说 明

根据世界地质图委员会（CGMW）2004 年佛罗伦萨会议决议，在中国地质调查局的全力支持下，从 2005 年到 2012 年，由 CGMW 南亚和东亚分会（挂靠中国地质科学院地质研究所）负责，联合 CGMW 中东分会、北欧亚分会、海底图分会以及亚欧 20 个国家 100 余名地质学家共同编制了世界上第一份海陆地质同时表示的数字化 1∶500 万国际亚洲地质图（IGMA5000）。与此同时，为了解决一些重要地质问题，把编图与专题研究结合起来，我们组织了包括早前寒武纪地质、晚前寒武纪地质、南华系-震旦系、显生宙地层、东亚中生代火山岩、中亚大陆火山岩、花岗岩、蛇绿岩和大地构造等研究项目。《亚洲重大地质问题研究系列著作》就是在这些项目总结报告的基础上撰写的。系列著作各专题从 2012 年起陆续出版。

亚洲是世界上面积最大、地质结构和演化历史最复杂的一个大陆，有许多挑战性和前沿性的问题急需研究。我们期望系列专著随着研究工作的不断扩展和深化而延续，使其成为了解和研究亚洲地质的重要参考。由于中国位于亚洲的中心位置，本系列著作的出版必将有助于深化对中国地质的认识。

任纪舜

2012 年 5 月 10 日

前　　言

地质年代的准确分界是进行前寒武纪区域变质作用研究的重要基础，是正确开展区域地质调查工作的必要保障，其成果对于探讨地壳早期的动力学演化过程具有非常重要的指导意义。先进定年技术的应用使原有地层界限的年代学资料不断完善，促进了新的地质年代表（geological time scale，GTS）和国际地层表（international stratigraphic chart，ISC）的推出，人们对早前寒武纪地层年代的划分已开始更加注重地质本身的证据。Gradstein 等（2004）建议以关键事件（key event）作为地层分界的标志，提出了新的前寒武纪地质年代划分方案，以供2008年国际地质大会讨论。此方案一旦确立，将直接影响到我国区域地质调查和一系列全国性图件的编制。为应对国际上提出的新的前寒武纪年代划分参考方案，结合我们的实际情况开展新太古代和古元古代界限及太古宙与元古宙阶段划分就显得尤为重要。

华北克拉通是我国出露面积最大、不同时代地质体出露最为齐全的早前寒武纪基底，由于其地质体大多经受了多期强烈的变质和变形作用的改造，不少变质地质体的内涵还不十分清楚，时代尚未确证，不同地区的地层对比存在很大的争议，对华北克拉通早前寒武纪构造演化也存在多种不同的认识，这些问题既影响我国区域地质对比和编图，也成为制约我国大陆形成与演化讨论的瓶颈。

2006年恰逢1：500万国际亚洲地质图的编制项目启动了“中国与亚洲地区关键地质问题对比研究”计划项目，鉴于这方面研究的重要意义，由中国地质调查局立项并下达了任务书，工作项目名称为“中国与亚洲地区关键地层划分与对比研究”。任务书编号为“科［2006］05-01”，工作项目编码为“1212010611801”，后变更为“1212010611802”。本专题名称为“中国和亚洲早前寒武纪构造与地层划分、对比”，由中国地质科学院地质研究所执行。

任务书规定本专题的总体目标是：“通过对华北克拉通的重点研究，分析不同时期古老地体所反映的古构造环境、变质岩石组合、岩浆与成矿作用等方面的信息，结合一些典型的地层不整合分界面，确定一个具有特定意义的太古宙界限的地质年代分界标志。在此基础上，通过高精度定年，确定以自然时间尺度为依据、适合中国地质特征的太古宙与元古宙界限划分方案，从而为中国的早前寒武纪地质年代划分和早前寒武纪区域地质调查工作提供年代学划分依据，也为亚洲和世界范围内早前寒武纪地层年代表的建立提供必要的素材。同时，根据资料情况与亚洲印度和西伯利亚地区的早前寒武纪地层进行年代划分对比。”

本专题主要由沈其韩、杨崇辉、杜利林、任留东、宋会侠、万渝生、伍家善、张寿广等承担完成。沈其韩院士担任技术指导，杨崇辉负责组织实施，重点对早前寒武纪地层划分及新太古代岩浆演化进行研究，杜利林负责地球化学和同位素年代学的研究，任留东负责变质作用、深熔和混合岩化以及与印度及俄罗斯早前寒武纪地层的划分对比研究，宋会侠负责对古元古代地层 C-O 同位素及相关地质环境的研究。

项目实施以来分别对五台、恒山、阜平、邢台、赞皇、嵩山、箕山、吕梁山、中条山、冀东、秦皇岛-山海关和辽北-吉南地区进行了野外工作，重点对五台群、滹沱群及五台杂岩，阜平群、湾子群及阜平杂岩，赞皇群、甘陶河群及赞皇杂岩，登封群、安沟群、嵩山群、马鞍山组及登封杂岩，吕梁群、岚河群、野鸡山群及吕梁杂岩，绛县群、中条群及涑水杂岩，辽河群、老岭群、集安群以及广义的辽吉花岗岩套进行了研究。

本书内容分别执笔：第 1 章、第 2 章由杨崇辉负责编写；第 3 章赞皇、嵩山-箕山、中条山地区早前寒武纪地层划分对比由杨崇辉、杜利林和万渝生编写，五台、辽-吉地区早前寒武纪地层划分对比由杜利林负责编写，阜平和吕梁地区的早前寒武纪地层划分对比由任留东负责编写；第 4 章 ~2.7Ga 岩浆作用部分由杨崇辉和杜利林负责编写，~2.5Ga 岩浆作用部分由杨崇辉、杜利林和宋会侠编写，2.4 ~2.3Ga、2.2 ~2.0Ga 及 ~1.8Ga 岩浆作用部分由杜利林编写；第 5 章由任留东负责编写；第 6 章由宋会侠编写，最后由杨崇辉和杜利林统编定稿。

本书主要进展如下：

（1）重新厘定华北克拉通早前寒武纪一些重点地层的时序，提出新的对比方案，建议大致以 2470Ma 作为太古宙与元古宙分界年龄。

本书相关项目对华北克拉通原认为的古元古代底部或下部的安沟群、滹沱群、辽河群、嵩山群、绛县群、中条群、吕梁群、甘陶河群等进行了重点研究。通过多种方法和技术手段证实安沟群为新太古代末期地层，而非古元古代地层；确定了滹沱群形成的下限年龄约为 2.2Ga，限定了滹沱群豆村亚群的时限为 2200 ~2090Ma，根据东冶亚群纹山组底部碎屑锆石和郭家寨亚群碎屑锆石年龄，间接限定东冶亚群的时代可能在 2070 ~ 1960Ma。建议将不整合于东冶亚群之上的郭家寨亚群解体出来，独立建群，郭家寨群中最年轻的碎屑锆石年龄为 1958±10Ma，因此，郭家寨群的时代可能为古元古代晚期-中元古代早期，与赞皇地区的东焦群相当，对划分古元古代与中元古代具有重要的意义。研究发现，辽河铜匠峪杂岩中二长花岗岩包裹有斜长角闪岩的地层，其锆石测年表明该二长花岗岩的形成年龄为 2100Ma，而其包裹的斜长角闪岩的形成年龄为 2173Ma，同时获得了辽河群下部里尔峪组变质火山岩的形成年龄为 2177Ma，与斜长角闪岩在误差范围内是一致的。考虑到该变质火山岩的下部还有一定厚度的变质砾岩和碎屑岩，推测辽河群的底界年龄为 2.2Ga，这与滹沱群的底界年龄是一致的。在中条山地区，通过对绛县群上部的铜矿峪亚群变质火山岩的年龄测定，确定了其形成年龄在 2180Ma 左右，而其下部还有横岭关亚群的众多地层，覆盖在其上的中条群篦子沟组火山岩年龄在 2.1Ga 左右，所以推测绛县群底界的年龄可能要略大于 2.2Ga，而中条群的底界年龄可能接近 2.2Ga。研究发现，原作为古元古代底部地层的时代多集中在 2.2 ~2.1Ga，2.47 ~2.3Ga 的地层普遍缺失。

尽管对华北克拉通典型的太古宙与元古宙之间不整合面的研究表明，尚未发现可以作为太古宙与元古宙准确分界的界面，但华北克拉通许多地区太古宙末期岩浆演化的时限穿越了人为给定的 2.5Ga 时间界限值，鉴于作为华北克拉通太古宙末期岩浆活动结束标志的钾质花岗岩普遍发育，而其年龄多数在 2.50 ~2.47Ga，同时在华北克拉通一些地区存在大量的2470Ma左右的碎屑锆石，建议以2.47Ga作为划分华北克拉通太古宙与元古宙的时限，这是比较接近“自然分界”的一个考量。

（2）确定古元古代地层的构造背景。

研究表明，滹沱群、嵩山群、辽河群、绛县群、中条群等古元古代地层形成于陆内拉张环境，而非俯冲碰撞的岛弧环境。伴随这期拉张活动，华北克拉通中部带广泛存在具有板内非造山性质的2.2～2.0Ga岩浆活动，表明当时华北已经克拉通化为刚性地壳了。

（3）在华北克拉通中部发现并厘定2.7Ga的TTG。

在华北克拉通中部地区发现了大面积分布的2.7Ga TTG（trondhjemite，tonalite and granodiorite；奥长花岗岩、英云闪长岩和花岗闪长岩）片麻岩，其具有高硅埃达克岩的特征，并有高镁安山岩与其共生，研究确定其为新生地壳部分熔融所形成，与鲁西等地区2.7Ga的TTG片麻岩非常相似，进一步证明华北克拉通在2.7Ga发生了大规模的地壳增生，与全球性Arctica/Kenorland超大陆事件相对应。这一新的发现对华北克拉通基底的划分提供了新的限定。

（4）根据岩浆演化的时序及性质变化特征，探讨华北克拉通新太古代晚期岩浆演化的规律及对构造背景的制约。

虽然华北克拉通2.7Ga发生了大规模的地壳增生，但后期2.56～2.47Ga岩浆事件非常强烈，对先存的地壳进行了强烈的改造和再造。这一后期的岩浆活动具有明显的演化时序，2.55～2.52Ga主要为TTG岩浆活动，与俯冲岛弧环境有关；2.52～2.50Ga主要形成钙碱性的花岗闪长岩和二长花岗岩类，与挤压碰撞活动有关；2.50～2.47Ga主要形成钾质花岗岩类，属于后造山岩浆活动。据此，作者明确提出华北克拉通在新太古代末期存在俯冲—碰撞—造山后伸展这样一个构造演化过程。

（5）在中条山、五台、阜平、赞皇等地区分别发现并厘定2.4～2.3Ga和2.2～2.0Ga岩浆热事件。

通过同位素测年发现华北克拉通中部的中条山和吕梁地区发生过2.4～2.3Ga的岩浆热事件，在五台山-太行山地区存在大规模的2.2～2.0Ga岩浆活动，如首次在赞皇地区鉴别出的2.1Ga的许亭花岗岩具有A型花岗岩特征，揭示了拉张裂解的构造属性，表明华北克拉通在此之前已克拉通化了。

（6）通过对五台、阜平等地区变质作用和深融及混合岩化作用的研究，发现阜平地区经历了有水条件下的中-高级变质和深熔作用，明显区别于同处于“中部带”冀蒙孔兹岩系无水深熔作用，说明二者的变质作用条件存在明显的区别，同时阜平等地区普遍发育岩浆注入/渗透式的混合岩化作用，使岩石成分发生了明显的改变。值得注意的是，由于熔体的渗透可形成一些岩浆锆石，若这些岩浆锆石出现在副片麻岩中，很容易被当作碎屑锆石，而使岩石的形成年龄判断有误。

（7）通过C-O同位素的研究，对古元古代的沉积环境进行研究。

辽河群王家沟组（属原大石桥组）、中条群余家山组和湾子群宋家口剖面大理岩C同位素的分析结果表明，它们均形成于一个比较稳定而又相对波动的气候环境，大理岩沉积期间有海平面和气温旋回变化，但没有突变事件。辽河群王家沟组从老到新存在弱的C同位素的负向漂移，指示在该组形成过程中气候有逐渐变冷的趋势；中条群余家山组从老到新存在很微弱的C同位素的正向漂移，指示了在该组形成过程中气候环境稳定，可能存在微弱的气候变暖趋势；湾子群宋家口剖面从老到新存在较明显的C同位素的负向漂移，指示了在该组形成过程中气候有较明显的变冷趋势。

综上可知，Jatulian事件对我国古元古代地层的影响在湾子群宋家口大理岩中有反映，从另一个侧面反映了湾子群的形成时代可能接近于该事件。在中条群余家山组大理岩中没有反映，在辽河群王家沟组中的反映不确切，也从另一个侧面反映了它们的形成时代晚于该事件。

尽管本书相关研究项目取得了一些重要进展和新的认识，但华北克拉通经历了漫长的地质演化过程和后期构造-岩浆-变质作用的强烈叠加改造，使其被肢解破坏，克拉通基底出露不完整，空间上不再完整连续，缺乏可对比的完整地层层序及地质界线，时间上更是错断叠合，使得早前寒武纪地层划分和对比及构造演化的重塑非常困难，如重要的五台群下部年龄、赞皇群的年龄、阜平群的确切年龄以及从原太古宙地层解体出来的湾子群、高凡群、官都群等古元古代地层的时代问题，中部带2.5Ga变质作用等问题尚未彻底解决，太古宙与元古宙发生重大转折期间的地质记录（地层）的暂时缺失问题（2.47~2.3Ga），此阶段的地质记录是尚未发现还是确实缺失，还有待进一步研究。在一些重要问题的认识上还存在分歧，如华北克拉通基底构造划分问题，克拉通化的时间及方式问题，古元古代变质事件性质问题，2.4~2.3Ga岩浆事件的构造背景问题等。已提出的一些早前寒武纪构造演化模式尚缺乏进一步证实。这些问题的解决无疑对我国早期地壳演化以及华北克拉通在全球超大陆重建中的位置具有重要的意义，而且对区域对比、成矿预测和勘查找矿也具有重要的指导意义。因此，建议继续对上述问题进行深入持续的研究。

本书由不同作者分工执笔完成，因而在写作风格上会有一些差异，在主体框架一致的前提下，对某些问题的认识也会有所不同，在统编时仅作了一些文字及体例上的技术处理，不同的认识予以保留，文责自负。需要说明的是本书资料及文献的应用截至2011年年底。

在本书编写、相关项目立项和执行过程中始终得到中国地质调查局科技外事部有关领导及任纪舜院士的大力支持和帮助。在项目执行过程中中国地质科学院地质研究所的有关领导，如耿元生副所长，科技处王涛、姚培毅、迟振卿等给予了大力支持和帮助。在野外工作和资料收集过程中得到了山西省地质调查院、山西省地质调查院基础地质调查中心、山西省地质矿产勘查开发局214地质队、河北省区域地质矿产调查所、吉林省区调所等有关单位的支持和帮助。在野外工作期间得到了吉林省区域地质矿产调查所路孝平总工程师、山西省地质矿产勘查开发局214地质队王昊副总工程师及李有核高级工程师、山西省地质调查院基础地质调查中心魏荣珠高级工程师、河南省地质科学研究所原振雷高级工程师、河南省地质调查院王世炎高级工程师等的热情帮助。在锆石离子探针分析中得到了北京离子探针中心刘敦一主任、张玉海副主任、宋彪研究员、杨之青工程师、周慧工程师以及孙会一和周丽琴等同志的指导与帮助。在LA-ICP-MS测试中得到了西北大学第五春荣和中国地质科学院矿产资源研究所侯可军等的支持和帮助。在有关地球化学数据分析中得到了中国科学院地质与地球物理研究所、国家地质测试中心和中国地质科学院矿产资源研究所的支持。研究过程中得到了任纪舜院士的悉心指导，所属计划项目的牛宝贵研究员、王军研究员以及赵磊、刘仁燕等也给予了大量的帮助，耿亢生研究员对书稿进行了认真审阅和修改在此向上述有关单位和个人表示衷心的感谢。

目　　录

第1章　早前寒武纪年代地层划分对比

1.1　早前寒武纪地质年代分界

地质年代的准确分界是进行地质研究的重要基础，是正确开展区域地质调查和矿产勘查工作的必要保障。地质年代表（geological time scale，GTS）是年代分界研究结果的高度概括，它提供了地球上物理、化学及生物的大致演化框架（Gradstein，2010）。前寒武纪（4560～542Ma）占据了整个地球历史的88%，对其进行合理的年代划分，无疑是认识地球早期历史的重要基础。但是，前寒武纪特别是早前寒武纪岩石由于缺少化石记录，并普遍遭受强烈改造，可参照的自然界线/面非常有限，因而前寒武纪地质年代划分与显生宙有很大的不同，划分的依据主要是某些重要的地质事件所提供的年龄记录。这是目前早前寒武纪地质年代划分存在不同方案和较大争议的主要原因。

自20世纪80年代以来，早前寒武纪地质年代分界研究已取得了很大进展。随着TIMS（Thermal Ionization Mass Spectrometry，热电离质谱）、SHRIMP（Sensitive High Resolution Ion Microprobe，高分辨二次离子探针质谱）和LA－ICP－MS（Laser Ablation Inductively Coupled Plasma Mass Spectrometry，激光剥蚀电感耦合等离子质谱）等先进的矿物单颗粒或微区定年技术的应用，原有地层界限的年代学资料不断完善，促进了新的地质年代表和国际地层表（international stratigraphic chart，ISC）的不断推出，如GTS 1982（Harland *et al.*，1982）、GTS 1989（Harland *et al.*，1990）、ISC 2000（Remane，2000）、ISC 2002（Ogg，2004）、GTS 2004（Gradstein *et al.*，2004）等。特别是Gradstein等（2004）建议的国际地层表参考方案引起了很大的争议，这从另一方面反映出了人们对早前寒武纪地层年代的划分已开始更加注重地质本身的证据，而非单一的界限年龄值。对于前寒武纪的地层和年代划分，Gradstein等（2004）以及Bleeker（2004）等倡导“自然的”年代分界，建议以关键事件（key event）或地层记录的转变作为地层分界的标志，采用类似显生宙地层研究中所使用的“金钉子”法，以使得对这一阶段的年代分界更加客观。在2008年第三十三届国际地质大会上推出了新的《国际地层表（2008）》和《地质年代表（2008）》。此后，国际地层委员会在其网站（www.stratigraphy.org）上不断更新《国际地层表（2008）》中的有关内容，现在最新的是《国际地层表（2008）》2009版（表1.1）。目前，有50多位专家正在参与制定下一个地质年表和国际地层表，计划于2011/2012年正式推出（Gradstein，2010）。

Gradstein等（2004）推荐的前寒武纪地质年代划分参考方案，将前寒武纪自下而上分为创世宙（距今45.6亿～45.1亿年）、冥古宙（距今45.1亿～38.5亿年）、太古宙（距今38.5亿～26亿年）和元古宙（距今23亿～6亿年）以及太古宙和元古宙之间的转变期（距今

表 1.1　国际前寒武纪年代划分方案的演变

	国际地层表(2000)				国际地层表(2004)			国际地层表(2004~2008)参考方案			国际地层表(2008)			
	宙(宇)	代(界)	纪(系)	地质年龄/Ma	代(界)	纪(系)	地质年龄/Ma	宙(宇)	代(界)	地质年龄/Ma	宙(宇)	代(界)	纪(系)	地质年龄/Ma
		古生代	寒武纪	540	古生代	寒武系	542	古生代	寒武系	542		古生代	寒武系	542
前寒武纪	元古宙	新元古代	新元古代Ⅲ	650	新元古代	埃迪卡拉纪	630	元古宙	埃迪卡拉纪	600	元古宙	新元古代	埃迪卡拉纪	635
			成冰纪	850		成冰纪	850		新元古代	1267			成冰纪	850
			拉伸纪	1000		拉伸纪	1000						拉伸纪	1000
		中元古代	狭带纪	1200	中元古代	狭带纪	1200		中元古代	1800		中元古代	狭带纪	1200
			延展纪	1400		延展纪	1400						延展纪	1400
			盖层纪	1600		盖层纪	1600						盖层纪	1600
		古元古代	固结纪	1800	古元古代	固结纪	1800		古元古代	2300		古元古代	固结纪	1800
			造山纪	2050		造山纪	2050						造山纪	2050
			层侵纪	2300		层侵纪	2300						层侵纪	2300
			成铁纪	2500		成铁纪	2500	转变期(跃迁期)		2600			成铁纪	2500
	太古宙	新太古代	底界未定	2800	新太古代	底界未定	2800	太古宙	新太古代	2850	太古宙	新太古代		2800
									中太古代	3100				
		中太古代		3200	中太古代		3200		古太古代	3500		中太古代		3200
		古太古代		3600	古太古代		3600					古太古代		3600
		始太古代		?	始太古代		?		始太古代	3850		始太古代		4000
								冥古宙			冥古宙(非正式)			4600

注:表内所有年龄数据均为单元内底界年龄,表格纵向距离未严格按年龄比例划分。

26 亿～23 亿年)。每个前寒武纪的宙与宙之间、代与代之间，均建议用一个“关键事件”作为分界。该方案尝试将地球作为行星体系中的一个星球，应用关键事件对地球 46 亿年开始形成至新元古代末（6 亿年）的这段历史进行了重新划分，将始太古代、古太古代、中太古代、新太古代、古元古代、中元古代和新元古代的起始年龄分别放在 3850Ma、3500Ma、3100Ma、2850Ma、2300Ma、1800Ma 和 1267Ma，对地球上前 38.5 亿年的地史划分以月球地层系统的划分作为连接，尝试建立一个“自然的”前寒武纪地质年代表（图 1.1）。其次，对关键事件的选择，即包括了传统的绿岩、不整合等，又补充了地球系统中其他重要的记录和标志，如表壳岩的最早出现、红层出现、巨型放射性岩墙群、撞击事件、超大陆的汇聚等。这一推荐方案的重要意义在于将地质年代表的划分和地球系统巨变密切结合起来，将促使全球前寒武纪研究工作提升到在地球系统科学的层面和高度去思考。而以往的划分方案具有很强的主观性（arbitrary)，如早期国际地层表（ISC 2000）公布的是以 25 亿年为界划分太古宙与元古宙，这也是目前人们普遍采纳的方案。以 25 亿年为界限的划分方案是依据世界各地不同克拉通中存在的新太古代-古元古代之间的地层不整合界面及相关的年代学资料进行综合分析的结果，人为地给定一个整数的年龄值，并无直接地质证据。这割裂了前寒武纪岩石记录与地球演化过程之间的内在联系（陆松年等，2005a，2005b)。由于全球构造运动的不一致性，不同地段的不整合面所反映的年龄界限彼此差异较大（26 亿～24 亿年)，有些地区的完整剖面甚至跨越了 25 亿年的界限，使得这一方案在实际应用中会出现矛盾。

尽管 Gradstein 等（2004）以“自然分界”为准则提出的划分方案更符合地球早期的演化规律，但还存在很多问题，应用起来也很困难。如 GTS 2004（Gradstein *et al.*，2004）关于前寒武纪划分的推荐方案中，在太古宙与元古宙之间设定了一个转变阶段，并以巨型铁建造和红层的出现分别作为底、顶界限，时间跨度为 23 亿～26 亿年。但是，作为宙一级年代界限，中间跨度达 3 亿年之久，似乎不太合理，实际应用也很困难。对时代更早的关键事件更是缺少必要的限定，因而，在 2008 年国际地质大会上，这一方案并没有被采纳。2008 年版地层表中将太古宙的底界确定在 4000Ma，将 4000Ma 至约 4600Ma 这一时间段称为冥古宙（Hadean)，将始太古代、古太古代、中太古代、新太古代、古元古代、中元古代和新元古代的起始年龄分别放在 4000Ma、3600Ma、3200Ma、2800Ma、2500Ma、1600Ma 和 1000Ma 等整数值上（表 1.1)，仍然没有以关键事件为标志来划分地层的界限。

中国地质学家为建立全球和中国地质年代表进行过不懈地努力（陆松年，2002a)。近年来，相继有一些学者对我国前寒武纪年代及地层分界进行了相关的研究，结合我国（主要是华北克拉通）的实际情况，提出了一些分界方案或建议。沈其韩等（1999）提出太古宙陆壳演化的阶段划分不能只重视地层，还必须立足于对多种地质作用的综合分析，既要注意地区的地质特点，更要重视全球的规律性。其依据国际地质科学联合会（简称国际地科联）前寒武纪地层分会 1991 年提出太古宙四分方案，对中国太古宙陆壳演化阶段进行了划分。陈衍景等（1994，1996）和唐国军等（2004）根据 C-O 同位素等的研究，认为应该以 23 亿年的灾变事件作为太古宙和元古宙的界限。李江海等（2001）以古元古代滹沱群的底界作为划分华北克拉通太古宙与元古宙的标志，强调构造岩浆事件的重要性，特别是太古宙末期的变质基性（包括超基性）岩体群（岩墙群、岩席、层状杂岩侵入体

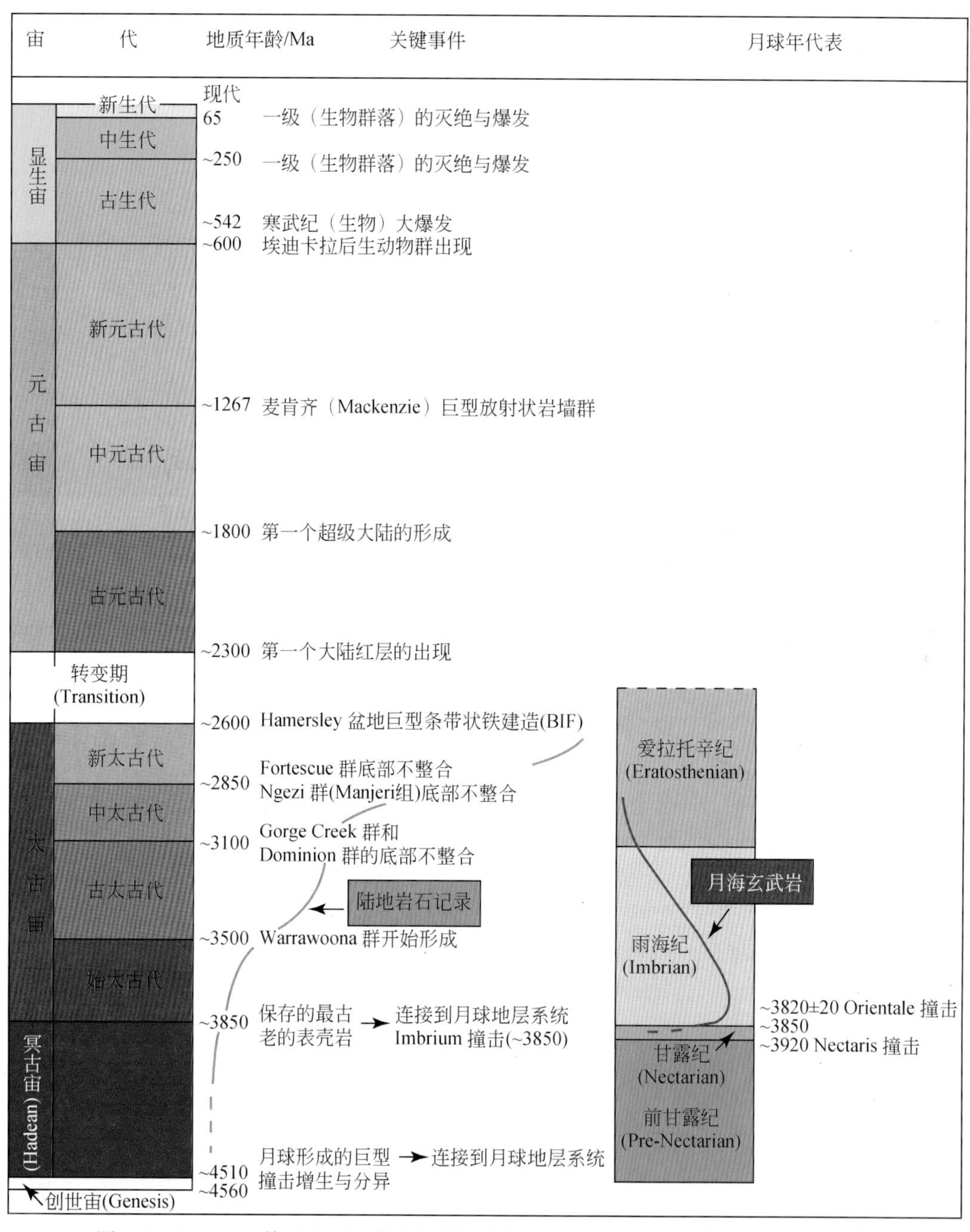

图 1.1 Gradstein 等（2004）提出的国际地层表（2004 ~ 2008）关于前寒武纪划分参考方案（据陆松年等，2005a，2005b）

等）的精确年龄可作为太古宙与元古宙分界的重要依据。刘勇胜等（1998，2004）研究发现华北克拉通幔源基性火山岩在太古宙-元古宙界限上发生巨大改变，古元古代基性火山岩的 HFSE（High Field-Strength Elements，高场强元素）显著高于新太古代基性火山岩；$w(\mathrm{Nb})/w(\mathrm{Ta})$ 等值在太古宙-元古宙界限前后也发生明显的变化，从新太古代到古元古代值显著降低，提出了地球化学的分界标志。高山等（2005）以华北克拉通南缘安沟群火山岩作为古元古代的底界来划分太古宙与元古宙的界限。赵祖斌等（2000）研究发现华北克拉通沉积岩在太古宙与元古宙界限上的地球化学变化与 Taylor 和 McLennan（1985）总结的结果明显不同，华北克拉通新太古代五台群已具有后太古宙沉积岩特征，证明当时地壳分异程度已与后太古宙相似，上地壳中已有较多的花岗质岩石存在。邓军等（2003）与孙忠实等（2003）注意到在太古宙不同的克拉通陆壳生长高峰期与最终稳定的时间存在一定差异，不同大陆的太古宙与元古宙的界线具有穿时性，认为太古宙-元古宙界限的划分应与地球动力学和构造体制等重大事件相联系。他们提出太古宙与元古宙的分界不应以单一年代划分，而应是一个渐变过渡的界限，可初步确定在 2.80～2.20Ga。我国学者在元古宙年代及地层划分上，特别是中-新元古代的划分上进行了卓有成效的工作（陆松年，1998，1999，2002a，2002b，2006；高振家和陆松年，1999；全国地层委员会，2001；陆松年等，2005a，2005b；翟明国，2006；王泽九和黄枝高，2006），引起了国际上的广泛关注。例如，坚持以 18 亿年作为古元古代与中元古代的界限，而不是国际通用的 16 亿年，以至于国际地层表（2004～2008）参考方案采纳了这一建议。又如，将新元古界从原来的二分变为三分，自下而上分别为青白口系、南华系和震旦系。田永清和苗培森（1999）根据五台地区的研究，提出了中国古元古代的划分建议，分别将五台群高凡亚群对应于成铁纪，滹沱群豆村亚群、东冶亚群对应于层侵纪，滹沱群郭家寨亚群对应于造山纪，常州沟组对应于稳化纪，高于庄组、雾迷山组对应于盖层纪。最近和政军等（2011）和李怀坤等（2011）根据长城系底部覆盖的花岗岩脉的年龄，提出长城系的底界应该不早于 16.7 亿年。

因此，目前急待解决的问题应该是确定以什么标志作为划分早前寒武纪年代界限特别是太古宙与元古宙的依据。传统的划分方案更多地依赖于地层不整合面，不同地区的年代界线差异较大。目前看来，如果地球从太古宙到元古宙是一场涉及全球的大变迁，其变化可能不仅仅体现在地层方面，巨型铁建造和红层的出现只是它表现的一个方面，而在古构造环境、古气候（包括大气氧逸度）、生命活动迹象、变质岩石组合、岩浆与成矿作用等方面都会有相应的表现。近年来随着一些新理论和新方法的不断应用，早先的很多资料和认识已被认为是不全面、甚至是错误的。特别是高精度原位定年技术（如 SHRIMP 和 LA-ICP-MS）的应用，迫使我们不得不重新审视原有年代学资料的可信度。以往，类似于现代板块运动的构造环境被认为在太古宙不可能出现，但是随着一些太古宙克拉通相继报道了存在高压麻粒岩、甚至退变榴辉岩的痕迹，又促使人们不得不重新认识这个问题。因此，要正确厘定太古宙与元古宙之间的年代界限，必须从多方入手，在对各种信息综合分析的基础上，才能得出科学的认识。

总的看来，有关早前寒武纪年代划分方面存在的疑问主要表现在如下三个方面。

1. 太古宙与元古宙之间年代界限的确定

全球太古宙与元古宙界限的划分和对比，是前寒武纪地质学长期探索的重大课题之一。这是目前早前寒武纪年代划分所面临的最重要、也是争议最大的一个问题。太古宙-元古宙界限是地质演化历史上最重要的界限，在该界限上地球的热状态、岩浆作用和沉积作用的性质均发生明显改变。因此，对该界限的年龄和岩石组成及其所反映的地球内部、地球表层系统和构造机制变化的研究，备受人们的关注（李江海等，2001）。目前需要解决的是：以什么为标志作为划分太古宙和元古宙的界限及界限的精确同位素年龄值。

2. 太古宙陆壳演化阶段的年代划分

太古宙陆壳演化具有阶段性和旋回性，每一个演化阶段都有其特定的地质构造背景，期间的火山沉积作用、变质变形作用以及岩浆事件的发生和发展具有一定的规律性（沈其韩等，1999）。国际地科联前寒武纪地层分会1991年曾提出太古宙四分方案，即始太古代、古太古代、中太古代和新太古代，其年龄范围分别为~3600Ma、3600~3200Ma、3200~2800Ma和2800~2500Ma。这个建议方案是在对比全球太古宙主要分布区地层柱的基础上，依据其中存在的不整合界面提出的，基本反映了全球范围内太古宙地壳演化的阶段性特征。但是对于年代的划分，依然带有一定的主观性，并无哪一个真正的层面与之对应。例如，始太古代以3600Ma为上界年龄，主要是根据南非巴伯顿绿岩带与下伏的安特森片麻岩之间的不整合关系确定的。绿岩带底部最大成岩年龄为3537Ma，安特森片麻岩侵位年龄为3640Ma，该不整合的时限在3640~3537Ma，期间相差103Ma。考虑到当时的年代学测试条件和测试技术，选择其中间整数值3600Ma作为分界年龄应该是可以接受的。但是随时代发展，目前SHRIMP的定年精度已达到了1~2Ma，而且通过原位测试可以给出具有明确地质意义的年龄值，此时若依然选择原来主观确定的整数年龄作为年代分界，看来有些不合理。因此，选择太古宙地体中存在的典型地质分界面和重大地质事件开展新一轮定年研究已势在必行，一方面通过分析不同地段分界面所反映的地质事件性质，我们可以完全获得一个具有特定地质意义的年龄界限；另一方面随着定年精度的提高，新的太古代地层分界年龄完全可以精确到××Ma以内。此外，通过区域对比，在全球范围内探讨太古宙地体的演化过程，对于分析地壳早期的属性也有非常重要的意义。

3. 古元古代与中元古代之间的年代界限

对于古元古代与中元古代的分界，国际上一直以16亿年为界，但我国根据长城系底界的年龄（推测为18亿年）一直坚持以18亿年为界。国际地层表（2004~2008）参考方案（Gradstein *et al.*，2004）采纳了我国以18亿年作为划分古元古代与中元古代界限的划分方案，但是对于这期事件的性质却存在不同认识。Gradstein等（2004）将该事件定性为全球第一个超大陆的最终闭合时间，主要依据全球不同地段克拉通的高压麻粒岩的形成年龄集中在2.1~1.8Ga的年代学资料推断。但是也有些学者依据同期或稍后某些克拉通内出现的大规模基性岩墙群，认为当时陆壳很可能处于一种拉张的环境（李江海等，1998；翟明国等，2001；翟明国，2004；翟明国和彭澎，2007）。正式通过的国际地层表（2008）仍将16亿年作为古元古代与中元古代的分界年龄。我国新近的研究发现中元古代长城系底部的常州沟组不整合覆盖在环斑花岗岩脉之上（和政军等，2011；李怀坤等，2011），而环斑花岗岩脉发育古风化壳，其年龄为1682~1708Ma（和政军等，2011），与密云环斑花岗岩主体的形成年龄1685Ma（高维等，2008）基本一致。李怀坤等（2011）测得花岗斑岩岩脉锆石ICP-MS U-Pb年龄为1673±10Ma，认为长城系的底界很可能接近于1650Ma。

高林志等（2008）测得长城系大红峪组中火山岩锆石 SHRIMP U-Pb 年龄为 1625.9±8.9Ma。基于上述年龄数据，可以将华北中元古代底界的年龄限定在 16.8 亿～16.3 亿年，最有可能接近于 16.5 亿年。从事件的意义来讲，应该是超大陆开始裂解的时间。

在目前还存在争议的情况下，我们以正式通过的国际地质年代表为准，但根据我们的研究和已有的工作，结合我国的实际情况，建议将我国太古宙与元古宙的界限放在 24.7 亿～24.5 亿年，以太古宙末期普遍存在的钾质花岗岩为主要标志。如果以一个 25 亿的整数值截然地划分太古宙和元古宙，将有许多作为太古宙末期岩浆活动结束标志的钾质花岗岩会被划为古元古代，显然与事实不符。

1.2　早前寒武纪地层划分对比

显生宙以来的地层可以借助沉积建造/层序、生物、年代以及古地磁和稳定同位素等手段进行多重地层划分和对比，其中沉积建造和生物演化顺序是地层划分的基础。早前寒武纪地层则具有特殊性，首先是没有可供准确定年的生物化石记录，也就没有了可依靠的生物年代证据。其次，早前寒武纪陆块形成后，多经历了后期的裂解、迁移甚至再循环，多呈碎片散布于不同的陆块中，其完整性受到了破坏，使地质体的对比存在很大的困难。有些早前寒武纪地层或侵入岩形成以后，经历了不止一次强烈的变形、变质和深熔作用，使岩石原来的成分、结构、构造均发生了比较强烈的改造，甚至彻底的再造。在较高的温度和压力状态下发生的塑性流变（如塑性流变褶皱、韧性剪切带等）使得原来没有面理的深成岩体出现了明显的片麻理，而原先的层状表壳岩则发生了强烈的面理置换，其结果使原来迥然不同的地质体变得相似，即异源同化现象；而有时也能使同一地质体的不同部位变得差异很大，甚至可使原来岩体的边界也变得模糊了，即同源异化现象。有时地质体虽保留明显的层状特征，但很多面理都是构造面理而非层理，很多地层都是成层无序了。这些就使我们在早前寒武纪地层划分对比时产生了极大的困难。再者，前寒武纪，尤其是早前寒武纪有着与显生宙明显不同的特殊的岩石组合，如大规模的 TTG 岩石组合、具有鬣刺结构的科马提岩、含铁建造（BIF）、含金铀砾岩等。上述特征记录表明地球历史的演化具有明显方向性或者单向性，不可能完全对照显生宙或现代观察到的现象推断地球早期的历史或解释各种地质记录。因而，早前寒武纪地层的对比研究必须结合其自身特点，不可能像显生宙那样，通过沉积建造和生物进行层序和形成时代的划分对比，必须综合运用各种方法，充分考虑构造、岩石、地层、矿物、矿床及地球化学等有关内容，充分重视“改造”，尤其是构造-岩浆-变质事件。

本书以华北克拉通为切入点，重点对新太古代和古元古代的地层和岩浆事件进行了研究。

华北克拉通是指由中亚（兴蒙）造山带和祁连-秦岭-大别-苏鲁造山带所围限的一个倒三角形的陆块，周边多以断裂为界。华北克拉通具有由太古宙—古元古代结晶基底和中元古代及其后的未变质沉积盖层组成的典型的二元结构。华北克拉通与全球主要的前寒武纪克拉通有相似性，但也有与众不同的一些特点。例如，克拉通面积较小、～2.5Ga 岩浆活动强烈、BIF 主要产于太古宙、迄今尚未发现太古宙典型的金铀砾岩等；此外，华北克

表1.2　华北克拉通早前寒武纪地层划分对比方案

宙	代	地质年龄/Ma	辽-吉	冀东	鲁西	冀西北	内蒙古中部	五台-恒山	太行山	吕梁山	中条山	豫西
元古宙	中元古代		榆树砬子群	蓟县系		蓟县系	蓟县系	蓟县系	蓟县系		汝阳群	汝阳群
		1800		长城系		长城系	长城系 白云鄂博群	长城系	长城系/ 东焦群		西洋河群	熊耳群
	古元古代		辽河群/集安群/ 老岭群			化德群		郭家寨亚群	甘陶河群	黑茶山群	担山石群	嵩山群
		2200				部分红旗营 岩群		滹沱群		野鸡山群/ 岚河群	中条群	
		2300				丰镇岩群?	上乌拉山岩群/ 上集宁群?	高凡亚群?	湾子群?	吕梁群 界河口群?	绛县群 冷口火山岩	
		2470										
太古宙	新太古代	2800	夹皮沟岩群/ 鞍山岩群/ 龙岗岩群	朱杖子群/ 遵化岩群/ 单塔子群/ 滦县群	济宁群 泰山岩群/ 沂水岩群	崇礼岩群	色尔滕山岩群 下乌拉山岩群 下集宁群	五台岩群 （恒山岩群）	阜平岩群	五台岩群	涑水表壳岩/ 同善岩群	安沟群/ 登封群 下太华群
	中太古代	3200	铁架山表壳岩	迁安岩群?								
	古太古代	3600	陈台沟表壳岩	曹庄岩 表壳岩?								
	始太古代	4000	?									

注：表内所有年龄数据均为单元内底界年龄，表格纵向距离未严格按年龄比例划分。

拉通形成以后经历了复杂多期的改造，这与世界上许多克拉通形成后即保持稳定，也有明显的不同。

华北克拉通太古宙地层主要包括出露于辽-吉地区的陈台沟表壳岩、铁架山表壳岩、鞍山群、龙岗群和夹皮沟群等，冀东地区的曹庄岩组、迁安群、遵化群、滦县群、单塔子群及朱杖子群等，冀西北-内蒙古地区下集宁群、下乌拉山群及崇礼群等，五台-恒山地区五台群、朱家坊表壳岩等，太行山地区阜平群和赞皇群，中条山地区涑水表壳岩和同善杂岩等，豫西地区下太华群、登封群和安沟群等，鲁西地区沂水岩群、泰山岩群及济宁群等，以及皖北地区的五河群和蚌埠群等。古元古代地层主要出露于太古宙地层的周边，如辽-吉地区的辽河群、老龄群和集安群等，冀西北-内蒙古地区的丰镇岩群、红旗营子岩群（部分）、上乌拉山岩群、上集宁群及化德群等，五台地区的高凡亚群、滹沱群等，太行山地区的湾子群、甘陶河群，吕梁山地区的吕梁群、野鸡山群、岚河群及黑茶山群等，中条山地区的绛县群、中条群、担山石群及冷口火山岩等，豫西的嵩山群和上太华群等，胶东地区的荆山群和粉子山群等以及皖北的凤阳群等。与太古宙地层相比很多古元古代地层具有一定的层序性。

根据研究结果并结合前人的工作，本书提出了华北克拉通早前寒武纪地层划分对比方案（表 1.2），详细见后述各章。

第2章　华北克拉通早前寒武纪典型地层划分对比

2.1　赞皇地区早前寒武纪地层

赞皇-邢台地区位于太行山的南段，出露一套典型的早前寒武纪变质杂岩——赞皇杂岩，主要由变质变形的TTG、深熔花岗岩和变质地层组成（图2.1）。该杂岩的西侧为古元古代浅变质的甘陶河群不整合覆盖，局部为断层接触。南侧和东侧为中元古代长城系地层不整合覆盖。赞皇杂岩总体研究程度相对较低，只有少数单位和学者进行过相关的研究（河北省地质矿产局，1989；牛树银等，1994a，1994b；雷世和等，1994；Wang *et al.*，2003，2004；王岳军等，2003；Trap *et al.*，2009a，2009b；Xiao *et al.*，2011；肖玲玲等，2011a；杨崇辉等，2011a，2011b）。以往的传统认识将这套杂岩全部当作变质地层，1958年北京地质学院实习队将其划归为阜平群和建屏群。1967年高邑幅、邢台幅1∶20万区域地质调查首次将本区这套岩石命名为赞皇群，并根据面理产状认为由东向西由老而新构成单斜序列，依次命名为放甲铺组、石城组、红鹤组和石家栏组4个组7个岩性段，认为它们是独立的地层单位，与其他地区无法对比[①]。原赞皇群放甲铺组、石城组（北赛组）和石家栏组主要由各类片麻岩组成，而红鹤组则由石英岩、云母片岩、角闪片岩和大理岩组成。此后，一些研究者提出赞皇群可与阜平群和五台群进行对比，认为赞皇群的放甲铺组和石城组（北赛组）与阜平群中上部的团泊口组和南营组相当，红鹤组和石家栏组与五台群下部的板峪口组和上堡组相当（河北省地质矿产局，1989）。随着20世纪80年代后期TTG及变质深成岩概念的引入，该地区早前寒武纪地层的格局发生了重大的变化，从原赞皇群放甲铺组、石城组（北赛组）和石家栏组地层中解体出来了大量的TTG片麻岩、二长花岗质片麻岩及深熔花岗岩，剩余少量的表壳岩，称为太古宙赞皇岩群（但对其形成于中太古代或新太古代尚存不同认识）。近年来，河北省进行的区域地质调查及相关研究将原赞皇群中变质程度相对较浅一套片岩（原红鹤组）解体出来，重新命名为古元古代官都群[②~⑤]（图2.1）。

---

① 河北省地质局，1968，1∶20万高邑幅、邢台幅地质图说明书。

② 河北省地质矿产局第十一地质大队，1989，1∶50万测鱼幅、王家坪幅、摩天岭幅区域地质调查报告。

③ 河北省地质矿产局第十一地质大队，1993，1∶50万北褚幅、赞皇幅、临城幅地质图及说明书。

④ 河北省地质矿产局第十一地质大队，1996，1∶50万将军墓幅、西丘幅、西黄村幅、邢台市幅地质图及说明书。

⑤ 河北省国土资源厅、河北省地质矿产勘察开发局，2000，1∶50万河北省、北京市、天津市地质图。

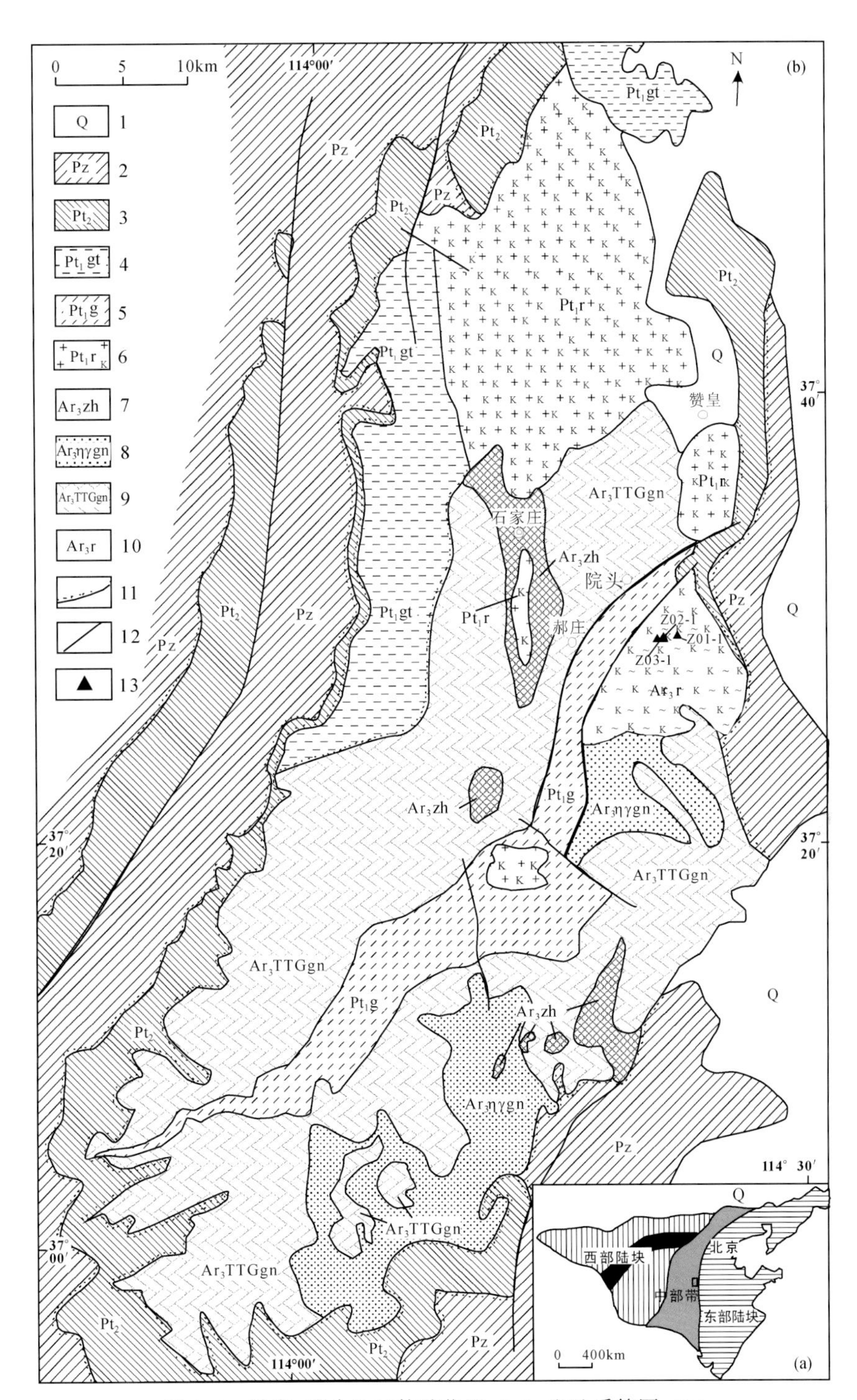

图 2.1　赞皇-邢台地区构造位置（a）和地质简图（b）

（a）据 Zhao *et al.*，2005；（b）据河北省地质矿产局第十一地质大队 1989 年、1993 年和 1996 年相关资料以及河北省国土资源厅、河北省地质矿产堪查开发局 2000 年等资料编制

1. 第四系；2. 古生代地层；3. 中元古代地层；4. 古元古代甘陶河群；5. 古元古代官都群；6. 古元古代许亭花岗岩；7. 新太古代赞皇群；8. 新太古代二长花岗片麻岩；9. 新太古代 TTG 片麻岩；10. 新太古代菅等花岗岩；11. 不整合；12. 断裂；13. 采样点

2.1.1 赞 皇 群

2.1.1.1 赞皇群的组成及特征

解体后的狭义赞皇群呈残片状分布于TTG片麻岩中，为一套中高级的变质岩系。主要分布于邢台市皇寺镇以西、内丘县獐貘乡西及赞皇县黄北坪-临城县院头一带。

在邢台市皇寺镇以西卫鲁村-张安北一带出露的赞皇群是指原放甲铺组下部解体出大量变质深成岩后残留的表壳岩，层状特征明显，片麻理和深熔浅色条带发育（图2.2）。主要由黑云斜长片麻岩、含石榴黑云斜长片麻岩、石榴蓝晶黑云斜长片麻岩、石榴蓝晶黑云母片岩、石榴角闪斜长片麻岩、斜长角闪岩及少量石英岩等组成。原岩主要以泥质岩与砂岩互层为特征，并夹少量基性火成岩。

变泥质岩石主要为（含）石榴蓝晶片麻岩和片岩类，变砂岩主要为石榴黑云斜长片麻岩类。变质基性岩为斜长角闪岩和角闪片麻岩。

泥质岩石变质的（含）石榴蓝晶片麻岩类呈透镜状或夹层状产于黑云斜长片麻岩中，深熔作用强烈，浅色长英质条带非常发育［图2.2（a）~（c）］。该类岩石为片麻状构造，黑云母等定向构成片麻理，片麻理产状与区域构造面方向一致。岩石为变斑状结构，变斑晶为石榴子石和蓝晶石［图2.2（b）、（c）］。基质为中粒变晶结构，主要由斜长石、黑云母、石榴子石、蓝晶石、夕线石、石英等组成。石榴子石呈透入性分布，局部与深熔浅色体关系密切，多发生了旋转变形，偶见石榴子石有黑云母的环边，应为后期退变质作用（简称退变）所致。蓝晶石多为自形长柱状，长轴方向基本平行于片麻理［图2.2（c）］。在该类岩石中局部黑云母富集构成了石榴蓝晶黑云母片岩。

砂质岩石变质的含石榴黑云斜长片麻岩类包裹或与石榴蓝晶片麻岩类互层［图2.2（d）］，也经历了强烈的变质变形，片麻理发生了揉皱或褶皱，但其中的深熔浅色体明显少于变泥质岩［图2.2（e）］，其粒度也小于变泥质岩石的矿物，为中细粒变晶结构。石榴子石也呈变斑晶形式存在，但含量明显少于变泥质岩石，有些片麻岩则不含石榴子石。

斜长角闪岩以夹层或透镜体形式分布于片麻岩中［图2.2（f）、（h）］，多经历了较强的深熔作用改造，发育长英质浅色条带。岩石为片状或片麻状构造，角闪石等定向构成片麻理，多发育石榴子石变斑晶。基质多为中粒粒柱状变晶结构，局部为细粒变晶结构，主要由角闪石、透闪石、斜长石、石榴子石和少量石英组成，偶见单斜辉石。石榴子石多以变斑晶形式存在，常与深熔浅色体聚集在一起，且多见石榴子石退变的“白眼圈”结构。岩石不均匀，局部角闪石含量降低，黑云母和斜长石含量增多，过渡为角闪（斜长）片麻岩。

含磁铁矿斜长变粒岩分布非常局限，只有少量以透镜体形式存在于片麻岩中［图2.2（g）］。

由于赞皇群经历了强烈的变质变形，早期的面理已经完全被置换，无法恢复或判断原有的层序。

图 2.2　赞皇群野外特征

(a) 石榴蓝晶黑云斜长片麻岩片麻理清晰，发育浅色深熔条带及团块；(b) 石榴蓝晶黑云斜长片麻岩深熔作用强烈，石榴子石呈变斑晶状，一些颗粒周围发育白色的长石边；(c) 石榴蓝晶黑云斜长片麻岩中蓝晶石呈自形变斑晶；(d) 原岩为砂质的细粒黑云斜长片麻岩与原岩为泥质的粗粒石榴蓝晶黑云斜长片麻岩呈互层状；(e) 黑云斜长片麻岩中普遍发育小的揉皱及褶皱；(f) 角闪斜长片麻岩夹斜长角闪岩，斜长角闪岩呈断续的透镜状，局部保留有第一期变形褶皱的转折端；(g) 角闪斜长片麻岩中夹有含磁铁矿石英岩层；(h) 黑云斜长片麻岩与斜长角闪岩互层。Gt 为石榴子石；ky 为蓝晶石

2.1.1.2 赞皇群的变质变形特征

由于赞皇群出露有限，露头不连续，在研究变形时，我们统筹考虑了整个赞皇杂岩片麻岩的变形历史。赞皇杂岩经历了多期的变质变形作用，可以鉴别出有五期变形。第一期变形作用（D_1）以夹持于片麻岩中的斜长角闪岩的紧闭同斜褶皱［图2.3（a）］及无根勾状褶皱［图2.3（b）］和壳褶皱为标志［图2.3（c）］，其轴面（S_1）与主期片麻理一致（S_2）。第二期变形（D_2）表现为区域内广泛出现的稳定延伸的片麻理和片理（S_2）［图2.2（a）］，正是这期变形，将早期的面理改造殆尽，使地层的层序很难恢复，同时也使原来均匀块状的侵入体被改造为片麻理明显的似层状，而与地层较难区分。第三期变形（D_3）表现为主期片麻理的褶皱变形［图2.3（d）］。第四期变形（D_4）表现为局部地段发育的NNE向的韧性剪切作用［图2.3（e）］。第五期变形（D_5）为剪切面理又发生了宽缓褶皱，并见后期的脆性断层切割了这期褶皱［图2.3（f）］。

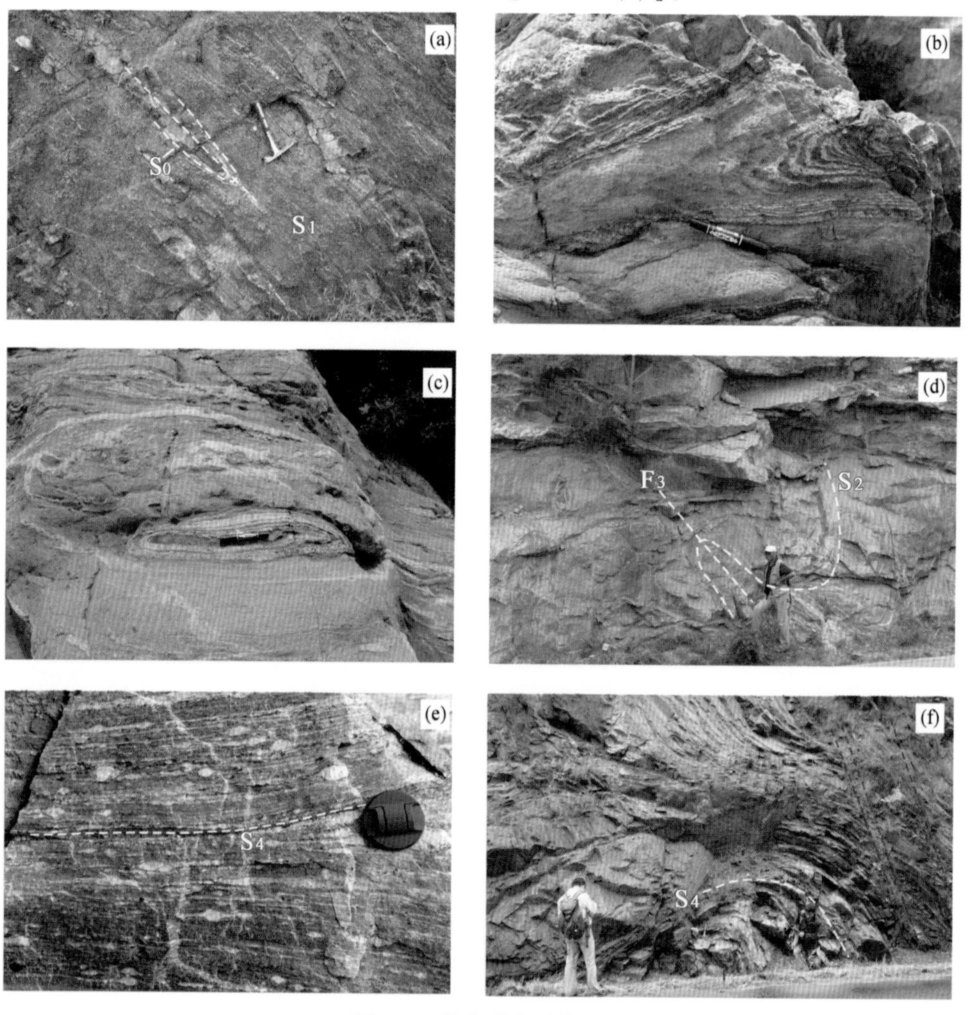

图2.3 赞皇群变形特征

详细说明见正文

赞皇群经历了中压高角闪岩相变质作用和普遍的深熔作用，不同岩类多可分辨出早期、峰期以及退变质等不同阶段的矿物组合。

泥质片麻岩类早期变质矿物组合（M_1）由石榴子石变斑晶核部的包裹体矿物组成，表现为 Pl_1 + Bt_1 + Qtz ± Ky ± Ilm ± Mag。部分变斑晶内部包裹体的排列径迹显示定向，径迹的方向与基质片麻理不一致，推测与区域上第一期变形作用（D_1）相对应。峰期变质矿物组合（M_2）主要由石榴子石变斑晶的“边部”（X_{Mn}最低）和基质矿物组成，其特征的矿物组合为 Grt_2 + Bt_2 + Pl_2+Qtz ± Ky±Kfs_2 ± Ilm ± Mag。基质矿物的定向构成了主期片麻理（S_2），推测对应于区域范围内的第二期变形作用（D_2）。退变质阶段的矿物组合（M_3）以石榴子石变斑晶的后成合晶反应边为代表，其矿物组合为 Pl_3 + Bt_3 + Qtz ±Mus_3 ± Mag（肖玲玲等，2011a）。

角闪岩类早期变质矿物组合（M_1）由石榴子石变斑晶核部的包裹体矿物组成，表现为 Pl_1 + Bt_1 + Qtz ± Ky ± Ilm ± Mag。峰期变质矿物组合（M_2）主要由石榴子石变斑晶的“边部”和基质矿物组成，其特征的矿物组合为 Grt_2 +Amp_2 + Bt_2 + Pl_2 + Qtz ± Ilm ± Mag。基质矿物的定向构成了主期片麻理（S_2），对应于区域范围内的第二期变形作用（D_2）。退变质阶段的矿物组合（M_3）以石榴子石变斑晶的后成合晶反应边为代表，其矿物组合为 Pl_3 + Bt_3 + Qtz ± Amp_3 ± Kfs_3（肖玲玲等，2011a）。

2.1.1.3 地球化学特征

对赞皇群三种不同类型的岩石分别进行了全岩主量、稀土、微量元素分析（表 2.1）。（石榴）黑云斜长片麻岩类具有高硅（SiO_2 = 77.83% ~ 79.26%）、低铝（Al_2O_3 = 11.60% ~ 11.67%）、低铁、贫钾（K_2O = 1.06% ~ 1.45%）、富钠（Na_2O = 3.89% ~ 4.24%）的特征，具有硬砂岩的成分特征。岩石的稀土总量较低，$\sum$REE =29.23×10^{-6} ~ 39.04×10^{-6}（表 2.1），样品的球粒陨石标准化稀土配分型式为向右倾斜曲线，显示出轻重稀土强烈分馏（图 2.4），$(La/Yb)_N$ = 8.03 ~ 16.45。具有弱的 Eu 正异常（Eu/Eu^* =1.08 ~ 1.74）。石榴黑云斜长片麻岩类，微量元素总体较低，在原始地幔标准化的微量元素配分图解中，具有明显的 Ba、Zr 和 Hf 正异常以及 Nb、Ta 、Ti 、P、Sm 负异常（图 2.5），也与硬砂岩的特征相似。

表 2.1 赞皇地区早前寒武纪变质地层主量（%）、微量及稀土元素（10^{-6}）分析结果

项目	赞皇群变质地层					官都群变质基性火山岩			甘陶河群
样品号	Z38-1	Z38-2	Z38-3	Z38-4	Z39-2	Z48-1	Z49-1	Z05-1	Z84-2
岩 性	石榴黑云斜长片麻岩	石榴黑云斜长片麻岩	石榴蓝晶黑云斜长片麻岩	石榴蓝晶黑云斜长片麻岩	磁铁长石石英岩	角闪片岩	角闪片岩	角闪片岩	斑点状变质基性火山岩
SiO_2	77.83	79.26	56.49	56.85	45.85	46.76	53.79	48.90	50.72
Al_2O_3	11.67	11.60	21.44	19.44	16.47	14.17	13.48	16.57	14.49
Fe_2O_3	0.94	0.38	2.77	2.85	10.94	6.28	4.07	4.83	3.07
FeO	1.56	0.93	6.22	7.74	1.49	9.66	5.80	6.13	10.01

续表

项目	赞皇群变质地层					官都群变质基性火山岩			甘陶河群
样品号	Z38-1	Z38-2	Z38-3	Z38-4	Z39-2	Z48-1	Z49-1	Z05-1	Z84-2
岩 性	石榴黑云斜长片麻岩	石榴黑云斜长片麻岩	石榴蓝晶黑云斜长片麻岩	石榴蓝晶黑云斜长片麻岩	磁铁长石石英岩	角闪片岩	角闪片岩	角闪片岩	斑点状变质基性火山岩
CaO	1.03	0.79	0.79	1.39	19.95	7.97	8.29	8.58	7.96
MgO	0.96	0.54	3.28	2.7	1.99	5.53	7.09	8.10	5.36
K_2O	1.06	1.45	3.28	1.69	0.02	0.91	0.34	0.30	0.39
Na_2O	4.24	3.89	2.51	4.77	0.19	3.48	3.24	3.73	3.73
TiO_2	0.18	0.13	1.06	1.00	1.14	1.71	1.21	0.76	1.42
MnO	0.04	0.01	0.10	0.20	0.17	0.23	0.14	0.20	0.19
P_2O_5	0.06	0.03	0.19	0.30	0.23	0.45	0.41	0.11	0.26
H_2O^+	0.48	0.58	1.04	0.72	0.88	1.22	0.64	1.26	1.52
CO_2	0.43	0.26	0.52	0.26	0.52	0.52	0.34	0.12	0.17
LOI	0.27	0.40	0.52	-0.17	1.47	1.03	0.73	1.48	1.00
总计	100.48	99.85	99.69	99.91	99.84	98.89	98.84	99.59	99.29
$Mg^{\#}$	41.00	42.00	39.00	31.00	22.00	38.00	56.00	57.00	42.00
La	7.03	6.83	75.90	47.40	24.50	21.10	29.00	7.07	18.20
Ce	18.60	13.20	154.00	106.00	53.10	48.40	72.30	17.00	40.40
Pr	1.62	1.36	17.10	11.50	7.04	6.37	9.21	2.24	5.60
Nd	6.07	4.75	62.50	42.40	28.90	26.90	38.10	9.94	24.30
Sm	1.20	0.76	11.10	7.78	5.90	5.92	7.51	2.41	5.56
Eu	0.40	0.37	2.22	2.05	2.19	2.45	2.49	0.91	1.32
Gd	1.16	0.56	8.07	6.05	5.91	5.59	5.91	2.88	5.73
Tb	0.18	0.09	1.42	1.17	1.02	0.94	1.07	0.47	0.95
Dy	1.17	0.50	7.11	6.48	5.67	5.38	5.34	3.02	5.76
Ho	0.22	0.11	1.34	1.17	1.12	1.11	1.06	0.66	1.11
Er	0.63	0.32	3.97	3.39	3.22	3.16	3.21	1.77	3.27
Tm	0.08	<0.05	0.48	0.43	0.44	0.43	0.42	0.26	0.41
Yb	0.59	0.28	3.32	2.85	2.73	2.65	2.59	1.78	2.82
Y	6.84	2.97	37.20	33.00	31.90	29.60	29.40	15.60	32.20
Lu	0.09	0.05	0.49	0.41	0.41	0.36	0.40	0.25	0.41
Eu/Eu^*	1.08	1.74	0.72	0.92	1.18	1.35	1.16	1.12	0.75
$(La/Yb)_N$	8.03	16.45	15.41	11.21	6.05	5.37	7.55	2.68	4.35
Sc	3.60	3.01	21.80	16.90	30.70	41.40	32.40	33.80	29.80
Cr	33.20	20.70	115.00	88.20	84.30	79.70	150.00	188.00	98.80
Co	8.06	4.01	28.80	28.70	30.90	60.10	45.20	59.30	47.10

续表

项目	赞皇群变质地层					官都群变质基性火山岩			甘陶河群
样品号	Z38-1	Z38-2	Z38-3	Z38-4	Z39-2	Z48-1	Z49-1	Z05-1	Z84-2
岩 性	石榴黑云斜长片麻岩	石榴黑云斜长片麻岩	石榴蓝晶黑云斜长片麻岩	石榴蓝晶黑云斜长片麻岩	磁铁长石石英岩	角闪片岩	角闪片岩	角闪片岩	斑点状变质基性火山岩
Ni	13.00	7.89	56.30	41.10	65.50	52.20	84.50	170.00	72.20
V	21.50	21.10	117.00	118.0	209.00	269.00	215.00	224.00	213.00
Ga	9.25	10.40	29.40	20.90	29.70	19.00	16.00	19.00	18.30
Rb	29.80	29.00	132.00	80.10	1.13	14.60	5.61	7.38	6.24
Sr	62.00	70.60	42.80	80.70	872.00	418.00	365.00	314.00	330.00
Zr	81.80	57.40	356.00	212.00	116.00	108.00	167.00	58.90	125.00
Hf	2.32	1.64	9.80	5.82	3.35	3.09	4.37	1.79	3.48
Nb	2.74	1.88	14.30	12.10	5.73	5.12	7.92	2.33	6.41
Ta	0.29	0.07	0.82	0.93	0.35	0.30	0.45	0.17	0.44
Cs	0.38	0.25	2.05	1.07	<0.05	0.27	0.07	0.07	0.14
Ba	323.00	277.00	686.00	232.00	18.70	695.00	108.00	116.00	170.00
Pb	22.60	17.80	13.40	10.90	11.80	8.21	5.47	1.74	5.60
Th	2.07	1.28	19.20	9.81	2.54	1.88	1.56	0.47	1.98
U	0.51	0.18	2.70	1.28	0.34	0.35	0.24	0.04	0.35

项目	甘陶河群变质基性火山岩								
样品号	Z84-3	Z84-6	Z85-1	Z95-1	Z95-2	Z96-1	Z96-2	Z96-3	Z24-1
岩 性	斑点状变基性火山岩	变质基性火山岩	变质基性火山岩	含石英和绿帘石斑点变基性火山岩	变质基性火山岩	变质火山集块岩中的基质	变质基性火山角砾岩中的角砾	变质基性火山角砾岩中的角砾	变质基性火山岩
SiO_2	50.05	49.58	49.02	51.53	54.19	46.49	48.33	50.87	49.41
Al_2O_3	15.20	15.78	14.05	13.13	12.88	17.80	15.99	15.40	15.33
Fe_2O_3	3.50	2.90	3.24	6.41	6.26	4.38	3.26	4.51	5.15
FeO	9.79	9.72	11.06	7.74	6.79	7.15	9.56	6.41	5.37
CaO	7.07	8.49	8.08	5.58	5.39	8.06	4.77	8.88	8.07
MgO	5.30	4.91	5.39	3.92	3.06	6.77	7.65	5.11	7.62
K_2O	0.31	0.78	0.45	1.47	1.47	1.86	0.33	0.62	0.68
Na_2O	4.20	2.87	4.16	5.22	5.22	1.35	4.40	3.98	3.45
TiO_2	1.54	1.52	1.72	1.90	1.86	0.93	1.01	0.89	0.76
MnO	0.20	0.16	0.22	0.13	0.18	0.15	0.20	0.15	0.17
P_2O_5	0.28	0.28	0.36	0.86	0.84	0.14	0.16	0.15	0.13
H_2O^+	1.84	1.52	1.08	1.28	1.14	3.86	3.82	1.54	2.92
CO_2	0.26	0.26	0.26	0.43	0.26	0.34	0.34	0.43	0.29

续表

项目	甘陶河群变质基性火山岩								
样品号	Z84-3	Z84-6	Z85-1	Z95-1	Z95-2	Z96-1	Z96-2	Z96-3	Z24-1
岩 性	斑点状变基性火山岩	变质基性火山岩	变质基性火山岩	含石英和绿帘石斑点变基性火山岩	变质基性火山岩	变质火山集块岩中的基质	变质基性火山角砾岩中的角砾	变质基性火山角砾岩中的角砾	变质基性火山岩
LOI	1. 29	1. 70	0. 56	0. 86	0. 81	3. 59	3. 13	1. 63	2. 92
总计	99. 54	98. 77	99. 09	99. 60	99. 54	99. 28	99. 82	98. 94	99. 35
$Mg^{\#}$	42. 00	41. 00	40. 00	33. 00	29. 00	51. 00	52. 00	45. 00	56. 00
La	19. 10	19. 70	22. 50	43. 70	44. 50	11. 90	8. 20	10. 70	9. 85
Ce	41. 60	44. 80	51. 40	108. 00	109. 00	26. 60	23. 40	25. 30	23. 70
Pr	5. 57	5. 83	6. 83	14. 40	14. 40	3. 59	3. 45	3. 43	3. 11
Nd	24. 60	24. 30	28. 20	59. 70	60. 90	15. 60	15. 30	14. 90	13. 80
Sm	5. 53	5. 41	6. 34	11. 80	11. 90	3. 78	3. 98	3. 60	2. 97
Eu	1. 93	2. 14	2. 10	2. 90	3. 24	1. 91	1. 03	1. 40	0. 90
Gd	5. 45	5. 20	5. 95	10. 60	10. 90	4. 97	4. 47	3. 94	3. 50
Tb	1. 01	0. 96	1. 09	1. 51	1. 44	0. 72	0. 68	0. 69	0. 52
Dy	5. 65	5. 80	6. 23	7. 70	7. 85	4. 39	3. 92	3. 79	3. 23
Ho	1. 17	1. 15	1. 32	1. 42	1. 42	0. 83	0. 83	0. 75	0. 68
Er	3. 55	3. 41	3. 78	4. 34	4. 11	2. 67	2. 45	2. 31	1. 95
Tm	0. 47	0. 42	0. 47	0. 50	0. 52	0. 32	0. 32	0. 29	0. 27
Yb	3. 20	2. 90	3. 42	3. 39	3. 44	2. 20	2. 16	1. 89	1. 81
Y	32. 40	31. 20	36. 30	31. 70	30. 50	20. 30	17. 60	16. 90	16. 00
Lu	0. 46	0. 45	0. 50	0. 47	0. 44	0. 31	0. 31	0. 28	0. 26
Eu/Eu^*	1. 12	1. 28	1. 08	0. 82	0. 90	1. 43	0. 79	1. 20	0. 90
$(La/Yb)_N$	4. 02	4. 58	4. 44	8. 69	8. 72	3. 65	2. 56	3. 82	3. 67
Sc	31. 30	33. 90	36. 80	29. 80	27. 80	35. 90	35. 30	31. 10	33. 20
Cr	107. 00	109. 00	81. 80	4. 39	2. 85	173. 00	178. 00	162. 00	95. 60
Co	49. 80	73. 70	47. 30	53. 60	41. 40	70. 60	78. 30	75. 20	60. 20
Ni	66. 70	84. 10	44. 40	19. 20	17. 70	164. 00	178. 00	165. 00	116. 00
V	210. 00	222. 00	233. 00	297. 00	283. 00	249. 00	226. 00	225. 00	223. 00
Ga	18. 90	20. 60	19. 20	21. 00	21. 80	22. 50	13. 00	18. 50	17. 70
Rb	4. 04	20. 30	7. 35	25. 30	33. 20	16. 80	3. 02	8. 65	10. 10
Sr	341. 00	365. 00	343. 00	129. 00	248. 00	227. 00	152. 00	299. 00	323. 00
Zr	132. 00	135. 00	158. 00	189. 00	183. 00	59. 70	60. 70	54. 00	70. 90
Hf	3. 83	3. 73	4. 50	5. 68	5. 63	1. 98	1. 91	1. 84	2. 16
Nb	6. 74	6. 97	7. 89	8. 92	8. 57	3. 08	3. 11	3. 21	2. 67
Ta	0. 46	0. 44	0. 49	0. 46	0. 48	0. 22	0. 21	0. 22	0. 16
Cs	0. 13	0. 86	0. 27	0. 73	1. 00	0. 07	<0. 05	0. 05	0. 17
Ba	122. 00	303. 00	253. 00	526. 00	407. 00	1076. 00	125. 00	211. 00	301. 00
Pb	6. 70	9. 83	5. 27	2. 70	3. 62	2. 24	1. 21	5. 12	3. 15
Th	1. 95	1. 96	1. 88	3. 04	2. 94	0. 69	0. 67	0. 63	0. 54
U	0. 40	0. 46	0. 28	0. 52	0. 55	0. 14	0. 17	0. 30	0. 07

续表

项目	甘陶河群变质基性火山岩								
样品号	Z24-2	Z25-1	Z25-2	Z26-1	Z27-1	Z28-1	Z29-1	Z29-2	Z29-3
岩 性	变质基性火山岩	斑点状变质基性火山岩	变质基性火山岩	细粒变质基性火山岩	变质基性火山角砾岩	变质基性火山岩	变质基性火山岩	变质基性火山岩	细粒变质基性火山岩
SiO_2	45.86	46.94	43.44	50.83	50.07	48.63	48.78	50.10	49.09
Al_2O_3	14.50	16.12	17.44	14.97	15.26	15.00	15.83	15.32	15.17
Fe_2O_3	6.01	5.38	3.03	4.79	3.67	6.27	3.29	3.88	5.13
FeO	10.83	7.10	9.29	5.39	6.04	5.16	8.03	6.16	5.73
CaO	1.28	8.15	2.34	8.84	8.11	5.10	5.38	9.32	9.25
MgO	9.20	6.77	11.97	6.99	7.56	9.15	8.22	7.06	7.12
K_2O	1.94	0.42	0.22	0.23	0.73	0.51	0.95	0.74	0.68
Na_2O	2.08	3.01	3.89	3.10	3.31	4.14	3.78	2.60	2.71
TiO_2	1.94	1.23	1.38	0.74	0.92	0.86	1.05	0.87	0.87
MnO	0.15	0.17	0.20	0.17	0.17	0.18	0.22	0.17	0.16
P_2O_5	0.58	0.20	0.25	0.13	0.18	0.15	0.24	0.19	0.15
H_2O^+	5.58	3.66	6.54	2.88	3.18	4.25	3.88	3.06	2.98
CO_2	0.45	0.20	0.12	0.29	0.12	0.12	0.12	0.20	0.29
LOI	4.81	3.16	5.49	2.73	2.68	3.79	3.32	2.55	2.90
总计	100.40	99.35	100.11	99.35	99.32	99.52	99.77	99.67	99.33
$Mg^{\#}$	49.00	49.00	63.00	55.00	58.00	59.00	56.00	56.00	54.00
La	19.00	11.80	5.76	9.36	14.30	11.80	19.30	14.50	10.40
Ce	44.60	28.10	17.00	22.10	32.80	27.60	46.30	34.70	24.70
Pr	5.76	3.80	2.53	2.86	4.14	3.63	5.98	4.55	3.35
Nd	25.10	17.00	12.00	12.70	18.10	15.60	25.80	19.70	15.10
Sm	5.19	3.64	3.30	2.78	3.89	3.43	5.08	4.06	3.39
Eu	2.15	1.33	0.46	0.95	1.26	1.06	1.55	1.39	1.13
Gd	5.51	4.22	3.79	3.21	4.39	3.92	5.39	4.31	3.89
Tb	0.82	0.63	0.61	0.48	0.63	0.57	0.71	0.59	0.58
Dy	4.91	3.80	3.89	3.09	3.84	3.64	4.22	3.57	3.54
Ho	1.01	0.79	0.83	0.65	0.79	0.76	0.82	0.73	0.76
Er	2.89	2.27	2.36	1.85	2.24	2.11	2.31	2.03	2.11
Tm	0.42	0.32	0.30	0.26	0.31	0.30	0.31	0.27	0.30
Yb	2.78	2.12	2.10	1.77	2.10	1.93	2.09	1.80	1.99
Y	23.50	19.30	18.30	15.60	19.00	18.00	19.80	17.90	17.80
Lu	0.40	0.30	0.30	0.25	0.29	0.29	0.29	0.27	0.29
Eu/Eu^*	1.29	1.10	0.42	1.03	0.98	0.93	0.95	1.07	1.01

续表

项目	甘陶河群变质基性火山岩								
样品号	Z24-2	Z25-1	Z25-2	Z26-1	Z27-1	Z28-1	Z29-1	Z29-2	Z29-3
岩 性	变质基性火山岩	斑点状变质基性火山岩	变质基性火山岩	细粒变质基性火山岩	变质基性火山角砾岩	变质基性火山岩	变质基性火山岩	变质基性火山岩	细粒变质基性火山岩
$(La/Yb)_N$	4.61	3.75	1.85	3.57	4.59	4.12	6.23	5.43	3.52
Sc	37.70	29.40	18.80	31.00	31.90	35.50	31.10	30.20	29.20
Cr	136.00	137.00	817.00	88.10	209.00	77.30	103.00	125.00	94.80
Co	52.00	61.50	119.00	53.10	48.30	60.60	54.00	50.30	53.80
Ni	78.50	124.00	413.00	110.00	143.00	104.00	107.00	119.00	125.00
V	387.00	236.00	147.00	223.00	225.00	227.00	268.00	241.00	242.00
Ga	22.30	19.40	16.10	17.90	20.00	17.30	17.40	19.50	18.40
Rb	21.20	5.05	3.18	2.90	14.70	7.77	15.30	14.90	10.20
Sr	45.30	388.00	18.80	444.00	339.00	152.00	259.00	505.00	342.00
Zr	127.00	86.40	96.50	69.20	95.10	86.70	125.00	95.70	82.30
Hf	3.58	2.45	2.78	1.96	2.79	2.50	3.40	2.65	2.40
Nb	5.82	4.20	4.77	2.59	3.73	3.12	4.57	3.67	3.00
Ta	0.34	0.24	0.26	0.15	0.27	0.18	0.22	0.19	0.16
Cs	0.37	0.06	0.02	0.07	0.20	0.08	0.13	0.12	0.16
Ba	134.00	280.00	58.80	139.00	319.00	249.00	798.00	390.00	351.00
Pb	1.85	2.71	0.60	4.36	3.64	1.85	1.97	2.93	2.53
Th	2.07	0.69	0.69	0.46	1.54	0.63	0.78	0.56	0.41
U	0.36	0.16	0.11	0.08	0.20	0.09	0.14	0.11	0.09

泥质片麻岩类（石榴蓝晶黑云斜长片麻岩）具有低硅（SiO_2 = 56.49% ~ 56.85%）、高铝（Al_2O_3 = 19.44% ~21.44%）、富铁（FeO_T = 9.69% ~ 11.41%）、相对富钾（K_2O = 1.69% ~ 3.28%）的特点（表 2.1）。岩石的稀土总量较高，ΣREE = 239.08×10^{-6} ~ 349.02×10^{-6}（表 2.1），样品的球粒陨石标准化稀土配分型式为向右倾斜曲线，显示出轻重稀土强烈分馏（图 2.4），$(La/Yb)_N$ = 11.21 ~15.41，具有弱的 Eu 负异常（Eu/Eu^* = 0.72 ~0.92）。泥质片麻岩类大离子亲石元素 Rb（80.1×10^{-6} ~ 132×10^{-6}）含量较高，但 Sr（42.8×10^{-6} ~ 80.7×10^{-6}）含量较低。相容元素 V、Cr、Co、Ni 等含量也较低。在原始地幔标准化的微量元素配分图解中，具有 Nb、Ta 、Sr、Ti 的负异常（图 2.5）。这些特征表明它们的原岩为典型的泥质岩。

磁铁长石石英岩具有低硅（SiO_2 = 45.85%）、高铝（Al_2O_3 = 16.47%）、低镁（MgO = 1.99%）、高铁（FeO_T = 12.60%）、富钙（CaO = 19.95%）、低钾（K_2O = 0.02%）、低钠（Na_2O = 0.19%）的特征（表 2.1）。岩石的稀土总量中等，ΣREE = 146.15×10^{-6}，样品的球粒陨石标准化稀土配分型式为向右倾斜曲线（图 2.4），轻重稀土中等程度分馏，

$(La/Yb)_N = 6.05$。具有弱的 Eu 正异常（$Eu/Eu^* = 1.18$）。岩石中大离子亲石元素 Rb（1.13×10^{-6}）和 Ba（18.7×10^{-6}）含量很低，但 Sr（872×10^{-6}）含量较高（表 2.1），Rb/Sr 值只有 0.0013，非常低。相容元素 V、Cr、Co、Ni 等含量相对较低。在原始地幔标准化的微量元素配分图解中，具有明显的 Th、Sr 正异常和 Nb、Ta、Ti 的负异常（图 2.5）。这些特征表明它们的原岩应为特殊的含铁泥质砂岩。

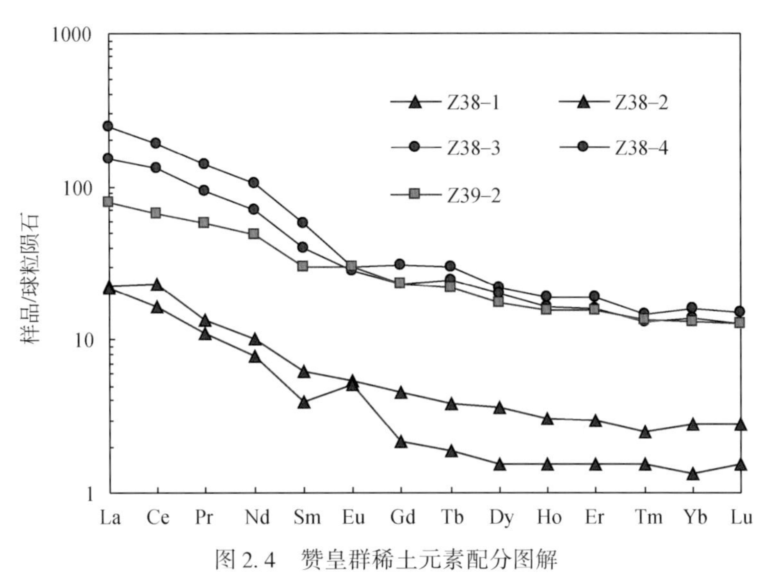

图 2.4　赞皇群稀土元素配分图解

实心三角．石榴黑云斜长片麻岩类；实心圆．石榴蓝晶黑云斜长片麻岩；实心方块．磁铁长石石英岩

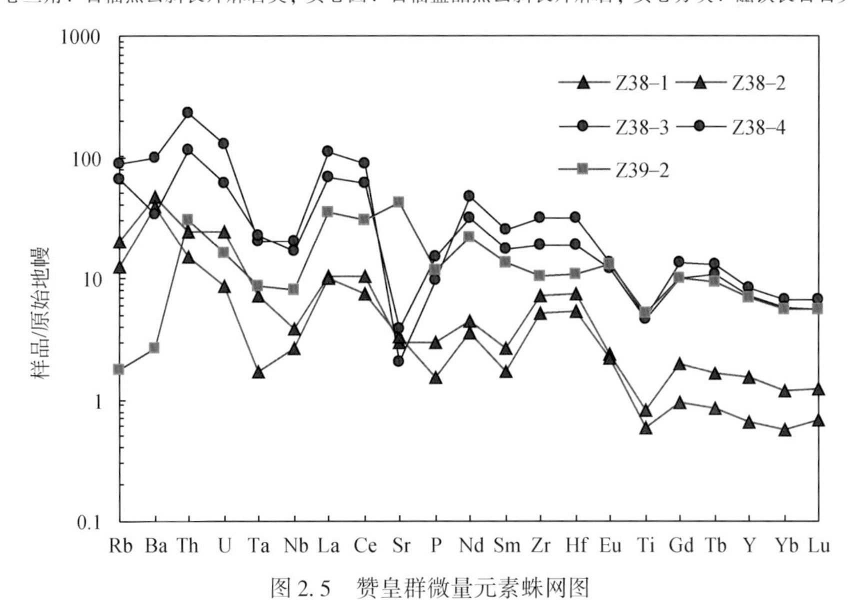

图 2.5　赞皇群微量元素蛛网图

实心三角．石榴黑云斜长片麻岩类；实心圆．石榴蓝晶黑云斜长片麻岩；实心方块．磁铁长石石英岩

2.1.1.4　赞皇群的时代

关于赞皇群的时代目前还存在一定的争议。1∶50 万河北省、北京市、天津市地质图

中将赞皇群定为中太古代，与阜平的陈庄超群时代对应，依据的主要是早期的 Sm-Nd 同位素年龄。而 1∶5 万测鱼幅、王家坪幅、摩天岭幅、北褚幅、赞皇幅、临城幅等区域地质图中根据地质体的相互关系以及传统锆石 U-Pb 一致线年龄，均将赞皇群定为新太古代。肖玲玲等（2011a）曾测得赞皇群泥质片麻岩的碎屑锆石年龄集中于 2450Ma 左右，最老年龄为 2732Ma，倾向将其归于古元古代。结合区域上赞皇群地层多呈包体形式存在于 2.51～2.50Ma 的片麻状花岗岩中（杨崇辉等，2011b）以及区内 2.7Ga 的 TTG 发育大量平直的长英质条带，而赞皇群中缺少相应的这一期条带，我们判断赞皇群的时代应为新太古代晚期，大致形成于 2.7～2.51Ga。赞星群中斜长角闪岩和角闪斜长片麻岩中变质锆石的 SIMS 原位 $^{207}Pb/^{206}Pb$ 加权平均年龄分别为 1841±16Ma 和 1850±23Ma（肖玲玲等，2011b），表明赞皇群在～1850Ma 经历了强烈的变质改造。

2.1.2 官　都　群

官都群是从原赞皇群中解体出来的一套层状特征明显的变质地层，主要由各类片岩和大理岩组成，明显区别于以片麻岩为主的赞皇群，包括了原红鹤组的全部地层和原石家栏组底部磁铁云母石英片岩。1990 年 1∶5 万区域地质调查将这套地层命名为官都岩组①②，后来河北省 1∶50 万地质图③将其正式命名为官都群，并且将曲阳及行唐慈峪一带原划为甘陶河群的一套地层也归并为了官都群。

2.1.2.1 官都群的基本特征及组成

官都群地层层状特征明显，呈 NE-SW 狭长的带状分布于赞皇杂岩的中部（图 2.1）。官都群的底部以石英岩为标志，与不同的片麻岩类接触，前人认为其不整合于片麻岩之上。经过认真观察研究与追索，发现作为不整合标志的石英岩没有底砾岩的特征，并且石英岩层内紧闭同斜褶皱发育［图 2.6（b）］，石英岩的片理与片麻岩的片麻理平行［图 2.6（a）］，二者实为构造接触关系。从岩石组合上可以分为上下两个岩组。下岩组以酸性的片岩和大理岩为主，上岩组以基性的角闪片岩为主。

（1）官都群下岩组分布于官都群的东侧，底部为石英岩和长石石英岩，向上为二云母片岩夹大理岩和云母石英片岩，顶部为白色大理岩和杂色大理岩（不纯的大理岩）。

石英岩类：包括石英岩和长石石英岩。为灰白-黄褐色，野外多呈板状-片状，看似为延伸较为稳定的单斜地层，实际上石英岩层内多发育有同斜褶皱［图 2.6（b）～（d）］。岩石具有中细粒粒状变晶结构，主要由石英组成，但含量变化较大（60%～99%），其余为长石和少量云母。

白云母石英片岩：灰白色，片状构造［图 2.6（h）］，白云母等片状矿物定向构成片

---

① 河北省地质矿产局第十一地质大队，1993，1∶50 万北褚幅、赞皇幅、临城幅地质图及说明书。

② 河北省地质矿产局第十一地质大队，1996，1∶50 万将军墓幅、西丘幅、西黄村幅、邢台市幅地质图及说明书。

③ 河北省国土资源厅、河北省地质矿产勘察开发局，2000，1∶50 万河北省、北京市、天津市地质图。

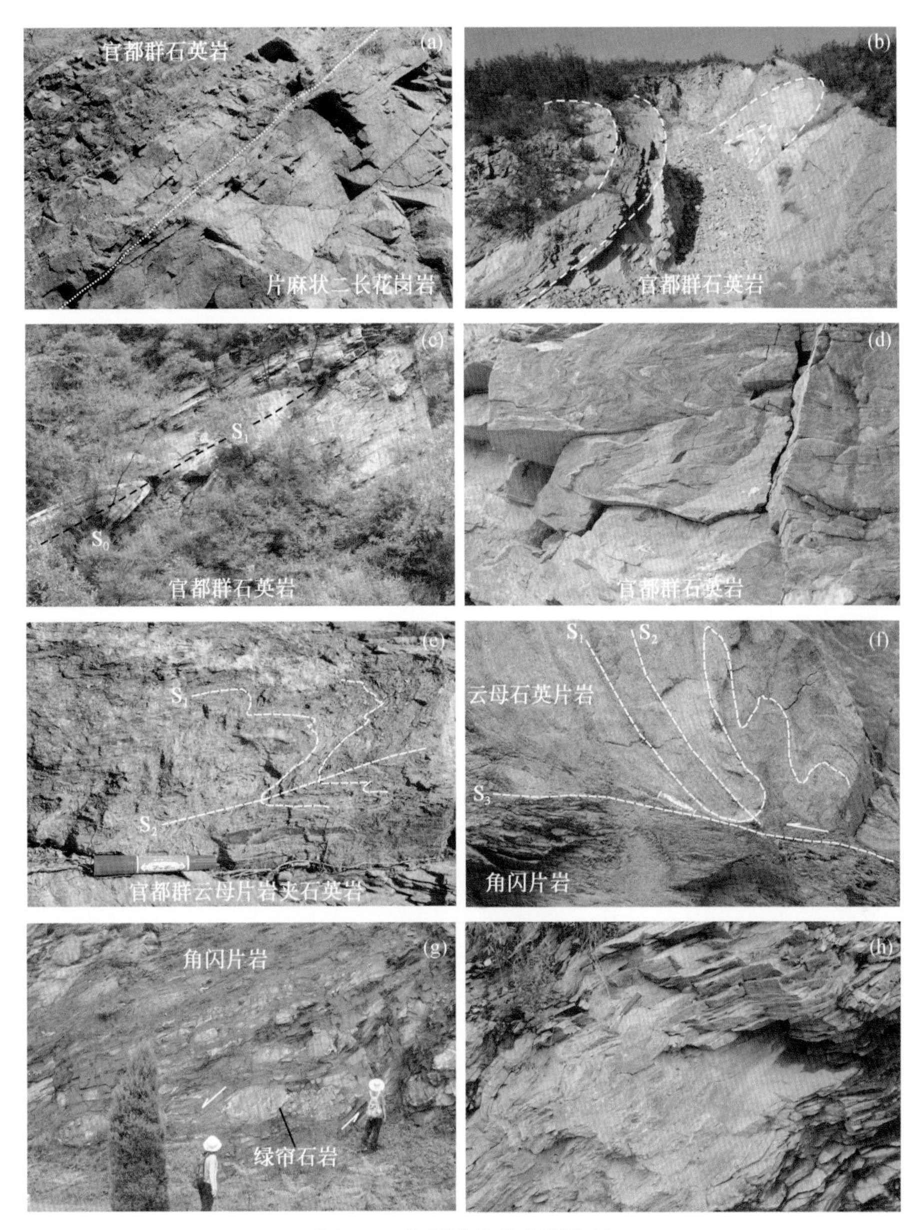

图 2.6　官都群及其变形特征

详细说明见正文

理，中粒镶嵌粒状变晶结构。片状矿物主要为白云母（10%～30%）及少量黑云母和绢云母，粒状矿物主要为石英（60%～80%）和少量长石。部分白云母石英片岩中含有条带状分布的磁铁矿，是邢台-临城重要的铁矿产出层位。

云母片岩类：包括白云母片岩、绿泥石绢云母片岩和二云母片岩等。

白云母片岩-绿泥石绢云母片岩：灰-灰白色，片状构造［图 2.6（e）］，细粒鳞片状变晶结构，主要由白云母、绢云母和绿帘石、绿泥石、石英等构成，偶见少量黑云母。

二云母片岩：灰色，片状构造，细粒鳞片状变晶结构，主要由白云母、黑云母、石英、绿帘石、斜长石、方解石等矿物组成。黑云母镜下为黄绿色，多集中呈带状分布。

钙质片岩：浅灰色，片状构造，粒状、鳞片状变晶结构，主要由方解石（30%～50%）和片状矿物白云母及绢云母（40%～50%）组成，通常与大理岩互层。

大理岩类：成分较为复杂，有大理岩、白云石大理岩、石英大理岩以及含绿帘石、透闪石等矿物的钙镁硅酸盐。岩石多呈白-灰白色，少量为粉红色、黄绿色等杂色。多为块状构造，局部变形较强为片状构造，中粒粒状变晶结构，比较纯的大理岩方解石含量通常大于90%，有少量石英、白云母、金云母等矿物。白云石大理岩中，方解石与白云石的含量互为消长，但通常二者总和也大于90%，其余为石英、白云母、黑云母等。

（2）官都群上岩组分布于官都群的中部和西侧，以角闪片岩、绿帘角闪片岩、黑云角闪片岩、斜长角闪片岩为主夹绿帘石岩、白云母石英片岩和薄层大理岩。

角闪片岩类：深灰色-绿黑色，片状构造，常夹有绿帘石的透镜体［图2.6（f）、（g）］，细粒-中粒柱粒状变晶结构，主要由普通角闪石（50%～70%）、斜长石（30%～40%）、绿帘石（5%～15%）和少量黑云母、石英等组成，镜下角闪石为蓝绿色，长轴定向分布构成片理。

2.1.2.2 官都群的变质变形特征

官都群呈狭长的近SN向带状分布，其两侧与周围岩石均表现为构造接触。尽管官都群宏观上表现出向NWW倾的单斜特征，但实际上片内同斜褶皱等构造非常发育，现在的片理已不代表原来的层理了。第一期变形作用（D_1）表现为片内的紧闭同斜褶皱［图2.6（c）、（d）］，其轴面劈理（S_1）与主期片理一致。第二期变形（D_2）表现为片理的褶皱变形［图2.6（e）、（f）］。第三期变形（D_3）表现为局部地段发育的韧性剪切作用［图2.6（f）、（g）］。第四期变形（D_4）表现为局部地段发育的膝折构造［图2.6（h）］。

官都群经历了绿帘角闪岩相变质作用，没有经历明显的深熔作用。

变质基性岩表现出的变质矿物组合为：$Pl_1 + Amp_1 + Ep_1 + Qtz \pm Bt$，后期退变产生了$Ab + Chl$组合。

云母片岩表现出的变质矿物组合为：$Pl_1 + Mus_1 + Qtz \pm Bt_1$，后期退变产生了$Mus_2 + Ser + Chl$组合。

2.1.2.3 官都群的地球化学特征

我们重点对官都群中的变质基性岩（角闪片岩）进行了地球化学研究。样品Z05-1采自临城县郝庄镇东，样品Z48-1和Z49-1分别采自内丘县戈廖村和张家台村。

角闪片岩FeO_T含量较高（10.52%～17.03%），TiO_2（0.76%～1.71%）较低，CaO（7.97%～8.58%）含量较高。角闪片岩K_2O（0.30%～0.91%）的含量较低，所有样品$Na_2O > K_2O$（表2.1）。MgO（5.53%～8.51%）变化范围较大，低于原始岩浆参考值（MgO＝10%～12%，Wendlandt *et al.*，1995），$Mg^\#$（39～58）不高且变化较大，低于原生玄武岩（$Mg^\# = 70$，Dupuy and Dostal，1984），具有演化的玄武岩特征（杜利林等，2009）。MgO与主量元素相关图解中（图2.7），FeO_T、TiO_2与MgO呈明显的负相关性；CaO与MgO呈明显的正相关性，SiO_2、Al_2O_3、Na_2O等与MgO相关性不明显。可能反映岩

浆在源区或上升过程中，主要经历了以辉石为主的分离结晶，而没有明显的尖晶石和磁铁矿等的分离结晶。

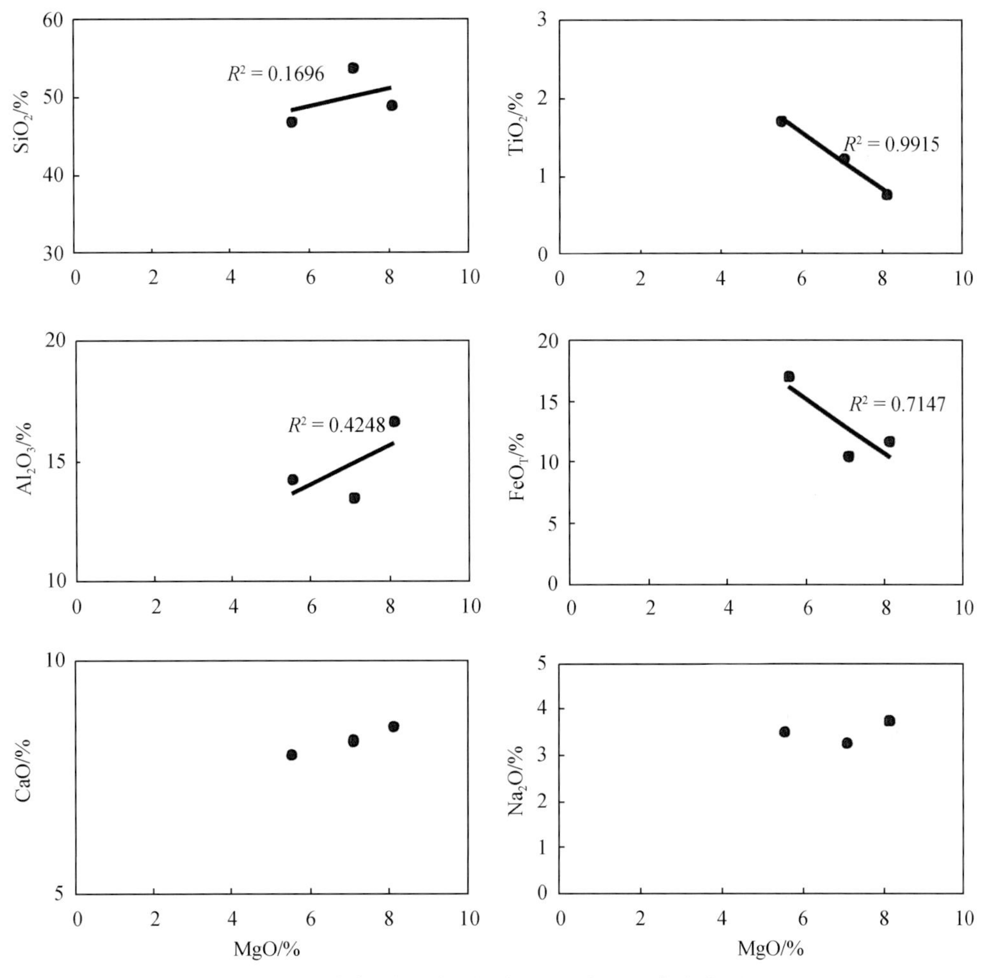

图 2.7 官都群变质基性岩 MgO-主量元素变化图

角闪片岩的稀土元素含量不高（$50.66\times10^{-6}\sim178.61\times10^{-6}$）。玄武岩轻、重稀土元素具有中等程度分异，$(La/Yb)_N=2.68\sim7.55$，具有微弱的 Eu 正异常（$Eu/Eu^*=1.05\sim1.28$），表明无大量的斜长石分离结晶。在球粒陨石标准化的稀土元素配分图解中（图 2.8），稀土配分曲线向右倾，总体特征与洋岛玄武岩（OIB）（Sun and McDonough，1989）和大陆拉斑玄武岩类似，与岛弧拉斑玄武岩不同（万渝生等，1997）。从稀土元素配分图解中可以看出研究区北部样品（Z05-1）的稀土含量略低于南部样品（Z48-1 和 Z49-1），可能反映了玄武岩的演化特征。

角闪片岩的相容元素 Cr、Ni、Co 等含量相对较低，而 Rb、Th、U、Zr、Hf 含量相对较高（表 2.1），这些特征说明它们可能形成于大陆内部。在原始地幔标准化的微量元素配分图解中（图 2.8），具有向右缓倾的曲线特征，具有明显的 Ba 正异常和 LREE（轻稀土元素）富集特征，没有 Nb、Ta、Zr、Hf 负异常，但具有弱的 Ti 负异常。同样，研究区

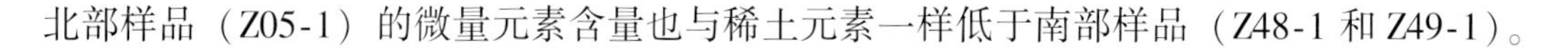

北部样品（Z05-1）的微量元素含量也与稀土元素一样低于南部样品（Z48-1 和 Z49-1）。

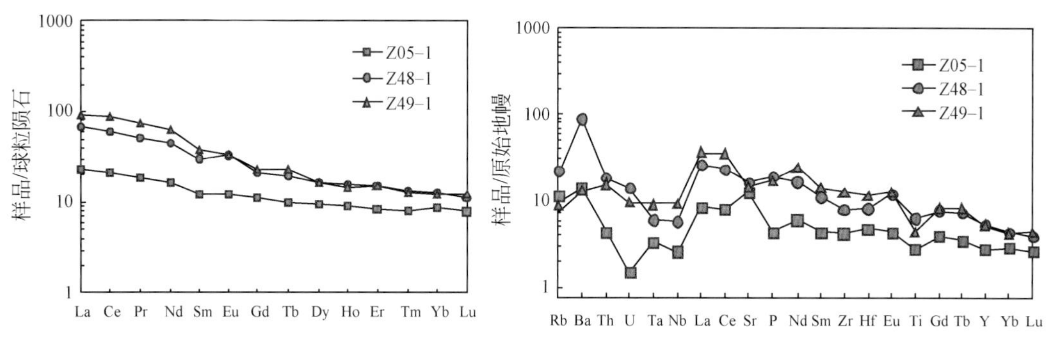

图 2.8　官都群变质基性岩稀土及微量元素标准化图解

从变质基性岩的主量、微量和稀土元素特征看，它们具有拉斑玄武岩特征。而拉斑玄武岩可以出现在大洋中脊、洋岛、岛弧和大陆裂谷等不同环境中。官都群变质玄武岩的 FeO_T 含量较高，富集 LREE 和 LIL 大离子亲石元素，相容元素 Cr、Co、Ni 含量相对较低、$Mg^{\#}$ 不高且变化范围较大，具有大陆拉班玄武岩特征。官都群变质玄武岩 LREE 富集，$(La/Yb)_N$ 值高，可能与地壳的混染有关。官都群变质玄武岩没有 Nb、Ta、Zr、Hf 负异常，与典型具有 Nb、Ta、Ti、Zr、Hf 亏损特征的岛弧玄武岩明显不同（Woodhead，1989；Kelemen *et al.*，1990；McCullcoh and Gamble，1991）。官都群变质玄武岩中 Nb/Ta 值不同地区变化较大，北部临城地区 Nb/Ta = 13.71，南部内丘地区 Nb/Ta = 17.07～17.60，说明北部地区的玄武岩可能有弱的 Nb、Ta 分异，而南部玄武岩 Nb/Ta 值（17.07～17.60）与大洋玄武岩（17.7）和洋岛玄武岩（17.8）接近（Sun and McDonough，1989），表明 Nb、Ta 没有发生明显分异。官都群变质玄武岩 Zr/Hf 值变化较大（32.91～38.22）。Zr/Y 值较大（3.65～5.68），具有板内玄武岩特征。

从官都群的组成来看，下部是碎屑岩（石英岩等），向上逐步变为泥质岩（云母片岩）及碳酸盐岩（大理岩），再向上出现了火山岩。反映了一种由浅水至深水的逐步拉伸最后出现火山岩的拉张环境。

2.1.2.4　官都群的时代

官都群的时代目前还没有准确的年龄限定，早期划为太古宙赞皇群，1∶5 万临城幅等区域地质调查认为其不整合于新太古代片麻岩之上①②，同时测得官都群下部含磁铁矿条带白云母石英片岩 Rb-Sr 全岩年龄为 2061.42±148Ma③，认为是变质年龄，侵入官都群的黄岔岩体的锆石 U-Pb 一致线年龄为 2210Ma④，因而限定了官都群的形成时代为早元古

---

① 河北省地质矿产局第十一地质大队，1989，1∶50 万测鱼幅、王家坪幅、摩天岭幅区域地质调查报告。

② 河北省地质矿产局第十一地质大队，1993，1∶50 万北褚幅、赞皇幅、临城幅地质图及说明书。

③ 河北省地质矿产局第十一地质大队，1996，1∶50 万将军墓幅、西丘幅、西黄村幅、邢台市幅地质图及说明书。

④ 河北省地质矿产局第十一地质大队，1993，1∶50 万北褚幅、赞皇幅、临城幅地质图及说明书。

代。尽管野外研究没有找到确凿的不整合证据，但官都群的组成及变质变形明显不同于赞皇群，其组成具有明显的层序性，变质程度较浅，没有经历明显的深熔作用，在变形方面也没有发现塑性的无根勾状褶皱，变形期次也明显少于赞皇群，所以官都群的形成时代明显晚于新太古代的赞皇群，划归古元代是合理的。官都群确切的年龄还有待于进一步工作。

2.1.3　甘陶河群

甘陶河群为一套浅变质岩系，主要分布于赞皇杂岩的西侧，沿甘陶河流域两侧呈近南北向的带状分布，其北部与古元古代的许亭花岗岩为构造接触，南部不整合覆盖于新太古代的片麻岩之上，西侧为中元古代的长城系不整合覆盖。此外，该套地层在元氏县西部上寨至井陉南部吴家窑一带也有出露。

2.1.3.1　甘陶河群地层的基本组成特征

甘陶河群为一套浅变质的火山-沉积岩系，岩性复杂。根据火山-沉积旋回，从下至上划分为南寺掌组、南寺组和蒿亭组①。

(1) 南寺掌组呈 SN 向的带状，主要分布于井陉南寺掌-王家坪一带，根据岩石组合可分为上下两段。下段为一套由粗到细的变质碎屑岩，上段则以变质基性火山岩为主。

下段：底部为肉红色的变质含砾长石石英砂岩［图 2.9 (a)］，局部见有不稳定的薄层砾岩。砾石通常较小，主要为石英，粒径通常为 1 ~ 2cm 左右。向上砾石减少过渡为褐色的粗粒变质长石石英砂岩［图 2.9 (b)］，普遍发育有以磁铁矿为标志的交错层理［图 2.9 (c)］。再向上渐变为黄-灰黄色的变质长石石英砂岩，顶部则以灰黑色板岩为标志与上段相区别［图 2.9 (d)］。

上段：以变质基性岩为主夹有多层变质长石砂岩、砂质板岩和板岩。变质基性岩主要为灰绿色变质玄武岩，局部见岩枕［图 2.9 (e)］、气孔及杏仁构造［图 2.9 (f)］。见有多个集块岩［图 2.9 (g)］-角砾岩-玄武岩-凝灰质板岩的火山喷发旋回。

(2) 南寺组分布于南寺掌组的西侧，以大量的基性火山岩和碎屑岩互层为特征。根据岩性特征可分为 4 个岩性段。

一段：从下至上由变质含砾长石石英砂岩变化为中粗粒变质长石石英砂岩再到细粒变质砂岩和板岩，顶部有一层稳定的变玄武岩。

二段：由下至上也具有明显的由粗到细的韵律变化，底部为变质含砾砂岩和砂岩，向上渐变为变质长石石英砂岩与黑色板岩互层，顶部为特征的黑-青灰色板岩。

三段：分布局限于井陉测鱼北部，由下至上分别为硅质白云岩—变质石英砂岩—板岩。

四段：以厚层灰绿色的变质玄武岩、火山角砾岩和集块岩互层为特征，变玄武岩中见柱状节理。

(3) 蒿亭组分布于南寺组的西侧，其上被长城系角度不整合覆盖。根据岩性组合可以

① 河北省地质矿产局第十一地质大队，1989，1 : 50 万测鱼幅、王家坪幅、摩天岭幅区域地质调查报告。

分为上下两个岩性段。

下段：以砂质板岩与白云岩互层为特征，夹变质玄武岩。

上段：以灰绿-黑绿色变质玄武岩（包括玄武质角砾岩和集块岩）为主，中下部夹多层变质砂岩、板岩，上部为巨厚层的变质玄武岩，见有枕状构造和柱状节理［图2.9（h）］。

总的来看甘陶河群下部为粗碎屑沉积，为类磨拉石建造。向上粒度变细，为火山-细碎屑沉积建造，反映了一种裂谷沉积建造的特征。从沉积环境分析，与岛弧有关的弧前或弧后盆地沉积序列是连续的从深海沉积过渡到浅海甚至陆相，总体表现为一个向上变粗、变浅的沉积序列，通常下部由硅质岩、再搬运重力流沉积以及深水、半深水泥岩组成，向上整合覆盖滨、浅海，甚至陆相沉积（张传恒和张世红，1998）。很显然，甘陶河是下粗上细的沉积序列，不符合弧前盆地的沉积序列。无论是弧后盆地还是弧前盆地，它们都是板块俯冲的产物，一个共同的特征是碎屑沉积物中有大量的火山物质。弧后盆地沉积的一个显著特点是发育大量的火山碎屑物质，火山物质多由岛弧供给，与深海相沉积岩共生（Marsaglia，1992；彭勇民等，1999）。同样弧前盆地的碎屑岩成分成熟度也极低，大量发育火山岩岩屑、变质岩岩屑及长石碎屑，在砂岩碎屑组分 Dickinson 三角图解中，其投点均落在源区为岩浆弧的区域内（Dickinson *et al.*，1995）。甘陶河群的碎屑沉积岩主要是陆源碎屑物质，底部为粗碎屑的变质长石石英砂岩，向上粒度变细主要为板岩和云母片岩，原岩为页岩+泥岩-粉砂岩组合，没有明显的火山碎屑物质。所以从沉积特征分析甘陶河群并非弧后盆地或弧前盆地环境的沉积产物。再从岩浆活动性质来看，甘陶河群发育有大量的基性火山岩，据本项目及颉颃强等（2013）的研究，浅变质玄武岩的年龄在2.08Ga左右，与许亭A型花岗岩的年龄在误差范围内是一致的。这些基性火山岩与许亭花岗岩构成了双峰式的岩浆组合，表明其应该形成于裂谷环境。

综上所述，甘陶河群地层的构造背景应为裂谷环境。从沉积及构造环境特征看，甘陶河群与滹沱群有类似之处，下部为粗碎屑沉积，向上粒度变细，并且都有同时代的裂谷性质的基性火山岩，主要的区别是甘陶河群下部的砾岩分布局限，且火山岩较滹沱群更为发育，上部碳酸盐台地不发育，反映了甘陶河群与滹沱群可能处于裂谷的不同部分。

2.1.3.2 甘陶河群的变质变形特征

甘陶河群虽经历了变质变形的改造，但一些原岩的结构、构造仍保存较好，如变质沉积岩的交错层理［图2.9（c）］、粒度变化的沉积韵律及成分变化等均可明显识别，局部变质玄武岩的柱状节理［图2.9（h）］、枕状构造等均保存完好［图2.9（e）］。

第一期变形应为层内褶皱［图2.10（a）］及片理的形成，片理发育不均匀，在厚层变质玄武岩和变质长石石英砂岩中片理不发育，而在能干性较弱的薄层、中薄层变质玄武岩以及变质细碎屑岩中片理通常较为发育［图2.10（b）］。片理多数情况下与层理平行，与地层的总体构造线方向一致。

第二期变形表现为片理的简单宽缓大型褶皱，褶皱轴近SN向，通常在翼部形成劈理与先期片里斜交［图2.10（c）］。随着褶皱变形，玄武岩柱状节理的产状也发生了改变，在轴面附近为直立［图2.10（d）］，而在翼部则为倾斜或平卧［图2.10（e）］。

第三期变形为局部韧性剪切构造。例如，井陉测鱼一带甘陶河群底部边界韧性剪切带

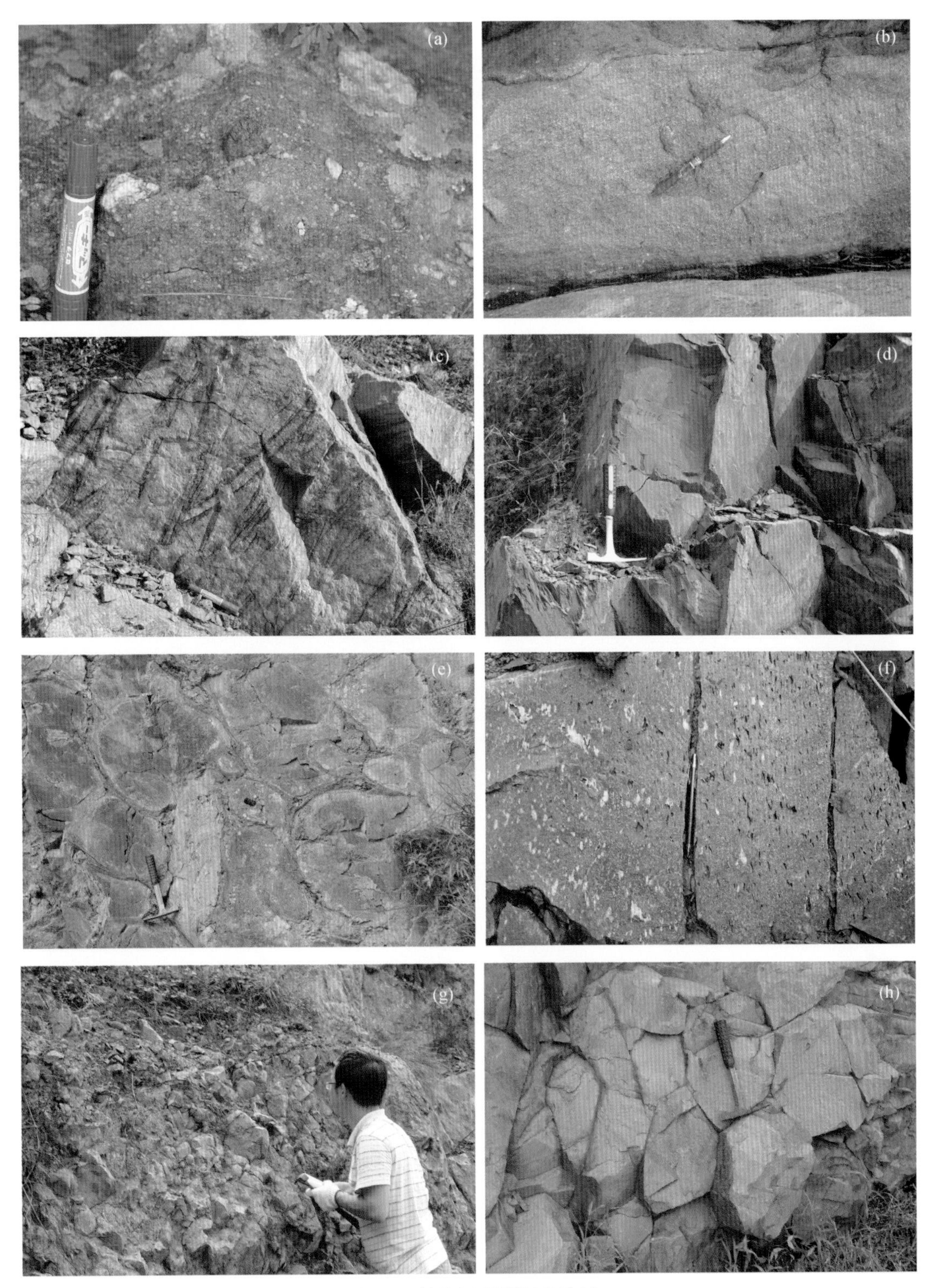

图 2.9　甘陶河群的野外特征
详细说明见正文

使底部的含砾砂岩发生了强烈的片理化［图2.10（f）］。

甘陶河群是一套经历了绿片岩相变质作用的浅变质岩系，原岩的结构、构造及矿物成分均有保留。

基性火山岩变质矿物组合为：Ab_1 + Amp_1（Urt）+ Chl_1 + Ep_1 + Qtz，后期退变产生了 Ser_2 + Chl_2组合。

板岩、千枚岩的变质矿物组合为：Ab_1 + Ser_1 + Qtz ± Mus_1，后期退变产生了 Ser_2 + Chl_2组合。

变质长石石英砂岩类变质矿物组合为：Ab_1 + Ser_1 + Qtz +Chl_1，后期退变产生了 Ser_2 + Chl_2组合。

在局部地段可出现变质程度稍高的（绢）云母片岩类，其变质矿物组合中可出现黑云母，主要矿物组合为：Ser_1 + Qtz + Mus_1 ± Bt_1。

图2.10　甘陶河群变形特征

详细说明见正文

2.1.3.3　甘陶河群地球化学特征

甘陶河群发育巨厚层的变质玄武岩及火山集块岩和火山角砾岩，其性质对判断构造背景具有重要的作用。

甘陶河群玄武岩的 TiO_2 含量较低（0.73% ~1.94% <2.5%），属低钛玄武岩。岩石 MgO 含量（3.06% ~11.97%）变化较大（表 2.1），多数为 5% ~9%，根据 MgO 含量，可以把甘陶河群玄武岩分为三组：一是低 MgO（3.06% ~3.92%）的玄武岩（样品 Z95-1 和 Z95-2）；二是 MgO 含量中等（4.91% ~9.15%）的玄武岩，甘陶河群大多数玄武岩都属此类（除第一类和第三类之外，表 2.1 中甘陶河火山岩的其他样品）；三是高 MgO（11.97%）的玄武岩（样品 Z25-2）。SiO_2 含量（43.44% ~54.19%）变化较大，与 MgO 有明显的负相关性，火山角砾岩中的个别角砾 SiO_2 含量稍高（样品 Z37-1 的 SiO_2 含量为 56.73%）。Na_2O+K_2O 含量较高（3.21% ~6.69%），与 MgO 有一定的负相关性。玄武岩 MgO 与其他主量及微量元素的相关性如图 2.11 所示。FeO_T 与 MgO 含量没有相关性，表明没有磁铁矿分离结晶作用。TiO_2 含量与 MgO 含量有弱的负相关性，说明没有钛铁矿等的分离结晶。Na_2O 以及 Cr、Ni 等与 MgO 含量没有明显的相关性。甘陶河群玄武岩中一类和二类 MgO 含量（3.06% ~9.15%）和 Cr 含量（2.85×10^{-6} ~ 178×10^{-6}）明显低于原始岩浆参考值（MgO=10% ~12%，Cr=250×10^{-6}），进一步表明玄武岩岩浆经过橄榄石及辉石等矿物的分离结晶作用。

甘陶河群变质玄武岩的∑REE（55.23×10^{-6} ~ 274.06×10^{-6}）变化较大。与 MgO 含量变化对应的三组玄武岩，同样对应于稀土总量的由高到低。第一类低 MgO 含量的玄武岩具有最高的稀土总量，其轻、重稀土分异非常明显，$(La/Yb)_N$= 8.69 ~8.72，具有微弱的 Eu 负异常（Eu/Eu^* =0.78 ~0.86），表明无大量的斜长石分离结晶。在球粒陨石标准化的稀土元素配分图解中（图 2.12），具有向右陡倾的稀土配分曲线，总体与洋岛玄武岩（OIB）（Sun and McDonough，1989）和大陆拉斑玄武岩类似，与岛弧拉斑玄武岩不同（万渝生等，1997）。第二类 MgO 含量中等的玄武岩，对应于中等含量的稀土总量，多数没有明显的 Ce 和 Eu 异常，其轻重稀土分异不明显，$(La/Yb)_N$=2.56 ~6.23，稀土配分曲线向右缓倾斜（图 2.12）。第三类高 MgO 含量的玄武岩，具有最低的稀土总量，具有明显的 Eu 负异常（Eu/Eu^* =0.40），轻重稀土没有明显的分异，$(La/Yb)_N$= 1.85，为近似水平的稀土配分曲线（图 2.12）。

甘陶河群变质玄武岩大离子亲石元素变化较大，第一类和第二类玄武岩的大离子亲石元素弱富集，第三类亏损大离子亲石元素。总的趋势是大离子亲石元素的含量与 MgO 含量成反比。所有样品的 Zr 含量较低（54×10^{-6} ~ $189\times10^{-6}<250\times10^{-6}$），是低钛玄武岩的典型特征。第一类和第二类玄武岩的相容元素 Cr、Ni、Co 等含量相对较低，而 Rb、Th、U 含量相对较高（表 2.1）。第三类玄武岩则富集相容元素 Cr、Ni、Co 等，而 Rb、Th、U 等含量相对较低（表 2.1）。在原始地幔标准化的微量元素配分图解中第一类玄武岩和第三类玄武岩具有明显的 Sr 负异常，第一类为向右缓倾的曲线，第三类则为略向左倾斜的曲线。第二类玄武岩的配分曲线趋势大体一致，为向右缓倾的曲线，都具有弱的 Ti 负异常。但第二类玄武岩 Ba 和 Ta 含量有明显的区别，多数样品具有明显的 Ba 正异常，没有 Ta 的

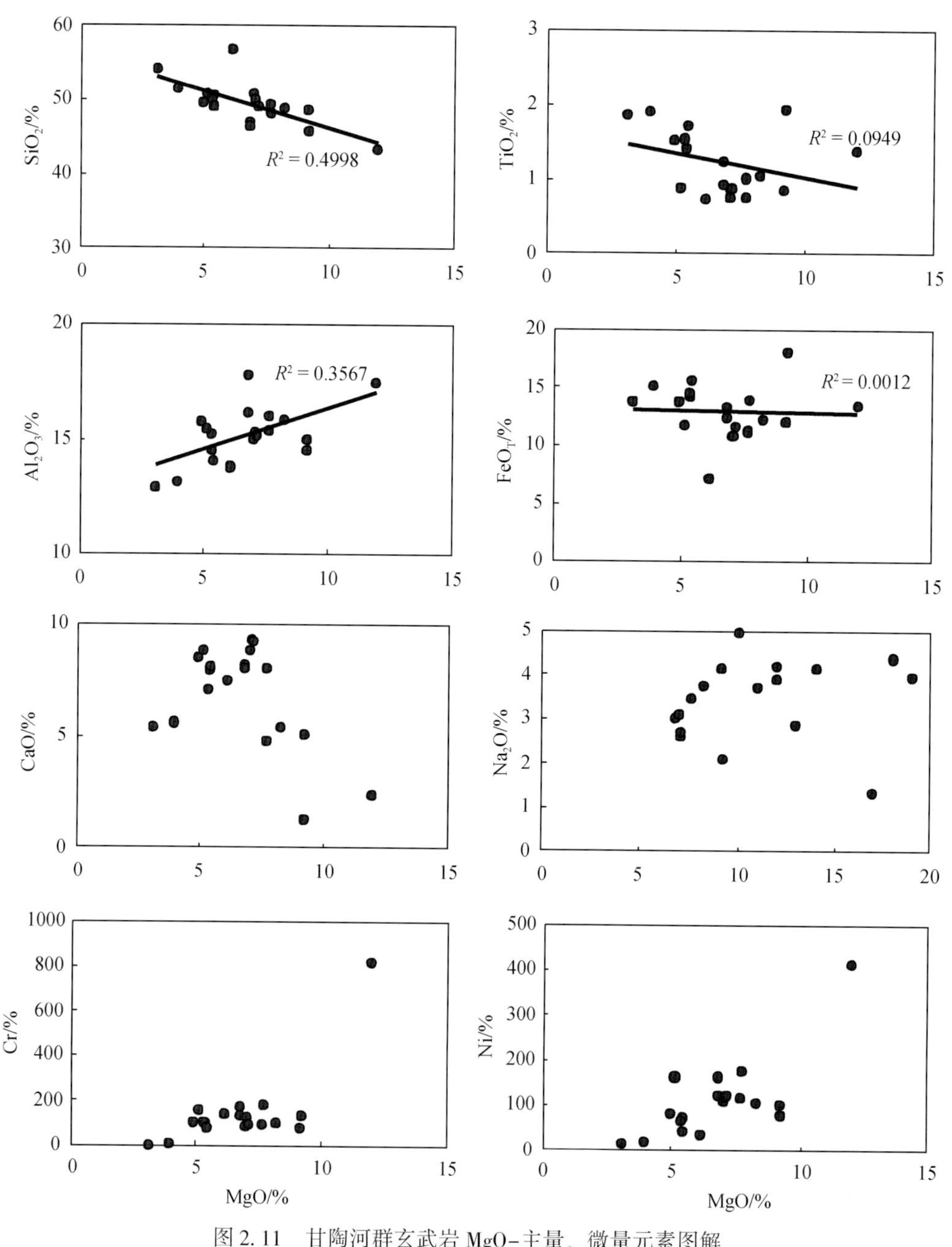

图 2.11 甘陶河群玄武岩 MgO-主量、微量元素图解

异常，而部分样品则具有弱的 Ba 正异常和强烈的 Ta 正异常（图 2.13）。

∑REE 玄武岩具有低钛玄武岩的特征，富集 LREE 和 LIL 元素，相容元素 Cr、Co、Ni 含量相对较低，没有 Nb、Ta、Zr、Hf 负异常，与典型的岛弧玄武岩有明显的区别，具有大陆溢流玄武岩特征。岩石的稀土和微量元素变化较大，可能与地壳的混染有关。与甘陶河群变质玄武岩伴生的有同时代的许亭钾长花岗岩（A 型花岗岩），共同构成了双峰式的火山岩，反映了典型的裂谷环境。

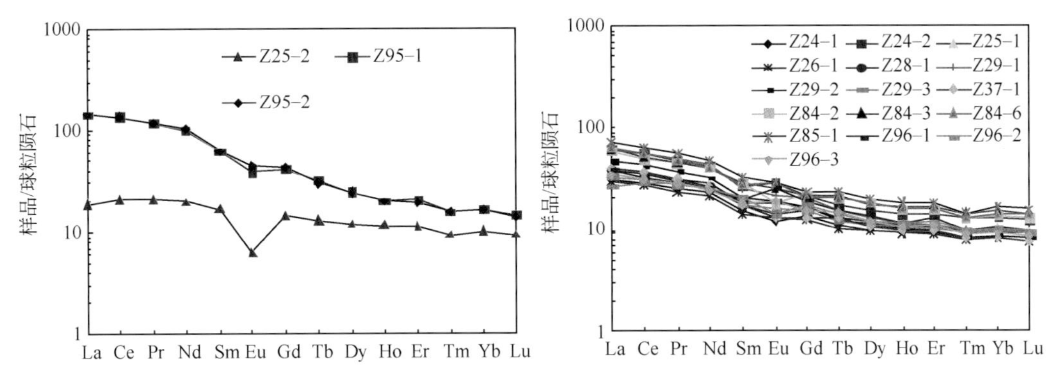

图 2.12　甘陶河群变质玄武岩稀土元素球粒陨石标准化配分图解

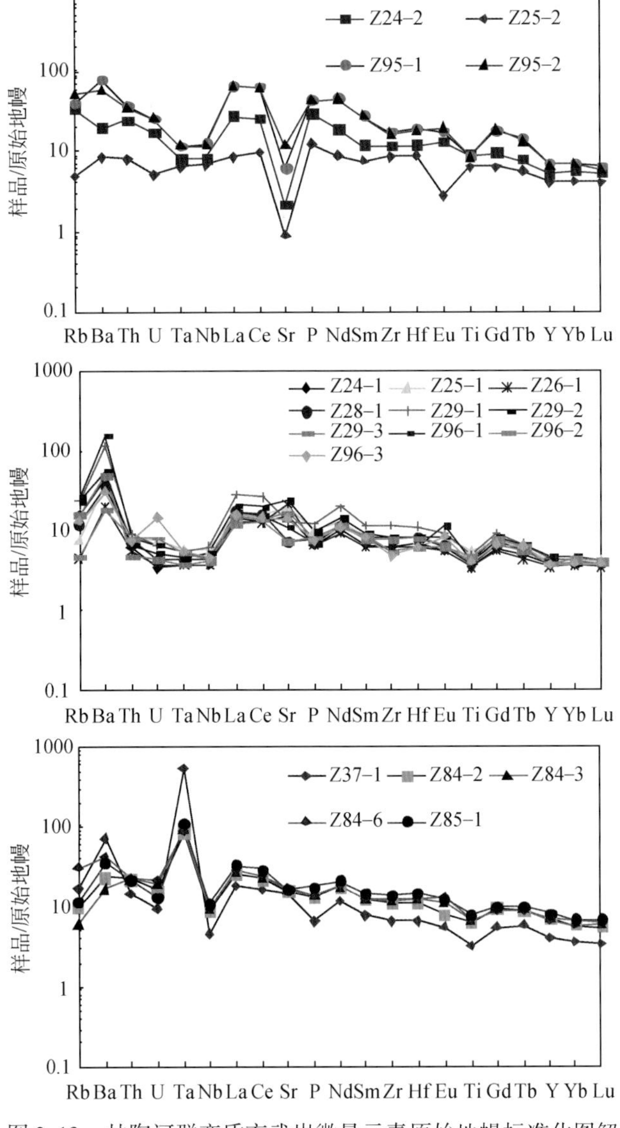

图 2.13　甘陶河群变质玄武岩微量元素原始地幔标准化图解

2.1.3.4 甘陶河群的时代

甘陶河群不整合覆盖于新太古代正片麻岩和赞皇群之上，并被中元古界长城系不整合覆盖（图2.14），所以其时代应为古元古代。本项目曾采集了多个变质基性火山岩的年龄样品，但多数样品没有选出锆石，少量的锆石年龄结果在2.1Ga左右。颉颃强等（待发表资料）对3个变质玄武岩样品的锆石进行了测定，年龄在2.08Ga左右。本书倾向于甘陶河群变质基性火山岩形成于2.1Ga左右。

图2.14 中元古界长城系砂岩角度不整合覆盖于甘陶河群之上

本项目对甘陶河群上部碎屑岩（Z30-2云母石英片岩）进行了年龄测试工作，其锆石绝大多数为自形柱状，具有明显的密集震荡环带，并且有狭窄的增生边。很少量的锆石为卵圆形的粒状，阴极发光高亮度，无环带结构，为典型的变质锆石（图2.15）。从锆石特征来看，可以说明该岩石的沉积离源区较近，锆石未经历长距离的搬运磨蚀，并且源区相对单一。测试数据表明，多数岩浆型的碎屑锆石年龄都在2.5Ga左右，部分样品具有铅丢失（图2.16），采用谐和线上的点，$^{207}Pb/^{206}Pb$年龄数据加权平均值为2541.6±5.6Ma，结

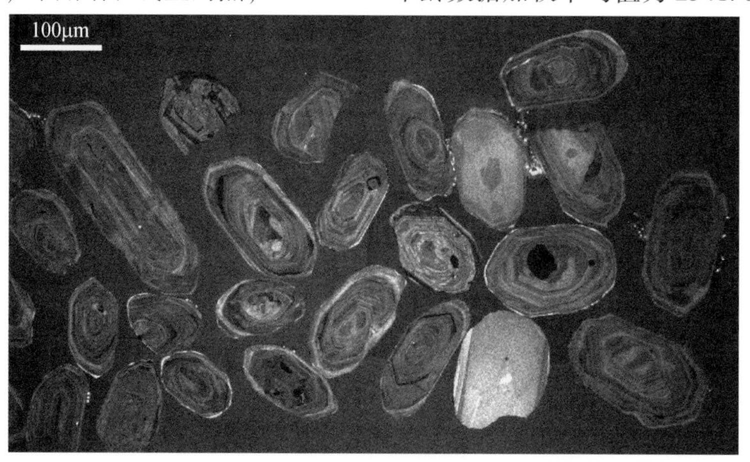

图2.15 甘陶河群上部云母石英片岩碎屑锆石阴极发光（CL）图像

合区域地质情况来看，其源区主要为新太古代的花岗岩类。

本项目对变质基性火山岩（Z24-1 采自井陉南寺掌村西大桥头）进行了同位素年龄测定。从样品中分选出了 40 余粒锆石，有少量锆石为无环带的变质锆石。多数锆石阴极发光图像具有明显的密集震荡环带，表现出酸性岩锆石特征，并且有明显的增生边（图 2.17），其年龄多在 2.5Ga 左右，但普遍具有强烈的铅丢失，其上交点年龄为 2515±91Ma（图 2.18），靠近谐和线的 4.1 点的年龄为 2527±12Ma，与上交点的年龄基本一致。但这些年龄不代表基性火山岩形成的时代，可能为岩浆形成时捕获锆石的年龄。变质基性火山岩中常能见到浅色的斑点或团块，估计这些锆石可能多数来源于这些浅色的斑点或团块，同时也说明甘陶河群地层形成于新太古代基底之上。

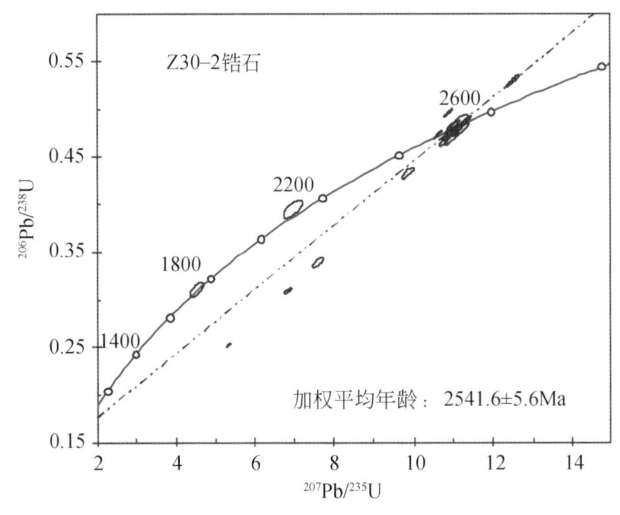

图 2.16 甘陶河群上部云母石英片岩锆石 U-Pb 年龄谐和图

本书所有加权平均年龄均指 $^{207}Pb/^{206}Pb$ 年龄数据加权平均值，此后不再一一说明

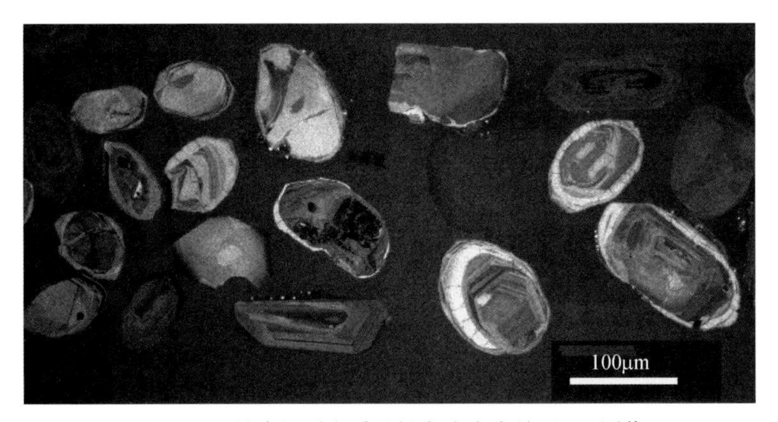

图 2.17 甘陶河群变质基性玄武岩中锆石 CL 图像

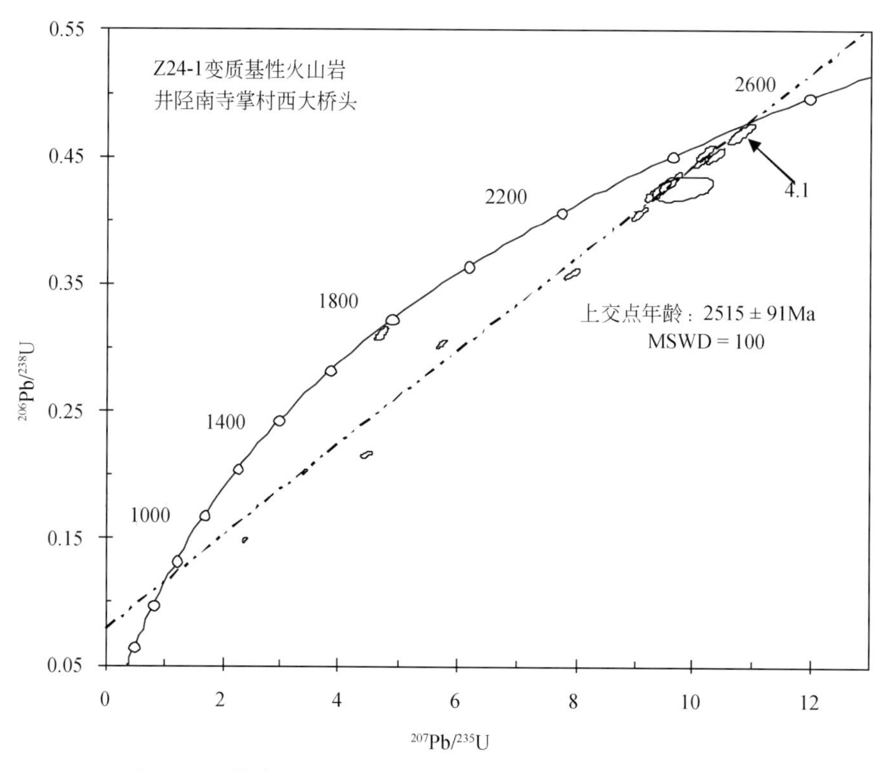

图 2.18 甘陶河群变质基性玄武岩中锆石 U–Pb 年龄谐和图

2.2 嵩山–箕山地区早前寒武纪地层

在华北克拉通南缘的嵩山–箕山地区分布有一套新太古代—古元古代的变质岩系，相应划分为新太古代的登封花岗–绿岩地体（登封群）和古元古代的嵩山群及可能属古元古代的安沟群。该地区是我国早前寒武纪地质研究的经典地区之一。20 世纪 50 年代初，张伯声（1951）将该地区一套以角闪岩、角闪片麻岩和黑云片麻岩为主的复杂岩系称为“泰山杂岩”，“嵩山石英岩”不整合于其上，他依此提出了“嵩阳运动”，引起了地质学界的广泛关注，这一概念一直沿用至今。张尔道（1954）对该区的前寒武纪地层进行了综合研究，建立了“五佛山系”，认为其与出露于五台山区的滹沱系相当。马杏垣（1957）认为该区的“泰山杂岩”与泰山地区的“泰山杂岩”不能对比，将这套岩石命名为“登封杂岩”，可与“五台系”对比，其上的“嵩山石英岩”及“五指岭片岩”可与滹沱系对比。1962 年河南省地质局地质科学研究所始称“登封杂岩”为登封群[①]。1965 年 1∶20 万临汝幅区域地质图，沿用了登封群的名称，建立了由下而上分为何家沟组、石牌河组和郭家窑组的划分方案[②]。1979 年，西北大学富铁矿科研队认为临汝县安沟地区的岩石与登封

① 河南省地质局地质科学研究所，1962，河南地层。
② 河南省地质局区域地质测量队，1965，1∶20 万临汝幅地质图。

群有明显的不同，建立了古元古代的安沟群[①]。

2.2.1　登　封　群

新太古代的“登封杂岩”主要出露在嵩山地区和箕山南部，由一套火山沉积的表壳岩系和变质变形的 TTG 岩系及二长-钾质花岗岩组成，其中火山沉积岩系和 TTG 组合具有典型太古宙花岗-绿岩带的特征（张国伟等，1982；Zhang *et al.*，1985；郭安林，1988；Kröner *et al.*，1988；白瑾等，1993；沈保丰等，1994；伍家善等，1998；劳子强等，1999；万渝生等，2009）。登封群也称登封岩群，大致由去掉花岗质岩石的原“登封杂岩”（马杏垣，1957）表壳岩组成。它们多以包体形式出露于变质深成岩中，出露范围和面积不大，近 SN 向分布（图 2.19），产状近直立。

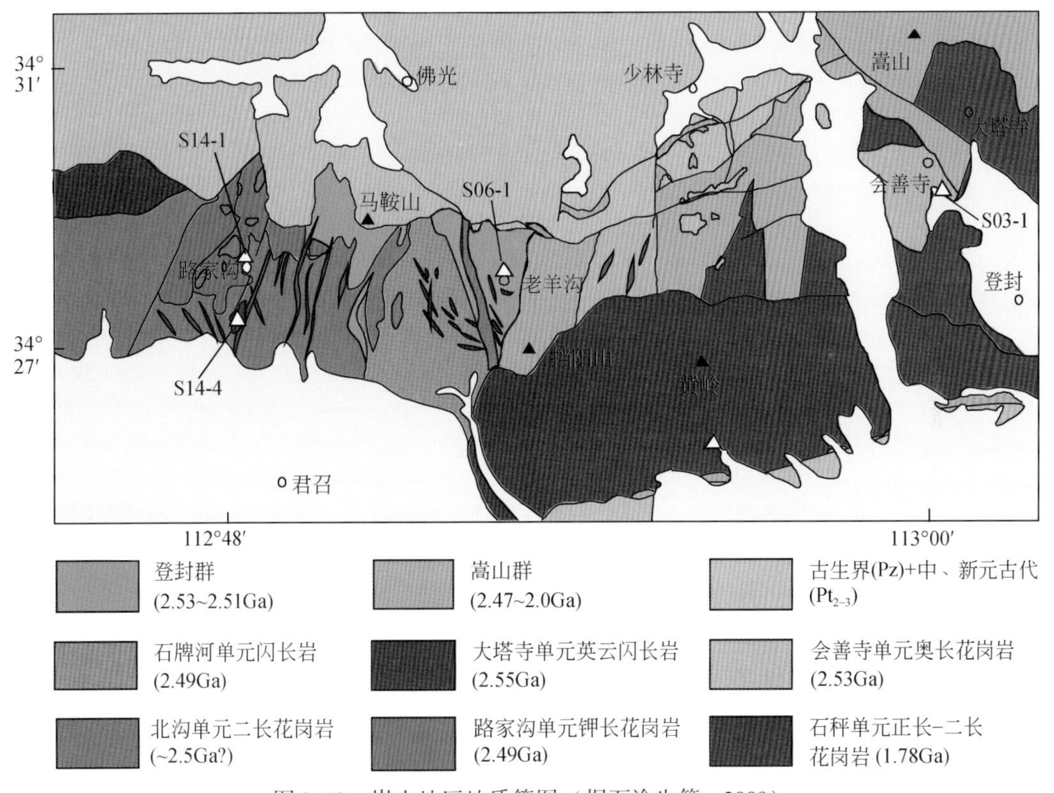

图 2.19　嵩山地区地质简图（据万渝生等，2009）

2.2.1.1　登封群的基本特征及组成

登封群表壳岩因变质变形改造，原始沉积层序已被破坏，但大套地层的岩石组合关系尚可恢复，自下而上可分为郭家窑岩组、金家门岩组和老羊沟岩组（劳子强等，1999）。

---

① 西北大学地质系，1979，华北南部前寒武纪地质及富铁矿科研论文集（1976 ~ 1979）。

郭家窑岩组主要由斜长角闪（片）岩、斜长角闪片麻岩、黑云变粒岩和浅粒岩组成，出露于君召北倒转背斜核部，并被新太古代片麻岩套侵吞。下部为似层状变辉长岩及次闪石岩，夹角闪片岩，多已糜棱岩化；上部为（杏仁状）角闪片岩夹角闪（黑云）变粒岩及变辉长岩。郭家窑组原岩主要为基性火山岩，属太古宙的大陆边缘或岛弧拉斑玄武岩型火山喷发建造。

金家门岩组以条带状黑云变粒岩、角闪变粒岩为主，夹磁铁石英岩、斜长角闪（片）岩和云母石英片岩，仅出露于君召北倒转背斜东翼，与郭家窑岩组为韧性剪切带分开。原岩为中基性凝灰岩夹熔岩夹少量砂质至半黏土质火山-沉积建造。

老羊沟岩组以云母石英片岩、绢云石英片岩和绿泥石英片岩为主，夹变质砾岩。分布于金家门岩组东侧。原岩为泥质、泥砂质夹粗碎屑沉积建造，具复理石沉积特点。

2.2.1.2 登封群的变质变形特征

登封群经历了多期的变质变形改造，构造复杂，大致可以鉴别出 3 期变形和 3 个阶段的变质矿物组合。

1. 第一期变形（D_1）

为登封群的主期变质变形，构造岩浆活动强烈，登封群原始层理消失殆尽，多被新生面理 S_1 完全置换，形成了登封群主期的透入性面理［图 2.20（a）］，同时也使 TTG 等侵入岩形成区域透入性片麻理［图 2.20（b）］。区域性片理和片麻理的走向近南北，向西陡倾。劳子强等（1999）认为 S_1 面理代表了主期褶皱变形的轴面劈理，并推断其为中深构造相环境下的褶皱和韧性剪切变形。

2. 第二期变形（D_2）

第二期变形主要表现为以 S_1 为变形面发生的褶皱变形［图 2.20（c）］及韧性剪切变形。局部韧性剪切带新形成的面理 S_2 近平行叠加并切割 S_1，如金家门地区老羊沟岩组底部的韧性剪切带使砾岩中的砾石剪切成条片状［图 2.20（d）］，剪切面理产状与主期片理 S_1 近一致。在转折端部位可以见到 S_2 大角度交切 S_1。

3. 第三期变形（D_3）

第三期变形主要是沿不整合面等薄弱面发生剪切变形，表现为强烈的片理化带，切割了早期面理。

登封群经历了角闪岩相变质，可以识别出 3 个世代（期）的变质矿物组合。在变质碎屑岩中出现 $Grt_1 + Bt_1 + Pl_1 + Qtz \pm St$ 等早期组合，代表了变质峰期矿物组合。在变质基性岩中可以识别出 $Amp_1 + Pl_1 + Qtz \pm Act_1$ 等早期组合，也代表了变质峰期矿物组合。薄片观察发现黑云母、角闪石等峰期变质矿物定向生长构成片理或片麻理，显示出了伴随主变形（D_1）同时生长的特征。

在薄片中普遍见到黑云母向白云母转变、角闪石向阳起石和绿帘石转变的现象，在变质碎屑岩中出现了 $Ms_2 + Pl_2 + Qtz \pm Bt_2$ 等矿物组合，在变质基性岩中出现了 $Act_2 + Ep_2 + Pl_2 +$

图 2.20　登封群变形特征

Qtz±Amp_2等矿物组合，代表了绿片岩相的（退）变质产物。

在薄片中还可普遍见到绢云母和绿泥石等交代先期变质矿物的现象，代表了最后阶段的变质作用。

2.2.1.3　登封群的时代

关于登封群的时代，多数学者认为其属于新太古代，但对具体年龄值还有不同的认识。Kröner 等（1988）曾测得登封群老羊沟组变酸性火山岩的锆石 SHRIMP 年龄为 2512Ma 左右。李曙光等（1987）测得登封群 Sm-Nd 等时线年龄为 2509±16Ma。薛良伟等（2005）获得箕山地区郭家窑组变质中基性火山岩 Sm-Nd 等时线年龄为 2513±42Ma，TTG 杂岩中表壳岩包体的 Sm-Nd 等时线年龄为 2510±32Ma。万渝生等（2009）曾测定了登封群两个云母石英片岩和一个变质石英角斑岩的锆石年龄为 2.51～2.53Ga，认为原岩均为火山岩，代表了地层的形成时代。

野外研究发现，糜棱岩化的二长花岗岩侵入了登封群角闪片岩，其枝状岩脉明显切割了角闪片岩的片理，对该岩脉的样品（S05-1）进行了 LA-ICP-MS 测年工作（表 2.3），该样品锆石形态单一，均为自形柱状晶体，长宽比为 2.5∶1～2∶1。锆石结构单一，均具有典型的密集震荡环带，只有个别具有核边结构（图 2.21）。由于铅丢失，多数样品都在谐和线的下方，但能与谐和线上的点拟合成一条很好的不一致线，其上交点年龄为 2468±17Ma（图 2.22），该年龄应该代表了这期二长花岗岩的侵位结晶年龄，说明登封群的时代应大于 2.5Ga。该二长花岗岩与区域上许台二长花岗岩和陆家沟钾长花岗岩时代基本一致。其锆石 ε_{Hf}值（-2.53～12.69）变化范围较大，反映了壳源花岗岩的特征，单阶段 Hf 模式年龄在 2610～2874Ma，多数集中于 2700Ma 左右，反映了其应为 2.7Ga 地壳再造的结果。

图 2.21 侵入登封群的二长花岗岩脉的锆石 CL 图像

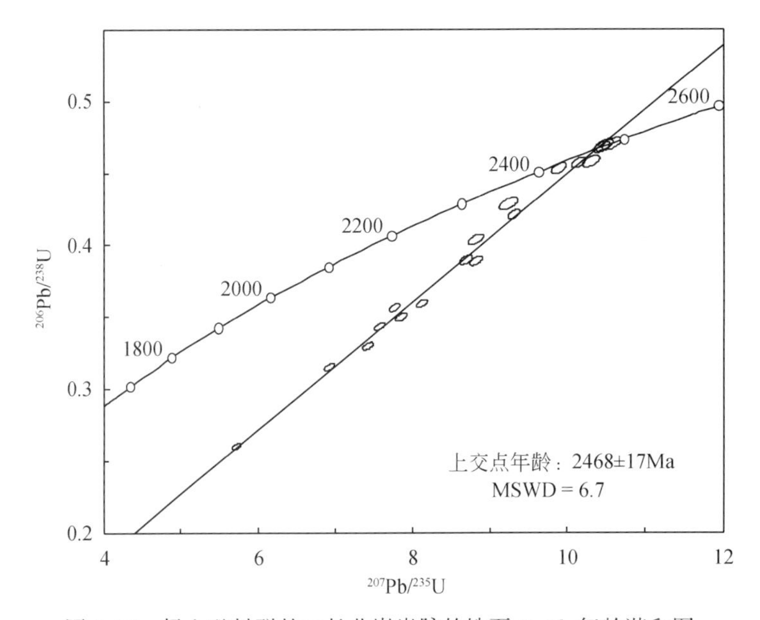

图 2.22 侵入登封群的二长花岗岩脉的锆石 U-Pb 年龄谐和图

我们对登封群老羊沟组地层中的绢云母石英片岩（S06-1）进行了 LA-ICP-MS 年龄测定（表 2.3）。样品中锆石多数为自形-半自形柱状，只有少数为米粒状或卵圆状。大多数锆石具有密集的震荡环带，为典型的酸性岩浆锆石，只有少数锆石具有杉树叶状结构或没有明显结构，为变质锆石。个别锆石具有核边结构（图 2.23）。从碎屑锆石的形态看，应该没有经过长距离的搬运磨蚀，也就是说该碎屑岩应为近源沉积。从锆石的结构特征看，源区应该主要为酸性火成岩。碎屑锆石 $^{207}Pb/^{206}Pb$ 年龄变化范围较大，为 2488.9 ~ 3825Ma，多数为 2500 ~ 2600Ma，年龄峰值为 2570Ma。只有一粒碎屑锆石的年龄略小于 2500Ma，为 2488.9Ma，所以推测登封群老羊沟组石英岩应该形成于新太古代晚期。所测数据中出现了 3809Ma 和 3825Ma 的始太古代年龄数据，但这些数据的 Pb 丢失比较严重，均不在谐和线上（图 2.24），误差也比较大，可能不代表真实年龄，其 Hf 模式年龄多数在 2.6～2.8Ga，更能反映其真实的年龄。同时该样品还有 5 个 3.0Ga 的年龄数据，但也都有明显的 Pb 丢失，只有测点 7.1 和 8.1 离谐和线较近，这两个点的 Hf 模式年龄分别为 3058Ma 和 3246Ma，说明源区有老的地壳存在。该样品锆石 ε_{Hf} 值变化范围较大，有一粒锆石为 -17.45，其余均为正值（0.06～34.76）。锆石单阶段 Hf 模式年龄除 3 个数据大于 3.0Ga 外，其余在 2470～2997Ma，多数集中于 2700～2800Ma，说明本区曾存在古老的陆壳基底。

图 2.23　登封群老羊沟组云母石英片岩的锆石 CL 图像

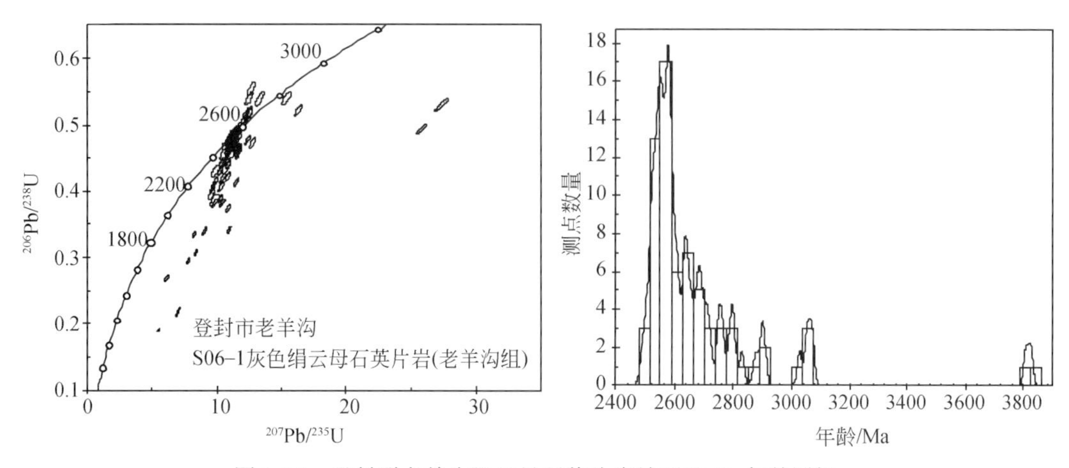

图 2.24　登封群老羊沟组云母石英片岩锆石 U-Pb 年龄图解

2.2.2　安　沟　群

安沟群最早由西北大学富铁矿科研队建立，他们认为临汝县安沟地区的变质地层与登封群有明显的不同，将临汝地区的变质地层单独划分为安沟群①。张国伟等（1982）、张国伟（1988）、孙枢等（1985）、Zhang 等（1985）和郭安林（1988）对嵩山-箕山地区的

① 西北大学地质系，1979，华北南部前寒武纪地质及富铁矿科研论文集（1976～1979）。

晚太古代登封群和可能为古元古代的安沟群进行了深入研究，提出了登封杂岩为花岗-绿岩带，安沟群不整合于其上的认识，故而认为安沟群为古元古代地层。

2.2.2.1 安沟群的基本组成及层序划分

安沟群只分布在箕山南部，主要由变质的泥质岩石和火山岩组成，东部被许台花岗岩侵吞，并被嵩山群罗汉沟组及中元古代马鞍山组不整合覆盖。

孙枢等（1985）和 Zhang 等（1985）将安沟群分为下部的石梯沟组和上部的寨沟组。石梯沟组主要由绿泥片岩、绢云绿泥片岩、绢云石英片岩等组成［图 2.25（c）］，原岩是一套基性-酸性火山岩和碎屑岩。其中变质玄武岩局部可见到变形的枕状构造［图 2.25（b）］。寨沟组主要由绢云石英片岩、绿泥石英片岩、绿帘钠长石英片岩、含方解石绿泥石英片岩和大理岩等组成［图 2.25（c）］。原岩主要是泥质碎屑岩夹中酸性火山岩和碳酸盐岩。

薛良伟等（1996，2004，2005）认为箕山地区的安沟群和嵩山地区的登封群为同一期构造岩浆活动产物，难以划出古元古代岩石建造，并对安沟群进行了解体和重新划分。老袋窑以西的部分寨沟组地层划为登封群金家门岩组，其余部分及全部的石梯沟组地层归并到登封群老羊沟组。

图 2.25 许台花岗岩及安沟群变质火山岩野外特征（样品号所在位置为取样点）

（a）片麻状的许台花岗岩；（b）安沟群石梯沟组中具有变形枕状构造的变质玄武岩；（c）安沟群石梯沟组中变质酸性火山岩；（d）安沟群寨沟组中变质酸性火山岩

2.2.2.2　安沟群的变质变形特征

安沟群的变形特征与登封群类似，不再赘述。

安沟群总的变质程度为绿片岩相，低于登封群的变质程度。与主变形期片理同时形成的变质矿物代表了峰期组合，在变质碎屑岩和变质酸性火山岩中代表性矿物组合为 $Ms_1 + Bt_1 + Chl_1 + Pl_1 + Qtz$，在变质基性岩中代表性矿物组合为 $Act_1 + Chl_1 + Ep_1 + Ab_1 + Qtz \pm Bt_1$。

在野外及薄片中都可以观察到沿着主期片理面（特别是变质酸性火山岩中）常出现硬绿泥石、白云母等变斑晶矿物（$Cld_2 + Ms_2 + Pl_2 \pm Bt_2$）。尽管这些矿物主要沿着片理面分布，但其本身在平面上杂乱无章，并不具有定向性，反映了压扁的变形机制，与主期矿物具有定向性有明显的区别，可能反映了峰期变质之后，抬升阶段形成的矿物组合。

同样在薄片中也可普遍见到绢云母和绿泥石等交代先期变质矿物的现象，代表了最后阶段的变质作用。

2.2.2.3　安沟群的时代

对于安沟群的时代有新太古代与古元古代之争，薛良伟等（1996）用单颗粒锆石蒸发法测得原寨沟组中（老袋窑组）变流纹斑岩锆石$^{207}Pb/^{206}Pb$年龄为2502Ma。高山等（2005）测得安沟群变玄武岩和英安岩Sm-Nd同位素等时线年龄为2507Ma，但认为安沟群为古元古代的底部，和滹沱群一样可以作为划分华北克拉通太古宙与元古宙界限的标志。由此可见，对于安沟群这套地层的时代和归属，还存在很大的争议，直接影响到人们对该地区前寒武纪地质演化的探讨。

为了确定安沟群的年龄，我们分别采取了原划分的其底部的石梯沟组变质酸性火山岩样品（S18-2）和上部寨沟组变质酸性火山岩样品（S17-6）以及侵入安沟群的许台花岗岩的样品（S16-1）进行定年研究。

许台花岗岩：许台花岗岩呈岩株状，侵吞了安沟群地层的东部，并被嵩山群罗汉洞组石英岩不整合覆盖。岩体风化面为褐色，新鲜面为灰色［图2.25（a）］。岩体具有弱片麻状构造，片麻理的总体产状为290°∠50°。片麻理不均匀，局部较强，有些地方则不清楚。岩石为中粒半自形粒状结构，局部见有钾长石斑晶，为似斑状结构，斑晶多为自形板柱状，局部由于剪切作用而变成眼球状。岩体中包体较发育，有同源的细粒闪长质包体，也有黑云母片岩和角闪片岩等围岩的捕虏体，包体多拉长定向，长轴方向与片麻理一致。样品S16-1主要由斜长石、钾长石、石英、角闪石等组成。

锆石为自形柱状，粒度大小为50μm×100μm～80μm×200μm，具有典型的岩浆型密集振荡环带。个别锆石具有核，核也具有密集振荡环带（图2.26）。

我们选取了18个锆石颗粒，测试了19点，结果见表2.2和图2.26。锆石Th/U值为0.28～0.83，多数为0.3～0.7，较为集中，为典型岩浆锆石的特征。只有一个核部Th/U值为1.24，较特殊。由于有明显的铅丢失，使年龄数据大都在谐和线的下方。但所有的点均可拟合成一条很好的不一致线，其上交点年龄为2507±61Ma（图2.26）。在不一致线上交点上有一2503±11Ma的谐和年龄，用这一年龄代表锆石结晶年龄更为准确，误差也更小。

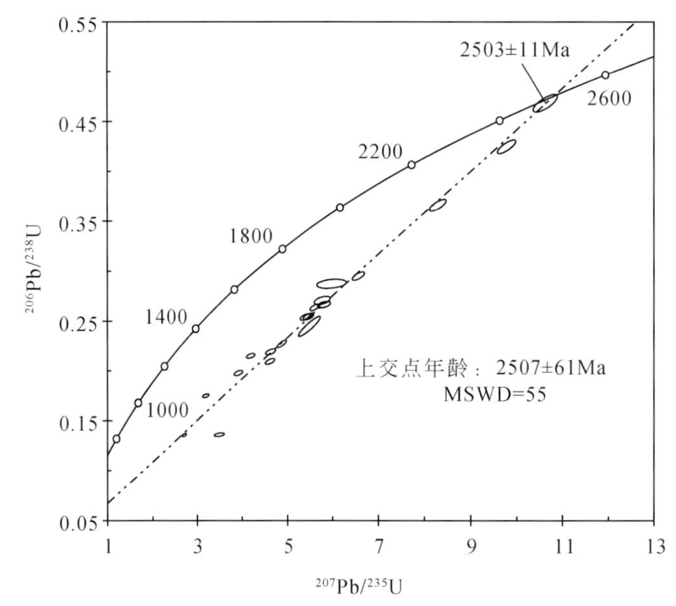

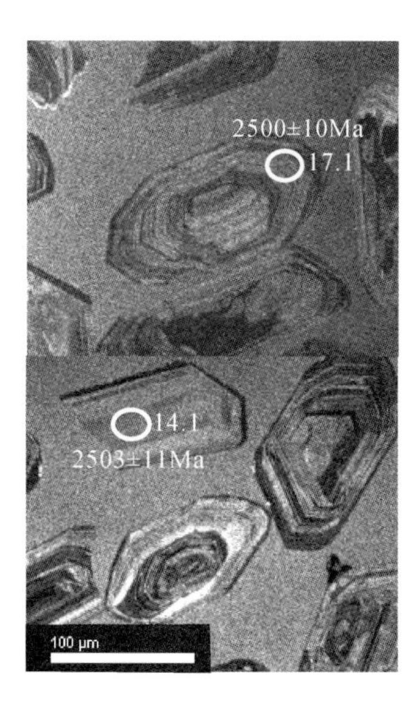

图 2.26 许台花岗岩（S16-1）锆石 U-Pb 年龄谐和图及 CL 图像

安沟群下部变质火山岩样品：样品 S18-2 采于原划的石梯沟组。采样点的岩石主要是较为均匀的绿泥绢云石英片岩［图 2.25（c）］，出露厚度较大。局部见有自形的长石斑晶和角闪石斑晶。原岩为酸性火山岩，片理产状为 320°∠55°。

锆石多为自形短柱状，粒度大小为 40μm×60μm～80μm×140μm，具有典型的岩浆型密集振荡环带（图 2.27）。个别锆石具有核边结构，核多为 CL 弱发光、没有明显结构的椭圆状残留锆石，少量的核也具有密集振荡环带，形态也为自形。外部的边则多发光较强并具有密集振荡环带，为岩浆环境下结晶而成。个别锆石可见有极窄的亮边，应为变质增生的边。锆石总体表现出典型的岩浆锆石特征，从副矿物方面也证实了其原岩应为火山岩。

我们选取了 20 个锆石颗粒，测试了 20 点，结果见表 2.2 和图 2.27。Th/U 值为 0.38～2.03，多数为 0.5～0.9，为典型岩浆锆石的特征。大多数锆石 $^{207}Pb/^{206}Pb$ 年龄在 2.5Ga 左右，且多数年龄在谐和线上，由于铅丢失，部分锆石年龄不和谐，投点在谐和线下方，但所有的点均可拟合成一条很好的不一致线，其上交点年龄为 2531±24Ma。选取谐和线上的 10 个点，$^{207}Pb/^{206}Pb$ 年龄数据加权平均值为 2521±11Ma，与所有点构成的不一致线上交点年龄在误差范围内是一致的。谐和年龄更为准确，更能代表锆石形成时的时代，故我们选取 2521±11Ma 作为岩浆锆石的结晶时代，也就是火山岩的形成时代。

安沟群上部变质火山岩样品：样品 S17-6 采于原划的寨沟组。采样点附近的岩石主要是一套绿色片岩的组合，主要岩性为绿帘绿泥石英片岩、含方解石角闪绿帘石英片岩、阳起石钠长石英片岩、绿泥方解石英片岩。所采样品为上述绿色片岩中的灰白色的绿泥绢云石英片岩夹层［图 2.25（d）］。从野外观察看，这套岩石组合的原岩，可能为中酸性火山岩。所采样品为其中的酸性夹层。片理产状为 240°∠60°。

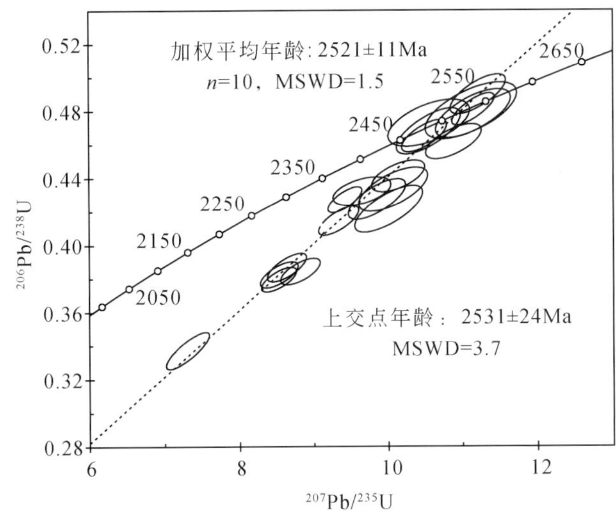

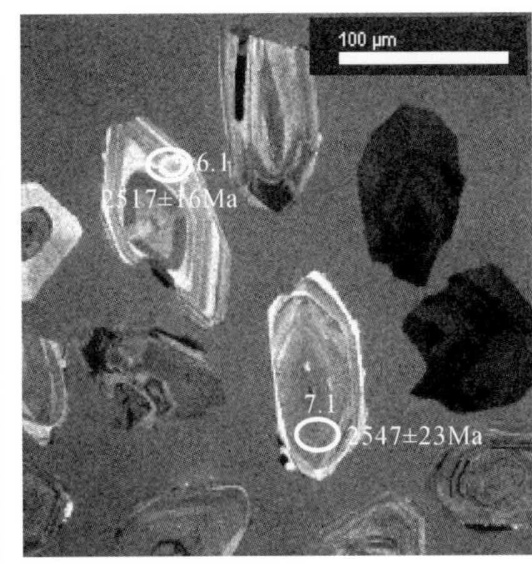

图2.27 安沟群石梯沟组变质火山岩（S18-2）锆石U-Pb年龄谐和图及CL图像

锆石为自形柱状，粒度大小为40μm×80μm～90μm×200μm，具有典型的岩浆型密集振荡环带。个别锆石具有核边结构，核多为CL弱发光，没有明显结构的椭圆状残留锆石，有少量的核也具有密集振荡环带，形态也为自形。外部的边则多发光较强并具有密集振荡环带，为岩浆环境下结晶而成，也说明了其原岩为火山岩。

我们选取了13个锆石颗粒进行测试，结果见表2.2和图2.28。Th/U值为0.16～1.01，多数为0.6～0.9，表现出岩浆锆石的特征。绝大多数年龄在谐和线上，个别点由于铅丢失，投点在谐和线的略下方。选取谐和线上的10个点，^{207}Pb/^{206}Pb年龄数据加权平均值为2517±12Ma，代表了锆石的结晶年龄。

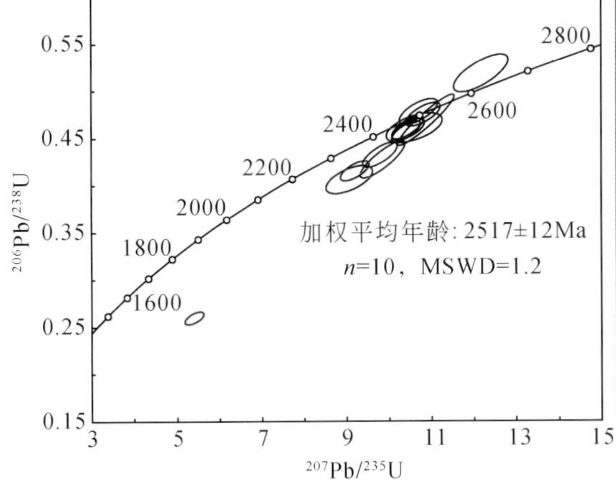

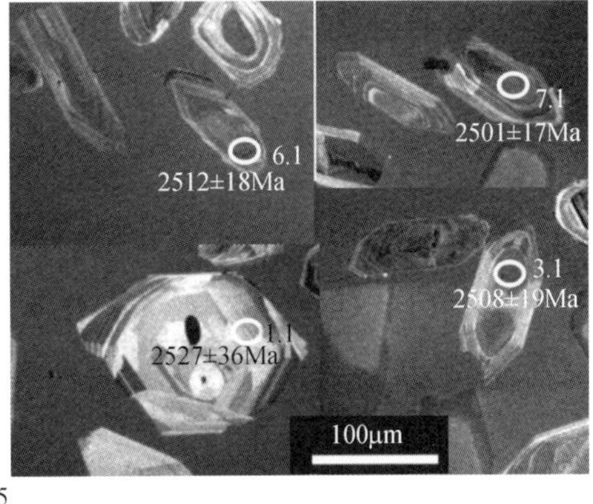

图2.28 安沟群寨沟组变质火山岩（S17-6）锆石U-Pb年龄谐和图及CL图像

表 2.2 箕山地区安沟群及许台花岗岩锆石离子探针分析结果

样点号	$^{206}Pb_c$ /%	U /10^{-6}	Th /10^{-6}	Th/U	$^{206}Pb^*$ /10^{-6}	$^{206}Pb/^{238}U$ 年龄/Ma	$^{207}Pb/^{206}Pb$ 年龄/Ma	不谐和性/%	$^{207}Pb^*/^{206}Pb^*$	±%	$^{207}Pb^*/^{235}U$	±%	$^{206}Pb^*/^{238}U$	±%	误差相关性
许台花岗岩(S16-1)															
S16-1-1. 1	0. 68	559	227	0. 42	123. 0	1459. 5± 6. 5	2389. 0±11	39	0. 15383	0. 65	5. 389	0. 82	0. 2541	0. 50	0. 611
S16-1-2. 1	0. 72	479	161	0. 35	105. 0	1462. 1± 7. 0	2410. 0±12	39	0. 1557	0. 69	5. 466	0. 87	0. 2546	0. 53	0. 609
S16-1-3. 1	0. 17	633	252	0. 41	145. 0	1523. 1± 6. 5	2437. 0±15	37	0. 1582	0. 90	5. 813	1. 00	0. 2665	0. 48	0. 472
S16-1-4. 1	1. 45	829	430	0. 54	98. 4	822. 6± 4. 3	2709. 0±20	70	0. 1862	1. 20	3. 494	1. 30	0. 1361	0. 56	0. 420
S16-1-5. 1	0. 26	495	362	0. 76	89. 3	1225. 3± 6. 3	2453. 0±12	50	0. 1597	0. 73	4. 610	0. 92	0. 2093	0. 56	0. 609
S16-1-6. 1	0. 31	876	388	0. 46	102. 0	820. 5± 3. 7	2284. 0±10	64	0. 1446	0. 61	2. 707	0. 77	0. 1357	0. 48	0. 621
S16-1-7. 1	0. 24	387	104	0. 28	98. 3	1666. 7± 8. 6	2471. 4±10. 0	33	0. 1615	0. 59	6. 570	0. 83	0. 2950	0. 58	0. 702
S16-1-8. 1	0. 41	827	303	0. 38	162. 0	1319. 1± 8. 3	2407. 5± 8. 6	45	0. 1555	0. 51	4. 869	0. 86	0. 2271	0. 70	0. 809
S16-1-9. 1	0. 06	212	156	0. 76	77. 3	2283. 0±13. 0	2527. 2± 8. 6	10	0. 1669	0. 51	9. 780	0. 83	0. 4249	0. 66	0. 788
S16-1-9. 2	0. 18	432	518	1. 24	91. 0	1411. 0±21. 0	2483. 0±12	43	0. 1626	0. 71	5. 490	1. 80	0. 2447	1. 70	0. 922
S16-1-10. 1	1. 09	663	283	0. 44	114. 0	1163. 0± 5. 9	2273. 0±14	49	0. 1438	0. 80	3. 919	0. 98	0. 1977	0. 55	0. 565
S16-1-11. 1	1. 02	1051	682	0. 67	160. 0	1039. 1± 4. 4	2129. 0±14	51	0. 1323	0. 78	3. 191	0. 90	0. 1749	0. 46	0. 505
S16-1-12. 1	0. 69	971	494	0. 53	181. 0	1254. 9± 5. 2	2244. 0±13	44	0. 1414	0. 77	4. 189	0. 89	0. 2149	0. 45	0. 507
S16-1-13. 1	0. 62	364	262	0. 74	90. 4	1628. 0± 9. 3	2357. 0±37	31	0. 1509	2. 10	5. 980	2. 20	0. 2873	0. 64	0. 287
S16-1-14. 1	0. 17	158	128	0. 83	63. 8	2476. 0±16. 0	2503. 0±11	1	0. 1645	0. 67	10. 620	1. 00	0. 4683	0. 78	0. 756
S16-1-15. 1	0. 46	585	220	0. 39	133. 0	1509. 0± 6. 9	2392. 0± 9. 4	37	0. 1541	0. 56	5. 604	0. 75	0. 2638	0. 51	0. 676
S16-1-16. 1	0. 84	502	169	0. 35	95. 2	1276. 2± 6. 3	2382. 0±13	46	0. 1532	0. 79	4. 624	0. 96	0. 2189	0. 54	0. 567
S16-1-17. 1	0. 32	355	112. 0	0. 33	112. 0	2012. 0±11. 0	2499. 8± 9. 9	20	0. 1642	0. 59	8. 294	0. 88	0. 3662	0. 66	0. 746
S16-1-18. 1	1. 31	342	245	0. 74	80. 6	1543. 9± 8. 5	2399. 0±19	36	0. 1547	1. 10	5. 772	1. 30	0. 2706	0. 62	0. 496
安沟群(S18-2)															
S18-2-1. 1	0. 04	162	84	0. 54	61. 4	2356. 0	2525. 0±19	7	0. 1667	1. 10	10. 14	1. 4	0. 4411	0. 87	0. 605
S18-2-2. 1	0. 21	64	23	0. 38	23. 2	2267. 0±26	2579. 0±22	12	0. 1722	1. 30	10. 00	1. 9	0. 4214	1. 40	0. 723
S18-2-3. 1	0. 39	79	37	0. 49	29. 5	2319. 0±24	2543. 0±24	9	0. 1686	1. 40	10. 06	1. 9	0. 4329	1. 20	0. 655
S18-2-4. 1	0. 20	92	61	0. 68	33. 9	2293. 0±22	2529. 0±19	9	0. 1672	1. 10	9. 84	1. 6	0. 4272	1. 20	0. 719
S18-2-5. 1	0. 22	106	92	0. 90	42. 0	2446. 0±19	2567. 0±18	5	0. 1710	1. 10	10. 88	1. 4	0. 4615	0. 92	0. 651

续表

样点号	$^{206}Pb_c$ /%	U /10^{-6}	Th /10^{-6}	Th/U	$^{206}Pb^*$ /10^{-6}	$^{206}Pb/^{238}U$ 年龄/Ma	$^{207}Pb/^{206}Pb$ 年龄/Ma	不谐和性/%	$^{207}Pb^*/^{206}Pb^*$	±%	$^{207}Pb^*/^{235}U$	±%	$^{206}Pb^*/^{238}U$	±%	误差相关性
S18-2-6. 1	0. 32	86	46	0. 55	36. 3	2568±21	2517±16	-2	0. 1660	0. 93	11. 20	1. 40	0. 4895	0. 98	0. 725
S18-2-7. 1	0. 51	58	37	0. 67	23. 8	2518±26	2547±23	1	0. 1690	1. 40	11. 13	1. 80	0. 4778	1. 20	0. 671
S18-2-8. 1	0. 68	71	37	0. 53	29. 6	2524±30	2537±29	1	0. 1680	1. 70	11. 10	2. 30	0. 4793	1. 40	0. 637
S18-2-9. 1	0. 34	230	292	1. 31	75. 3	2073±14	2487±13	17	0. 1630	0. 80	8. 52	1. 10	0. 3793	0. 79	0. 702
S18-2-10. 1	0. 12	170	160	0. 97	70. 3	2531±17	2539±11	0	0. 1681	0. 66	11. 14	1. 00	0. 4808	0. 81	0. 773
S18-2-11. 1	0. 17	144	87	0. 63	51. 3	2235±16	2490±14	10	0. 1633	0. 80	9. 33	1. 20	0. 4145	0. 87	0. 734
S18-2-12. 1	0. 59	243	479	2. 03	70. 9	1872±22	2424±15	23	0. 1571	0. 87	7. 29	1. 60	0. 3369	1. 30	0. 840
S18-2-13. 1	0. 48	130	117	0. 93	43. 0	2095±15	2521±15	17	0. 1664	0. 91	8. 81	1. 20	0. 3839	0. 84	0. 679
S18-2-14. 1	0. 34	141	146	1. 07	52. 5	2314±16	2476±24	7	0. 1620	1. 40	9. 64	1. 70	0. 4318	0. 81	0. 488
S18-2-15. 1	0. 40	140	134	0. 99	46. 7	2106±16	2476±14	15	0. 1620	0. 85	8. 63	1. 20	0. 3864	0. 90	0. 727
S18-2-16. 1	0. 20	200	222	1. 15	73. 7	2292±14	2455±11	7	0. 1600	0. 67	9. 42	0. 99	0. 4270	0. 73	0. 740
S18-2-17. 1	0. 45	167	152	0. 94	55. 1	2086±15	2475±15	16	0. 1619	0. 87	8. 52	1. 20	0. 3820	0. 83	0. 690
S18-2-18. 1	0. 74	60	36	0. 62	24. 4	2492±25	2475±30	-1	0. 1619	1. 80	10. 53	2. 10	0. 4720	1. 20	0. 567
安沟群(S17-6)															
S17-6-1. 1	0. 72	44	7	0. 16	17. 6	2439±28	2527±36	3	0. 1670	2. 10	10. 58	2. 50	0. 4598	1. 40	0. 547
S17-6-2. 1	0. 48	90	61	0. 70	37. 3	2515±24	2481±21	-1	0. 1625	1. 30	10. 69	1. 70	0. 4771	1. 20	0. 678
S17-6-3. 1	0. 56	77	53	0. 71	31. 6	2502±22	2508±19	0	0. 1651	1. 10	10. 79	1. 50	0. 4741	1. 10	0. 697
S17-6-4. 1	0. 66	115	32	0. 29	25. 8	1489±14	2352±23	37	0. 1506	1. 30	5. 39	1. 70	0. 2597	1. 10	0. 625
S17-6-5. 1	0. 12	83	63	0. 78	33. 6	2478±48	2540±14	2	0. 1683	0. 85	10. 87	2. 50	0. 469	2. 30	0. 940
S17-6-6. 1	0. 58	92	79	0. 89	36. 4	2431±21	2512±18	3	0. 1655	1. 10	10. 45	1. 50	0. 4581	1. 00	0. 686
S17-6-7. 1	0. 18	79	49	0. 65	31. 3	2442±22	2501±17	2	0. 1644	0. 99	10. 44	1. 50	0. 4606	1. 10	0. 735
S17-6-8. 1	0. 61	70	62	0. 92	31. 2	2689±35	2561±25	-5	0. 1704	1. 50	12. 15	2. 20	0. 5175	1. 60	0. 725
S17-6-9. 1	0. 19	80	57	0. 74	29. 3	2292±36	2531±19	9	0. 1673	1. 10	9. 85	2. 20	0. 4270	1. 90	0. 853
S17-6-1. 1	0. 72	44	7	0. 16	17. 6	2439±28	2527±36	3	0. 1670	2. 10	10. 58	2. 50	0. 4598	1. 40	0. 547
S17-6-2. 1	0. 48	90	61	0. 70	37. 3	2515±24	2481±21	-1	0. 1625	1. 30	10. 69	1. 70	0. 4771	1. 20	0. 678
S17-6-3. 1	0. 56	77	53	0. 71	31. 6	2502±22	2508±19	0	0. 1651	1. 10	10. 79	1. 50	0. 4741	1. 10	0. 697
S17-6-4. 1	0. 66	115	32	0. 29	25. 8	1489±14	2352±23	37	0. 1506	1. 30	5. 390	1. 70	0. 2597	1. 10	0. 625

安沟群的时代和地层对比：安沟群的时代和归属一直存在争议。孙枢等（1985）、张国伟等（1988）和Zhang等（1985）根据岩石共生组合、变质程度、接触关系等认为其属于古元古代拉张环境下的产物，但并无确切的年龄依据。翟明国和彭澎（2007）也认为安沟群属于古元古代火山-沉积组合，彭澎和翟明国（2002）将其归为中条-熊耳-安沟裂谷建造。薛良伟等（2004，2005）认为安沟群主体相当于登封群老羊沟组，与登封群一样同为岛弧环境，是同一构造岩浆活动的产物，但登封地区的时代要早一些，箕山地区要略晚一些，并用单颗粒锆石蒸发法测得原寨沟组（老袋窑组）中变流纹斑岩锆石$^{207}Pb/^{206}Pb$年龄为2502Ma。高山等（2005）认为安沟群形成于陆内裂谷环境，测得其底部变玄武岩和英安岩Sm-Nd同位素等时线年龄为2507Ma。前面已述及2503±11Ma左右的许台花岗岩体侵入安沟群，所以安沟群的时代应无疑属于太古宙。本书测得其底部石梯沟组和上部寨沟组中酸性火山岩的年龄分别为2521±11Ma和2517±12Ma，提供了安沟群更为准确的形成年龄。安沟群的形成年龄确与登封群的年龄相近（Kröner *et al.*，1988），但是否能够归并到登封群老羊沟组，还需要进一步的工作。老羊沟组以云母石英片岩、绢云石英片岩和绿泥石英片岩为主，夹变质砾岩和少量变质酸性火山岩，原岩以碎屑沉积岩为主。而安沟群的岩性组合要复杂得多，除了碎屑沉积岩外，还有泥质岩、碳酸盐岩和较多的基性-中酸性火山岩，在野外未见到变质砾岩。所以安沟群与老羊沟组二者并不完全等同。从安沟群基性火山岩、中酸性火山岩、泥质-碎屑沉积岩和少量碳酸盐岩这套地层原岩组合看，与登封群地层原岩组合总体类似，但如何将这些岩石与郭家窑组、金家门组和老羊沟组一一对应，还需要进一步工作对安沟群地层进行深入细致的重新划分。

前面已述及Kröner等（1988）测得登封群老羊沟组变酸性火山岩的锆石SHRIMP年龄为2512Ma左右。李曙光等（1987）测得登封群Sm-Nd等时线年龄为2509±16Ma。薛良伟等（2005）获得箕山地区郭家窑组变质中基性火山岩Sm-Nd等时线年龄为2513±42Ma，TTG杂岩中表壳岩包体的Sm-Nd等时线年龄为2510±32Ma。五台山地区的锆石SHRIMP年龄数据表明五台群变质中酸性火山岩的形成时代在2516～2533Ma，TTG的年龄在2531～2553Ma（Cawood *et al.*，1998；Wilde *et al.*，1998，2003，2004，2005；Kröner *et al.*，2005）。可以看出安沟群在时代上与登封群以及距离较远的五台群基本相同，且大套地层的岩石组合也有类似之处，但在变质变形等方面也存在明显的差异，在构造背景的认识上也有不同意见。孙枢等（1985）、Zhang等（1985）、高山等（2005）及翟明国和彭澎（2007）认为安沟群具有拉张裂谷的性质，而薛良伟等（2004，2005）、白瑾等（1993）和伍家善等（1998）认为安沟群与登封群具有岛弧特征。登封群和安沟群究竟是相同构造背景下的同一套地层，还是本无亲缘性，仅仅是时代相同的构造并置关系（像五台群与阜平岩群一样）？这对了解华北克拉通早期组成和演化具有重要意义。本书倾向于它们在时代和岩石组合上具有可比性，与同时代的TTG岩系一起构成了华北克拉通重要的太古宙花岗-绿岩地体，表明华北克拉通在新太古代晚期曾经历了陆壳增生。变质变形等方面的差异主要是所处构造部位和层次不同所造成的。安沟群无论从岩石组合上还是从形成时代上都与古元古代的滹沱群存在很大的差异，二者是不能对比的。

本书的年龄数据是在相同实验条件下、同一测试过程中得到的，在同一系统误差内其年龄的相对顺序应该能够反映地层的先后顺序。结果表明，原划的下部石梯沟组（2521±

11Ma）和上部寨沟组（2517±12Ma）在先后时序上是合理的。建议在没有进一步深入工作前，应保留安沟群这一地层名称，但要依据岩石组合对组级单位进行重新厘定和划分。

2.2.3　嵩　山　群

嵩山群由最初张伯声（1951）所命名的嵩山五台系而来，广布于嵩山-箕山地区，构成了峻极峰、挡阳山、五指岭等嵩山的主体峰群，主要由下部的“嵩山石英岩”和上部的“五指岭片岩”组成。马杏垣（1957）将其归属于滹沱系，王曰伦（1960）正式将其命名为嵩山群。其产状也是近 SN 向分布，与下面的太古宙登封群和花岗质岩石为不整合或断层接触，其上为中新元古代的五佛山群和马鞍山群等不整合覆盖。

2.2.3.1　嵩山群的组成特征

嵩山群自下而上分为罗汉洞组、五指岭组、庙坡山组和花峪组（河南省地质矿产局，1989）。

罗汉洞组：底部通常有 1 ~ 2 层标志性的变质砾岩，砾石成分以石英岩为主，有少量硅质岩、脉石英、磁铁石英岩、千枚岩、云母石英片岩等，砾石磨圆程度较好，后期变形导致定向排列。下部为厚层-巨厚层粗粒含长石石英岩；中部为白色细粒石英岩；上部为厚层粗粒石英岩夹薄层绢云石英片岩。该组除底部砾岩外，以石英岩为主，所以又简称为罗汉洞石英岩。

五指岭组：下部为石英岩与绢云石英片岩互层；中部为千枚状绢云片岩夹薄层石英岩、白云岩等；上部为绢云石英片岩与千枚岩互层，夹白云岩、磁铁石英岩。

庙坡山组：以往曾称为庙坡组，以石英岩为主，下部为白-浅绿色细粒石英岩，上部为紫色条带状粗粒石英岩夹磁铁石英岩和绢云石英片岩。

花峪组：以往曾称为小花峪组，以千枚岩和石英岩互层为主，夹白云岩，局部含磷矿层为特征。

嵩山群各组石英岩中普遍保留有交错层理、斜层理和波痕等原始的沉积构造。在一些地方由细粒磁铁构成的交错层理十分明显（张尔道，1954；马杏垣，1957）。结合嵩山群的岩性和结构构造特征来看，其原岩应为滨浅海相的陆源碎屑-碳酸盐岩沉积岩建造。马杏垣等（1981）认为嵩山群是在一个动荡的环境中沉积的，其特征是沉积旋回和沉积韵律极为发育，反映了当时处于相对活动与相对稳定不断交替的构造环境。

2.2.3.2　嵩山群的变质变形特征

嵩山群的变质程度较低，属低绿片岩相，主要的变质矿物组合为 Ms+Chl+Ab±Bt+Qtz。

马杏垣等（1981）发现嵩山群保留有反映自北而南流动的沉积构造，认为嵩山群形成时的构造方位是 SN 向的。他们认为嵩山群至少可以识别出两期变形构造。早期构造形迹以褶皱变形为主，形成了一系列复杂的紧闭和倒转褶皱，产生了轴面劈理（S_1）和线状构造（L_1）。整个嵩山就是这期变形形成的大的复背斜，而五指岭则是一个大的复向斜。褶皱的轴面近 SN 向，反映了近 EW 向的挤压应力。第二期变形表现为切割早期面理（S_1）

的透入性褶劈理等面理（S_2）和皱纹线理（L_2）的形成。

2.2.3.3 嵩山群的时代

早期关于嵩山群的时代及地层对比有不同的认识。张伯声（1951）认为这套岩石可与五台群对比，归属于太古宙；赵宗溥（1956）和马杏垣（1957）等认为嵩山群可与滹沱群/系对比；李世麟（1964）则认为嵩山群可与长城系对比。由于嵩山群不整合于新太古代的登封群之上，又被中新元古代的五佛山群和马鞍山群不整合覆盖，加之近年来陆续获得了一些古元古代的年龄数据，比较一致的看法是嵩山群形成于古元古代，但对沉积形成的绝对年龄还有不同的认识。第五春荣等（2008）对嵩山群石英岩碎屑锆石进行了年龄测定，获得最年轻的锆石$^{207}Pb/^{206}Pb$年龄为2337±23Ma，认为该年龄可以作为嵩山群的最大沉积年龄。万渝生等（2009）也对嵩山群石英岩的碎屑锆石进行了年龄测定，锆石$^{207}Pb/^{206}Pb$主体年龄为~2.5Ga，最年轻的年龄为2.45Ga。

我们对侵入嵩山群中的辉绿岩进行了年龄测试工作，挑选出了30多粒锆石，多数为捕获的锆石。我们对其中11颗锆石进行了有效测试，从锆石阴极发光图像来看锆石6.1为典型的酸性岩浆锆石，并且高度不谐和，可以排除该点。3.1点和8.1点分别获得了2个1.8Ga的年龄数据，可能代表了辉绿岩侵位的年龄，其他年龄数据在2.1~2.5Ma，可能为捕获的围岩中的锆石（图2.29）。所以，可以限定嵩山群的形成年龄要老于1.8Ga。结合嵩山群本身碎屑锆石的年龄数据（第五春荣等，2008；万渝生等，2009），可以限定其沉积时限应在1.8~2.3Ga，区域上可与滹沱群进行对比。

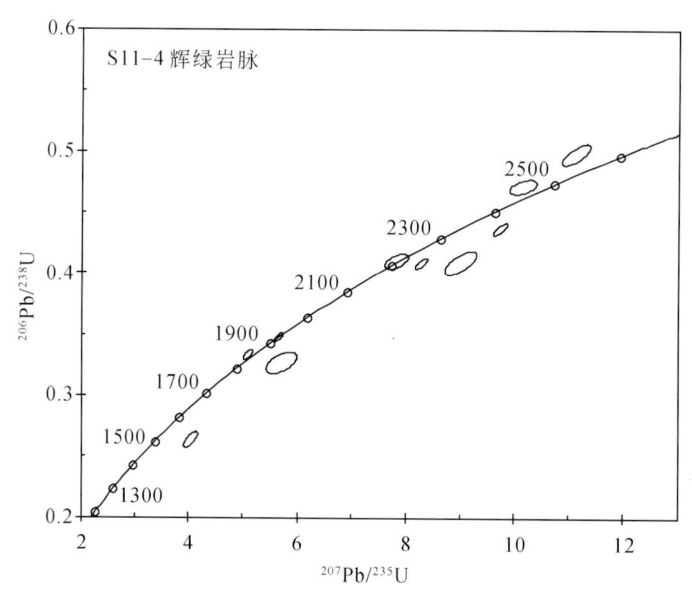

图2.29 侵入嵩山群中的辉绿岩脉锆石U-Pb年龄谐和图

对不整合覆盖在嵩山群之上的马鞍山组石英岩（样品S09-1），我们也进行了锆石LA-ICP-MS年龄测试工作（表2.3）。该样品锆石外形为浑圆状或米粒状，为典型的碎屑锆石特征（图2.30）。阴极发光图像显示既有密集振荡环带结构的岩浆型锆石也有没有明显密集振荡环带结构的变质锆石（图 2.30）。锆石$^{207}Pb/^{206}Pb$年龄多为 2380～2680Ma，最大峰值年龄为 2425Ma，最小的年龄为 1186Ma（图 2.31），说明马鞍山组沉积的最大时限不大于 1.1Ga，但由于只有一个年龄数据，就此确定马鞍山组为中元古代晚期还需慎重。从碎屑锆石特征来看，马鞍山组与登封群还是有明显区别的，而与嵩山群却比较类似（第五春荣等，2008；万渝生等，2009）。一是其锆石具有磨圆的外形，说明经过了明显搬运磨蚀，嵩山群的锆石也多具有磨圆的形态，而登封群则多为自形柱状；二是锆石年龄的最大峰值在 2.4Ga 左右，没有大于 3.0Ga 的碎屑锆石，嵩山群的碎屑锆石最年轻年龄为 2337±23Ma（第五春荣等，2008）和 2450Ma（万渝生等，2009），登封群的碎屑锆石则以太古宙为主，显然马鞍山组的源区物质明显年轻于登封群，很可能以嵩山群为主；三是锆石的 ε_{Hf}值出现较多负值，与登封群以正值为主有所区别，其 Hf 模式年龄多在 2.7Ga 左右，与嵩山群类似（第五春荣等，2008），也说明马鞍组的源区可能以嵩山群和同时代的侵入岩为主。

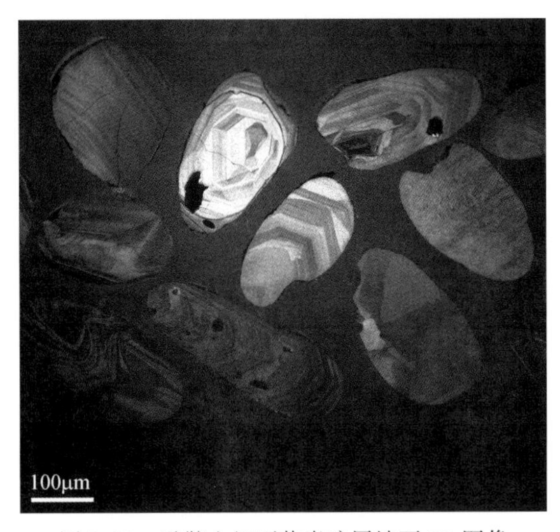

图 2.30 马鞍山组石英岩碎屑锆石 CL 图像

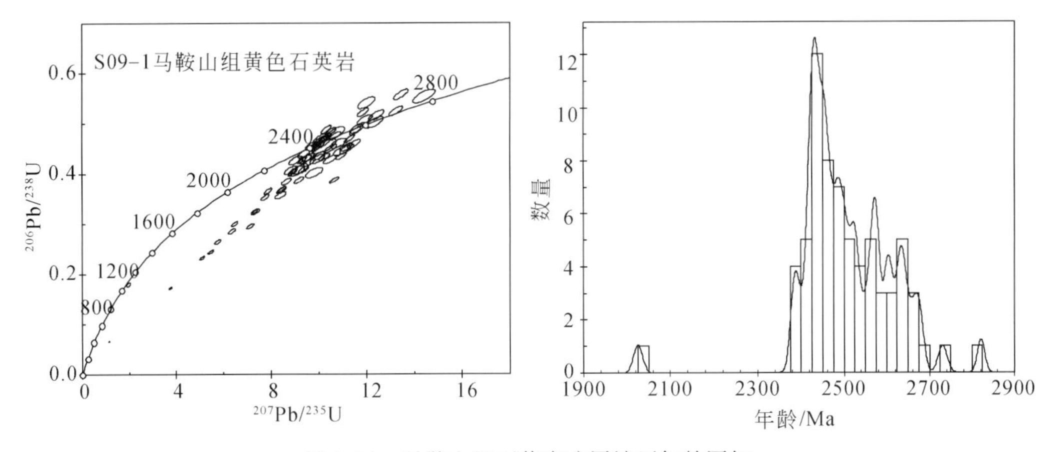

图 2.31 马鞍山组石英岩碎屑锆石年龄图解

表 2.3 嵩山地区样品锆石 LA-ICP-MS 测年结果

分析点号	含量/10^{-6}		Th/U	同位素比值						年龄/Ma			
	Th	U		$^{207}Pb/^{206}Pb$	1σ	$^{207}Pb/^{235}U$	1σ	$^{206}Pb/^{238}U$	1σ	$^{207}Pb/^{206}Pb$	1σ	$^{206}Pb/^{238}U$	1σ
S05-1 侵入登封群的二长花岗岩脉													
S05-1-01	47.27	141.15	0.33	0.15343	0.00175	9.31160	0.07801	0.43948	0.00281	2384.5	19.28	2348.3	12.58
S05-1-02	107.15	178.74	0.60	0.15600	0.00182	9.23806	0.08110	0.42887	0.00282	2412.8	19.70	2300.6	12.74
S05-1-03	36.29	118.50	0.31	0.15796	0.00163	9.88695	0.06528	0.45335	0.00254	2434.0	17.39	2410.1	11.26
S05-1-04	39.18	155.67	0.25	0.15502	0.00162	9.61808	0.06519	0.44945	0.00254	2402.0	17.64	2392.8	11.31
S05-1-05	40.28	112.05	0.36	0.15416	0.00165	9.51389	0.06804	0.44709	0.00260	2392.6	18.05	2382.3	11.59
S05-1-06	79.48	223.85	0.36	0.15969	0.00161	7.56756	0.04520	0.34338	0.00181	2452.4	16.95	1902.9	8.67
S05-1-07	50.84	210.14	0.24	0.16011	0.0016	9.30803	0.05485	0.42130	0.00222	2456.8	16.84	2266.4	10.08
S05-1-08	48.90	173.89	0.28	0.16078	0.00163	10.14690	0.06152	0.45739	0.00245	2463.9	16.98	2428.0	10.85
S05-1-09	79.00	218.96	0.36	0.15767	0.00159	7.75985	0.04570	0.35672	0.00187	2430.8	16.98	1966.6	8.87
S05-1-10	29.65	122.10	0.24	0.15814	0.00173	8.81193	0.06536	0.40393	0.00238	2435.9	18.43	2187.1	10.94
S05-1-11	134.56	321.87	0.42	0.15955	0.00166	5.72253	0.03584	0.26009	0.00138	2450.9	17.52	1490.3	7.05
S05-1-12	36.52	140.55	0.26	0.16178	0.00170	10.44125	0.06926	0.46806	0.00262	2474.3	17.67	2475.1	11.52
S05-1-13	91.48	160.54	0.57	0.16162	0.00169	8.68442	0.05538	0.38970	0.00212	2472.7	17.53	2121.4	9.83
S05-1-14	34.98	135.00	0.26	0.16176	0.00178	10.47019	0.07733	0.46947	0.00279	2474.2	18.43	2481.2	12.24
S05-1-15	74.85	213.07	0.35	0.15924	0.00167	6.91597	0.04394	0.31503	0.00169	2447.6	17.66	1765.4	8.29
S05-1-16	57.02	198.47	0.29	0.16379	0.00169	8.11712	0.04860	0.35950	0.00189	2495.2	17.25	1979.8	8.97
S05-1-17	89.62	216.93	0.41	0.16314	0.00171	7.41351	0.04600	0.32968	0.00176	2488.4	17.51	1836.8	8.51
S05-1-18	58.46	181.87	0.32	0.16268	0.00172	7.85186	0.05007	0.35016	0.00189	2483.8	17.69	1935.3	9.03
S05-1-19	46.76	170.75	0.27	0.16444	0.00175	8.81804	0.05734	0.38907	0.00213	2501.8	17.77	2118.5	9.90
S05-1-20	33.41	122.08	0.27	0.16322	0.00179	10.30511	0.07393	0.45808	0.00267	2489.3	18.39	2431.1	11.78
S05-1-21	53.68	200.76	0.27	0.16962	0.00178	10.35466	0.06394	0.44298	0.00238	2553.9	17.50	2364.0	10.63
S05-1-22	34.38	119.79	0.29	0.16302	0.00186	10.56890	0.08200	0.47045	0.00286	2487.3	19.10	2485.5	12.53
S05-1-23	49.67	193.36	0.26	0.1667	0.00177	9.04590	0.05637	0.39379	0.00211	2524.8	17.68	2140.4	9.76
S05-1-24	60.06	181.23	0.33	0.17014	0.00181	8.92153	0.05572	0.38052	0.00204	2559.0	17.67	2078.7	9.53
S05-1-25	86.11	172.93	0.50	0.16774	0.00181	9.30825	0.06038	0.40270	0.00220	2535.2	17.94	2181.5	10.11
S05-1-26	83.77	359.47	0.23	0.16649	0.00179	6.08707	0.03811	0.26531	0.00140	2522.7	17.90	1516.9	7.15
S05-1-28	67.37	229.96	0.29	0.16655	0.00184	6.48615	0.04420	0.2826	0.00155	2523.3	18.45	1604.4	7.81
S05-1-30	58.47	171.11	0.34	0.17083	0.00198	10.75259	0.08480	0.45674	0.0028	2565.8	19.27	2425.2	12.40
S06-1 登封群老羊沟组云母石英片岩													
S06-1-001	217.54	178.45	1.22	0.17241	0.00185	9.87485	0.06183	0.41558	0.00223	2581.2	17.79	2240.4	10.15
S06-1-002	74.77	206.08	0.36	0.17994	0.00196	10.35346	0.06783	0.41750	0.00230	2652.3	17.91	2249.1	10.46
S06-1-003	58.14	115.88	0.50	0.17134	0.00196	11.24821	0.08579	0.47632	0.00287	2570.8	19.00	2511.2	12.53

续表

分析点号	含量/10^{-6}		Th/U	同位素比值						年龄/Ma			
	Th	U		$^{207}Pb/^{206}Pb$	1σ	$^{207}Pb/^{235}U$	1σ	$^{206}Pb/^{238}U$	1σ	$^{207}Pb/^{206}Pb$	1σ	$^{206}Pb/^{238}U$	1σ
S06-1-004	58.35	60.44	0.97	0.16772	0.00212	11.04836	0.10588	0.47797	0.00334	2535.0	21.09	2518.4	14.55
S06-1-005	14.85	36.97	0.40	0.17591	0.00234	11.12602	0.11703	0.45891	0.00344	2614.7	22.00	2434.7	15.20
S06-1-006	92.14	243.57	0.38	0.19510	0.00216	12.70448	0.08844	0.47245	0.00274	2785.7	17.98	2494.3	11.98
S06-1-007	771.20	545.77	1.41	0.22993	0.00239	7.00339	0.03919	0.22099	0.00112	3051.6	16.57	1287.1	5.94
S06-1-008	103.49	122.84	0.84	0.22637	0.00240	16.29413	0.10088	0.52223	0.00287	3026.6	16.92	2708.6	12.17
S06-1-009	72.72	88.61	0.82	0.17469	0.00203	12.36504	0.09949	0.51353	0.00323	2603.1	19.28	2671.7	13.75
S06-1-010	14.35	36.92	0.39	0.16880	0.00248	11.31602	0.14098	0.48635	0.00415	2545.8	24.37	2554.9	18.01
S06-1-011	49.80	90.61	0.55	0.16956	0.00206	11.34236	0.09990	0.48529	0.00321	2553.3	20.17	2550.3	13.92
S06-1-012	55.94	125.60	0.45	0.17385	0.00206	12.41005	0.10447	0.51784	0.00336	2595.1	19.63	2690.0	14.25
S06-1-013	90.10	214.40	0.42	0.18757	0.00196	12.35431	0.07222	0.47781	0.0025	2721.0	17.13	2517.7	10.91
S06-1-014	31.48	69.60	0.45	0.16877	0.00222	11.22033	0.11580	0.48229	0.00356	2545.4	21.84	2537.3	15.49
S06-1-015	45.34	86.98	0.52	0.16733	0.00195	12.43877	0.10061	0.53926	0.00339	2531.1	19.40	2780.3	14.22
S06-1-016	66.75	72.45	0.92	0.16663	0.00195	11.18842	0.09073	0.48707	0.00304	2524.1	19.50	2558.0	13.18
S06-1-017	99.71	134.82	0.74	0.16836	0.00194	10.98704	0.08544	0.47338	0.00288	2541.4	19.15	2498.4	12.59
S06-1-018	12.35	38.47	0.32	0.16685	0.00244	11.06497	0.13711	0.48104	0.00408	2526.3	24.32	2531.8	17.75
S06-1-019	50.37	76.88	0.66	0.17181	0.00201	12.12887	0.09965	0.51205	0.00325	2575.4	19.46	2665.4	13.88
S06-1-020	29.85	52.25	0.57	0.17039	0.0024	11.19144	0.13033	0.4764	0.00386	2561.5	23.33	2511.6	16.87
S06-1-021	47.09	95.18	0.49	0.17164	0.00212	11.43139	0.10464	0.48304	0.00329	2573.7	20.45	2540.5	14.29
S06-1-022	56.87	92.66	0.61	0.18230	0.00214	11.55859	0.09530	0.45984	0.00293	2674.0	19.34	2438.8	12.94
S06-1-023	43.85	72.17	0.61	0.17175	0.00196	11.58398	0.08909	0.48917	0.00297	2574.7	18.96	2567.1	12.84
S06-1-024	202.77	248.75	0.82	0.18581	0.00204	10.81423	0.07419	0.42209	0.00239	2705.4	18.00	2270.0	10.84
S06-1-025	57.76	126.07	0.46	0.17485	0.00214	9.51595	0.08470	0.39469	0.00259	2604.6	20.28	2144.5	11.97
S06-1-026	128.16	290.30	0.44	0.17778	0.00194	8.19388	0.05457	0.33424	0.00183	2632.3	18.03	1858.9	8.85
S06-1-027	131.39	237.95	0.55	0.18370	0.00204	10.29131	0.07285	0.40625	0.00233	2686.6	18.24	2197.8	10.70
S06-1-028	143.92	318.41	0.45	0.19237	0.00207	9.03417	0.05767	0.34055	0.00184	2762.5	17.54	1889.3	8.85
S06-1-029	224.04	361.05	0.62	0.19110	0.00207	7.76330	0.05047	0.29458	0.00160	2751.7	17.70	1664.4	7.94
S06-1-030	74.81	129.43	0.58	0.17044	0.00202	10.42166	0.08751	0.44339	0.00282	2562.0	19.73	2365.8	12.59
S06-1-031	74.77	119.10	0.63	0.16642	0.00182	10.97660	0.07575	0.47823	0.00270	2522.0	18.29	2519.6	11.78
S06-1-032	25.09	202.05	0.12	0.18604	0.00206	9.79165	0.06870	0.38161	0.00218	2707.5	18.15	2083.8	10.15
S06-1-033	91.56	223.60	0.41	0.17244	0.00184	10.24369	0.06541	0.43069	0.00233	2581.5	17.75	2308.8	10.49
S06-1-034	125.00	304.88	0.41	0.19094	0.00209	10.23768	0.06957	0.38873	0.00218	2750.3	17.86	2116.9	10.14
S06-1-035	186.21	527.86	0.35	0.20877	0.00218	5.50635	0.03166	0.19122	0.00097	2896.0	16.85	1128.0	5.25
S06-1-036	93.10	226.13	0.41	0.17289	0.00192	9.68173	0.06924	0.40597	0.00233	2585.9	18.46	2196.5	10.67

续表

分析点号	含量/10^{-6}		Th/U	同位素比值						年龄/Ma			
	Th	U		$^{207}Pb/^{206}Pb$	1σ	$^{207}Pb/^{235}U$	1σ	$^{206}Pb/^{238}U$	1σ	$^{207}Pb/^{206}Pb$	1σ	$^{206}Pb/^{238}U$	1σ
S06-1-037	97.26	155.62	0.62	0.16933	0.00188	10.34104	0.07380	0.44274	0.00254	2551.0	18.47	2362.9	11.36
S06-1-038	125.04	134.29	0.93	0.16895	0.00195	10.79116	0.08502	0.46303	0.00283	2547.3	19.16	2452.9	12.47
S06-1-039	169.16	209.68	0.81	0.17256	0.00183	9.55707	0.05928	0.40149	0.00213	2582.6	17.59	2175.9	9.80
S06-1-040	31.78	74.36	0.43	0.16626	0.00214	9.85302	0.09793	0.42961	0.00304	2520.3	21.48	2304.0	13.71
S06-1-041	117.53	236.98	0.50	0.37434	0.00393	27.37648	0.17275	0.53008	0.00310	3809.1	15.81	2741.8	13.05
S06-1-042	18.75	44.79	0.42	0.18361	0.00255	9.78168	0.11057	0.38612	0.00304	2685.8	22.80	2104.8	14.12
S06-1-043	119.77	245.15	0.49	0.18212	0.00192	11.65353	0.07138	0.46376	0.00247	2672.3	17.31	2456.2	10.88
S06-1-044	14.77	36.57	0.40	0.16789	0.00234	10.56488	0.12157	0.45607	0.00364	2536.7	23.18	2422.2	16.10
S06-1-045	141.72	271.99	0.52	0.16465	0.00190	6.09393	0.04666	0.26823	0.00154	2504.0	19.28	1531.8	7.84
S06-1-046	66.88	139.78	0.48	0.17339	0.00183	11.05386	0.06891	0.46201	0.00247	2590.6	17.53	2448.4	10.90
S06-1-047	34.87	84.56	0.41	0.16508	0.00193	12.62180	0.10587	0.55408	0.00358	2508.4	19.58	2842.1	14.83
S06-1-048	93.41	231.89	0.40	0.18047	0.00192	11.52975	0.07337	0.46297	0.00251	2657.2	17.51	2452.6	11.08
S06-1-049	35.63	68.00	0.52	0.17108	0.00209	10.90228	0.09852	0.46180	0.00310	2568.2	20.27	2447.5	13.66
S06-1-050	269.89	333.28	0.81	0.37850	0.00388	25.80345	0.14843	0.49400	0.00269	3825.8	15.42	2588.0	11.60
S06-1-051	349.94	358.08	0.98	0.23137	0.00242	10.89280	0.06480	0.34110	0.00180	3061.6	16.60	1892.0	8.65
S06-1-052	23.26	67.14	0.35	0.17744	0.00219	10.64703	0.09844	0.43472	0.00296	2629.1	20.40	2327.0	13.32
S06-1-053	79.29	197.53	0.40	0.18384	0.00195	11.55538	0.07296	0.45538	0.00246	2687.8	17.40	2419.1	10.91
S06-1-054	151.88	142.03	1.07	0.17831	0.00196	10.83426	0.07596	0.44019	0.00251	2637.2	18.11	2351.5	11.25
S06-1-055	161.92	201.18	0.80	0.20021	0.00213	11.43013	0.07249	0.41359	0.00225	2827.9	17.22	2231.3	10.26
S06-1-056	402.63	311.43	1.29	0.19658	0.00205	8.31141	0.04929	0.30629	0.00158	2798.0	16.99	1722.4	7.82
S06-1-057	55.72	61.87	0.90	0.17873	0.00200	11.43577	0.08536	0.46348	0.00276	2641.1	18.49	2454.9	12.15
S06-1-058	35.74	80.27	0.45	0.17474	0.00196	11.56175	0.08667	0.47927	0.00286	2603.6	18.57	2524.1	12.46
S06-1-059	38.15	81.32	0.47	0.16893	0.00196	10.95819	0.08889	0.46987	0.00293	2547.1	19.29	2483.0	12.84
S06-1-060	122.59	260.27	0.47	0.20952	0.00223	10.80439	0.06920	0.37351	0.00204	2901.8	17.17	2045.9	9.58
S06-1-061	31.85	73.71	0.43	0.17195	0.00195	11.68910	0.08999	0.49233	0.00299	2576.7	18.78	2580.7	12.90
S06-1-062	94.75	128.42	0.74	0.17177	0.00190	11.20516	0.08143	0.47241	0.00275	2575.0	18.39	2494.1	12.06
S06-1-063	215.32	603.31	0.36	0.23291	0.00238	6.86650	0.03779	0.2135	0.00107	3072.1	16.25	1247.4	5.66
S06-1-064	31.82	81.79	0.39	0.17850	0.00208	13.29058	0.11087	0.53918	0.00350	2639.0	19.19	2780.0	14.67
S06-1-065	137.89	278.83	0.49	0.19656	0.00207	10.36318	0.06475	0.38177	0.00204	2797.9	17.16	2084.6	9.54
S06-1-066	81.19	119.68	0.68	0.16932	0.00190	11.55965	0.08714	0.49435	0.00295	2550.9	18.65	2589.4	12.74
S06-1-067	39.27	66.28	0.59	0.17007	0.00197	10.86343	0.08840	0.46251	0.00289	2558.3	19.27	2450.6	12.72
S06-1-068	60.31	121.20	0.50	0.16626	0.00182	10.89122	0.07693	0.47429	0.00271	2520.3	18.28	2502.4	11.83

续表

分析点号	含量/10^{-6}		Th/U	同位素比值						年龄/Ma			
	Th	U		$^{207}Pb/^{206}Pb$	1σ	$^{207}Pb/^{235}U$	1σ	$^{206}Pb/^{238}U$	1σ	$^{207}Pb/^{206}Pb$	1σ	$^{206}Pb/^{238}U$	1σ
S06-1-069	42.60	63.58	0.67	0.16318	0.00184	10.59997	0.08106	0.47031	0.00280	2488.9	18.91	2484.9	12.30
S06-1-070	43.63	84.05	0.52	0.20599	0.00233	15.34878	0.12033	0.53945	0.00344	2874.3	18.24	2781.2	14.39
S09-1 不整合登封群之上的马鞍山组石英岩													
S09-1-01	53.18	70.65	0.75	0.15471	0.00186	9.39029	0.08591	0.43974	0.00295	2398.6	20.26	2349.5	13.23
S09-1-02	98.72	144.28	0.68	0.15959	0.00191	9.44481	0.08585	0.42878	0.00289	2451.3	20.09	2300.2	13.04
S09-1-03	20.44	22.60	0.90	0.16261	0.00287	10.22046	0.16909	0.45537	0.00493	2483.0	29.43	2419.1	21.84
S09-1-04	53.46	101.51	0.53	0.15375	0.00170	9.65660	0.07422	0.45507	0.00276	2388.0	18.68	2417.8	12.21
S09-1-05	17.47	44.07	0.40	0.15585	0.00203	10.09684	0.10755	0.46939	0.00355	2411.2	21.94	2480.9	15.56
S09-1-06	18.99	37.18	0.51	0.16109	0.00228	10.69425	0.13079	0.48103	0.00409	2467.1	23.7	2531.8	17.79
S09-1-07	43.77	71.30	0.61	0.17174	0.00208	11.63788	0.11002	0.49103	0.00349	2574.7	20.13	2575.1	15.11
S09-1-08	62.52	132.38	0.47	0.15321	0.00161	10.31598	0.06963	0.48791	0.00276	2382.1	17.76	2561.6	11.94
S09-1-09	245.3	777.39	0.32	0.12473	0.00145	1.12728	0.00892	0.06549	0.00035	2025.0	20.40	408.9	2.14
S09-1-10	43.16	109.67	0.39	0.16034	0.00187	9.56718	0.08229	0.43239	0.00281	2459.2	19.59	2316.5	12.64
S09-1-11	34.71	43.29	0.80	0.16238	0.00235	9.08234	0.11289	0.40538	0.00340	2480.5	24.25	2193.8	15.61
S09-1-12	57.98	140.93	0.41	0.15981	0.00175	7.77755	0.05704	0.35271	0.00203	2453.7	18.42	1947.5	9.69
S09-1-13	28.72	59.34	0.48	0.15350	0.00194	9.03776	0.08985	0.42673	0.00301	2385.3	21.36	2290.9	13.62
S09-1-14	15.20	29.84	0.51	0.18868	0.00245	14.41671	0.15627	0.55379	0.00451	2730.7	21.22	2840.9	18.71
S09-1-15	76.30	122.37	0.62	0.15752	0.00168	10.11289	0.07063	0.46532	0.00267	2429.3	18.00	2463.0	11.75
S09-1-16	85.26	166.23	0.51	0.15717	0.00175	9.91826	0.07676	0.45741	0.00278	2425.5	18.79	2428.1	12.30
S09-1-17	76.19	70.76	1.08	0.15763	0.00205	8.84634	0.09203	0.40679	0.00297	2430.4	21.88	2200.3	13.60
S09-1-18	52.47	96.03	0.55	0.17488	0.00193	13.43869	0.10293	0.55701	0.00347	2604.9	18.23	2854.3	14.38
S09-1-19	47.60	217.15	0.22	0.17560	0.00195	7.14832	0.05334	0.29508	0.00173	2611.8	18.40	1666.9	8.60
S09-1-20	158.03	335.66	0.47	0.15787	0.00176	5.74907	0.04274	0.26399	0.00151	2432.9	18.76	1510.2	7.70
S09-1-21	92.53	180.44	0.51	0.15699	0.00168	7.90202	0.05409	0.36490	0.00204	2423.5	18.07	2005.4	9.62
S09-1-22	134.69	210.09	0.64	0.16032	0.00172	8.90301	0.06153	0.4026	0.00228	2459.1	18.04	2181.0	10.46
S09-1-23	71.27	94.00	0.76	0.15885	0.00176	10.26337	0.07743	0.46842	0.00281	2443.5	18.62	2476.6	12.32
S09-1-24	86.86	194.21	0.45	0.15934	0.00165	9.91357	0.06252	0.45107	0.00245	2448.7	17.46	2400.0	10.87
S09-1-25	45.70	96.87	0.47	0.15623	0.00175	10.0087	0.07730	0.46448	0.00281	2415.2	18.88	2459.3	12.38
S09-1-26	37.18	47.74	0.78	0.15830	0.00203	9.92030	0.10130	0.45438	0.00330	2437.6	21.61	2414.7	14.64
S09-1-27	37.69	70.71	0.53	0.17439	0.00204	12.40657	0.10728	0.51583	0.00345	2600.2	19.39	2681.5	14.68
S09-1-28	47.05	97.46	0.48	0.15751	0.00175	10.48994	0.07904	0.48289	0.00289	2429.1	18.67	2539.8	12.57
S09-1-29	25.60	41.00	0.62	0.17820	0.00226	12.33416	0.12437	0.50186	0.00375	2636.2	20.89	2621.8	16.10
S09-1-30	24.87	45.07	0.55	0.17053	0.00218	10.83257	0.10962	0.4606	0.00338	2562.9	21.22	2442.2	14.92

续表

分析点号	含量/10^{-6}		Th/U	同位素比值						年龄/Ma			
	Th	U		$^{207}Pb/^{206}Pb$	1σ	$^{207}Pb/^{235}U$	1σ	$^{206}Pb/^{238}U$	1σ	$^{207}Pb/^{206}Pb$	1σ	$^{206}Pb/^{238}U$	1σ
S09-1-31	200.13	145.23	1.38	0.15696	0.00181	9.83678	0.08077	0.45447	0.00285	2423.1	19.47	2415.1	12.62
S09-1-32	204.78	213.78	0.96	0.16331	0.00185	8.65146	0.06684	0.38415	0.00230	2490.3	18.94	2095.6	10.72
S09-1-33	76.84	92.58	0.83	0.16352	0.00232	9.23220	0.10995	0.40943	0.00332	2492.4	23.74	2212.3	15.17
S09-1-34	97.99	154.77	0.63	0.17177	0.00190	9.17299	0.06721	0.38726	0.00227	2575.0	18.38	2110.1	10.54
S09-1-35	70.87	133.83	0.53	0.18017	0.00215	11.16965	0.09866	0.44959	0.00302	2654.4	19.68	2393.4	13.43
S09-1-36	182.00	323.99	0.56	0.16394	0.00178	7.32581	0.05006	0.32408	0.00180	2496.7	18.13	1809.6	8.75
S09-1-37	274.05	250.60	1.09	0.1567	0.00174	6.46728	0.04661	0.29932	0.00169	2420.4	18.70	1687.9	8.37
S09-1-38	76.74	149.19	0.51	0.16067	0.00187	10.21145	0.08444	0.46094	0.00291	2462.7	19.50	2443.7	12.84
S09-1-39	48.29	119.64	0.40	0.15805	0.00177	10.29118	0.07804	0.47222	0.00282	2435.0	18.85	2493.3	12.37
S09-1-40	107.17	204.23	0.52	0.16654	0.00189	9.37620	0.07245	0.40832	0.00246	2523.2	18.91	2207.2	11.27
S09-1-41	57.28	98.00	0.58	0.18114	0.00206	11.46810	0.09019	0.45920	0.00286	2663.3	18.74	2436.0	12.62
S09-1-42	151.29	184.47	0.82	0.15793	0.00172	9.31147	0.06452	0.42764	0.00241	2433.6	18.32	2295.1	10.89
S09-1-43	200.09	220.89	0.91	0.16718	0.00191	8.45038	0.06578	0.36663	0.00220	2529.6	19.07	2013.5	10.37
S09-1-44	63.05	105.44	0.60	0.16313	0.00182	10.69266	0.07982	0.47543	0.00283	2488.4	18.70	2507.3	12.35
S09-1-45	54.07	112.95	0.48	0.18302	0.00202	13.23561	0.09689	0.52456	0.00315	2680.4	18.14	2718.5	13.33
S09-1-46	74.61	86.33	0.86	0.17738	0.00214	10.47331	0.09220	0.42828	0.00284	2628.6	19.87	2297.9	12.80
S09-1-47	65.21	116.40	0.56	0.16476	0.00178	11.84607	0.08160	0.52152	0.00298	2505.2	18.11	2705.6	12.62
S09-1-48	29.21	50.58	0.58	0.16089	0.00205	11.99296	0.12059	0.54069	0.00395	2465.1	21.40	2786.3	16.54
S09-1-49	318.62	200.02	1.59	0.18219	0.00197	10.93041	0.07357	0.43518	0.00245	2672.9	17.75	2329.0	11.02
S09-1-50	108.08	198.28	0.55	0.16171	0.00187	6.34869	0.04960	0.28478	0.00167	2473.7	19.40	1615.4	8.38
S09-1-51	32.98	41.38	0.80	0.17067	0.00208	11.92243	0.10863	0.50676	0.00346	2564.2	20.26	2642.8	14.80
S09-1-52	67.42	114.79	0.59	0.16915	0.00195	10.49877	0.08313	0.45027	0.00277	2549.2	19.16	2396.5	12.30
S09-1-53	64.86	144.65	0.45	0.17161	0.00193	10.24194	0.07602	0.43295	0.00256	2573.4	18.65	2319.0	11.50
S09-1-54	207.6	307.44	0.68	0.16540	0.00187	7.38659	0.05463	0.32398	0.00186	2511.6	18.89	1809.1	9.07
S09-1-55	99.36	149.30	0.67	0.17850	0.00207	11.14215	0.08954	0.45284	0.00283	2639.0	19.12	2407.9	12.57
S09-1-56	67.22	103.37	0.65	0.16678	0.00197	10.00145	0.08355	0.43505	0.00275	2525.6	19.72	2328.4	12.34
S09-1-57	146.26	360.02	0.41	0.15941	0.00175	5.10561	0.03436	0.23235	0.00125	2449.4	18.46	1346.8	6.54
S09-1-58	105.57	238.75	0.44	0.16654	0.00179	8.45865	0.05498	0.36847	0.00200	2523.2	17.98	2022.2	9.41
S09-1-60	48.54	36.81	1.32	0.17836	0.00235	10.95711	0.11417	0.44568	0.00331	2637.7	21.75	2376.0	14.77
S09-1-61	105.48	170.17	0.62	0.17434	0.00185	11.27546	0.07049	0.46921	0.00253	2599.8	17.61	2480.1	11.09
S09-1-62	39.30	67.96	0.58	0.16492	0.00194	9.61632	0.07894	0.42304	0.00262	2506.7	19.70	2274.3	11.89
S09-1-63	138.39	338.24	0.41	0.16250	0.0018	5.46321	0.0375	0.24391	0.00133	2481.9	18.60	1407.0	6.87

续表

分析点号	含量/10^{-6}		Th/U	同位素比值						年龄/Ma			
	Th	U		$^{207}Pb/^{206}Pb$	1σ	$^{207}Pb/^{235}U$	1σ	$^{206}Pb/^{238}U$	1σ	$^{207}Pb/^{206}Pb$	1σ	$^{206}Pb/^{238}U$	1σ
S09-1-64	292. 93	515. 08	0. 57	0. 15873	0. 00172	3. 76732	0. 02409	0. 17219	0. 0009	2442. 2	18. 26	1024. 2	4. 93
S09-1-65	66. 31	79. 03	0. 84	0. 17112	0. 00212	8. 40010	0. 07581	0. 35614	0. 00232	2568. 7	20. 59	1963. 9	11. 05
S09-1-66	65. 55	149. 31	0. 44	0. 17236	0. 00189	11. 52583	0. 07894	0. 48516	0. 00274	2580. 7	18. 20	2549. 7	11. 91
S09-1-67	39. 65	55. 36	0. 72	0. 16824	0. 00220	9. 95006	0. 10048	0. 42910	0. 00307	2540. 2	21. 73	2301. 7	13. 84
S09-1-68	38. 17	63. 15	0. 60	0. 17705	0. 00260	9. 81206	0. 12046	0. 40208	0. 00335	2625. 5	24. 21	2178. 6	15. 40
S09-1-69	188. 77	249. 05	0. 76	0. 19944	0. 00212	10. 63972	0. 06542	0. 38706	0. 00207	2821. 6	17. 28	2109. 2	9. 61
S09-1-70	22. 13	64. 06	0. 35	0. 07958	0. 00136	1. 96576	0. 02864	0. 17921	0. 00123	1186. 7	33. 42	1062. 7	6. 70

2. 3　中条山地区早前寒武纪地层

中条山呈 NE-SW 走向，位于山西省的南部，处在华北克拉通“中部带”的南缘，西邻鄂尔多斯地块，南接秦岭造山带。中条山地区的前寒武纪基底主要由早前寒武纪变质侵入岩和表壳岩组成，蕴藏有丰富的铜、铁等矿产资源，是我国重要的铜矿资源基地，也是我国前寒武纪地质研究的经典地区之一。中条山的前寒武纪地质研究有着悠久的历史，早在 20 世纪 20 年代，侯德封、李悦言、杨钟健、石川正夫等就对该区开展过地质调查。50 年代，随着中条山铜矿普查勘探的全面展开，该区变质基底的岩石、构造、地层等基础工作取得了开拓性的进展，将早前寒武纪基底划分为中条群、绛县群以及涑水杂岩等基本地质单元。提出了中条群不整合于绛县群之上，绛县群不整合于涑水杂岩之上的认识，初步建立了绛县群和中条群地层序列（山西省中条山勘探队，1956①；王植和闻广，1957；马杏垣，1957；张伯声，1958；白瑾，1959；孙大中和石世民，1959）。此后，随着研究的不断开展，对该地区早前寒武纪的认识不断深化。原涑水杂岩逐步解体，划分出 TTG、钙碱性花岗岩、钾质花岗岩等不同的单元，初步建立了较为详细的岩石-地层的年代构造格架（中条山铜矿编写组，1978；赵风清，1989，1994，1997；孙海田等，1990；孙海田和葛朝华，1990；孙大中等，1991；赵风清等，1992，2006；孙大中和胡维兴，1993；真允庆等，1993；赵风清和唐敏，1994；徐朝雷等，1994；欧阳自远，1997，2001；白瑾等，1997；刘建忠和真允庆，2003；张兆琪等，2003；田伟等，2005；Yu *et al.*，2006；Tian *et al.*，2006；刘树文等，2007）。尽管还存在许多不同的认识，但将中条山的前寒武纪基底划分为涑水杂岩、新太古代西姚表壳岩、古元古代冷口变质火山岩、古元古代绛县群、古元古代中条群和担山石群，已为多数学者所认同。

① 山西省中条山勘探队（214 队），1956，铜矿峪矿区最终地质勘探报告。

2.3.1 新太古代西姚表壳岩

新太古代西姚表壳岩指涑水杂岩解体后，残留的表壳岩组合，它们呈大小不等的包体广泛分布于片麻岩之中（变质侵入体）。唐立忠（1996）称这套表壳岩为“涑水表壳岩组合”，张兆琪等（2003）称之为“涑水岩群”，赵风清（2006）称之为“西姚表壳岩”，本书也采用“西姚表壳岩”这一名称。西姚表壳岩在解州-夏县一带分布较为广泛。可分为斜长角闪岩-角闪片岩类、磁铁石英岩-黑云变粒岩和大理岩-钙质片岩三套岩性组合，具有一定的沉积韵律（张兆琪等，2003）。

斜长角闪岩是变质表壳岩中最为常见的岩石类型，常与黑云片岩和角闪黑云片岩紧密共生，通常与围岩（花岗质片麻岩）的界线清楚。以斜长角闪岩为主的表壳岩形态较为复杂，有似层状、椭圆状、不规则状，其长轴方向一般平行于区域片麻理，片理与片麻岩一致。岩石呈灰黑色，芝麻点状、片状、条带状构造，柱状变晶结构。矿物组成：角闪石（40%～60%）、斜长石（40%～30%）、黑云母（5%～10%）。浅粒岩、黑云变粒岩、磁铁石英岩和黑云磁铁变粒岩共生，后两者含铁量较高，一般为35%～52%。蛇纹大理岩和白云大理岩为灰白色，鳞片粒状变晶结构，片状构造、块状构造，主要由方解石（30%～50%）、白云石（40%～45%）、蛇纹石（5%～10%）以及少量云母类矿物组成。恢复原岩主要为一套基性火山岩及少量硅铁建造、副变质泥砂质岩石和碳酸盐岩（赵风清，2006）。

变质表壳岩的片麻理在绝大多数地段与正片麻岩的片麻理一致或相近，仅局部可见早期面理、褶皱等变形结构，由于出露零星较难恢复早期的变形特征。

侵入包裹西姚表壳岩的英云闪长质片麻岩（西姚片麻岩）的年龄在2453～2507Ma（唐立忠，1996；张兆琪等，2003），而本区绛县群碎屑锆石的年龄又多集中于新太古代，绝大部分数据位于2459～2769Ma，主要峰值年龄为2537Ma（李秋根等，2008），由此推测其形成时代为新太古代。

2.3.2 冷口变质火山岩

冷口变质火山岩主要出露于绛县冷口村—烟庄村之间，出露面积不足10km^2，是从原涑水杂岩中解体出的地质体（赵风清等，1992；赵风清，2006），由于研究程度较低，变质地层顶底不清，时代较特殊暂未建组。

冷口变质火山岩是一套高绿片岩相-低角闪岩相变质的岩石组合，其西侧被第四系覆盖，南侧则被英云闪长质片麻岩所侵入，并呈包体广泛存在于片麻岩中。冷口变质火山岩主要岩石是变质基性火山岩，包括黑云片岩、角闪黑云片岩，绿泥黑云片岩、方柱黑云片岩和斜长角闪岩。在变质基性火山岩中，夹有少量变质英安岩和变质英安质斑岩。火山岩由于已受到强烈变形、变质作用的改造，顶底不清，因而其原始层序已很难恢复。根据变质基性火山岩和变质中酸性-酸性火山岩的截然接触关系以及成分层的研究，推测早期变形为紧闭同斜褶皱（赵风清，2006）。

野外观察到寨子英云闪长质片麻岩侵入并包裹了冷口变质火山岩，寨子英云闪长质片麻岩锆石 LA-ICP-MS 年龄为 2310.8 ± 5.0Ma。孙大中等（1991）用 TIMS 方法获得寨子英云闪长质片麻年龄为 2321±2Ma。所以，冷口变质火山岩的年龄应该大于 2320Ma。我们选取了冷口变质基性火山岩（角闪片岩）进行了年龄测定工作。从约 10kg 样品中挑选出了近 30 粒锆石，锆石多为半自形柱状，但从阴极发光图像看，其均具有密集的振荡环带，与基性岩的锆石特征不符，推测为岩浆上升过程中捕获的锆石。部分颗粒具有狭窄的暗边，或许是捕获后岩浆增生的结果，但因过于狭窄无法测试。更多的颗粒则具有非常狭窄甚至不连续的亮边，推测应为变质过程中形成的增生边（图 2.32）。这些锆石具有近一致的年龄，谐和线上 $^{207}Pb/^{206}Pb$ 加权平均年龄为 2508.3±6.9Ma。冷口变质火山岩的形成时代应小于该年龄，也就是说形成于古元古代。孙大中等（1991）对冷口变质火山岩中的变质中酸性火山岩进行了离子探针测试，获得了 2333±5Ma 和 2440～2560Ma 两组不同的年龄结果，但其认为 2333±5Ma 代表了火山岩锆石的结晶年龄，而 2440～2560Ma 代表了捕获或继承性锆石的年龄。

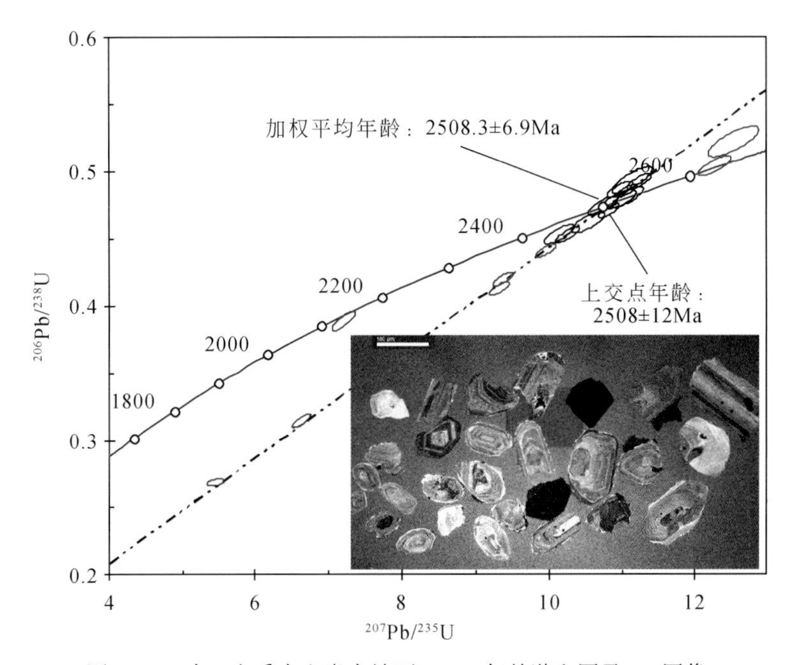

图 2.32　冷口变质火山岩中锆石 U-Pb 年龄谐和图及 CL 图像

2.3.3 绛　县　群

绛县群主要分布于绛县横岭关-垣曲县铜矿峪一带和上玉坡-胡家峪背斜的核部。绛县群由白瑾（1962）命名建立，自下而上划分为平头岭组、横岭关组和铜矿峪组，时代归为太古宙。并认为绛县群下与涑水杂岩、上与中条群呈角度不整合接触。中条山铜矿地质编写组（1978）将该套地层划归古元古界。1984 年，山西地质局 214 队 1∶5 万绛县幅地质图将横岭关组改称铜凹组，与平头岭组一起称为横岭关亚群。原铜矿峪组升格为铜矿峪亚群，含 5 个岩组，最近又将铜矿峪亚群重新划分为以富钾变质酸性火山岩为主的竖井沟组和以变质基性火山岩为主的西井沟组两个岩组。山西省地质矿产局（1989）将绛县群改称为绛县超群中的上绛县群，自下而上分为平头岭组、横岭关组、圆头山组、铜矿峪组，归上太古界。孙大中和胡维兴（1993）仍将其称为绛县群，沿用上述四分方案，归古元古界（金文山等，1996）。

2.3.3.1 绛县群的基本组成

本书采用金文山等（1996）的划分方案，将绛县群分为平头岭组、横岭关组、圆头山组、铜矿峪组。

平头岭组出露在平头岭—石阳山—楼房底一线，地层厚度只有10～40m，多为10～20m，但延伸比较稳定，主要为灰白色细粒石英岩。下部石英岩通常较为纯净，底部时有1～3m厚的银灰色绢云石英片岩，上部常过渡为条带状石英岩，夹有石榴十字绢云片岩透镜体。平头岭石英岩中偶含砾石，砾石成分以脉石英为主，砾径一般为0.5～1cm，滚圆度较好。白瑾等（1997）认为该含砾石英岩为底砾岩，绢云石英片岩为古风化壳，因而推断该组与其两侧的涑水杂岩为沉积不整合关系，原岩为石英砂岩。据我们的观察，底砾岩的特征并不明显，底部银灰色绢云石英片岩实际为石英岩强烈剪切变形所致，其与花岗岩接触的界线平直，界线附近的花岗岩也发生了强烈的剪切变形，其面理平行于接触界线，远离界线花岗岩逐渐过渡为块状构造，从现存的关系看，平头岭组石英岩与下面的地层和岩体为构造接触关系，没有典型的不整合特征，也就是说绛县群与涑水杂岩之间表现为构造接触关系。

横岭关组出露于庙疙瘩—横岭关—老宝窝一带，自下而上划分为四段：一段为深灰色含碳十字石榴绢云片岩；二段为具韵律条带的绢英片岩和二云片岩；三段为十字石榴绢云片岩夹黑云片岩和斜长角闪岩；四段为绢云片岩。横岭关组变质岩的原岩主要是泥质-半泥质岩，变质为高绿片岩相。中、上部的岩石保留较好的沉积组构，沉积韵律和沉积条带发育，在砂质含量较高的岩石中，有时可见到交错层理和波痕。横岭关组三段为本区沉积变质铜矿的主要赋存层位（横岭关铜矿、庙疙瘩铜矿）。虽然横岭关组局部表现出明显的浊流组构，呈现出可与鲍马序列相似的剖面结构，但其范围较小（宽仅十几米），认为是浅水风暴浊流沉积而不是深水浊流沉积产物（孙大中和胡维兴，1993；金文山等，1996；赵风清，2006）。原岩以泥岩为主夹泥砂质岩。

圆头山组以平行不整合或微角度不整合覆于横岭关组不同层位之上，从底部的砾岩、石英岩开始，向上为含有较多凝灰质成分的绢英片岩和绢云片岩；岩石中常保留有较好的粒级序、交错层及波痕等原生沉积构造（孙大中和胡维兴，1993）。原岩为砂岩-火山沉积岩组合。

铜矿峪组主要出露在铜矿峪一带，向南在北峪一带也有出露。以变质的富钾火山岩和火山碎屑岩为主，火山岩具双峰式特征。火山喷发有三期：早期以富钾酸性火山岩为主，岩性包括变质流纹岩、变玻基斑岩和变质流纹质凝灰岩、变火山角砾岩，底部夹有石英岩薄层透镜体，从岩石组构分析，早期以熔岩为主，随着火山作用的演化，晚期火山碎屑岩占主导地位；中期主要为变质基性火山岩，已变质为黑云片岩和绿泥片岩，变余气孔-杏仁构造十分发育；晚期主要为酸性火山凝灰岩和半泥质岩沉积，伴有小规模熔岩喷发和次火山岩的侵入。铜矿峪组特别是其上部岩石地层为中条山主要含铜层位之一，矿床主体与酸性火山-侵入杂岩有密切的关系。铜矿峪组主要含矿岩石为变质石英晶屑凝灰岩，其次为变质石英斑岩，再次为变质石英二长斑岩（金文山等，1996；赵风清，2006）。

2.3.3.2　变质变形特征

绛县群可以识别出三期构造变形作用。第一期构造变形作用（D_1）以原始层面（S_0）为变形面，在绛县群中形成一系列褶皱构造，但由于强烈叠加改造，S_0仅能在褶皱的转折端部位见到，其他部位S_0通常被彻底改造，与该期变形作用相伴随的可能是一期较均匀的低绿片岩相变质重结晶作用，形成早期面理S_1，可见于一些石榴子石变斑晶内，主要由细粒定向排列的绢云母、绿泥石、黑云母、斜长石和塑变石英等包体组成，与基质中的片理S_2斜交，且粒度明显小于基质中同种类的矿物（刘建忠等，2003）；第二期构造变形作用（D_2）是全区最强烈的主期构造作用，使绛县群发生 NNE 向的倒转同斜紧闭褶皱（F_2），沿F_2轴面发育全区的透入性面理（S_2），对应于第二期变质矿物组合。第三期构造变形作用（D_3）发生于古元古代末担山石群沉积之前；与陆内造山带的回返抬升过程相联系，区域上绛县群和中条群形成一些半开阔至开阔陡倾伏或斜歪褶皱（F_3），对应于退变质的矿物组合。

绛县群变泥质岩石中出现蓝晶石、十字石、石榴子石、黑云母、绿泥石、斜长石、白云母等变质矿物组合，在局部可见到堇青石，在碳酸盐岩中常见方柱石等矿物。根据变形期次和矿物生长关系，可以区分出三期矿物组合。

第一期变质矿物组合为 $Bt_1+Mus_1+Chl_1+Pl_1+Qtz$，为石榴子石内包裹的按一定径迹排列的矿物包体。

第二期变质矿物组合为 $Grt_2+St_2+Bt_2+Qtz \pm Ky$，为峰期变质阶段的产物。

第三期变质矿物组合有两种类型，一种是退变质的产物为 $Bt_3+Mus_3+Chl_3$ 变质矿物组合；另一种是在局部叠加的后期热液变质，其矿物组合为 $Grt_3+Cord_3+Bt_3 \pm Scap$，这些变质矿物随机分布，没有明显的定向性。

绛县群变质程度为绿片岩相至低角闪岩相，以高绿片岩相为主。低角闪岩相与后期热作用叠加有关。

2.3.3.3　形成时代

绛县群的时代归属多年来一直存在较大争议，白瑾等（1997）、徐朝雷等（1994）以及 1∶5 万绛县幅地质图认为绛县群形成时代为新太古代。孙大中等（1991）、孙大中和胡维兴（1993）认为 2100～2200Ma 代表了火山岩的结晶年龄，而较老的年龄为继承和（或）捕获锆石的年龄信息。赵风清（2006）测得铜矿峪组变质流纹岩锆石 SHRIMP 年龄为 2273.4±17.9Ma。

我们采集了与绛县群火山岩过渡的石英斑岩和绛县群铜矿峪组（相当于有些学者划分的铜矿峪亚群西井沟组）变质中酸性火山岩进行了 SHRIMP 测年工作。变质石英斑岩（ZT36-1）锆石为自形柱状，均具有密集的振荡环带（图 2.33），个别锆石具有核边结构，其 Th/U 值为 0.25～0.48，多数为 0.3 左右，为典型的岩浆锆石。部分锆石由于铅丢失，其数据点偏离了谐和线，但可以拟合成一条很好的不一致线，其上交点年龄为 2190.9±8.6Ma，11 个在谐和线上及附近的数据点$^{207}Pb/^{206}Pb$ 年龄加权平均值为 2182.2±6.9Ma，与上交点年龄在误差范围内一致，近谐和的2182.2±6.9Ma更接近于岩石的结晶年龄（图2.34）。

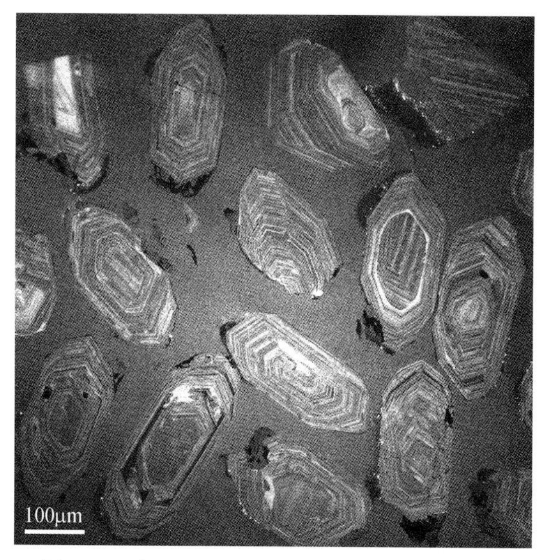

图2.33 铜矿峪组变质石英斑岩锆石CL图像

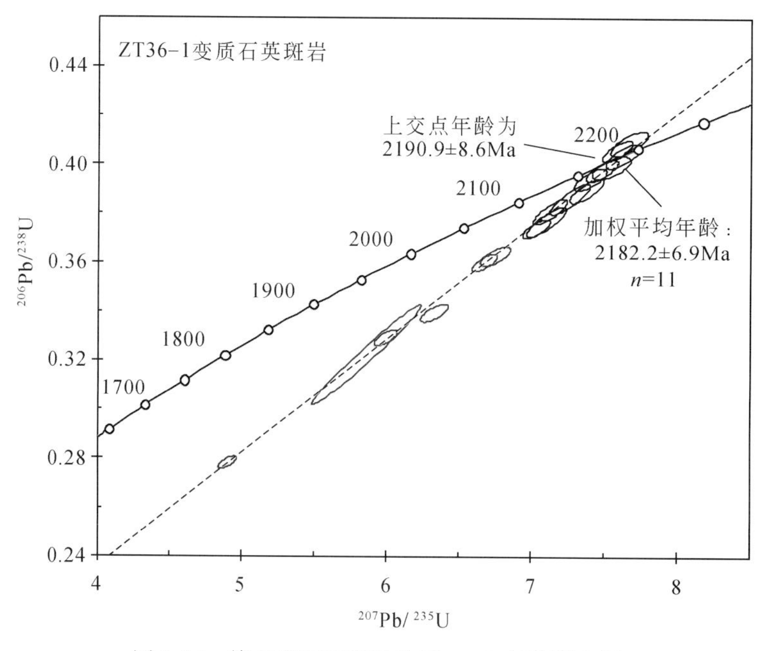

图2.34 绛县群石英斑岩锆石U-Pb年龄谐和图

绛县群铜矿峪组（西井沟组）变质中酸性火山岩（ZT37-3）的锆石为自形-半自形柱状，锆石被溶蚀改造强烈，很多锆石具有港湾状的溶蚀边和溶蚀凹坑及孔洞。在阴极发光图像中（图2.35），多数锆石发光比较强，部分颗粒具有明显的密集振荡环带，但多数锆石的内部具有不规则的明暗结构，有些颗粒背景中隐约可见密集振荡环带，可能是后期热液改造的结果。锆石Th/U值较高，在0.54～0.83，多数在0.65左右。锆石测点多数集中位于谐和线上（图2.35），其$^{207}Pb/^{206}Pb$年龄加权平均值为2142.2±11Ma，与石英斑岩的形成年龄基本一致。

根据上述两个数据我们可以准确地限定绛县群上部铜矿峪亚群的形成年龄在2180～2142Ma。

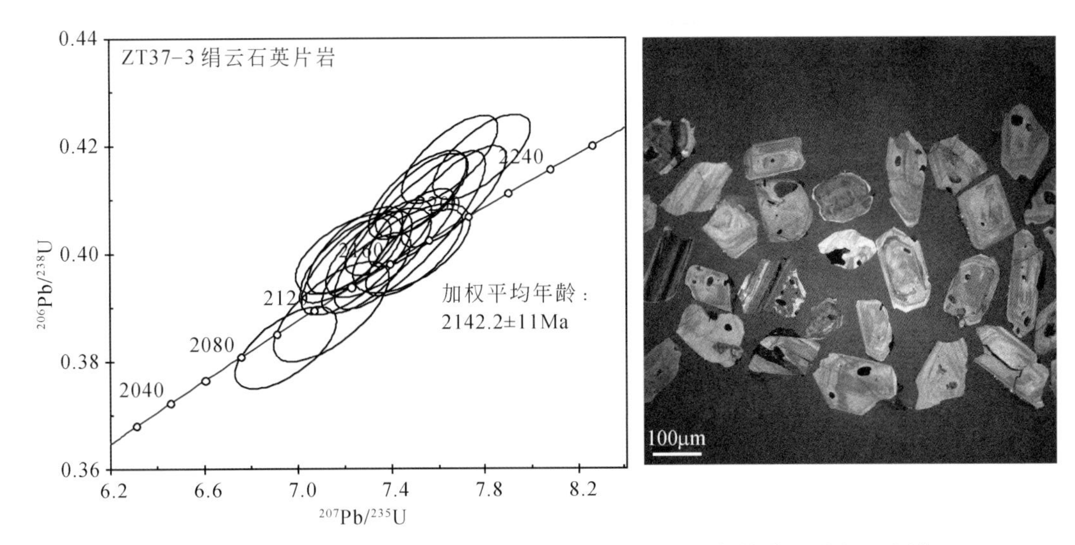

图2.35　绛县群铜矿峪组变质中酸性火山岩锆石U-Pb年龄谐和图及CL图像

2.3.4　中　条　群

中条群主要分布于闻喜-垣曲一带，由王植和闻广于1957年创名。近年来，中条群的层序划分基本取得了共识，分为上下两个亚群共八个组，由下至上依次为下亚群的界牌梁组、龙峪组、余元下组、篦子沟组、余家山组以及上亚群的温峪组、吴家坪组和陈家山组。

2.3.4.1　中条群的组成特征

中条群下亚群主要为一套陆源碎屑-碳酸盐岩沉积建造，其底部的界牌梁组由变质砾岩、变质含砾长石石英砂岩和变质长石石英砂岩等组成，底部的砾岩具有底砾岩的性质。龙峪组主要以青灰色变质砂岩和板岩为主，夹少量钙质千枚岩。余元下组主要为含电气石变斑晶白云石大理岩和方柱石大理岩夹少量板岩。篦子沟组岩性较复杂，主体为黑色片岩、十字石榴绢云片岩夹薄层不纯大理岩、斜长角闪岩。余家山组是中条群分布最为广泛的一个地层单位，岩性为中厚层白云质大理岩和含方柱石变斑晶大理岩。上亚群主要出露于中条山南段，主要为片岩、石英岩夹大理岩（赵风清，2006）。

2.3.4.2　变质变形特征

中条群可以识别出两期主要的变形作用。第一期变形D_1表现为紧闭的同斜褶皱，褶皱轴的走向近NWW向，形成了S_1片理，与之相伴的黑云母、绿泥石等变质矿物沿S_1片理定向分布。第二期变形 D_2 为近共轴的倾斜褶皱，区域上大型的短轴背斜即该期变形的产物。

中条群可以鉴别出三期变质矿物共生组合，与绛县群一致，说明两者经历了相同的变质事件，此处不再赘述。

2.3.4.3 形成时代

我们对中条群底部的界牌梁组石英岩进行了 LA-ICP-MS 锆石年龄测定。锆石外形为米粒状或卵圆形，为典型的经过搬运磨蚀的碎屑锆石，阴极发光图像绝大多数具有密集的振荡环带，应来自酸性岩浆岩，少数具有杉树叶状结构。随机测试了 70 粒锆石（图略），锆石$^{207}Pb/^{206}Pb$ 年龄最大值为 2846Ma，最小值为 2457Ma，最大峰值为 2520Ma，其次为 2600Ma。说明源区岩石主要为新太古代的岩浆岩（应该为涑水杂岩及其表壳岩），尽管其不整合于绛县群之上，但锆石年龄表明绛县群并没有为其提供明显的物源。中条群最小的碎屑锆石年龄表明其应该形成于古元古代。结合中条群不整合于绛县群之上，而绛县群铜矿峪亚群变质石英斑岩的年龄为 2182±6.9Ma，中条群篦子沟组底部角闪变粒岩（即变英安质凝灰岩）的单颗粒锆石 U-Pb 年龄为 2059±5Ma（孙大中和胡维兴，1993），其顶部被古元古代的担山石群不整合覆盖，而担山石群又被 1.8Ga 的西洋河群不整合覆盖（孙大中和胡维兴，1993），所以限定中条群形成于 2100～2000Ma。

2.4 五台地区早前寒武纪地层

2.4.1 五 台 群

2.4.1.1 地层划分与层序

五台群主要分布于华北克拉通中部的山西省五台山地区，西起原平，东至灵丘，呈 NNE 向展布。此外，在滹沱河北岸的恒山南坡、河北阜平北部也有分布(图 2.36)（白瑾，1986）。

五台山地区的前寒武纪变质岩系研究历史悠久，从 19 世纪 80 年代到 20 世纪 50 年代国内外的许多地质学家在五台地区进行了路线地质调查，对该区出露的前寒武纪变质岩层提出了多种划分意见（Richthofen，1882；Willis and Blackwelder，1907；杨杰，1936；王曰伦等，1952；赵宗溥，1954；马杏垣等，1957）。1963～1966 年，山西省区域地质测量队测制了 1∶20 万平型关幅地质图，明确将铁堡不整合面之上、滹沱群四集庄砾岩之下的一套中浅变质岩系定义为五台群，并将五台山地区的五台群自下而上划分为石咀组（包括板峪口段和金刚库段）、庄旺组（包括石佛段、杨柏峪段和鸿门岩段）、铺上组（包括卢嘴头段和文溪段）及木格组（包括车厂段和黑豆崖段），共四组九段，为后续研究奠定了基础。20 世纪 80 年代，在五台山地区开展了前寒武纪地质和铁矿地质的专题研究，在原五台群中发现了两个不整合界面，由此把原五台群解体，并提出了不同的划分方案。有的研究者将原五台群下部另命名为繁峙群，将原五台群中上部重新定义为五台群，并以上部的不整合界面将新定义的五台群划分为上、下两个亚群（杨振升等，1980，1982；李树勋等，1986）。有的研究者则以下部不整合面为界将原五台群划分为下五台群和上五台群，

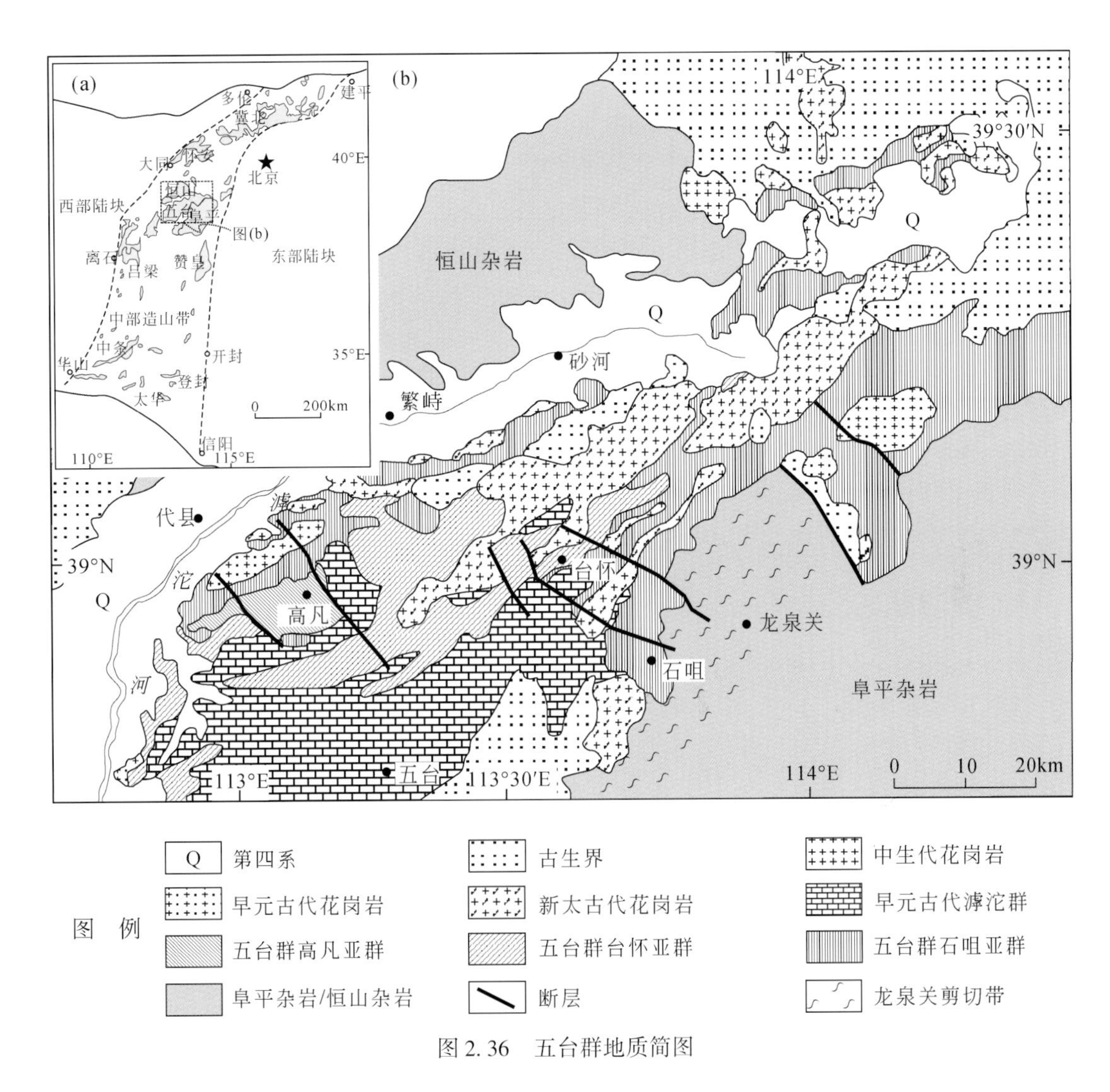

图 2.36　五台群地质简图

又以上部不整合面为界将上五台群划分为下部的台怀亚群和上部的上苑亚群（白瑾等，1982；白瑾，1986）。《山西省区域地质志》（山西省地质矿产局，1989）按三分的意见将原五台群升格为五台超群，自下而上由石咀群、台怀群和高凡群等三个群组成。之后，有的研究者认为原五台群上部的不整合是滹沱群与五台群间的不整合，因而把原五台群划分为五台群下亚群和五台群上亚群（田永清，1991）。岩群内部组级单元的划分更是意见繁多，对其时代归属也存在不同认识。近年来随着高精度同位素年代学资料的积累，对五台群的地层划分也提出了一些新的认识和观点。Wilde 等（2004）对五台群中石咀亚群庄旺组、台怀亚群柏枝岩组及鸿门岩组中变质火山岩进行了锆石 SHRIMP 年代学研究，发现这些不同单元的地层年龄均为 2513 ~ 2525Ma。因此他认为五台群各亚群之间为构造叠置关系，并不存在上下关系。万渝生等（2010）在高凡亚群石英岩中获得最年轻的碎屑锆石年龄为 2.47Ga，据此将高凡亚群从五台群中解体出来，时代归为早元古代。并根据其与滹沱群的不整合关系，将其置于滹沱群之下。

本书依据白瑾（1986）和沈其韩等（1996）的划分方案，将五台群由下而上划分如下。

1. 石咀亚群

板峪口组：下部为含砾石英岩、长石石英岩，含砾石英岩的砾石粒径一般小于1cm，呈浑圆状，长石石英岩发育交错层理；中部为黑云变粒岩、黑云石英片岩、透闪大理岩、金云大理岩和透闪变粒岩，常组成沉积韵律层；上部为细粒石英岩，水平层理发育。板峪口组自北向南渐厚，碎屑岩变粗，大理岩减少。厚度约为650m。

金岗库组：分南北两带，互不连接。下部以黑云变粒岩、斜长角闪岩为主，夹铁英岩、二云石英片岩和透闪片岩等。上部以含石榴十字黑云变粒岩、含蓝晶石黑云变粒岩及斜长角闪岩为主，夹薄层铁英岩。厚度约为1200m。

庄旺组：以黑云斜长变粒岩为主，夹斜长角闪岩和角闪斜长片麻岩等。厚度约为600m。

文溪组：下部以斜长角闪岩和角闪斜长片麻岩为主，夹少量石英片岩和变粒岩；上部以斜长角闪岩为主，其次为黑云角闪变粒岩和铁英岩铁矿层。厚度约为1700m。

2. 台怀亚群

柏枝岩组：分为下部碎屑岩段和上部变火山岩含铁岩段。碎屑岩段厚度小、横向变化大，主要由变质砾岩、含长石石英岩、绢云石英片岩等组成。柏枝岩组以变火山含铁岩段为主体，其中以绿泥钠长片岩、绿泥片岩、绢云绿泥片岩、绢云石英片岩为主，夹铁英岩铁矿层。绿片岩中火山岩构造清晰可见。该组的变火山岩含铁岩段为五台山区最主要的含铁层位。厚度约为1000m。

鸿门岩组：下段主要由具杏仁和气孔构造的绿泥片岩组成，此外还有相当数量的变凝灰岩、绿泥石英片岩；上段以绢云石英岩、绢云石英片岩等为主。鸿门岩组厚度约为810m，上下两段地层在横向的厚度变化互为消长关系。

3. 高凡（亚）群

洪寺组：岩性单一、稳定，主要由具有变余砂状结构的厚层石英岩和薄层细粒石英岩组成，厚度约为90m。

羊蹄沟组：主要由千枚岩、碳质千枚岩、石英岩、变粉砂岩和千枚状粉砂岩等组成。厚度约为1070m。

2.4.1.2 岩相学与地球化学

本项目仅对五台群石咀亚群金岗库组变质基性火山岩（斜长角闪岩）进行了一些岩石学和地球化学分析研究。

1. 岩相学特征

斜长角闪岩（变质基性火山岩）呈暗绿色，片状-片麻状构造，粒状-柱状变晶结构，主要组成矿物为角闪石、斜长石和石英，个别薄片中出现石榴子石或黑云母。角闪石含量为50%～60%，半自形柱状-他形粒状，具有蓝绿-黄绿多色性；斜长石含量为30%～40%，半自形板状-他形粒状；石英含量为5% ~10%，呈他形粒状充填于斜长石和角闪石矿物颗粒之间。

2. 岩石地球化学

金岗库组斜长角闪岩（变质基性火山岩）的 SiO_2含量为46.25% ~56.33%、TiO_2含量为0.63% ~1.83%，Al_2O_3含量为13.02% ~17.56%，Fe_2O_3含量为2.02% ~5.09%，FeO含量为7.06% ~11.79%，MgO 含量为3.91% ~8.42%，CaO 含量为5.83% ~11.95%，MnO 含量为0.16% ~0.27%，Na_2O 含量为1.62% ~4.16%，K_2O 含量为0.23% ~1.06%，P_2O_5含量为0.03% ~0.34%（表2.4）。从岩石地球化学分析结果看，金岗库组斜长角闪岩主量元素含量变化范围较大，且 MgO 含量相对较低（$Mg^{\#}$为38 ~59）。由于所选择的基性火山岩普遍经历的角闪岩相变质作用，K_2O、Na_2O 可能发生了一定程度的迁移，不太合适用其进行岩石分类。因此，利用相对不活动性元素进行岩石分类。在 Nb/Y-Zr/TiO_2图中（图2.37），所有的样品皆位于拉斑玄武岩和玄武岩区域。

表2.4　五台群金岗库组斜长角闪岩石地球化学分析结果（常量元素:%，稀土元素和微量元素：10^{-6}）

项目	W15-4	W15-5	W19-1	W19-2	W19-3	W19-4	W19-5	W19-6	W19-7	W22-1	W25-1
岩性	斜长角闪岩	斜长角闪岩	斜长角闪岩	斜长角闪岩	含石榴子石斜长角闪岩	含辉石斜长角闪岩	斜长角闪岩	斜长角闪岩	斜长角闪岩	斜长角闪岩	斜长角闪岩
SiO_2	51.25	49.95	48.69	56.33	51.43	48.41	50.76	46.25	51.02	50.43	49.71
TiO_2	1.22	0.99	1.68	1.83	1.14	1.01	1.62	1.53	1.74	0.63	0.86
Al_2O_3	13.02	17.07	13.83	13.96	13.98	16.26	15.68	15.58	17.56	16.98	13.73
Fe_2O_3	5.09	2.29	2.80	2.45	2.45	2.02	3.16	2.70	2.37	2.37	3.58
FeO	10.11	7.85	11.79	9.92	10.04	8.57	9.61	7.06	8.39	8.28	8.93
MgO	5.78	6.12	5.94	4.13	4.57	8.42	5.38	3.91	4.75	6.45	7.33
CaO	9.75	10.66	9.19	5.83	9.77	9.50	8.43	11.95	7.03	9.43	8.76
MnO	0.24	0.17	0.26	0.20	0.27	0.16	0.22	0.19	0.20	0.16	0.20
Na_2O	1.62	2.65	2.71	3.54	2.84	2.40	3.30	2.35	4.16	2.92	2.68
K_2O	0.56	0.71	0.24	0.24	0.35	0.40	0.28	0.73	0.23	0.65	1.06
P_2O_5	0.03	0.04	0.07	0.09	0.09	0.09	0.10	0.13	0.14	0.15	0.34
H_2O^+	1.16	0.96	1.66	1.18	1.24	1.48	0.84	2.90	1.52	1.16	1.20
CO_2	0.50	0.59	1.39	0.41	1.81	1.30	1.00	5.11	0.69	0.59	1.33
LOI	0.54	0.73	1.74	0.48	1.92	1.83	0.75	7.30	1.36	0.87	1.60
$Mg^{\#}$	41.00	53.00	43.00	38.00	40.00	59.00	44.00	43.00	45.00	53.00	52.00
La	9.53	7.36	5.91	19.80	3.78	4.81	4.66	1.31	1.15	10.00	4.23
Ce	20.60	16.70	14.80	45.70	10.10	11.60	10.70	3.84	3.76	22.40	10.20
Pr	2.86	2.31	2.11	5.85	1.56	1.73	1.54	0.76	0.77	2.91	1.48
Nd	12.80	10.50	9.86	25.00	7.88	8.10	7.59	4.95	4.71	12.00	7.12
Sm	3.35	2.72	2.85	6.21	2.62	2.42	2.48	1.94	1.99	2.47	2.11
Eu	1.27	1.13	1.25	1.91	1.02	1.08	1.14	1.13	1.00	0.95	0.89
Gd	4.33	3.40	3.56	7.04	3.63	3.11	3.27	2.73	2.86	2.69	2.89
Tb	0.73	0.54	0.58	1.13	0.61	0.50	0.54	0.44	0.47	0.45	0.50
Dy	4.93	3.43	3.91	7.40	4.19	3.20	3.58	2.83	3.07	2.98	3.41

续表

项目	W15-4	W15-5	W19-1	W19-2	W19-3	W19-4	W19-5	W19-6	W19-7	W22-1	W25-1
岩性	斜长角闪岩	斜长角闪岩	斜长角闪岩	斜长角闪岩	含石榴子石斜长角闪岩	含辉石斜长角闪岩	斜长角闪岩	斜长角闪岩	斜长角闪岩	斜长角闪岩	斜长角闪岩
Ho	1. 05	0. 68	0. 78	1. 49	0. 87	0. 62	0. 74	0. 55	0. 61	0. 61	0. 71
Er	3. 06	1. 95	2. 35	4. 43	2. 55	1. 78	2. 01	1. 55	1. 66	1. 81	2. 16
Tm	0. 44	0. 27	0. 35	0. 65	0. 38	0. 25	0. 29	0. 22	0. 24	0. 27	0. 33
Yb	2. 90	1. 70	2. 25	4. 14	2. 38	1. 57	1. 86	1. 35	1. 45	1. 83	2. 05
Lu	0. 44	0. 25	0. 34	0. 63	0. 35	0. 24	0. 28	0. 20	0. 21	0. 27	0. 31
ΣREE	68. 29	52. 94	50. 90	131. 38	41. 92	41. 01	40. 68	23. 80	23. 95	61. 64	38. 39
Rb	7. 37	14. 70	2. 94	3. 96	5. 13	6. 07	2. 62	25. 90	3. 49	13. 40	26. 70
Ba	207. 00	153. 00	81. 30	60. 80	101. 00	106. 00	108. 00	293. 00	92. 30	190. 00	206. 00
Th	1. 06	1. 43	0. 51	2. 85	0. 36	0. 68	0. 79	0. 06	0. 07	0. 73	0. 36
U	0. 25	0. 37	0. 13	0. 63	0. 09	0. 17	0. 16	0. 05	0. 06	0. 19	0. 09
Ta	0. 24	0. 22	0. 32	0. 96	0. 23	0. 07	0. 14	0. 05	0. 07	0. 13	0. 15
Nb	3. 66	2. 82	4. 54	13. 70	3. 25	0. 87	2. 01	0. 66	0. 80	2. 07	2. 12
Sr	146. 00	271. 00	117. 00	170. 00	183. 00	199. 00	205. 00	301. 00	316. 00	289. 00	184. 00
Zr	118. 00	87. 10	72. 50	212. 00	72. 40	65. 60	54. 90	28. 70	36. 30	69. 60	61. 70
Hf	3. 18	2. 34	2. 03	5. 29	1. 99	1. 80	1. 66	1. 11	1. 36	1. 79	1. 79
Y	27. 90	18. 40	20. 00	38. 50	22. 00	16. 30	18. 00	13. 90	15. 30	16. 00	18. 80
V	344. 00	214. 00	313. 00	155. 00	329. 00	226. 00	315. 00	318. 00	333. 00	189. 00	268. 00
Sc	47. 40	30. 60	40. 60	27. 60	43. 90	30. 80	38. 00	34. 60	38. 10	31. 60	46. 30
Cr	64. 20	159. 00	76. 10	2. 30	110. 00	227. 00	283. 00	303. 00	337. 00	106. 00	132. 00
Co	50. 60	41. 70	52. 10	29. 90	50. 20	51. 40	59. 00	57. 10	61. 60	46. 50	52. 70
Ni	41. 80	83. 90	106. 00	13. 40	96. 50	177. 00	153. 00	144. 00	168. 00	94. 50	67. 50
Ga	18. 30	18. 40	17. 90	19. 10	16. 30	18. 10	18. 60	22. 20	17. 30	16. 00	15. 00
Pb	2. 63	7. 93	3. 25	3. 44	2. 44	3. 49	2. 63	2. 56	3. 35	3. 18	8. 34
La/Nb	2. 60	2. 61	1. 30	1. 45	1. 16	5. 53	2. 32	1. 98	1. 44	4. 83	2. 00
Zr/Hf	37. 11	37. 22	35. 71	40. 08	36. 38	36. 44	33. 07	25. 86	26. 69	38. 88	34. 47

金岗库组斜长角闪岩稀土元素总量中（表 2. 4），除一个样品（W19-2）含量稍高外，其余样品总量低（$23.8\times10^{-6}\sim68.29\times10^{-6}$）。在球粒陨石标准化的稀土元素配分图解中（图 2. 38），多数样品具有右倾的稀土配分模式，微弱的轻重稀土元素分异［$(La/Lu)_{cn}=1.11\sim3.79$］，而有两个样品（W19-6 和 W19-7）却显示较明显的轻稀土元素亏损。同时，多数样品具有轻微的 Eu 正负异常（$Eu/Eu^*=0.89\sim1.52$）。

在金岗库组斜长角闪岩微量元素中，除 W19-2 样品由于成分偏中性而相容元素 V、Cr、Ni 明显偏低外，其余样品的 V（$189\times10^{-6}\sim344\times10^{-6}$）、Cr（$64\times10^{-6}\sim337\times10^{-6}$）、

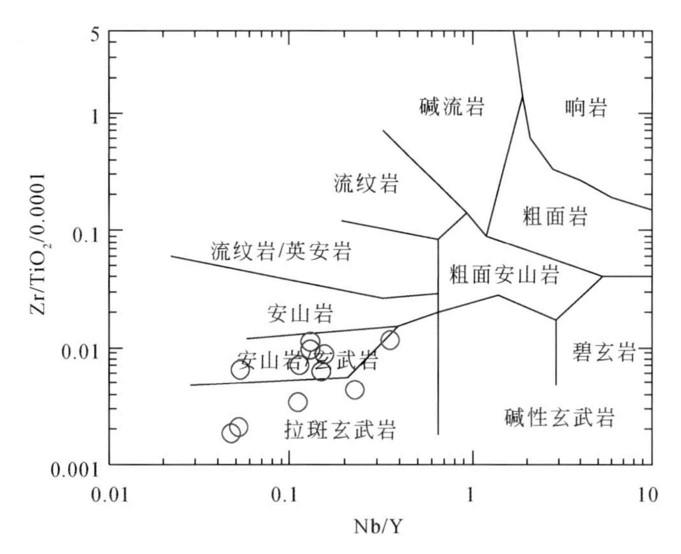

图 2.37　五台群金岗库组斜长角闪岩岩石分类

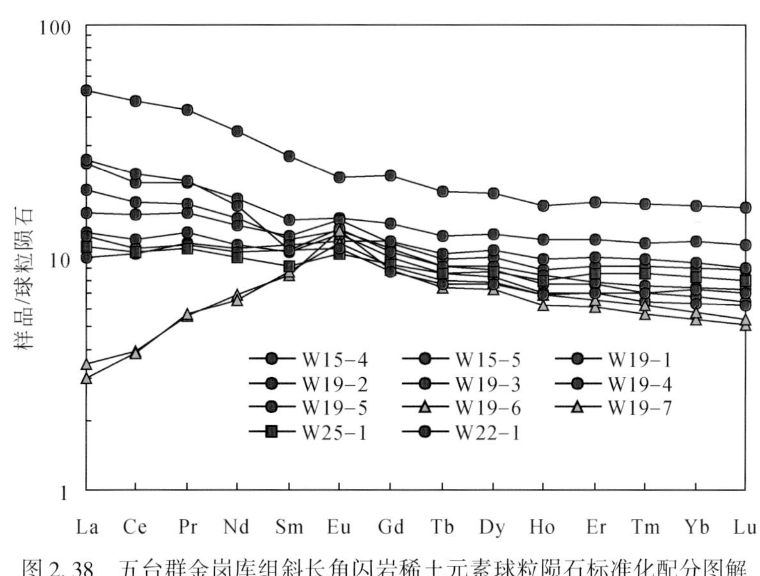

图 2.38　五台群金岗库组斜长角闪岩稀土元素球粒陨石标准化配分图解

Ni（$41.8\times10^{-6}\sim177\times10^{-6}$）与大洋玄武岩含量相当或略低一些。在原始地幔标准化的微量元素配分图解中（图 2.39），斜长角闪岩的微量元素配分曲线可以分为三类：主要的一类出现明显的 Nb、Ta 和 Ti 负异常，与岛弧拉斑玄武岩特征类似；另有两个样品（W19-6 和 W19-7）除具有明显的 Ba、Sr 正异常（可能与变质作用有关），总体大离子亲石元素和 Th、U 亏损，与 N-MORB 相似；另外 W19-2 样品，除具有轻微的 Ti 负异常外，总体具有轻微的右倾微量元素配分模式。

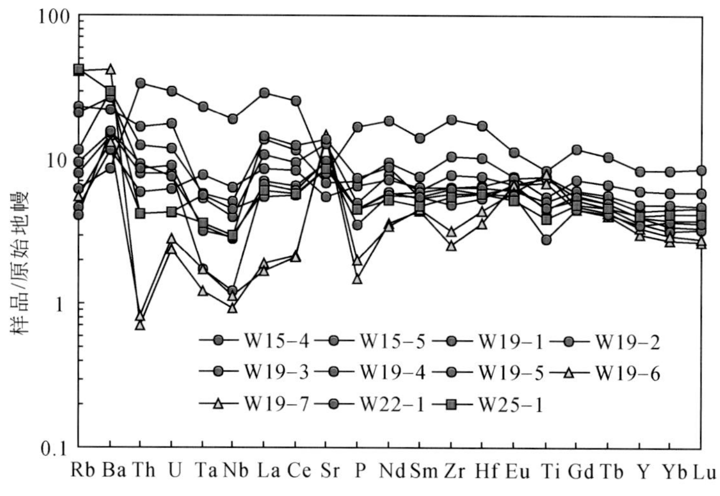

图2.39 五台群金岗库组斜长角闪岩微量元素原始地幔标准化配分图解

3. Sr-Nd 同位素

从斜长角闪岩中选择了4件样品进行了Rb-Sr和Sm-Nd同位素分析，具体结果见表2.5。^{87}Rb/^{87}Sr为0.0669～0.1657，^{87}Sr/^{87}Sr为0.705126～0.707406，(^{87}Sr/^{87}Sr)$_i$为0.700849～0.703498。^{147}Sm/^{144}Nd为0.1587～0.1950，^{143}Nd/^{144}Nd为0.512138～0.512750，(^{143}Nd/^{144}Nd)$_i$为0.509501～0.509531，$\varepsilon_{Nd}(t)$为2.08～2.74，T_{DM}为2799～3243Ma。从（Sr-Nd）同位素分析可知，金岗库组斜长角闪岩（变质基性火山岩）来自于亏损的地幔源区。

表2.5 五台群金岗库组斜长角闪岩Sr-Nd同位素分析

样品号	Rb/ppm	Sr/ppm	^{87}Rb/^{86}Sr	^{87}Sr/^{86}Sr	2σ	Rb/Sr	(^{87}Sr/^{86}Sr)$_i$
W15-4	7.3	142.3	0.1491	0.707406	0.000013	0.051	0.702017
W15-5	15.1	265.8	0.1657	0.706838	0.000012	0.057	0.700849
W19-1	2.6	113.8	0.0669	0.705126	0.000009	0.023	0.702708
W19-3	4.8	172.0	0.0815	0.706444	0.000012	0.028	0.703498

样品号	Sm/ppm	Nd/ppm	^{147}Sm/^{144}Nd	^{143}Nd/^{144}Nd	2σ	(^{143}Nd/^{144}Nd)$_i$	$\varepsilon_{Nd}(0)$	$\varepsilon_{Nd}(t)$	$f_{Sm/Nd}$	T_{DM}/Ma
W15-4	3.41	12.92	0.1600	0.512139	0.000011	0.509501	-9.73	2.08	-0.19	2853
W15-5	2.85	10.84	0.1589	0.512138	0.000015	0.509518	-9.76	2.41	-0.19	2799
W19-1	2.56	9.24	0.1675	0.512286	0.000014	0.509525	-6.87	2.54	-0.15	2834
W19-3	2.46	7.64	0.1950	0.512750	0.000014	0.509535	2.18	2.74	-0.01	3243

2.4.1.3 形成时代

本项目在金岗库组斜长角闪岩中选取锆石进行了锆石SHRIMP U-Pb年龄测定，但获得结果并不理想，有些锆石年龄与地质事实明显不符，可能的原因有：原岩基性火山岩中Zr不饱和，原生的岩浆锆石很少；选取的锆石为斜长角闪岩中细小长英质脉体中的锆石或选样过程中人为因素混入的锆石。因此，我们主要依据已有的年代学工作和野外地质依据判断五台群的时代。

自 20 世纪 60 年代以来，五台群内获得了许多同位素年龄资料。早期的年龄结果以全岩 Rb-Sr、Sm-Nd 法和单颗粒锆石 U-Pb 法为主。白瑾等（1992）利用全岩 Sm-Nd 和 Rb-Sr 法获得金岗库组斜长角闪岩的年龄分别为 2599±41Ma 和 2573±47Ma；同时获得该组斜长角闪岩单颗粒锆石 U-Pb 年龄为 2438±36Ma。刘敦一等（1984）利用单颗粒锆石 U-Pb 法获得兰芝山花岗岩不一致线上交点年龄为 2560±6Ma，同时结合五台群板峪口组不整合于兰芝山花岗岩之上，提出五台群开始沉积的时代为 2560Ma。刘敦一等（1984）在台怀亚群上部变质酸性火山岩中获得锆石不一致线上交点年龄为 2522+17Ma 或 2522-16Ma，认为其代表了五台群火山岩的时代。此外，刘敦一等（1984）还在山西繁峙县东山底村附近的五台群下亚群黑云变粒岩中获得锆石 U-Pb 年龄为 2508±2Ma，并认为其代表五台群变质作用的时代。根据兰芝山花岗岩和五台群变质作用的年龄，从而限定五台群的时代为 2560～2500Ma。但是，对于板峪口组是否属于五台群一直存在不同的认识，因此，白瑾（1986）认为兰芝山花岗岩的时代并不能代表五台群沉积的下限，并根据阜平群和五台群之间存在铁堡不整合，提出五台群的下限为 2900～2700Ma。Wilde 等（2004）通过对五台群中不同层位中长英质火山岩较系统的锆石年代学研究发现，五台群不同层位火山岩所获得年龄为 2513～2533Ma，因此，认为五台群各亚群之间为构造叠置关系，并不存在上下地质关系。万渝生等（2010）在五台群高凡亚群石英岩中获得最年轻的碎屑锆石年龄为 2.47Ga。结合前人的研究资料，将高凡亚群从五台群中独立出来命名为高凡群，代表华北克拉通古元古界最早的沉积盖层之一（万渝生等，2010）。综合前人已有资料，本书认为，五台群的时代可能为 2600～2500Ma，为新太古代晚期-末期。对于高凡（亚）群时代的限定和具体归属，还需要结合野外地质关系和进一步年代学工作确定。

2.4.1.4　变质变形特征及变质作用时代讨论

对于五台群的变质变形特征，前人已经进行了大量的研究工作。五台群从原划分下部的石咀亚群至上部的高凡亚群，变质程度逐渐降低，从角闪岩相到低绿片岩相（白瑾，1986）。总体上，五台群经历多相变质，同时遭受多期变形叠加（田永清，1991）。

五台群变质作用的时代存在明显不同的认识。刘敦一等（1984）在五台群石咀亚群黑云变粒岩中获得 2508±2Ma 的单颗粒锆石 U-Pb 年龄，并认为其代表了五台群区域变质作用的时代。王凯怡等（1997）在五台群金岗库组中获得斜长角闪岩的 Sm-Nd 等时线年龄为 2493±82Ma，可能代表了晚太古代末的造山事件。另外，王凯怡等（1997）还在金岗库组斜长角闪岩中获得角闪石和斜长石的 $^{40}Ar-^{39}Ar$ 年龄为 1718±22Ma 和 1781±20Ma，认为其代表了早元古代的变质事件。而赵国春等（2000）在其华北克拉通的陆块划分方案及其演化模式中，提出恒山-阜平-五台地区仅存在～1.85Ga 的吕梁运动，并不存在晚太古代的变质事件。Liu 等（2006）对五台群金岗库组蓝晶石石榴子石片岩中的独居石进行了电子探针分析，获得了 1887～1822Ma 的年龄结果，并将其解释为五台群变质作用的时代，与中部带阜平、吕梁、赞皇和怀安地区的变质时代相近。

通过本项目野外工作和前人资料发现，五台群各亚群的变质程度不同，不整合覆盖在五台群之上的滹沱群也发生低绿片岩相变质作用。滹沱群底部砾岩中砾石的变质程度与基质的变质程度明显不一致，因此，可以限定在滹沱群沉积之前存在新太古代末期(~2.5Ga)的变质作用，可能与华北晚太古代末的初步克拉通化过程有关；同时古元古代晚期也存在一期变质作用，该期变质作用可能与华北最终克拉通化过程有关。

2.4.1.5 构造环境

五台群金岗库组斜长角闪岩（变质基性火山岩）为拉斑玄武岩，微量元素显示具有N-MORB和岛弧玄武岩特征。利用相对不活泼的微量元素判别图解（Wood，1980；Meschede，1986），大部分样品位于火山弧和洋中脊玄武岩区域（图2.40）。

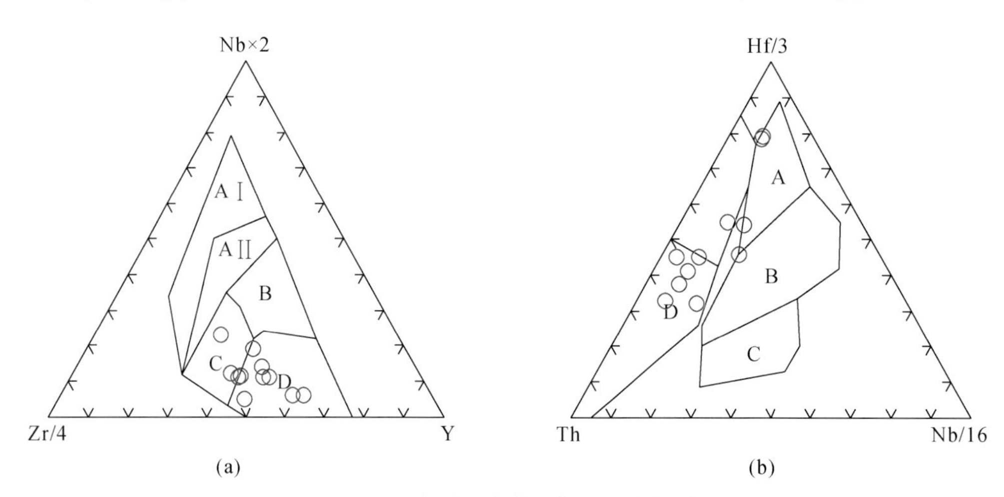

图2.40 五台群金岗库组构造环境判别图

（a）AⅠ区为板内碱性玄武岩，AⅡ区为板内碱性玄武岩和板内拉斑玄武岩，B区为E型洋中脊玄武岩（E-MORB），C区为板内拉斑玄武岩和火山弧玄武岩，D区为N型洋中脊玄武岩（N-MORB）和火山弧玄武岩；（b）A区为N-MORB，B区为E-MORB和板内拉斑玄武岩，C区为板内碱性玄武岩，D区为火山弧玄武岩

白瑾（1986）综合五台群地球物理背景、火山-沉积旋回、岩石组合、构造特征和古地热分布状态分析认为，五台群主体形成于古岛弧-海沟环境。田永清（1991）认为五台群为陆壳基底上发育的大陆裂谷环境的火山-沉积岩系。Wang等（1996）认为五台绿岩带中包含了岛弧岩浆、前陆逆冲带和混杂带等不同构造岩石单元，因此提出五台地区存在晚太古代造山带。Wang等（2004）在研究五台群中金岗库组中的基性火山岩后发现，其中存在MORB（洋中脊玄武岩）、BABB（孤后盆地玄武岩）和IAB（岛弧拉斑玄武岩）型玄武岩，认为五台地区晚太古代为岛弧俯冲环境。

综合现有的研究资料和本项目研究，本书认为，五台群应形成于岛弧相关的构造环境中，结合区域上大量同时代的TTG质片麻岩，五台地区新太古代末期为岛弧环境。

2.4.2 滹 沱 群

2.4.2.1 地层划分与层序

滹沱群主要分布于五台山南坡台怀—士集（四集庄）一线以南，石咀—定襄一线以北，东起台山河上游，西至原平奇村一带，总面积约为 1500km²，在五台山北坡代县滩上到原平白石一带约有 200km²，繁峙县中台等地也有零星分布（白瑾，1986）（图 2.41）。

1882 年，德国人李希霍芬（Richthofen，1882）最早对滹沱群进行研究，后经 Willis 等（1907）建立滹沱纪，Yang（1936）、王曰伦（1952）、赵宗溥（1954）和马杏垣等（1957）研究，将滹沱群划分为变质砾岩、南台石英岩、豆村板岩、东冶灰岩 4 个岩石地层单元，并认为滹沱群与下伏五台系和上覆茶房子灰岩均为角度不整合。此后，1965～1967 年，华北地质研究所、山西省区测队共同研究了滹沱群，特别是山西省区测队在该区进行了 1∶20 万平型关幅、盂县幅区域地质填图，在此基础上，山西省区测队将滹沱群细分为三个亚群 12 个组，将青石村组置于东冶亚群底部。1986 年，白瑾在五台山区早前寒武纪总结中，将滹沱群划分为 3 个亚群 14 个组。《山西省区域地质志》（山西省地质矿产局，1989）对滹沱群的划分仍采用山西省区测队 1967 年的方案，并将滹沱群升格为超群，亚群升格为群。1996 年，中国地层典中古元古界滹沱群划分仍采用白瑾的划分方案。本项目在野外详细调查基础之上，对滹沱群层序的划分采用白瑾（1986）的方案，同时根据区域不整合地质关系、锆石同位素年龄结果、火山岩地球化学特征和地层沉积环境分析，作者认为滹沱群初始沉积时代为～2.2Ga，而非？人认为的～2.5Ga 为古元古代中期；豆村-东冶亚群沉积于裂谷环境，而郭家寨亚群为裂谷闭合过程中/之后的沉积岩系，并不属于滹沱群，应从滹沱群中独立出来。

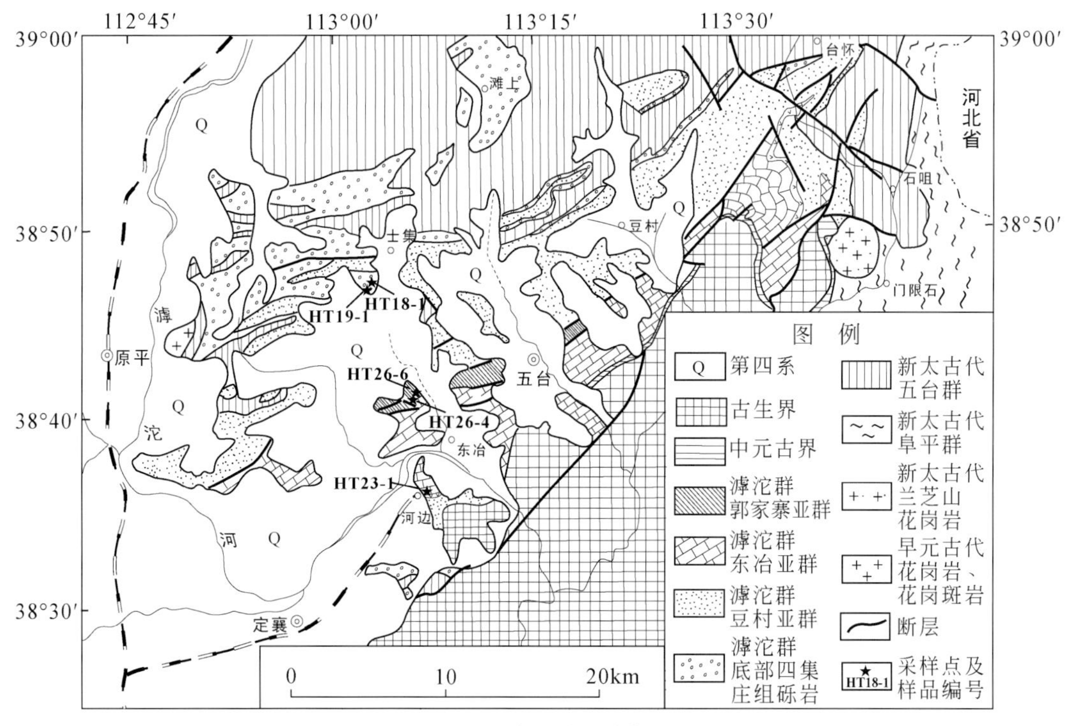

图 2.41　滹沱群地质简图

滹沱群明显不整合于新太古界五台群之上，其底部发育四集庄组厚层砾岩，物源是五台群和五台地区新太古代花岗岩。滹沱群以陆源碎屑岩和碳酸盐岩沉积为主，自下而上划分为豆村亚群、东冶亚群和郭家寨亚群。其中豆村、东冶亚群为连续沉积，由碎屑岩为主逐渐过渡为碳酸盐岩建造，层序清楚。郭家寨亚群为反旋回的磨拉石建造，不整合于东冶与豆村亚群之上。另外，在滹沱群豆村亚群青石村组上部和东冶亚群纹山组顶部有玄武岩层发育。根据现有研究资料，本书认为滹沱群仅包含豆村亚群和东冶亚群，郭家寨亚群不属于滹沱群。

滹沱群具体的地层层序和岩性如下。

1. 豆村亚群

四集庄组：以变质砾岩为主体，上部有少量石英岩，顶部的砂质千枚岩可作为区域标志层之一。底部通常有数米厚的片状砾岩，在四集庄组典型出露地的殿头村北，可见砾岩之下有十多米厚的青灰色变质长石石英杂砂岩。变质砾岩中砾石的成分较为复杂，主要有石英岩（包括碎屑沉积的石英岩和化学沉积的磁铁石英岩）、花岗岩、条带状铁矿（BIF）、绿泥石片岩和火山岩砾石等。砾石之间的胶结物以绿泥石片岩（基性火山碎屑物质）[图 2.42（a）] 和砂质胶结 [图 2.42（b）] 为主。砾石砾径通常为 10～30cm，磨圆度好。由于后期构造作用，砾石通常发生强烈的变形并呈定向排列 [图 2.42（b）]。空间上，在五台县四集庄（土集）附近，砾岩中的砾石 90% 以上为石英岩 [图 2.42（c）]；而在代县滩上镇附近，砾石成分主体为石英岩（70%～80%），但出现少量花岗岩、条带状铁矿（BIF）和火山岩砾石 [图 2.42（d）]；在五台县上王全庄附近，砾石成分复杂，虽然整体仍以石英岩砾石为主体，但同时出现大量的花岗岩砾石 [图 2.42（e）]、少量绿泥石片岩砾石 [图 2.42（f）] 和条带状铁矿（BIF）砾石 [图 2.42（g）]。还可见强变形的 BIF 砾石与基质变形不协调 [图 2.42（h）]。四集庄组厚度约为 355m。

南台组：分为上下两段，上部为木山岭段，下部为寿阳山段。寿阳山段下部以具波痕的含长石石英岩为主，常夹有 1～2 层厚 10m 左右的变质砾岩层，其上部以石英岩为主，具交错层理和小型冲刷面。木山岭段为千枚岩夹含砂大理岩。该组厚度约为 804m。

大石岭组：由底部石英岩，中部千枚岩，上部白云岩三套地层组成。在本区西部该组自下而上可分为四个岩性段，即谷泉山段、盘道岭段、神仙垴段和南大贤段。谷泉山段以钙质石英岩为主，底部常见有变质砾岩，石英岩中具波痕和交错层理；盘道岭段以青灰色条带状千枚岩为主，夹少量结晶白云岩；神仙垴段为灰紫色千枚岩夹少量结晶白云岩；南大贤段以白色、黄白色结晶白云岩为主，燧石条带发育。该组厚度大于 1913m。

青石村组：下部为灰绿色千枚岩、板岩夹白云岩、白云大理岩；中部为石英岩与板岩互层；上部为杏仁状、气孔状变质玄武岩，夹少量板岩；顶部变质玄武岩，露头上为紫红色，具有风化壳特征。该组变碎屑岩具韵律层理、交错层理及包卷层理。该组厚度大于 994m。

2. 东冶亚群

纹山组：自下而上为紫红色砂岩、石英岩、板岩、结晶白云岩。石英岩中交错层理发育，底部具包卷层理，结晶白云岩含燧石条带，其中叠层石发育。该组厚度大于 368m。

河边村组：以泥晶白云岩为主，下部有少量石英岩、板岩，顶部有一层变质玄武岩，

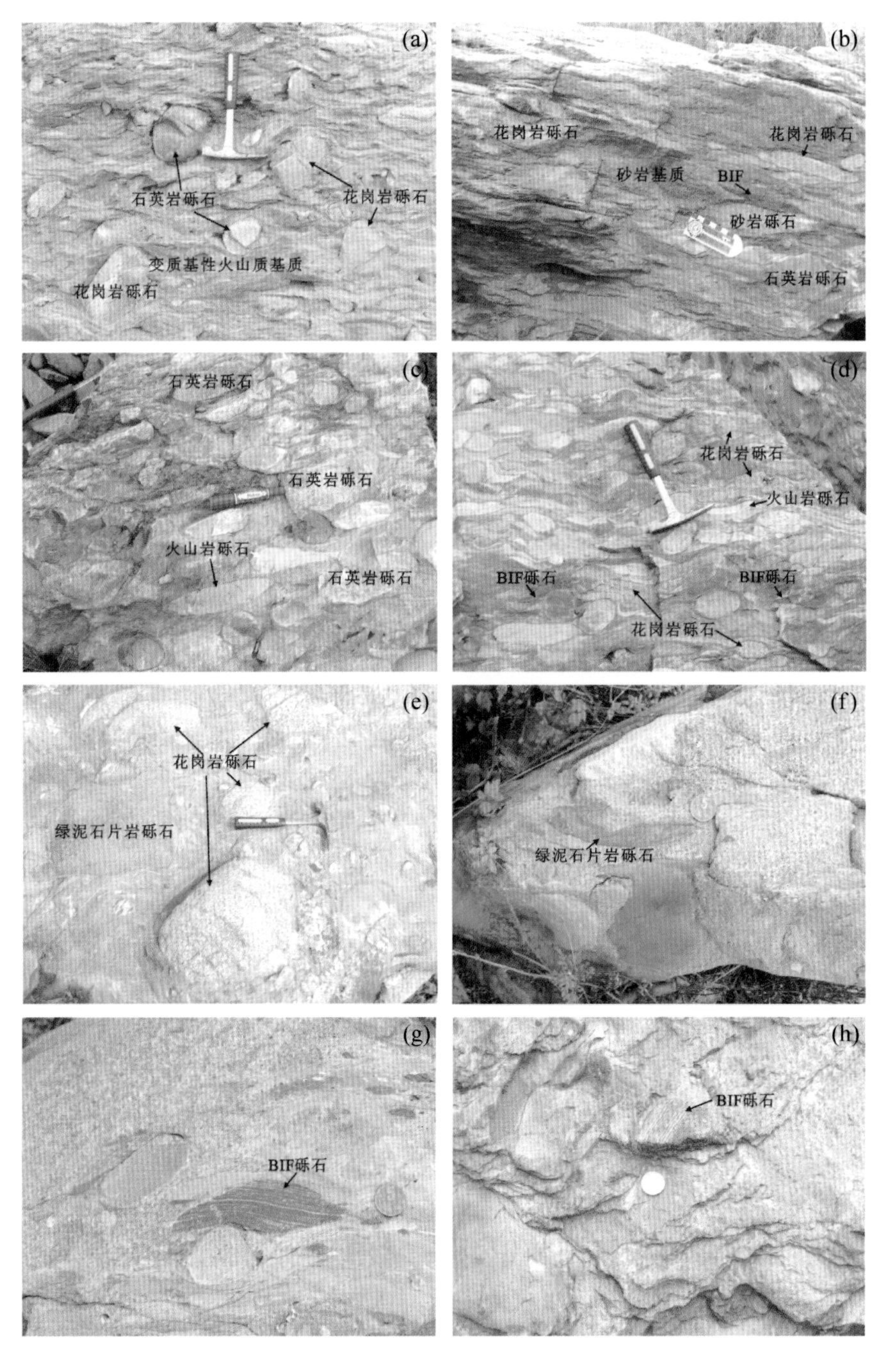

图 2.42　滹沱群四集庄砾岩野外地质特征

(a) 四集庄组砾岩中的胶结物为变质基性火山岩；(b) 四集庄组砾岩中的砂质胶结物，砾石因后期构造作用定向排列；(c) 砾岩中石英岩砾石含量为90%以上（四集庄附近）；(d) 砾岩中石英岩砾石占70%～80%，同时出现花岗岩、条带状铁矿和火山岩砾石（滩上镇附近）；(e) 砾岩中出现许多花岗岩砾石（上王全庄附近）；(f) 砾岩中的绿泥石片岩砾石（上王全庄附近）；(g) 砾岩中条带状铁矿砾石（上王全庄附近）；(h) 条带状铁矿砾石与基质变形明显不协调

分布稳定，为区域标志之一。在石英岩中可赋存小型沉积磷矿。该组厚约为653m。

建安村组：以条带状千枚岩、板岩为主，夹多层泥晶白云岩和 1～2 层含磁铁矿碎屑石英岩，交错层理发育。顶部有一层厚约 20m 的白色石英岩为标志层。该组厚度约为 758m。

大关洞组：以板岩和泥晶白云岩互层为特征，底部白云岩具薄皮鲕状构造。上部白云岩贫硅，其中叠层石发育。该组厚度约为 975m。

槐荫村组：除底部有几米厚的板岩之外，其余为厚层的白云岩。该组厚度约为 469m。

北大兴组：主要由泥晶白云岩组成，下部有一层厚 200 ~ 300m 的板岩夹白云岩为区域性标志层。该组厚度约为 1484m。

天蓬垴组：下部为灰绿色绢云千枚岩夹少量变粉砂岩，中部为千枚岩夹结晶白云岩，上部为紫红色、灰绿色千枚岩与串珠状、豆荚状、条带状大理岩互层。该组厚度大于 971m。

3. 郭家寨群

郭家寨群不整合于东冶亚群之上，自下而上划分为西河里组、黑山脊组和雕王山组。

西河里组：底部含不稳定的变质砾岩，最厚处达 8m。砾石主要为下伏东冶亚群的白云岩，砾径为 1 ~ 25cm，接触式胶结。其上部为灰紫色千枚岩、砂质千枚岩夹石英岩。千枚岩中泥裂发育，有雹痕。石英岩具波痕、交错层理和韵律层理。向上渐变为石英岩。该组厚度约为 239m。

黑山背组：以厚-巨厚层长石石英砂岩为主，含少量砾岩，中部偶夹细粒石英砂岩。石英砂岩底部有韵律层理和巨型交错层理。该组厚度约为 493m。

雕王山组：为一套巨厚层的变质砾岩，砾石以白云岩为主，少量为石英岩和千枚岩，砾径一般为 15cm。该组厚度大于 200m。

2.4.2.2 岩相学与地球化学

本书主要对滹沱群中不同层位的变质玄武岩和碎屑沉积岩进行了岩石学工作，并对一些变质玄武岩开展了地球化学研究。

四集庄组变质玄武岩野外为灰绿色，地层走向近 EW 向，与上下层位呈整合接触，片状构造，片理产状为 0°∠68°。露头上局部可见气孔构造。玄武岩显微镜下具有细晶质结构，主要矿物为斜长石（约 50%）和绿泥石（约 45%）。细板条状斜长石排列不规则，局部绢云母化强烈；绿泥石为细小鳞片状，部分充填于斜长石矿物间隙中，局部定向排列；磁铁矿少量，充填于斜长石矿物间隙中。

青石村组玄武岩野外为深绿-灰绿色，与上下砂岩地层产状一致，块状构造。在刘定寺村东头可见基性熔岩的流动构造，局部见有气孔构造，矿物粒度粗细变化较大。在纹山村东基性火山岩中气孔、杏仁构造常见，杏仁体主要为碳酸盐，部分已绿帘石化。显微镜下为变余间隐结构，斜长石含量约为 60%，呈细板条状杂乱分布，局部绿帘石化、绢云母化强烈，斜长石矿物间隙中主要为绿泥石和粉末状磁铁矿充填；同时薄片中可见极少量的橄榄石和辉石。

河边村组玄武岩野外为灰绿色，块状-片状构造，顶部气孔、杏仁构造发育，气孔中常见碳酸盐充填，并有轻度氧化，显铁锈色，强片理化。显微镜下具细晶质结构，细板条状斜长石不规则排列，绿帘石化、绢云母化强烈；绿泥石为鳞片状，具定向排列。

滹沱群变质玄武岩的地球化学分析结果见表 2.6。四集庄组玄武岩具有高 TiO_2（1.98% ~2.32%），低 MgO（2.68% ~4.45%）、CaO（1.37% ~3.73%），FeO_T（11.50% ~ 17.65%）变化范围较大的特征。青石村组玄武岩具有高 TiO_2（1.82% ~2.26%）、Al_2O_3（14.28% ~ 16.02%），低 CaO（1.44% ~ 5.01%），FeO_T（11.90% ~ 16.36%）、MgO（3.05% ~8.21%）和 SiO_2（44.90% ~51.36%）变化范围较大的特征。河边村组玄武岩 FeO_T（12.87% ~13.28%）含量较高，TiO_2（1.29% ~2.05%）、CaO（2.74% ~4.82%）、MgO（4.78% ~8.64%）变化范围较大。所有样品中，除一个样品 K_2O 稍高外，其他玄武岩样品中 $Na_2O>K_2O$，同时玄武岩的 FeO_T 高，$Mg^\#$变化范围较大，且都低于原生玄武岩（$Mg^\#$为 70），具有演化的玄武岩特征。$Mg^\#$与主、微量元素相关图解中（图 2.43），SiO_2、P_2O_5与 $Mg^\#$呈明显的负相关性；Cr、Ni 与 $Mg^\#$呈明显的正相关性，Al_2O_3、CaO、TiO_2、MnO、FeO、Fe_2O_3与 $Mg^\#$相关性不明显。反映岩浆在源区或上升过程中，主要经历了橄榄石和尖晶石的分离结晶。

表 2.6　滹沱群玄武岩岩石地球化学分析结果常量元素(%)稀土元素、微量元素（10^{-6}）

样品号	W33-1	W33-2	HT-04-04c*	W35-1	HT-04-01a*	HT-04-01c*	HT-04-07*	W36-1	HT-04-02*	HT-04-06*
所属单元	四集庄组	四集庄组	四集庄组	青石村组	青石村组	青石村组	青石村组	河边村组	河边村组	河边村组
SiO_2	51.75	50.94	53.90	47.44	48.85	51.36	44.90	44.88	54.16	50.56
TiO_2	1.98	2.14	2.32	1.82	2.08	2.26	2.00	2.05	1.29	1.31
Al_2O_3	14.04	13.39	14.54	14.28	16.02	15.36	15.26	16.45	12.66	14.09
Fe_2O_3	5.34	4.42	5.87	8.62	7.25	4.92	3.83	4.85	9.33	6.16
FeO	12.92	11.48	9.99	7.89	5.37	11.95	9.43	7.17	4.69	7.67
FeO_T	17.65	15.37	11.50	14.96	15.28	11.90	16.36	12.87	13.12	13.28
MgO	4.32	4.45	2.68	6.44	7.15	3.05	8.21	8.64	4.78	6.66
CaO	1.37	3.73	1.47	4.68	2.06	1.44	5.01	2.74	4.82	3.63
MnO	0.08	0.05	0.06	0.19	0.13	0.07	0.14	0.08	0.16	0.24
Na_2O	2.37	0.43	3.28	4.99	4.96	3.82	3.08	4.18	4.73	5.08
K_2O	0.30	1.21	0.65	0.41	1.67	0.30	0.58	2.04	0.40	0.08
P_2O_5	0.83	0.87	0.95	0.42	0.37	0.97	0.34	0.35	0.31	0.33
H_2O^+	5.08	5.92	4.00	3.24	3.86	4.50	5.60	5.24	2.22	3.54
CO_2	0.04	1.49	0.23	0.14	0.09	0.09	1.62	1.55	0.09	0.12
总计	100.42	100.52	99.94	100.56	99.86	100.09	100.00	100.22	99.64	99.47
$Mg^\#$	30.00	34.00	24.00	42.00	52.00	25.00	53.00	57.00	39.00	47.00
La	16.50	23.20	68.60	27.80	23.20	53.30	20.60	17.80	24.10	17.40
Ce	40.90	54.90	187.00	63.40	53.00	134.00	47.00	42.40	54.70	42.00
Pr	5.36	7.39	18.40	8.02	6.95	14.50	6.13	5.61	7.23	5.64
Nd	23.10	31.90	73.60	33.50	30.20	57.30	26.60	24.10	30.50	23.70
Sm	5.08	7.14	14.40	6.88	7.13	11.60	6.15	5.40	6.49	5.27

续表

样品号	W33-1	W33-2	HT-04-04c *	W35-1	HT-04-01a *	HT-04-01c *	HT-04-07 *	W36-1	HT-04-02 *	HT-04-06 *
所属单元	四集庄组	四集庄组	四集庄组	青石村组	青石村组	青石村组	青石村组	河边村组	河边村组	河边村组
Eu	1.46	2.18	3.87	2.29	2.30	3.21	1.79	2.15	2.05	1.44
Gd	6.11	8.00	12.20	7.23	6.32	9.88	5.66	5.48	5.91	5.00
Tb	0.92	1.27	1.95	1.08	0.99	1.60	0.85	0.81	0.87	0.81
Dy	6.06	8.12	12.20	6.70	5.69	9.58	5.12	4.71	5.17	4.92
Ho	1.32	1.76	2.43	1.36	1.09	1.94	0.98	0.92	1.01	1.00
Er	3.95	5.42	6.90	3.97	3.06	5.71	2.73	2.54	2.75	2.82
Tm	0.62	0.83	0.93	0.57	0.39	0.80	0.38	0.36	0.38	0.41
Yb	4.29	5.41	5.83	3.55	2.51	5.41	2.31	2.15	2.51	2.56
Lu	0.67	0.83	0.88	0.54	0.38	0.82	0.34	0.33	0.38	0.40
ΣREE	116.34	158.35	409.19	166.89	143.21	309.65	126.64	114.76	144.05	113.37
Y	34.40	47.50	74.20	34.70	32.80	61.00	29.90	23.00	29.60	32.40
V	119.00	98.10	—	288.00	—	—	—	233.00	—	—
Sc	28.70	26.10	29.30	37.30	21.40	24.40	21.70	25.60	27.00	29.50
Cr	2.21	0.46	8.40	34.70	145.00	13.80	118.00	82.10	52.20	74.50
Co	33.20	29.80	28.40	57.00	57.70	30.80	53.90	53.60	50.50	56.30
Ni	7.17	7.06	9.80	82.20	121.00	8.90	115.00	108.00	99.90	96.50
Ga	26.80	20.60	—	21.10	—	—	—	22.30	—	—
Pb	2.42	2.34	4.30	3.19	5.20	1.80	0.90	1.97	4.90	12.80
Rb	7.28	35.10	21.50	4.83	14.90	11.60	8.00	17.20	6.10	3.00
Ba	45.00	98.70	85.00	167.00	286.00	42.00	479.00	221.00	119.00	206.00
Sr	17.70	27.40	34.00	80.60	113.00	33.80	172.00	50.80	146.00	68.50
Th	4.25	4.35	6.12	1.83	1.93	5.76	1.61	1.41	1.51	1.56
U	0.81	0.67	0.84	0.33	0.33	0.82	0.29	0.29	0.23	0.38
Ta	0.91	0.84	1.31	0.43	0.87	1.36	0.87	0.79	0.44	0.51
Nb	14.70	13.80	23.20	7.74	15.20	22.80	15.60	12.40	8.40	8.80
Zr	302.00	332.00	381.00	174.00	186.00	382.00	169.00	173.00	138.00	140.00
Hf	7.23	7.79	8.29	4.38	4.30	8.25	4.03	4.21	3.27	3.42
La/Nb	1.12	1.68	2.96	3.59	1.53	2.34	1.32	1.44	2.87	1.98
Th/Nb	0.29	0.32	0.26	0.24	0.13	0.25	0.10	0.11	0.18	0.18
Zr/Nb	20.54	24.06	16.42	22.48	12.24	16.75	10.83	13.95	16.43	15.91
Nb/Ta	16.15	16.43	17.71	18.00	17.47	16.76	17.93	15.70	19.09	17.25
Zr/Hf	41.77	42.62	45.96	39.73	43.26	46.30	41.94	41.09	42.20	40.94
Zr/Y	8.78	6.99	5.13	5.01	5.67	6.26	5.65	7.52	4.66	4.32
Nb/Y	0.43	0.29	0.31	0.22	0.46	0.37	0.52	0.54	0.28	0.27
Nb/U	18.15	20.60	27.62	23.45	46.06	27.80	53.79	42.76	36.52	23.16

* 数据引自伍家善等，2008。

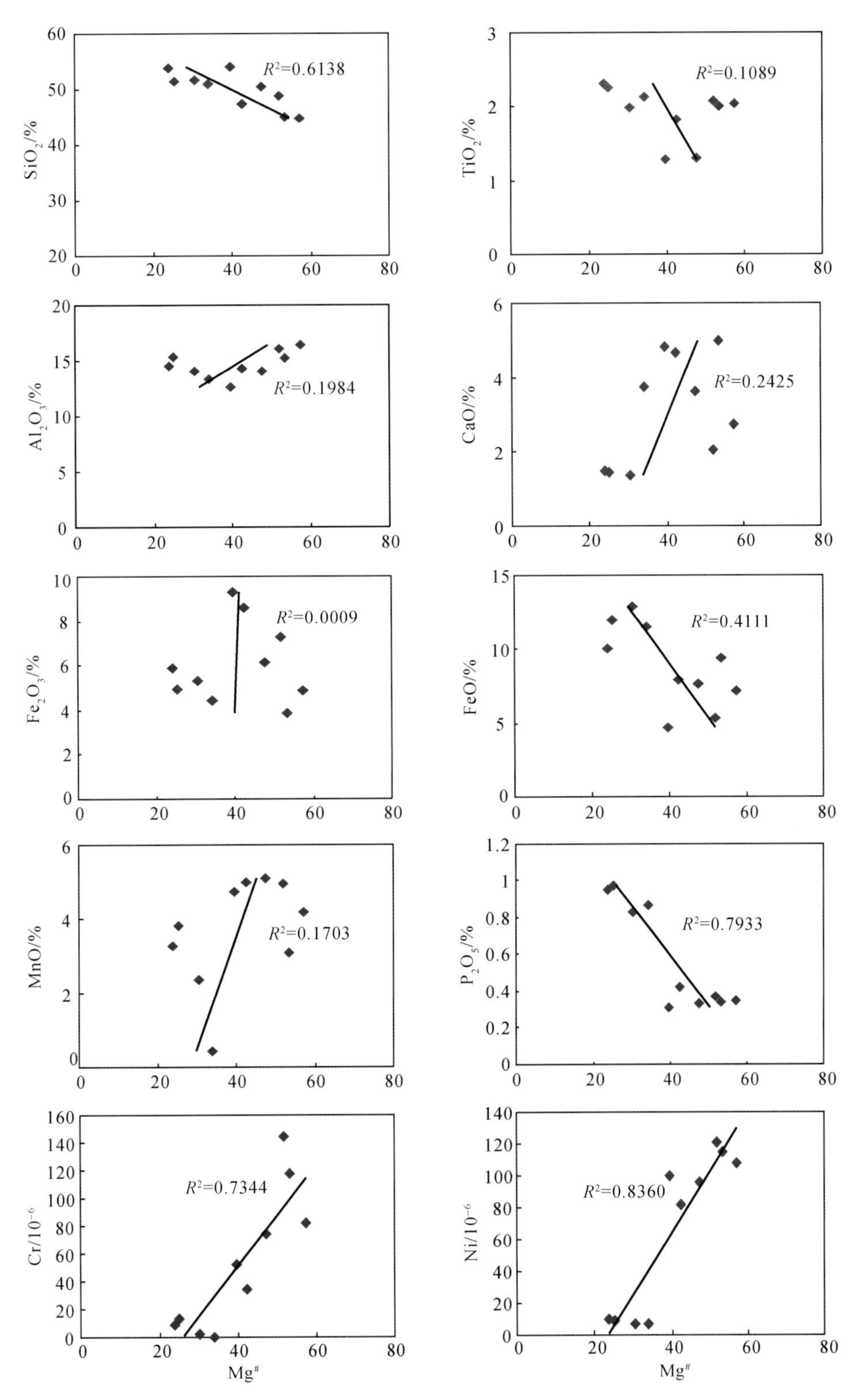

图 2.43　滹沱群玄武岩 $Mg^{\#}$与主、微量元素相关图解

在稀土元素中（表2.6），滹沱群玄武岩的稀土元素含量相对较高（$113.37\times10^{-6}\sim409.19\times10^{-6}$），其中四集庄组和青石村组稀土元素含量变化范围较大，分别为$116.34\times10^{-6}\sim409.19\times10^{-6}$和$126.64\times10^{-6}\sim309.65\times10^{-6}$，而河边村组稀土元素含量变化范围不大（$114.76\times10^{-6}\sim144.05\times10^{-6}$）。玄武岩轻、重稀土元素具有中等程度分异［$(La/Lu)_N$为2.52～7.98］，Eu异常不明显（$Eu/Eu^*=0.81\sim1.21$），表明无大量的斜长石分离结晶。在球粒陨石标准化的稀土元素配分图解中（图2.44），所有样品皆具有右倾的稀土配分模式，总体特征与洋岛玄武岩（OIB）和大陆拉斑玄武岩类似，与岛弧拉斑玄武岩不同；同时，玄武岩具有一致的配分曲线特征也表明滹沱群各组玄武岩可能具有相同的岩浆源区。

在滹沱群玄武岩中（表2.6），Cr、Ni含量变化范围较大，四集庄组玄武岩具有最低的Cr、Ni含量，而具有相对较高的Rb、Th、U、Zr、Hf含量。在洋中脊玄武岩标准化的微量元素配分图解中（图2.44），玄武岩具有右倾的曲线特征，总体趋势与洋岛玄武岩类似。具有明显的Sr负异常，部分样品具有Nb、Ta、Ti负异常，无Zr、Hf负异常，个别样品有Zr、Hf正异常。

2.4.2.3 形成时代

本项目对滹沱群底部四集庄组中的变质玄武岩安山岩完成了锆石SHRIMP U-Pb定年；同时，选择了滹沱群豆村亚群四集庄组、东冶亚群纹山组和郭家寨群西河里组变质杂砂岩样品完成了锆石LA-MC-ICPMS U-Pb定年。

1. 变质玄武安山岩

样品采自五台县阳白乡七图村东南的滹沱群豆村亚群四集庄组底部火山岩层位中（图2.45）。这层火山岩下部以玄武岩为主，上部出露一些玄武安山岩。玄武岩-玄武安山岩与其上、下部砾（砂）岩层整合接触。玄武岩-玄武安山岩岩层出露厚度约为100m，野外呈深灰绿-浅灰绿色，岩层走向近EW向，与上、下层位中的砂（砾）岩产状一致。火山岩具有片状构造，片理产状为0°∠68°。常见玄武岩与砂岩呈互层状产出［图2.46（a）］，并可见玄武岩中含有石英岩小砾石［图2.46（b）］，局部保存杏仁构造［图2.46（c）］。变质玄武安山岩显微镜下具有变余交织结构、变余斑状结构［图2.46（d）］，主要组成矿物为斜长石（50%～55%）和绿泥石（35%～40%），磁铁矿少量（<5%）。细小板条状斜长石呈定向-半定向排列，局部已发生绢云母化；绿泥石为细小鳞片状，局部定向排列；磁铁矿呈他形粒状，充填于斜长石矿物间隙中。

变质玄武安山岩中锆石粒度多为100～200μm，长宽比为1∶2～1∶1。少量锆石表面具有浑圆特征［图2.47（a）］，部分锆石可见较规则的晶面［图2.47（b）］。在阴极发光图像中，一些锆石具有振荡环带［图2.47（f）］，少量锆石具有宽缓的板状环带。从锆石表面形态及内部结构特征分析，这些锆石具有岩浆成因特征。我们对24粒锆石进行了24个测点分析，锆石U、Th含量分别为$10\times10^{-6}\sim406\times10^{-6}$、$9\times10^{-6}\sim311\times10^{-6}$，Th/U值为0.24～1.11（表2.7）。除去分析点8.1、20.1和13.1具有较为强烈的Pb丢失外，其余分析点多位于谐和线上或谐和线附近（图2.48）。从年龄结果看（表2.7），有一颗锆石的$^{207}Pb/^{206}Pb$年龄结果为3540±6Ma，明显为捕获的古老锆石。其余锆石的$^{207}Pb/^{206}Pb$年龄值

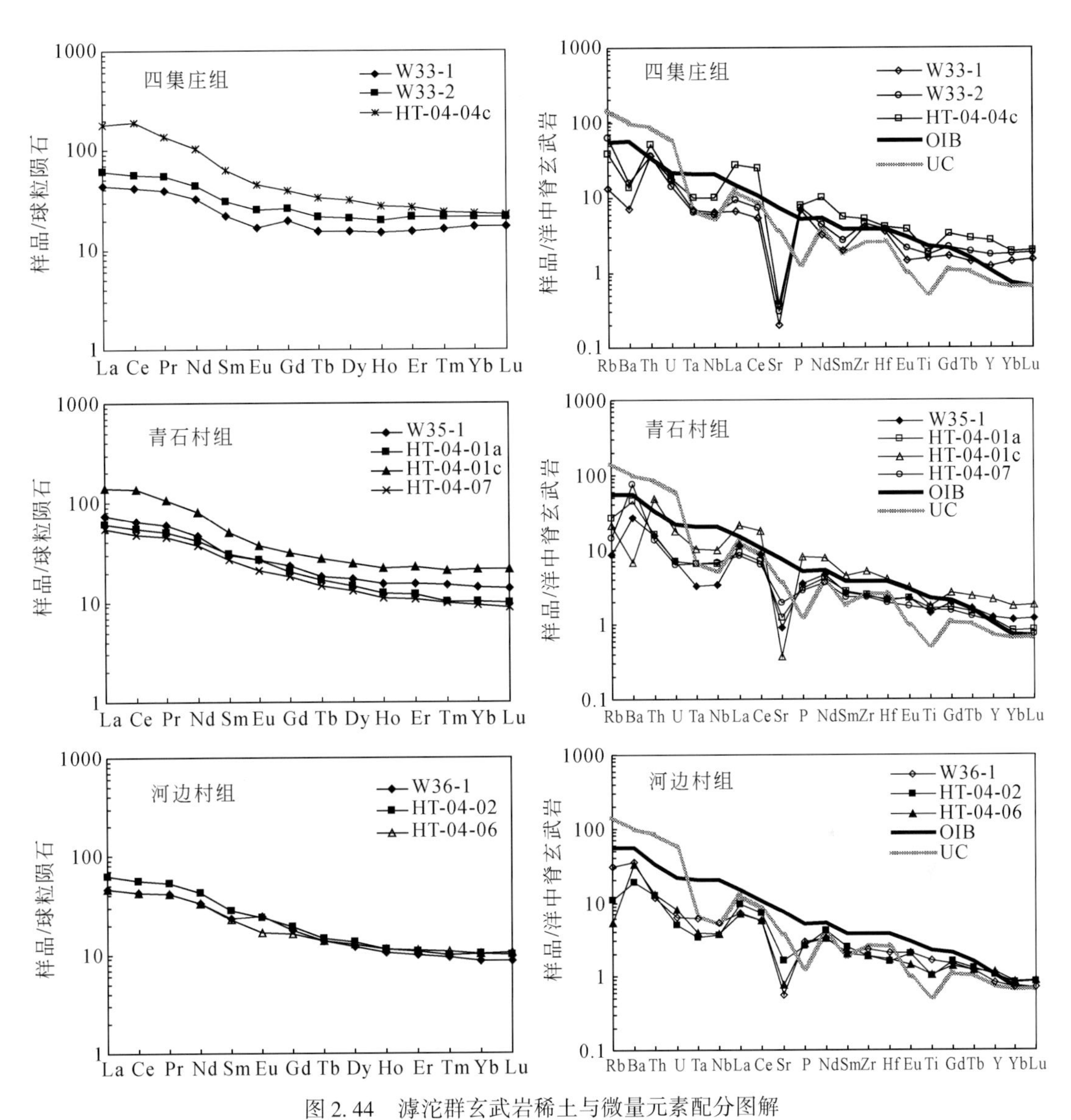

图 2.44　滹沱群玄武岩稀土与微量元素配分图解

OIB 为洋岛玄武岩，数据来自 Sun and Mc Donough，1989；UC 为上地壳数据，引自 Rudnick and Gao，2004

明显分为两组（表 2.7，图 2.48）。第一组年龄值的范围是 2433 ~ 2558Ma，第二组除去 2.1 点年龄稍大外，其余年龄数据分布非常集中，13 个点的 $^{207}Pb/^{206}Pb$ 加权平均年龄值为 2140±14Ma（图 2.48）。在锆石 U 含量与 $^{207}Pb/^{206}Pb$ 年龄相关图中（图 2.49），2433 ~ 2558Ma 年龄组的锆石 U 含量高，基本上大于 100×10^{-6}；2140±14Ma 年龄组的锆石 U 含量显著低于前一组，多数小于 50×10^{-6}。U 含量的显著差别可能指示两组锆石的结晶环境及岩浆类型不同。年轻的这组锆石粒度多大于 100μm，普遍发育环带，Th/U 值高（0.49 ~ 1.11），具有岩浆锆石特征，明显不同于低级变质作用过程中形成的变质锆石。因此，这组锆石是玄武安山岩岩浆结晶过程中形成的，其 $^{207}Pb/^{206}Pb$ 年龄 2140±14Ma 就是滹沱群四集庄组火山岩的形成年龄，可以代表滹沱群底界的时代。

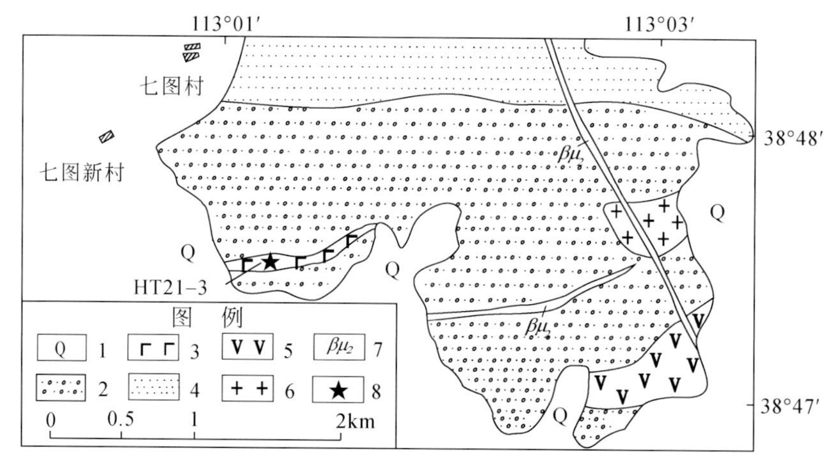

图2.45 滹沱群四集庄玄武岩位置简图

1. 第四系；2. 四集庄组；3. 四集庄组变质火山岩；4. 南台组；5. 辉长岩；6. 花岗斑岩；7. 辉绿岩；8. 采样点

图2.46 滹沱群四集庄组玄武岩野外与显微照片

(a) 玄武岩与砂岩呈互层状产出；(b) 玄武岩中含有小的石英岩砾石；(c) 玄武岩中保留有杏仁构造；(d) 玄武安山岩的变余交织结构和变余斑状结构

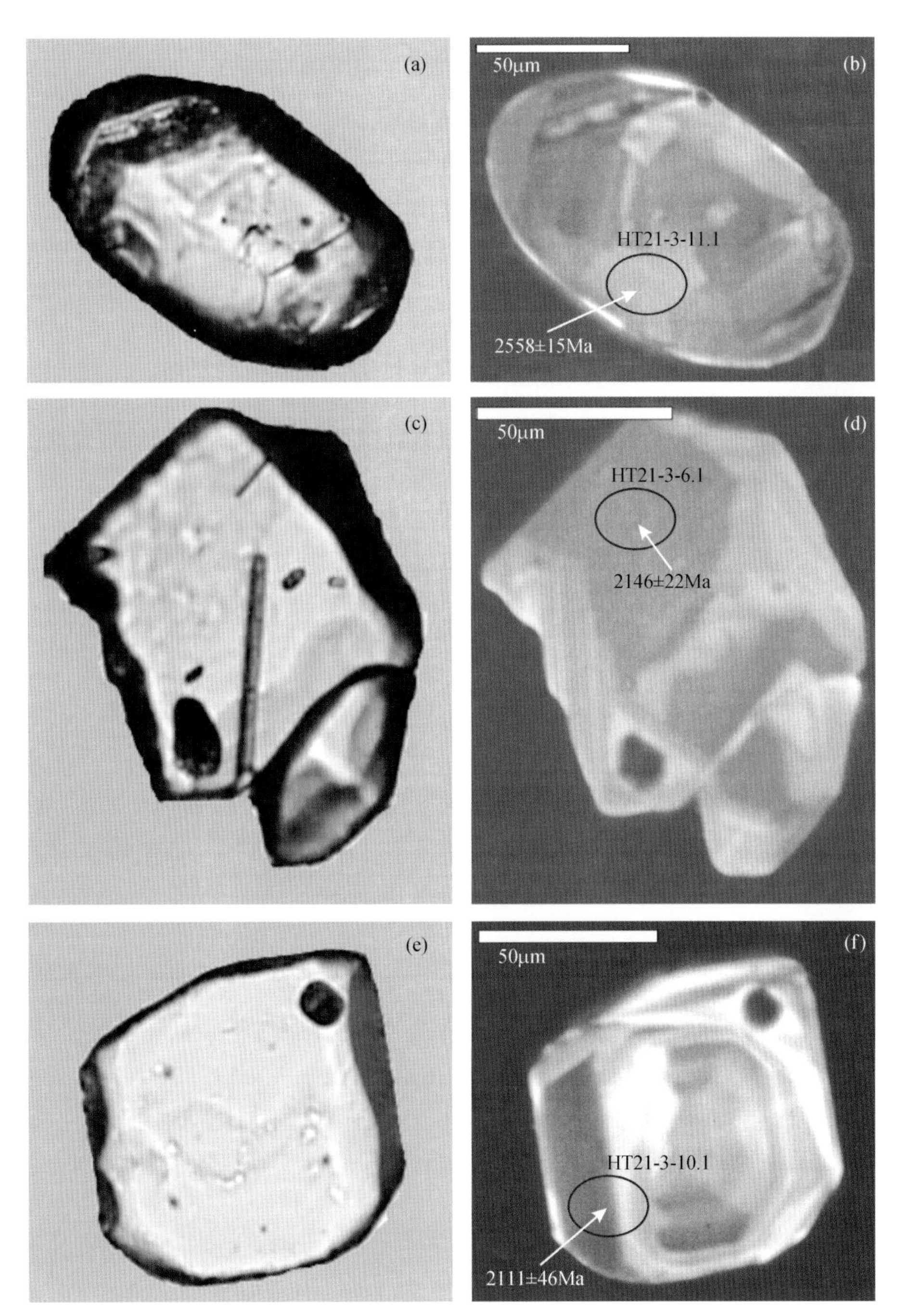

图2.47 四集庄组玄武安山岩锆石CL图像

表 2.7 四集庄组玄武安山岩 SHRIMP 锆石 U-Pb 分析

样点号	$^{206}Pb_c$ /%	U /10^{-6}	Th /10^{-6}	Th/U	$^{206}Pb^*$ /10^{-6}	$^{206}Pb/^{238}U$ 年龄/Ma	$^{207}Pb/^{206}Pb$ 年龄/Ma	不谐和性/%	$^{207}Pb^*/^{235}U$	±%	$^{206}Pb^*/^{238}U$	±%	误差相关性
HT21-3-1.1	0.10	36	35	1.02	12.40	2184±32	2156±29	-1	7.47	2.4	0.4033	1.8	0.721
HT21-3-2.1	—	10	9	0.97	3.43	2235±52	2244±57	0	8.08	4.3	0.4140	2.7	0.640
HT21-3-3.1	0.37	18	13	0.77	5.91	2101±40	2120±41	1	6.99	3.3	0.3853	2.2	0.689
HT21-3-4.1	—	28	25	0.91	9.25	2073±33	2198±32	6	7.20	2.6	0.3794	1.9	0.720
HT21-3-5.1	—	77	83	1.11	25.50	2106±27	2137±17	1	7.08	1.8	0.3863	1.5	0.845
HT21-3-6.1	0.05	49	50	1.04	16.50	2119±30	2146±22	1	7.17	2.1	0.3891	1.7	0.794
HT21-3-7.1	0.11	21	16	0.79	6.74	2005±39	2178±34	8	6.85	3.0	0.3649	2.2	0.755
HT21-3-8.1	0.11	183	57	0.32	55.00	1934±23	2479±11	22	7.83	1.5	0.3500	1.4	0.905
HT21-3-9.1	0	406	311	0.79	162.00	2457±27	2444±7	-1	10.16	1.4	0.4638	1.3	0.959
HT21-3-10.1	0.29	31	25	0.85	10.40	2145±37	2111±46	-2	7.13	3.3	0.3947	2.0	0.607
HT21-3-11.1	0.01	171	94	0.57	67.40	2430±28	2558±15	5	10.73	1.6	0.4578	1.4	0.846
HT21-3-12.1	0.09	38	31	0.84	13.00	2133±32	2127±25	0	7.15	2.3	0.3922	1.8	0.774
HT21-3-13.1	0.33	28	25	0.93	9.22	2090±47	2317±34	10	7.79	3.3	0.3830	2.6	0.801
HT21-3-14.1	0.02	118	40	0.35	46.80	2448±29	2514±15	3	10.55	1.7	0.4620	1.4	0.845
HT21-3-15.1	0.16	42	41	1.00	14.20	2124±31	2104±24	-1	7.02	2.2	0.3902	1.7	0.785
HT21-3-16.1	0.12	47	44	0.97	16.00	2156±31	2123±23	-2	7.22	2.1	0.3971	1.7	0.790
HT21-3-17.1	0.05	88	56	0.66	30.10	2171±40	2128±17	-2	7.30	2.4	0.4005	2.2	0.913
HT21-3-18.1	0.18	56	55	1.02	21.90	2401±37	2504±20	4	10.24	2.2	0.4513	1.9	0.845
HT21-3-19.1	0.33	45	21	0.49	15.40	2160±31	2134±29	-1	7.28	2.4	0.3981	1.7	0.723
HT21-3-20.1	0.12	212	50	0.24	68.20	2047±24	2478±10	17	8.35	1.5	0.3738	1.4	0.917
HT21-3-21.1	0.23	207	100	0.50	139.00	3732±39	3540±6	-5	33.94	1.4	0.7840	1.4	0.966
HT21-3-22.1	0.09	36	35	1.01	12.20	2146±32	2193±26	2	7.48	2.3	0.3949	1.8	0.770
HT21-3-23.1	0.03	210	124	0.61	83.80	2455±28	2526±9	3	10.66	1.4	0.4635	1.4	0.936
HT21-3-24.1	0.04	352	111	0.33	138.00	2429±27	2433±7	0	9.96	1.4	0.4575	1.3	0.952

注：误差为1σ，Pb_c 和 Pb^* 分别代表普通铅和放射性成因铅，标准校正的误差为0.57%，普通铅校正用^{204}Pb 实测值，下同。

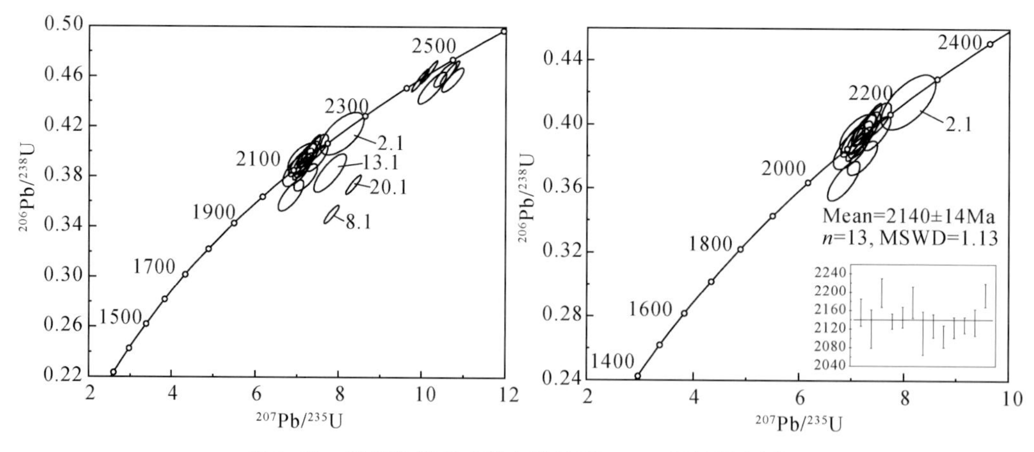

图 2.48 四集庄组玄武安山岩锆石 U-Pb 年龄谐和图

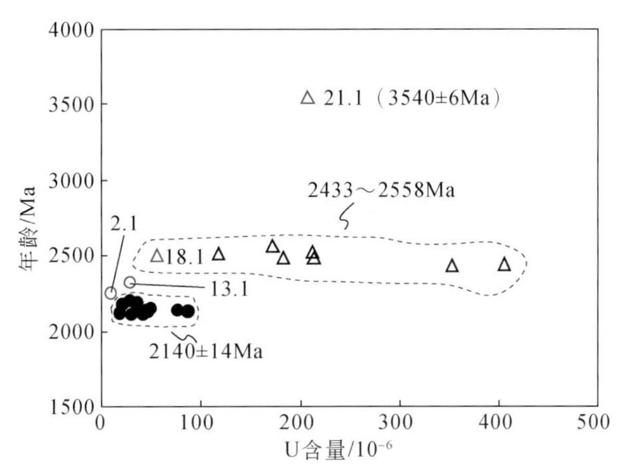

图2.49　四集庄组玄武安山岩锆石U含量与年龄关系图

2. 变质（杂）砂岩

（1）豆村亚群四集庄组。

变质长石石英杂砂岩（HT18-1）样品采自五台县阳白乡上红表村西黄金山鞍部四集庄组中。野外露头呈浅灰色。显微镜下碎屑颗粒组成主要为石英、长石和少量的岩屑，杂基支撑，基底式胶结。

锆石多为短柱状-圆粒状，粒度多大于100μm，大多具有明显的岩浆韵律环带［图2.50（a）、（b）］，个别隐约可见岩浆环带［图2.50（c）］。我们随机选择80粒锆石进行了80个点的U-Pb年龄分析，U、Th含量分别为5×10^{-6}～1226×10^{-6}、4×10^{-6}～1213×10^{-6}，Th/U值为0.35～1.65（表2.8）。在U-Pb年龄谐和图中［图2.51（a）］，大多数分析点位于谐和线上或附近，部分2.5～2.6Ga的锆石分析点具有不同程度的铅丢失。但数据点分布显示了现代铅丢失的特点，对$^{207}Pb/^{206}Pb$年龄无明显影响（Amelin *et al.*，2000）。在$^{207}Pb/^{206}Pb$年龄直方图中［图2.51（b）］，最为明显的峰值年龄为～2522Ma，还有两粒约2.7Ga的碎屑锆石。此外，还出现4粒古元古代碎屑锆石，年龄变化为2122～2165Ma，加权平均年龄为2137±31Ma。

变质含砾长石石英杂砂岩（HT19-1）采自五台县阳白乡七图村东南小山坡四集庄组中。野外露头为浅灰紫色，通常含有圆状-次棱角状石英岩和花岗岩砾石，砾径通常小于2.5cm，含量为15%～20%。显微镜下，碎屑颗粒组成主要为石英、长石和岩屑（小砾石），杂基支撑，基底式胶结。

锆石主要为圆粒状，个别呈短柱状，皆显示搬运磨圆特征。锆石粒度一般大于100μm，多具明显的岩浆振荡环带，个别出现板状环带［图2.50（d）～（f）］。我们随机选择70粒锆石进行了70个测点分析，U、Th含量为16×10^{-6}～452×10^{-6}、10×10^{-6}～9311×10^{-6}，Th/U值为0.23～21.52（表2.8）。在U-Pb年龄谐和图中［图2.51（c）］，有10个数据点显示较明显的铅丢失，其余则基本位于谐和线上。在$^{207}Pb/^{206}Pb$年龄直方图中［图2.51（d）］，仅有几粒碎屑锆石年龄为2680～2800Ma，而最明显的峰值年龄为～2.5Ga。值得注意的是，还有15粒古元古代的年龄结果形成明显的峰，加权平均年龄为2132±6Ma。将此样品15个早元古代的年龄结果与变质含长石石英杂砂岩（HT18-1）中的4个测点一起作加权平均，获得的年龄结果为2134±5Ma。

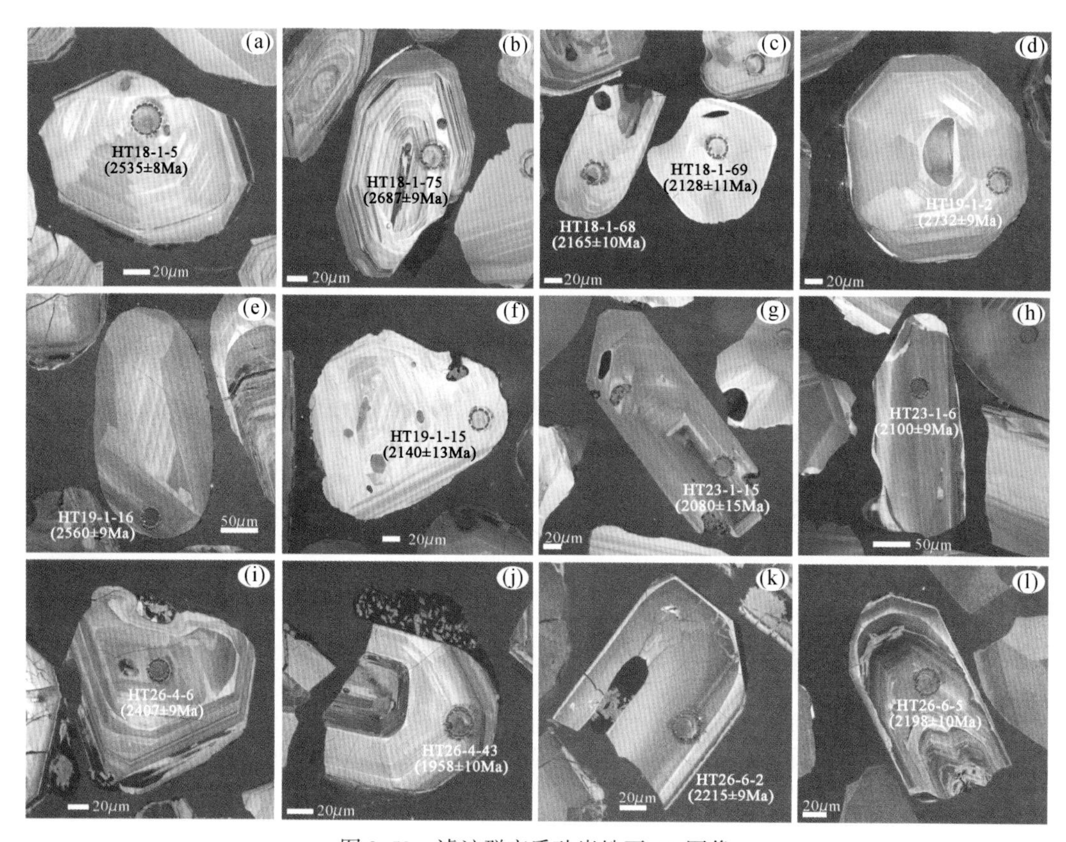

图2.50 滹沱群变质砂岩锆石CL图像

表2.8 滹沱群变质砂岩锆石LA-MC-ICPMS分析

分析点号	元素含量/10^{-6}			Th/U	同位素比值						年龄/Ma					
	Pb	Th	U		$^{207}Pb/^{206}Pb$	1σ	$^{207}Pb/^{235}U$	1σ	$^{206}Pb/^{238}U$	1σ	$^{207}Pb/^{206}Pb$	1σ	$^{207}Pb/^{235}U$	1σ	$^{206}Pb/^{238}U$	1σ
豆村亚群四集庄组：变质长石石英杂砂岩（HT18-1）																
HT18-1-1	68	71	92	0.78	0.1678	0.0009	10.4213	0.1136	0.4502	0.0047	2535	9	2473	10	2396	21
HT18-1-2	162	1213	1032	1.18	0.1626	0.0009	4.3674	0.2934	0.1919	0.0127	2484	10	1706	56	1131	69
HT18-1-3	88	85	166	0.51	0.1692	0.0009	8.8386	0.1019	0.3789	0.0043	2549	9	2321	11	2071	20
HT18-1-4	99	183	475	0.38	0.1602	0.0009	3.1096	0.0374	0.1406	0.0016	2458	14	1435	9	848	9
HT18-1-5	74	102	87	1.17	0.1677	0.0009	11.1518	0.0892	0.4823	0.0038	2535	8	2536	7	2537	17
HT18-1-6	122	149	124	1.20	0.1685	0.0009	11.2038	0.1086	0.4822	0.0046	2543	23	2540	9	2537	20
HT18-1-7	115	131	149	0.88	0.1750	0.0009	11.9551	0.1113	0.4954	0.0046	2606	9	2601	9	2594	20
HT18-1-8	101	191	306	0.62	0.1659	0.0009	5.5479	0.0735	0.2427	0.0032	2516	9	1908	11	1401	17

续表

分析点号	元素含量/10^{-6}			Th/U	同位素比值						年龄/Ma					
	Pb	Th	U		$^{207}Pb/^{206}Pb$	1σ	$^{207}Pb/^{235}U$	1σ	$^{206}Pb/^{238}U$	1σ	$^{207}Pb/^{206}Pb$	1σ	$^{207}Pb/^{235}U$	1σ	$^{206}Pb/^{238}U$	1σ
豆村亚群四集庄组：变质长石石英杂砂岩（HT18-1）																
HT18-1-9	118	491	456	1.08	0.1649	0.0009	4.4790	0.0700	0.1971	0.0031	2506	9	1727	13	1160	17
HT18-1-10	92	242	299	0.81	0.1606	0.0009	4.3767	0.0579	0.1977	0.0026	2461	9	1708	11	1163	14
HT18-1-11	87	82	119	0.69	0.1670	0.0009	10.9992	0.1038	0.4777	0.0045	2527	9	2523	9	2517	20
HT18-1-12	56	107	109	0.98	0.1630	0.0009	8.5494	0.1660	0.3795	0.0071	2487	9	2291	18	2074	33
HT18-1-13	177	928	1226	0.76	0.1568	0.0009	2.0831	0.0506	0.0959	0.0022	2422	10	1143	17	590	13
HT18-1-14	83	85	103	0.83	0.1642	0.0009	10.6886	0.1149	0.4721	0.0050	2499	10	2496	10	2493	22
HT18-1-15	124	389	397	0.98	0.1601	0.0008	4.3683	0.0571	0.1977	0.0025	2457	9	1706	11	1163	14
HT18-1-16	85	86	106	0.80	0.1659	0.0009	10.7702	0.0925	0.4707	0.0041	2517	8	2503	8	2487	18
HT18-1-17	143	661	1110	0.60	0.1579	0.0009	1.8981	0.0232	0.0873	0.0011	2435	10	1080	8	539	7
HT18-1-18	27	34	55	0.52	0.1325	0.0008	6.3703	0.0738	0.3489	0.0042	2131	11	2028	10	1929	20
HT18-1-19	41	38	67	0.56	0.1619	0.0009	9.4494	0.0780	0.4231	0.0034	2476	9	2383	8	2275	16
HT18-1-20	60	56	85	0.66	0.1667	0.0009	10.5459	0.1117	0.4584	0.0047	2525	9	2484	10	2433	21
HT18-1-21	47	42	65	0.65	0.1638	0.0009	10.6834	0.1086	0.4730	0.0047	2495	9	2496	9	2497	21
HT18-1-22	99	73	152	0.48	0.1684	0.0009	11.2998	0.1178	0.4866	0.0050	2543	9	2548	10	2556	22
HT18-1-23	69	93	119	0.78	0.1656	0.0009	8.6632	0.0739	0.3794	0.0032	2513	9	2303	8	2073	15
HT18-1-24	140	244	547	0.45	0.1745	0.0010	5.1695	0.2170	0.2132	0.0086	2602	9	1848	36	1246	46
HT18-1-25	87	302	202	1.49	0.1647	0.0009	6.6822	0.1155	0.2945	0.0052	2506	9	2070	15	1664	26
HT18-1-26	90	78	135	0.58	0.1681	0.0009	10.6147	0.1021	0.4578	0.0043	2539	8	2490	9	2430	19
HT18-1-27	131	315	421	0.75	0.1632	0.0009	4.6193	0.0659	0.2054	0.0029	2489	9	1753	12	1204	16
HT18-1-28	115	266	329	0.81	0.1816	0.0010	5.8706	0.1097	0.2342	0.0042	2733	9	1957	16	1357	22
HT18-1-29	79	76	97	0.79	0.1719	0.0009	11.2020	0.1365	0.4722	0.0056	2577	9	2540	11	2493	24
HT18-1-30	90	281	214	1.32	0.1652	0.0009	6.9651	0.2352	0.3042	0.0101	2510	9	2107	30	1712	50
HT18-1-31	153	599	735	0.81	0.1637	0.0009	3.1347	0.0725	0.1388	0.0032	2495	8	1441	18	838	18
HT18-1-32	55	52	74	0.70	0.1662	0.0009	10.5839	0.1127	0.4617	0.0048	2520	9	2487	10	2447	21
HT18-1-33	86	85	100	0.85	0.1668	0.0009	10.9979	0.1076	0.4781	0.0047	2528	9	2523	9	2519	20
HT18-1-34	97	161	132	1.22	0.1659	0.0009	9.0446	0.1508	0.3951	0.0065	2517	9	2343	15	2146	30
HT18-1-35	69	83	110	0.75	0.1647	0.0009	9.7682	0.1734	0.4298	0.0075	2506	9	2413	16	2305	34
HT18-1-36	63	62	80	0.76	0.1655	0.0009	10.8968	0.1120	0.4775	0.0049	2512	9	2514	10	2516	21
HT18-1-37	60	53	79	0.67	0.1656	0.0009	10.9423	0.1168	0.4789	0.0050	2514	9	2518	10	2522	22
HT18-1-38	59	61	99	0.61	0.1661	0.0009	9.9419	0.1616	0.4329	0.0063	2520	9	2429	15	2319	28
HT18-1-39	74	90	119	0.76	0.1668	0.0009	10.4061	0.1381	0.4523	0.0059	2526	42	2472	12	2405	26
HT18-1-40	36	37	72	0.51	0.1662	0.0010	9.8627	0.1683	0.4294	0.0071	2520	11	2422	16	2303	32

续表

分析点号	元素含量/10^{-6}			Th/U	同位素比值						年龄/Ma					
	Pb	Th	U		$^{207}Pb/^{206}Pb$	1σ	$^{207}Pb/^{235}U$	1σ	$^{206}Pb/^{238}U$	1σ	$^{207}Pb/^{206}Pb$	1σ	$^{207}Pb/^{235}U$	1σ	$^{206}Pb/^{238}U$	1σ
豆村亚群四集庄组：变质长石石英杂砂岩（HT18-1）																
HT18-1-41	71	57	109	0.52	0.1658	0.0009	10.9376	0.1266	0.4781	0.0055	2516	9	2518	11	2519	24
HT18-1-42	33	21	54	0.39	0.1662	0.0009	11.2674	0.1382	0.4914	0.0060	2520	9	2546	11	2577	26
HT18-1-43	64	155	208	0.75	0.1618	0.0009	5.4151	0.1390	0.2418	0.0061	2476	9	1887	22	1396	31
HT18-1-44	54	64	84	0.76	0.1628	0.0009	9.8446	0.1469	0.4382	0.0064	2485	9	2420	14	2342	29
HT18-1-45	125	740	837	0.88	0.1595	0.0009	2.6746	0.1220	0.1206	0.0053	2451	9	1321	34	734	31
HT18-1-46	74	63	106	0.60	0.1673	0.0009	11.0991	0.1205	0.4807	0.0052	2531	8	2531	10	2530	22
HT18-1-47	84	63	130	0.48	0.1680	0.0009	11.1349	0.1311	0.4805	0.0056	2539	9	2534	11	2529	24
HT18-1-48	81	114	201	0.57	0.1643	0.0009	6.4854	0.1029	0.2860	0.0045	2500	9	2044	14	1622	22
HT18-1-49	117	947	791	1.20	0.1581	0.0009	2.6881	0.0772	0.1237	0.0037	2435	15	1325	21	752	21
HT18-1-50	102	87	143	0.61	0.1682	0.0009	11.1884	0.1248	0.4820	0.0053	2540	9	2539	10	2536	23
HT18-1-51	79	84	92	0.91	0.1658	0.0009	10.9505	0.1270	0.4787	0.0055	2517	9	2519	11	2521	24
HT18-1-52	104	77	168	0.46	0.1690	0.0009	11.3012	0.1319	0.4847	0.0056	2548	14	2548	11	2548	24
HT18-1-53	94	116	98	1.19	0.1670	0.0009	11.1132	0.1442	0.4824	0.0063	2528	8	2533	12	2538	27
HT18-1-54	96	124	109	1.13	0.1663	0.0009	11.0138	0.1250	0.4800	0.0054	2521	5	2524	11	2527	23
HT18-1-55	67	58	96	0.61	0.1683	0.0009	11.2204	0.1165	0.4835	0.0051	2540	9	2542	10	2542	22
HT18-1-56	59	50	91	0.55	0.1679	0.0012	10.3165	0.1414	0.4458	0.0059	2537	12	2464	13	2376	26
HT18-1-57	128	154	129	1.19	0.1675	0.0009	11.1446	0.1182	0.4821	0.0050	2533	9	2535	10	2536	22
HT18-1-58	93	106	120	0.88	0.1682	0.0009	10.5633	0.1652	0.4551	0.0071	2540	9	2485	15	2418	31
HT18-1-59	41	35	58	0.60	0.1646	0.0009	11.0174	0.1246	0.4854	0.0055	2503	10	2525	11	2551	24
HT18-1-60	18	114	69	1.65	0.1637	0.0011	6.4523	0.2881	0.2828	0.0120	2495	11	2039	39	1606	60
HT18-1-61	83	77	108	0.71	0.1665	0.0009	11.2225	0.1240	0.4887	0.0053	2524	9	2542	10	2565	23
HT18-1-62	164	988	615	1.61	0.1727	0.0011	3.7349	0.0826	0.1578	0.0037	2584	10	1579	18	944	21
HT18-1-63	149	360	231	1.56	0.1660	0.0009	8.2372	0.2580	0.3571	0.0108	2518	9	2257	28	1968	51
HT18-1-64	103	137	308	0.44	0.1640	0.0009	7.9502	0.2785	0.3479	0.0119	2498	10	2225	32	1924	57
HT18-1-65	93	87	220	0.40	0.1657	0.0009	7.8108	0.1062	0.3415	0.0045	2517	9	2209	12	1894	22
HT18-1-66	61	68	76	0.89	0.1658	0.0009	10.8221	0.1132	0.4733	0.0050	2517	9	2508	10	2498	22
HT18-1-67	51	51	64	0.80	0.1654	0.0009	10.9466	0.1171	0.4796	0.0050	2522	9	2519	10	2526	22
HT18-1-68	17	25	23	0.35	0.1351	0.0008	7.3765	0.0805	0.3961	0.0042	2165	10	2158	10	2151	19
HT18-1-69	18	20	31	0.57	0.1321	0.0008	7.0760	0.0832	0.3887	0.0046	2128	11	2121	10	2117	21
HT18-1-70	80	65	126	0.52	0.1664	0.0009	10.8851	0.1340	0.4742	0.0058	2522	9	2513	11	2502	25
HT18-1-71	156	175	166	1.05	0.1688	0.0009	11.2511	0.1300	0.4832	0.0055	2545	9	2544	11	2541	24
HT18-1-72	124	295	361	0.82	0.1646	0.0009	5.4815	0.1159	0.2407	0.0049	2503	9	1898	18	1390	25

续表

分析点号	元素含量/10^{-6}			Th/U	同位素比值						年龄/Ma					
	Pb	Th	U		$^{207}Pb/^{206}Pb$	1σ	$^{207}Pb/^{235}U$	1σ	$^{206}Pb/^{238}U$	1σ	$^{207}Pb/^{206}Pb$	1σ	$^{207}Pb/^{235}U$	1σ	$^{206}Pb/^{238}U$	1σ
豆村亚群四集庄组：变质长石石英杂砂岩（HT18-1）																
HT18-1-73	126	412	527	0.78	0.1617	0.0009	3.9982	0.1338	0.1785	0.0058	2473	9	1634	27	1059	32
HT18-1-74	52	45	71	0.63	0.1678	0.0009	11.1775	0.1323	0.4830	0.0057	2535	9	2538	11	2540	25
HT18-1-75	35	34	42	0.81	0.1836	0.0010	13.2507	0.1684	0.5235	0.0067	2687	9	2698	12	2714	28
HT18-1-76	102	437	423	1.03	0.1669	0.0009	4.5384	0.1978	0.1983	0.0088	2528	9	1738	36	1166	48
HT18-1-77	94	467	339	1.38	0.1638	0.0009	4.4936	0.0978	0.1987	0.0042	2495	9	1730	18	1168	23
HT18-1-78	6	4	5	0.70	0.1793	0.0017	31.0218	5.3145	1.2593	0.2203	2646	15	3520	170	5254	630
HT18-1-79	31	44	46	0.42	0.1310	0.0008	6.9060	0.0945	0.3821	0.0051	2122	10	2099	12	2086	24
HT18-1-80	89	106	102	1.04	0.1674	0.0009	11.0722	0.1510	0.4793	0.0064	2531	8	2529	13	2524	28
豆村亚群四集庄组：变质含砾长石石英杂砂岩（HT19-1）																
HT19-1-1	30	24	41	0.59	0.1824	0.0011	12.5616	0.1571	0.4988	0.0057	2676	10	2647	12	2609	25
HT19-1-2	55	55	53	1.03	0.1888	0.0010	13.8245	0.1399	0.5310	0.0053	2732	9	2738	10	2746	22
HT19-1-3	35	31	47	0.66	0.1611	0.0009	11.0716	0.1043	0.4986	0.0047	2478	10	2529	9	2608	20
HT19-1-4	22	28	26	1.07	0.1857	0.0011	13.3910	0.1529	0.5230	0.0057	2706	10	2708	11	2712	24
HT19-1-5	134	592	256	2.32	0.1694	0.0010	9.1490	0.0947	0.3915	0.0039	2552	9	2353	9	2130	18
HT19-1-6	105	49	175	0.28	0.1817	0.0010	12.8547	0.1304	0.5127	0.0050	2669	10	2669	10	2668	21
HT19-1-7	46	60	58	1.03	0.1978	0.0012	13.3034	0.1292	0.4875	0.0045	2808	10	2701	9	2560	20
HT19-1-8	234	9311	433	21.52	0.1834	0.0013	8.5690	0.1367	0.3412	0.0063	2684	11	2293	15	1892	30
HT19-1-9	111	199	173	1.15	0.1670	0.0010	11.0535	0.1259	0.4796	0.0051	2527	11	2528	11	2526	22
HT19-1-10	9	11	18	0.60	0.1310	0.0015	6.4271	0.1568	0.3554	0.0079	2122	19	2036	21	1960	37
HT19-1-11	58	136	90	1.50	0.1620	0.0010	11.0016	0.1114	0.4922	0.0048	2477	10	2523	9	2580	21
HT19-1-12	79	62	131	0.47	0.1627	0.0010	10.8176	0.1204	0.4817	0.0052	2484	9	2508	10	2535	22
HT19-1-13	43	38	59	0.65	0.1602	0.0009	11.3963	0.1103	0.5157	0.0048	2458	15	2556	9	2681	21
HT19-1-14	171	3294	289	11.39	0.1739	0.0010	10.6317	0.1241	0.4433	0.0051	2595	9	2491	11	2365	23
HT19-1-15	11	13	22	0.69	0.1332	0.0011	7.1477	0.0989	0.3891	0.0048	2140	13	2130	12	2119	22
HT19-1-16	151	151	191	0.79	0.1703	0.0009	11.4540	0.1077	0.4876	0.0044	2560	9	2561	9	2560	19
HT19-1-17	24	17	39	0.43	0.1645	0.0009	11.1868	0.1545	0.4931	0.0068	2503	9	2539	13	2584	29
HT19-1-18	29	32	43	0.73	0.1599	0.0009	10.2151	0.1410	0.4627	0.0062	2455	4	2454	13	2452	27
HT19-1-19	82	67	128	0.52	0.1648	0.0009	10.7979	0.1089	0.4751	0.0047	2505	9	2506	9	2506	21
HT19-1-20	86	105	124	0.84	0.1670	0.0009	11.0484	0.1296	0.4796	0.0056	2527	8	2527	11	2526	24
HT19-1-21	79	158	109	1.45	0.1642	0.0009	10.7246	0.1566	0.4735	0.0069	2499	9	2500	14	2499	30
HT19-1-22	83	160	129	1.24	0.1653	0.0009	10.8786	0.1378	0.4771	0.0060	2511	9	2513	12	2514	26
HT19-1-23	188	177	452	0.39	0.1740	0.0010	8.5931	0.1137	0.3586	0.0050	2596	10	2296	12	1976	24

续表

分析点号	元素含量/10^{-6}			Th/U	同位素比值						年龄/Ma					
	Pb	Th	U		$^{207}Pb/^{206}Pb$	1σ	$^{207}Pb/^{235}U$	1σ	$^{206}Pb/^{238}U$	1σ	$^{207}Pb/^{206}Pb$	1σ	$^{207}Pb/^{235}U$	1σ	$^{206}Pb/^{238}U$	1σ
豆村亚群四集庄组：变质含砾长石石英杂砂岩（HT19-1）																
HT19-1-24	112	116	180	0.64	0.1681	0.0009	11.1781	0.1413	0.4819	0.0060	2539	8	2538	12	2535	26
HT19-1-25	93	77	142	0.54	0.1675	0.0009	11.1226	0.1167	0.4813	0.0050	2533	9	2533	10	2533	22
HT19-1-26	8	10	16	0.55	0.1335	0.0012	6.4438	0.1266	0.3501	0.0066	2144	16	2038	17	1935	32
HT19-1-27	183	232	420	0.55	0.1759	0.0010	8.6821	0.0795	0.3580	0.0032	2614	10	2305	8	1973	15
HT19-1-28	15	17	29	0.47	0.1324	0.0009	7.1749	0.1037	0.3930	0.0056	2131	12	2133	13	2137	26
HT19-1-29	50	180	73	2.48	0.1631	0.0009	10.5968	0.1173	0.4709	0.0050	2487	9	2488	10	2487	22
HT19-1-30	50	46	71	0.66	0.1634	0.0009	10.8893	0.1241	0.4831	0.0055	2491	9	2514	11	2541	24
HT19-1-31	22	26	44	0.39	0.1310	0.0009	7.0695	0.0904	0.3914	0.0049	2122	12	2120	11	2129	23
HT19-1-32	87	216	135	1.60	0.1653	0.0009	10.9210	0.1481	0.4789	0.0064	2511	9	2516	13	2522	28
HT19-1-33	17	22	31	0.36	0.1324	0.0009	6.9691	0.0811	0.3820	0.0046	2131	11	2107	10	2086	21
HT19-1-34	91	75	139	0.54	0.1680	0.0009	11.2232	0.1158	0.4840	0.0048	2539	9	2542	10	2545	21
HT19-1-35	53	41	81	0.51	0.1640	0.0009	11.0934	0.1144	0.4905	0.0050	2498	9	2531	10	2573	22
HT19-1-36	50	29	43	0.67	0.1965	0.0023	14.6953	0.2983	0.5394	0.0080	2798	14	2796	19	2781	34
HT19-1-37	13	15	23	0.41	0.1329	0.0009	7.1563	0.0955	0.3908	0.0052	2139	13	2131	12	2126	24
HT19-1-38	19	26	33	0.35	0.1316	0.0009	7.0308	0.0847	0.3875	0.0045	2120	11	2115	11	2111	21
HT19-1-39	12	13	22	0.49	0.1324	0.0009	7.1145	0.0870	0.3899	0.0046	2131	13	2126	11	2122	21
HT19-1-40	55	62	68	0.92	0.1637	0.0009	11.4295	0.1267	0.5062	0.0055	2494	11	2559	10	2641	24
HT19-1-41	109	183	162	1.13	0.1675	0.0009	11.1538	0.1088	0.4831	0.0049	2533	9	2536	9	2541	21
HT19-1-42	65	693	133	5.22	0.1698	0.0015	7.4534	0.2958	0.3095	0.0105	2567	14	2167	36	1738	52
HT19-1-43	62	52	66	0.79	0.1716	0.0012	11.6099	0.1639	0.4893	0.0057	2573	11	2573	13	2567	25
HT19-1-44	126	116	200	0.58	0.1687	0.0009	11.2137	0.1108	0.4820	0.0047	2546	9	2541	9	2536	21
HT19-1-45	87	121	150	0.50	0.1340	0.0007	7.3203	0.0580	0.3960	0.0031	2152	9	2151	7	2151	14
HT19-1-46	167	162	263	0.62	0.1732	0.0009	11.3804	0.0964	0.4764	0.0039	2589	9	2555	8	2512	17
HT19-1-47	100	202	150	1.35	0.1680	0.0009	9.9488	0.0993	0.4293	0.0042	2539	9	2430	9	2303	19
HT19-1-48	31	34	47	0.72	0.1637	0.0009	10.6700	0.0907	0.4726	0.0039	2494	10	2495	8	2495	17
HT19-1-49	47	42	67	0.63	0.1643	0.0009	10.7701	0.0971	0.4753	0.0042	2502	9	2503	8	2507	19
HT19-1-50	65	95	67	1.42	0.1651	0.0009	10.8498	0.1008	0.4766	0.0044	2509	9	2510	9	2513	19
HT19-1-51	15	16	27	0.81	0.1324	0.0009	7.1354	0.0739	0.3911	0.0039	2131	12	2128	9	2128	18
HT19-1-52	72	52	114	0.46	0.1652	0.0009	10.8510	0.0970	0.4761	0.0042	2510	9	2510	8	2510	18
HT19-1-53	126	130	182	0.71	0.1679	0.0009	10.7492	0.1141	0.4643	0.0050	2537	9	2502	10	2459	22
HT19-1-54	71	74	90	0.82	0.1645	0.0009	10.7327	0.1046	0.4729	0.0046	2503	14	2500	9	2496	20
HT19-1-55	35	31	49	0.62	0.1632	0.0009	10.7363	0.0943	0.4769	0.0042	2500	9	2501	8	2514	18

续表

分析点号	元素含量/10^{-6}			Th/U	同位素比值						年龄/Ma					
	Pb	Th	U		$^{207}Pb/^{206}Pb$	1σ	$^{207}Pb/^{235}U$	1σ	$^{206}Pb/^{238}U$	1σ	$^{207}Pb/^{206}Pb$	1σ	$^{207}Pb/^{235}U$	1σ	$^{206}Pb/^{238}U$	1σ
豆村亚群四集庄组：变质含砾长石石英杂砂岩（HT19-1）																
HT19-1-56	75	52	122	0. 43	0. 1665	0. 0009	11. 0219	0. 1013	0. 4798	0. 0043	2524	9	2525	9	2527	19
HT19-1-57	117	188	176	1. 06	0. 1886	0. 0010	13. 1254	0. 1083	0. 5045	0. 0041	2731	9	2689	8	2633	17
HT19-1-58	23	26	42	0. 72	0. 1335	0. 0008	7. 2471	0. 0710	0. 3936	0. 0038	2146	23	2142	9	2139	18
HT19-1-59	30	38	49	0. 58	0. 1311	0. 0008	7. 1669	0. 0686	0. 3965	0. 0039	2122	11	2132	9	2153	18
HT19-1-60	67	73	60	1. 20	0. 1905	0. 0011	13. 9876	0. 1492	0. 5324	0. 0057	2747	8	2749	10	2751	24
HT19-1-61	124	90	197	0. 46	0. 1683	0. 0009	11. 2248	0. 0948	0. 4837	0. 0041	2540	9	2542	8	2543	18
HT19-1-62	194	165	371	0. 45	0. 1725	0. 0009	8. 4938	0. 0962	0. 3571	0. 0042	2583	9	2285	10	1969	20
HT19-1-63	110	150	170	0. 88	0. 1678	0. 0009	11. 1690	0. 1162	0. 4825	0. 0051	2536	10	2537	10	2538	22
HT19-1-64	56	47	82	0. 57	0. 1662	0. 0009	10. 9636	0. 1168	0. 4784	0. 0052	2520	9	2520	10	2520	23
HT19-1-65	77	626	156	4. 01	0. 1618	0. 0011	10. 5041	0. 4195	0. 4773	0. 0205	2476	12	2480	37	2515	89
HT19-1-66	52	47	72	0. 65	0. 1646	0. 0009	10. 8017	0. 1250	0. 4756	0. 0054	2506	10	2506	11	2508	23
HT19-1-67	64	124	81	1. 52	0. 1675	0. 0009	11. 1054	0. 1054	0. 4806	0. 0044	2532	10	2532	9	2530	19
HT19-1-68	70	113	104	1. 09	0. 1659	0. 0009	10. 9004	0. 1301	0. 4766	0. 0058	2517	9	2515	11	2512	25
HT19-1-69	18	18	33	0. 37	0. 1322	0. 0008	7. 0364	0. 0742	0. 3861	0. 0041	2128	11	2116	9	2105	19
HT19-1-70	26	33	42	0. 23	0. 1326	0. 0008	6. 9528	0. 0808	0. 3804	0. 0044	2133	10	2105	10	2078	20
东冶亚群纹山组：紫红色变质岩屑石英杂砂岩（HT23-1）																
HT23-1-1	96	126	167	0. 76	0. 1311	0. 0007	6. 5469	0. 0657	0. 3621	0. 0035	2122	10	2052	9	1992	16
HT23-1-2	22	28	31	0. 92	0. 1309	0. 0010	6. 9863	0. 0921	0. 3867	0. 0044	2111	13	2110	12	2108	21
HT23-1-3	21	25	39	0. 63	0. 1269	0. 0007	6. 5853	0. 0531	0. 3763	0. 0030	2057	10	2057	7	2059	14
HT23-1-4	35	48	55	0. 86	0. 1276	0. 0007	6. 6403	0. 0667	0. 3776	0. 0037	2065	11	2065	9	2065	17
HT23-1-5	50	22	97	0. 23	0. 1647	0. 0009	10. 4684	0. 0924	0. 4609	0. 0038	2506	9	2477	8	2444	17
HT23-1-6	83	126	119	1. 05	0. 1294	0. 0007	6. 8685	0. 0596	0. 3850	0. 0033	2100	9	2095	8	2100	15
HT23-1-7	80	98	144	0. 68	0. 1311	0. 0007	6. 9538	0. 0599	0. 3848	0. 0033	2113	10	2106	8	2099	16
HT23-1-8	48	74	72	1. 04	0. 1284	0. 0007	6. 7284	0. 0542	0. 3802	0. 0030	2076	10	2076	7	2077	14
HT23-1-9	57	89	81	1. 10	0. 1289	0. 0007	6. 8019	0. 0672	0. 3824	0. 0036	2084	10	2086	9	2088	17
HT23-1-10	31	45	52	0. 86	0. 1273	0. 0007	6. 6005	0. 0643	0. 3761	0. 0036	2061	11	2059	9	2058	17
HT23-1-11	6	6	8	0. 74	0. 1307	0. 0012	7. 1368	0. 0977	0. 3964	0. 0048	2107	16	2129	12	2153	22
HT23-1-12	60	91	92	0. 98	0. 1287	0. 0007	6. 8866	0. 0662	0. 3880	0. 0037	2081	9	2097	9	2114	17
HT23-1-13	32	36	69	0. 52	0. 1282	0. 0007	6. 6919	0. 0589	0. 3786	0. 0033	2073	9	2072	8	2070	15
HT23-1-14	20	20	54	0. 38	0. 1265	0. 0007	5. 9063	0. 0846	0. 3386	0. 0048	2050	11	1962	12	1880	23
HT23-1-15	60	73	117	0. 63	0. 1287	0. 0007	6. 7311	0. 0577	0. 3792	0. 0031	2080	15	2077	8	2073	14
HT23-1-16	22	34	32	1. 08	0. 1264	0. 0008	6. 6655	0. 0587	0. 3825	0. 0032	2050	10	2068	8	2088	15

续表

分析点号	元素含量/10^{-6}			Th/U	同位素比值						年龄/Ma					
	Pb	Th	U		$^{207}Pb/^{206}Pb$	1σ	$^{207}Pb/^{235}U$	1σ	$^{206}Pb/^{238}U$	1σ	$^{207}Pb/^{206}Pb$	1σ	$^{207}Pb/^{235}U$	1σ	$^{206}Pb/^{238}U$	1σ
东冶亚群纹山组：紫红色变质岩屑石英杂砂岩（HT23-1）																
HT23-1-17	49	80	77	1.04	0.1273	0.0007	6.6044	0.0604	0.3763	0.0033	2061	11	2060	8	2059	16
HT23-1-18	40	51	77	0.66	0.1270	0.0007	6.7300	0.0658	0.3843	0.0036	2057	10	2077	9	2096	17
HT23-1-19	13	18	20	0.89	0.1267	0.0010	6.8047	0.0798	0.3899	0.0043	2054	14	2086	10	2122	20
HT23-1-20	47	73	75	0.98	0.1268	0.0008	6.6795	0.0678	0.3821	0.0037	2054	11	2070	9	2086	17
HT23-1-21	107	177	156	1.14	0.1298	0.0007	6.8641	0.0678	0.3834	0.0037	2095	9	2094	9	2092	17
HT23-1-22	13	15	26	0.59	0.1273	0.0009	6.6241	0.0813	0.3785	0.0048	2061	13	2063	11	2069	22
HT23-1-23	36	39	81	0.48	0.1276	0.0007	6.6635	0.0654	0.3787	0.0036	2065	10	2068	9	2070	17
HT23-1-24	6	7	10	0.72	0.1353	0.0021	7.4539	0.2832	0.3982	0.0120	2169	26	2167	34	2161	56
HT23-1-25	41	51	83	0.62	0.1271	0.0007	6.6092	0.0674	0.3771	0.0038	2058	9	2061	9	2063	18
HT23-1-26	35	50	60	0.83	0.1273	0.0008	6.6298	0.0729	0.3777	0.0041	2061	11	2063	10	2065	19
HT23-1-27	57	95	79	1.19	0.1277	0.0007	6.7374	0.0628	0.3822	0.0034	2078	10	2078	8	2087	16
HT23-1-28	86	145	117	1.23	0.1287	0.0007	6.7531	0.0709	0.3801	0.0038	2081	9	2080	9	2077	18
HT23-1-29	52	89	71	1.24	0.1272	0.0007	6.6085	0.0689	0.3765	0.0038	2061	10	2060	9	2060	18
HT23-1-30	34	45	62	0.72	0.1280	0.0008	6.6984	0.0697	0.3793	0.0038	2072	11	2072	9	2073	18
HT23-1-31	31	34	70	0.48	0.1277	0.0007	6.6772	0.0680	0.3791	0.0039	2066	9	2070	9	2072	18
HT23-1-32	10	11	17	0.68	0.1261	0.0008	6.7106	0.0660	0.3859	0.0037	2056	11	2074	9	2104	17
HT23-1-33	7	9	11	0.84	0.1267	0.0012	6.5319	0.0842	0.3739	0.0040	2054	17	2050	11	2048	19
HT23-1-34	57	101	78	1.30	0.1278	0.0007	6.7375	0.0773	0.3822	0.0043	2078	10	2078	10	2087	20
HT23-1-35	20	23	43	0.54	0.1272	0.0007	6.6094	0.0706	0.3768	0.0041	2061	10	2061	9	2061	19
HT23-1-36	8	11	13	0.85	0.1284	0.0011	6.7302	0.0937	0.3798	0.0043	2076	15	2077	12	2075	20
HT23-1-37	46	57	92	0.61	0.1285	0.0007	6.7494	0.0684	0.3806	0.0038	2080	10	2079	9	2079	18
HT23-1-38	104	168	160	1.05	0.1296	0.0007	6.8547	0.0801	0.3830	0.0044	2094	10	2093	10	2090	20
HT23-1-39	102	145	169	0.85	0.1299	0.0007	6.8870	0.0671	0.3841	0.0037	2098	10	2097	9	2095	17
HT23-1-40	83	123	136	0.90	0.1297	0.0007	6.8681	0.0732	0.3836	0.0039	2094	11	2095	9	2093	18
HT23-1-41	20	29	30	0.95	0.1267	0.0008	7.2123	0.1138	0.4128	0.0065	2053	11	2138	14	2228	30
HT23-1-42	7	9	11	0.88	0.1286	0.0009	6.7313	0.0791	0.3800	0.0044	2080	13	2077	10	2076	20
HT23-1-43	30	46	44	1.05	0.1268	0.0007	6.6527	0.0743	0.3808	0.0043	2054	11	2066	10	2080	20
HT23-1-44	50	83	68	1.23	0.1275	0.0007	6.6380	0.0682	0.3774	0.0038	2065	10	2064	9	2064	18
HT23-1-45	12	19	18	1.05	0.1267	0.0008	6.5384	0.0669	0.3741	0.0036	2054	11	2051	9	2049	17
HT23-1-46	96	170	129	1.32	0.1286	0.0007	6.5018	0.0643	0.3664	0.0035	2080	10	2046	9	2012	16
HT23-1-47	58	98	80	1.23	0.1278	0.0007	6.6685	0.0687	0.3781	0.0038	2068	11	2068	9	2067	18
HT23-1-48	15	19	31	0.61	0.1266	0.0007	6.5331	0.0727	0.3740	0.0039	2051	9	2050	10	2048	18

续表

分析点号	元素含量/10^{-6}			Th/U	同位素比值						年龄/Ma					
	Pb	Th	U		$^{207}Pb/^{206}Pb$	1σ	$^{207}Pb/^{235}U$	1σ	$^{206}Pb/^{238}U$	1σ	$^{207}Pb/^{206}Pb$	1σ	$^{207}Pb/^{235}U$	1σ	$^{206}Pb/^{238}U$	1σ
东冶亚群纹山组：紫红色变质岩屑石英杂砂岩（HT23-1）																
HT23-1-49	7	13	16	0.79	0.1288	0.0010	5.5755	0.2051	0.3120	0.0101	2081	9	1912	32	1751	50
HT23-1-50	123	181	194	0.94	0.1301	0.0007	6.9014	0.0723	0.3845	0.0039	2100	5	2099	9	2097	18
HT23-1-51	56	78	93	0.84	0.1281	0.0007	6.7359	0.0718	0.3813	0.0039	2072	10	2077	9	2082	18
HT23-1-52	61	86	104	0.82	0.1287	0.0007	6.7523	0.0695	0.3806	0.0039	2080	15	2079	9	2079	18
HT23-1-53	121	175	191	0.91	0.1301	0.0007	6.9124	0.0684	0.3849	0.0037	2100	10	2100	9	2099	17
HT23-1-54	85	138	118	1.17	0.1290	0.0007	6.7915	0.0733	0.3818	0.0042	2085	9	2085	10	2085	19
HT23-1-55	21	26	40	0.64	0.1277	0.0008	6.6682	0.0708	0.3790	0.0039	2066	13	2068	9	2072	18
HT23-1-56	36	58	53	1.11	0.1279	0.0008	6.6820	0.0684	0.3789	0.0038	2070	11	2070	9	2071	18
HT23-1-57	39	59	118	0.50	0.1285	0.0008	4.9654	0.1072	0.2806	0.0061	2080	5	1813	18	1594	31
HT23-1-58	58	64	122	0.52	0.1281	0.0007	6.7005	0.0659	0.3791	0.0036	2073	11	2073	9	2072	17
HT23-1-59	39	50	71	0.71	0.1274	0.0008	6.6185	0.0685	0.3768	0.0038	2062	11	2062	9	2061	18
HT23-1-60	10	12	17	0.71	0.1283	0.0011	6.7168	0.0946	0.3797	0.0047	2076	19	2075	12	2075	22
HT23-1-61	69	107	104	1.04	0.1275	0.0008	6.6898	0.0655	0.3804	0.0036	2065	11	2071	9	2078	17
HT23-1-62	18	26	27	0.97	0.1265	0.0008	6.7528	0.0741	0.3875	0.0042	2050	11	2080	10	2111	20
HT23-1-63	10	12	14	0.83	0.1270	0.0010	7.0184	0.1394	0.4012	0.0077	2058	14	2114	18	2175	35
HT23-1-64	26	41	35	1.17	0.1265	0.0008	6.7204	0.0652	0.3855	0.0037	2050	11	2075	9	2102	17
HT23-1-65	22	27	34	0.80	0.1269	0.0008	7.1536	0.0786	0.4089	0.0043	2055	11	2131	10	2210	20
HT23-1-66	63	103	88	1.16	0.1284	0.0008	6.8052	0.0733	0.3843	0.0041	2077	10	2086	10	2096	19
HT23-1-67	18	24	24	1.04	0.1267	0.0008	7.3144	0.0763	0.4188	0.0043	2054	11	2151	9	2255	20
HT23-1-68	18	29	23	1.27	0.1305	0.0010	6.9591	0.0888	0.3877	0.0047	2106	9	2106	11	2112	22
HT23-1-69	13	18	22	0.83	0.1281	0.0009	6.7359	0.0825	0.3820	0.0047	2072	11	2077	11	2086	22
HT23-1-70	42	45	90	0.50	0.1281	0.0007	6.9089	0.0852	0.3910	0.0047	2072	11	2100	11	2128	22
HT23-1-71	63	108	87	0.92	0.1283	0.0007	6.7346	0.0712	0.3805	0.0040	2076	10	2077	9	2079	19
HT23-1-72	44	74	61	0.63	0.1281	0.0007	6.7705	0.0629	0.3834	0.0035	2072	10	2082	8	2092	16
HT23-1-73	47	70	84	0.86	0.1278	0.0007	6.6783	0.0584	0.3789	0.0031	2078	10	2070	8	2071	15
HT23-1-74	21	29	38	0.23	0.1278	0.0008	6.6597	0.0661	0.3783	0.0039	2068	11	2067	9	2068	18
HT23-1-75	38	48	78	1.05	0.1287	0.0008	6.7764	0.0761	0.3816	0.0037	2080	10	2083	10	2084	17
HT23-1-76	108	197	166	0.68	0.1305	0.0007	6.5206	0.0720	0.3625	0.0040	2106	10	2049	10	1994	19
HT23-1-77	9	12	14	1.04	0.1264	0.0009	6.5870	0.0871	0.3778	0.0047	2050	12	2058	12	2066	22
HT23-1-78	86	147	107	1.10	0.1294	0.0007	7.4165	0.0964	0.4162	0.0056	2100	10	2163	12	2243	26
HT23-1-79	36	37	78	0.86	0.1280	0.0007	6.8715	0.0600	0.3894	0.0034	2070	9	2095	8	2120	16
HT23-1-80	20	25	40	0.74	0.1272	0.0007	6.6336	0.0582	0.3782	0.0033	2061	10	2064	8	2068	15

续表

分析点号	元素含量/10^{-6}			Th/U	同位素比值						年龄/Ma					
	Pb	Th	U		$^{207}Pb/^{206}Pb$	1σ	$^{207}Pb/^{235}U$	1σ	$^{206}Pb/^{238}U$	1σ	$^{207}Pb/^{206}Pb$	1σ	$^{207}Pb/^{235}U$	1σ	$^{206}Pb/^{238}U$	1σ
郭家寨亚群西河里组：变质岩屑杂砂岩（HT26-4）																
HT26-4-1	105	107	120	0.89	0.1692	0.0009	11.3082	0.1116	0.4847	0.0047	2550	9	2549	9	2548	20
HT26-4-2	62	64	124	0.52	0.1359	0.0007	7.5343	0.0711	0.4019	0.0037	2176	10	2177	8	2178	17
HT26-4-3	58	58	121	0.48	0.1517	0.0008	8.4123	0.0814	0.4021	0.0038	2365	5	2277	9	2179	18
HT26-4-4	48	59	76	0.77	0.1367	0.0008	7.5626	0.0803	0.4014	0.0042	2187	10	2180	10	2176	20
HT26-4-5	69	66	141	0.46	0.1549	0.0008	8.5335	0.0717	0.3995	0.0034	2800	9	2289	8	2167	15
HT26-4-6	68	48	122	0.39	0.1555	0.0008	9.7403	0.0900	0.4542	0.0041	2407	9	2411	9	2414	18
HT26-4-7	47	32	85	0.38	0.1539	0.0009	9.6332	0.0809	0.4538	0.0036	2391	9	2400	8	2412	16
HT26-4-8	120	499	315	1.59	0.1575	0.0008	6.0373	0.0889	0.2785	0.0043	2429	9	1981	13	1584	22
HT26-4-9	66	58	158	0.37	0.1304	0.0007	6.9367	0.0862	0.3851	0.0044	2106	10	2103	11	2100	20
HT26-4-10	57	57	90	0.63	0.1646	0.0009	9.8777	0.0970	0.4350	0.0041	2503	9	2423	9	2328	19
HT26-4-11	18	19	32	0.59	0.1366	0.0008	7.7277	0.0743	0.4105	0.0040	2185	10	2200	9	2217	18
HT26-4-12	46	60	75	0.80	0.1306	0.0007	6.9651	0.0736	0.3870	0.0041	2106	10	2107	9	2109	19
HT26-4-13	151	649	415	1.56	0.1512	0.0014	5.0402	0.1385	0.2495	0.0083	2361	16	1826	23	1436	43
HT26-4-14	47	67	71	0.95	0.1308	0.0007	7.0121	0.0579	0.3887	0.0031	2109	10	2113	7	2117	15
HT26-4-15	62	41	83	0.49	0.1901	0.0010	13.8937	0.1305	0.5301	0.0049	2743	4	2742	9	2742	20
HT26-4-16	61	75	144	0.52	0.1517	0.0008	7.8102	0.1186	0.3729	0.0054	2365	5	2209	14	2043	25
HT26-4-17	52	46	71	0.65	0.1626	0.0009	10.7309	0.1122	0.4786	0.0048	2482	10	2500	10	2521	21
HT26-4-18	86	224	365	0.61	0.1525	0.0009	4.7483	0.1512	0.2257	0.0071	2374	10	1776	27	1312	37
HT26-4-19	159	601	776	0.77	0.1608	0.0009	3.2759	0.0625	0.1474	0.0027	2464	10	1475	15	886	15
HT26-4-20	62	50	119	0.42	0.1528	0.0009	9.4149	0.1020	0.4468	0.0046	2377	9	2379	10	2381	21
HT26-4-21	31	21	52	0.40	0.1626	0.0010	10.5849	0.1072	0.4724	0.0047	2483	10	2487	9	2494	21
HT26-4-22	36	48	56	0.85	0.1338	0.0008	7.3914	0.1049	0.4001	0.0051	2150	10	2160	13	2169	23
HT26-4-23	39	48	84	0.57	0.1524	0.0012	8.2632	0.1072	0.3948	0.0053	2373	14	2260	12	2145	24
HT26-4-24	91	88	196	0.45	0.1545	0.0009	8.3508	0.1348	0.3919	0.0063	2398	9	2270	15	2132	29
HT26-4-25	52	48	97	0.50	0.1521	0.0008	9.3620	0.0977	0.4465	0.0046	2369	9	2374	10	2380	20
HT26-4-26	26	33	48	0.68	0.1347	0.0008	7.4454	0.0848	0.4019	0.0048	2161	10	2166	10	2178	22
HT26-4-27	83	121	111	1.09	0.1355	0.0007	7.4841	0.0766	0.4004	0.0040	2172	10	2171	9	2171	18
HT26-4-28	92	122	144	0.85	0.1362	0.0007	7.5668	0.0729	0.4028	0.0038	2179	9	2181	9	2182	17
HT26-4-29	134	362	289	1.25	0.1636	0.0009	9.0070	0.1120	0.3993	0.0050	2494	9	2339	11	2166	23
HT26-4-30	90	65	160	0.40	0.1550	0.0008	9.6370	0.0923	0.4508	0.0042	2402	9	2401	9	2399	19
HT26-4-31	63	48	120	0.40	0.1518	0.0008	9.2457	0.0910	0.4418	0.0044	2366	9	2363	9	2359	20
HT26-4-32	86	192	247	0.78	0.1391	0.0007	5.6401	0.0692	0.2941	0.0037	2216	9	1922	11	1662	18

续表

分析点号	元素含量/10^{-6}			Th/U	同位素比值						年龄/Ma					
	Pb	Th	U		$^{207}Pb/^{206}Pb$	1σ	$^{207}Pb/^{235}U$	1σ	$^{206}Pb/^{238}U$	1σ	$^{207}Pb/^{206}Pb$	1σ	$^{207}Pb/^{235}U$	1σ	$^{206}Pb/^{238}U$	1σ
郭家寨亚群西河里组：变质岩屑杂砂岩（HT26-4）																
HT26-4-33	26	21	62	0.34	0.1343	0.0008	7.3487	0.0680	0.3968	0.0036	2155	9	2155	8	2154	16
HT26-4-34	91	60	177	0.34	0.1543	0.0008	9.5480	0.0913	0.4486	0.0041	2394	9	2392	9	2389	18
HT26-4-35	17	19	28	0.67	0.1349	0.0009	7.4298	0.0795	0.3998	0.0042	2163	11	2165	10	2168	20
HT26-4-36	35	23	65	0.36	0.1519	0.0009	9.3704	0.1257	0.4477	0.0060	2368	16	2375	12	2385	27
HT26-4-37	81	301	349	0.86	0.1361	0.0008	4.8564	0.1840	0.2584	0.0098	2189	10	1795	32	1482	50
HT26-4-38	25	25	43	0.58	0.1662	0.0010	10.6024	0.1586	0.4628	0.0070	2520	11	2489	14	2452	31
HT26-4-39	68	50	127	0.39	0.1528	0.0009	9.3998	0.1061	0.4459	0.0048	2377	9	2378	10	2377	22
HT26-4-40	27	24	41	0.58	0.1618	0.0010	10.5361	0.1063	0.4721	0.0048	2476	10	2483	9	2493	21
HT26-4-41	47	31	92	0.34	0.1522	0.0008	9.4893	0.1007	0.4520	0.0047	2372	10	2387	10	2404	21
HT26-4-42	72	80	94	0.85	0.1625	0.0009	10.5147	0.1265	0.4689	0.0056	2483	9	2481	11	2479	24
HT26-4-43	43	68	75	0.91	0.1201	0.0007	5.9401	0.0668	0.3589	0.0041	1958	10	1967	10	1977	20
HT26-4-44	87	235	340	0.69	0.1315	0.0007	4.4796	0.0642	0.2466	0.0033	2118	9	1727	12	1421	17
HT26-4-45	62	63	113	0.56	0.1519	0.0009	9.3058	0.1187	0.4446	0.0058	2369	10	2369	12	2371	26
HT26-4-46	160	291	382	0.76	0.1583	0.0008	6.9988	0.0858	0.3202	0.0037	2439	9	2111	11	1791	18
HT26-4-47	31	34	27	1.29	0.1744	0.0018	12.1420	0.1701	0.5046	0.0053	2611	17	2615	13	2634	23
HT26-4-48	88	159	178	0.89	0.1268	0.0007	6.3646	0.0672	0.3640	0.0038	2054	10	2027	9	2001	18
HT26-4-49	110	194	242	0.80	0.1388	0.0008	6.5650	0.1170	0.3433	0.0061	2213	10	2055	16	1902	29
HT26-4-50	29	39	53	0.73	0.1289	0.0007	6.7447	0.0714	0.3797	0.0041	2083	11	2079	9	2075	19
HT26-4-51	55	42	100	0.42	0.1527	0.0008	9.3550	0.1003	0.4441	0.0046	2376	9	2373	10	2369	21
HT26-4-52	79	64	143	0.45	0.1537	0.0008	9.4479	0.0972	0.4456	0.0046	2388	10	2382	9	2376	20
HT26-4-53	119	489	431	1.13	0.1591	0.0009	4.6869	0.1267	0.2142	0.0060	2446	8	1765	23	1251	32
HT26-4-54	53	44	91	0.48	0.1530	0.0008	9.3878	0.1203	0.4451	0.0057	2379	9	2377	12	2373	25
HT26-4-55	80	168	197	0.85	0.1305	0.0007	5.6140	0.0723	0.3120	0.0040	2106	9	1918	11	1751	20
HT26-4-56	359	485	733	0.66	0.1849	0.0021	6.4525	0.1503	0.2507	0.0045	2698	19	2039	20	1442	23
HT26-4-57	88	332	480	0.69	0.1361	0.0008	3.7146	0.0888	0.1997	0.0053	2189	10	1575	19	1174	29
HT26-4-58	98	210	212	0.99	0.1848	0.0010	8.7006	0.1214	0.3414	0.0048	2698	9	2307	13	1893	23
HT26-4-59	128	122	205	0.59	0.1564	0.0008	9.7465	0.1127	0.4517	0.0051	2417	8	2411	11	2403	23
HT26-4-60	75	56	141	0.39	0.1540	0.0008	9.5041	0.1071	0.4474	0.0050	2390	9	2388	10	2384	22
郭家寨亚群西河里组：变质岩屑石英砂岩（HT26-6）																
HT26-6-1	140	350	249	1.41	0.1401	0.0009	6.6805	0.0859	0.3459	0.0045	2229	10	2070	11	1915	22
HT26-6-2	162	202	247	0.82	0.1390	0.0008	7.8526	0.0871	0.4095	0.0045	2215	9	2214	10	2213	21
HT26-6-3	125	138	230	0.60	0.1381	0.0008	7.7719	0.0993	0.4080	0.0053	2206	10	2205	11	2206	24

续表

分析点号	元素含量/10^{-6}			Th/U	同位素比值						年龄/Ma					
	Pb	Th	U		$^{207}Pb/^{206}Pb$	1σ	$^{207}Pb/^{235}U$	1σ	$^{206}Pb/^{238}U$	1σ	$^{207}Pb/^{206}Pb$	1σ	$^{207}Pb/^{235}U$	1σ	$^{206}Pb/^{238}U$	1σ
郭家寨亚群西河里组：变质岩屑石英砂岩（HT26-6）																
HT26-6-4	149	214	351	0. 61	0. 1438	0. 0009	5. 9107	0. 1046	0. 2992	0. 0057	2274	9	1963	15	1687	28
HT26-6-5	90	84	168	0. 50	0. 1376	0. 0008	7. 7546	0. 0964	0. 4084	0. 0050	2198	10	2203	11	2208	23
HT26-6-6	135	210	219	0. 96	0. 1430	0. 0010	7. 5014	0. 0816	0. 3813	0. 0044	2265	12	2173	10	2082	21
HT26-6-7	157	638	392	1. 63	0. 1455	0. 0008	4. 8551	0. 0787	0. 2420	0. 0040	2294	10	1794	14	1397	21
HT26-6-8	41	40	76	0. 53	0. 1355	0. 0008	7. 6896	0. 0985	0. 4112	0. 0052	2172	10	2195	12	2220	24
HT26-6-9	112	291	226	1. 29	0. 1402	0. 0008	6. 2551	0. 0811	0. 3234	0. 0042	2229	9	2012	11	1806	20
HT26-6-10	110	121	185	0. 65	0. 1381	0. 0008	7. 8201	0. 0952	0. 4102	0. 0049	2203	9	2211	11	2216	22
HT26-6-11	20	80	62	1. 30	0. 1285	0. 0011	4. 0043	0. 0534	0. 2266	0. 0030	2077	15	1635	11	1317	16
HT26-6-12	91	114	140	0. 81	0. 1361	0. 0007	7. 5854	0. 0840	0. 4039	0. 0044	2189	10	2183	10	2187	20
HT26-6-13	86	85	169	0. 51	0. 1368	0. 0007	7. 6209	0. 0856	0. 4037	0. 0044	2187	10	2187	10	2186	20
HT26-6-14	80	55	179	0. 31	0. 1370	0. 0008	7. 8275	0. 0947	0. 4140	0. 0050	2191	9	2211	11	2233	23
HT26-6-15	116	163	263	0. 62	0. 1392	0. 0007	6. 9899	0. 1032	0. 3640	0. 0053	2217	9	2110	13	2001	25
HT26-6-16	69	74	212	0. 35	0. 1353	0. 0007	5. 2031	0. 0712	0. 2786	0. 0037	2168	10	1853	12	1584	19
HT26-6-17	147	429	299	1. 43	0. 1501	0. 0009	5. 5176	0. 0768	0. 2663	0. 0037	2347	9	1903	12	1522	19
HT26-6-18	58	54	116	0. 46	0. 1352	0. 0008	7. 4705	0. 0851	0. 4004	0. 0045	2169	10	2169	10	2171	21
HT26-6-19	83	139	139	1. 00	0. 1361	0. 0008	6. 8360	0. 0980	0. 3643	0. 0052	2189	10	2090	13	2002	25
HT26-6-20	47	56	71	0. 79	0. 1338	0. 0008	8. 1054	0. 0921	0. 4390	0. 0049	2150	10	2243	10	2346	22
HT26-6-21	61	63	104	0. 61	0. 1350	0. 0007	7. 8154	0. 0856	0. 4194	0. 0045	2165	10	2210	10	2258	20
HT26-6-22	490	761	879	0. 87	0. 1641	0. 0010	4. 5312	0. 0505	0. 2000	0. 0020	2498	10	1737	9	1175	11
HT26-6-23	56	36	103	0. 35	0. 1530	0. 0008	9. 4372	0. 1114	0. 4472	0. 0052	2379	9	2381	11	2383	23
HT26-6-24	123	192	195	0. 99	0. 1363	0. 0008	6. 8913	0. 0844	0. 3664	0. 0044	2181	9	2098	11	2012	21
HT26-6-25	104	109	186	0. 59	0. 1382	0. 0007	7. 7699	0. 0874	0. 4076	0. 0045	2206	10	2205	10	2204	20
HT26-6-26	69	51	148	0. 35	0. 1371	0. 0007	7. 7858	0. 0996	0. 4116	0. 0052	2191	14	2207	12	2222	24
HT26-6-27	40	37	79	0. 47	0. 1354	0. 0008	7. 4581	0. 0934	0. 3995	0. 0049	2169	15	2168	11	2167	23
HT26-6-28	110	100	224	0. 45	0. 1389	0. 0008	7. 6208	0. 0866	0. 3976	0. 0043	2213	15	2187	10	2158	20
HT26-6-29	46	47	92	0. 52	0. 1355	0. 0008	7. 4889	0. 0830	0. 4006	0. 0043	2172	10	2172	10	2172	20
HT26-6-30	69	81	124	0. 65	0. 1369	0. 0008	7. 6239	0. 0768	0. 4038	0. 0038	2188	10	2188	9	2186	18
HT26-6-31	24	28	39	0. 72	0. 1317	0. 0008	7. 3458	0. 0859	0. 4043	0. 0044	2121	11	2154	10	2189	20
HT26-6-32	110	170	198	0. 86	0. 1393	0. 0009	7. 0482	0. 1143	0. 3690	0. 0064	2218	11	2118	14	2024	30
HT26-6-33	108	123	208	0. 59	0. 1401	0. 0008	7. 3087	0. 0793	0. 3783	0. 0040	2229	10	2150	10	2068	19
HT26-6-34	226	530	426	1. 24	0. 1579	0. 0012	5. 6882	0. 1242	0. 2627	0. 0059	2435	13	1930	19	1504	30
HT26-6-35	72	71	139	0. 51	0. 1369	0. 0007	7. 6339	0. 0876	0. 4041	0. 0045	2189	9	2189	10	2188	21

续表

分析点号	元素含量/10^{-6}			Th/U	同位素比值						年龄/Ma					
	Pb	Th	U		$^{207}Pb/^{206}Pb$	1σ	$^{207}Pb/^{235}U$	1σ	$^{206}Pb/^{238}U$	1σ	$^{207}Pb/^{206}Pb$	1σ	$^{207}Pb/^{235}U$	1σ	$^{206}Pb/^{238}U$	1σ
郭家寨亚群西河里组：变质岩屑石英砂岩（HT26-6）																
HT26-6-36	66	71	117	0.61	0.1361	0.0007	7.5538	0.0895	0.4023	0.0046	2177	9	2179	11	2180	21
HT26-6-37	136	172	203	0.85	0.1380	0.0007	7.7491	0.0954	0.4069	0.0048	2202	9	2202	11	2201	22
HT26-6-38	90	118	243	0.49	0.1387	0.0008	6.2104	0.1354	0.3249	0.0071	2211	4	2006	19	1813	35
HT26-6-39	49	66	80	0.83	0.1297	0.0007	6.9461	0.0780	0.3885	0.0044	2094	11	2105	10	2116	20
HT26-6-40	57	76	93	0.83	0.1354	0.0007	7.4712	0.0832	0.4001	0.0044	2169	15	2170	10	2170	20
HT26-6-41	38	52	85	0.61	0.1342	0.0008	6.4508	0.1047	0.3481	0.0055	2154	10	2039	14	1925	26
HT26-6-42	83	79	162	0.49	0.1380	0.0008	7.6974	0.0813	0.4042	0.0042	2203	9	2196	9	2189	19
HT26-6-43	72	83	133	0.63	0.1355	0.0007	7.4929	0.0855	0.4008	0.0045	2172	9	2172	10	2173	21
HT26-6-44	58	55	116	0.48	0.1367	0.0008	7.6141	0.1334	0.4032	0.0063	2187	10	2187	16	2184	29
HT26-6-45	61	57	122	0.47	0.1364	0.0007	7.5899	0.0812	0.4035	0.0043	2183	10	2184	10	2185	20
HT26-6-46	216	528	553	0.95	0.1466	0.0008	4.3886	0.0996	0.2164	0.0047	2306	9	1710	19	1263	25
HT26-6-47	126	486	280	1.73	0.1395	0.0008	5.5847	0.1078	0.2907	0.0058	2222	9	1914	17	1645	29
HT26-6-48	118	231	233	0.99	0.1628	0.0011	7.7826	0.1192	0.3495	0.0062	2487	12	2206	14	1932	30
HT26-6-49	39	46	76	0.61	0.1354	0.0008	7.3807	0.0821	0.3950	0.0043	2169	9	2159	10	2146	20
HT26-6-50	84	111	148	0.75	0.1370	0.0008	7.3449	0.0872	0.3886	0.0046	2191	10	2154	11	2116	21

以上两个四集庄组砂岩样品中最年轻的一组碎屑锆石的年龄为 2134±5Ma。从而限定四集庄组砂岩的最大沉积时限为 2134Ma，与滹沱群底部四集庄组中玄武安山岩获得的年龄结果在误差范围内完全一致。

（2）东冶亚群纹山组。

紫红色变质岩屑石英杂砂岩（HT23-1）采自定襄县河边镇东山坡豆村亚群纹山组底部。野外露头呈紫红色，斜层理和交错层理发育，局部含有碳酸盐岩砾石。显微镜下，碎屑颗粒组成主要为石英和岩屑，颗粒支撑-杂基支撑，接触式-基底式胶结。

锆石主要为长柱状-短柱状，锆石粒径为 100 ~ 200μm，部分锆石具有较明显岩浆振荡环带，而一些锆石具有板状环带［图 2.50（g）、（h）］。我们对该样品锆石共分析了 80 个点，U、Th 含量分别为 8×10^{-6} ~ 194×10^{-6}、6×10^{-6} ~ 197×10^{-6}，Th/U 值为 0.23 ~ 1.32（表 2.8）。在 U-Pb 年龄谐和图中［图 2.51（e）］，有 3 个 2.0 ~ 2.1Ga 的数据点显示较明显的铅丢失，其余分析点基本位于谐和线上或附近。在 $^{207}Pb/^{206}Pb$ 年龄直方图中［图 2.51（f）］，仅有一粒 ~2.5Ga 的锆石，其余锆石的年龄结果主要集中在 2050 ~ 2122Ma。选择其中 64 粒年龄集中于 2050 ~ 2085Ma 的年轻锆石，获得加权平均年龄结果为 2068±3Ma［图 2.51（f）］。根据纹山组砂岩最年轻一组碎屑锆石年龄结果 2068Ma，可以限定纹山组的最大沉积时限为 2070Ma。

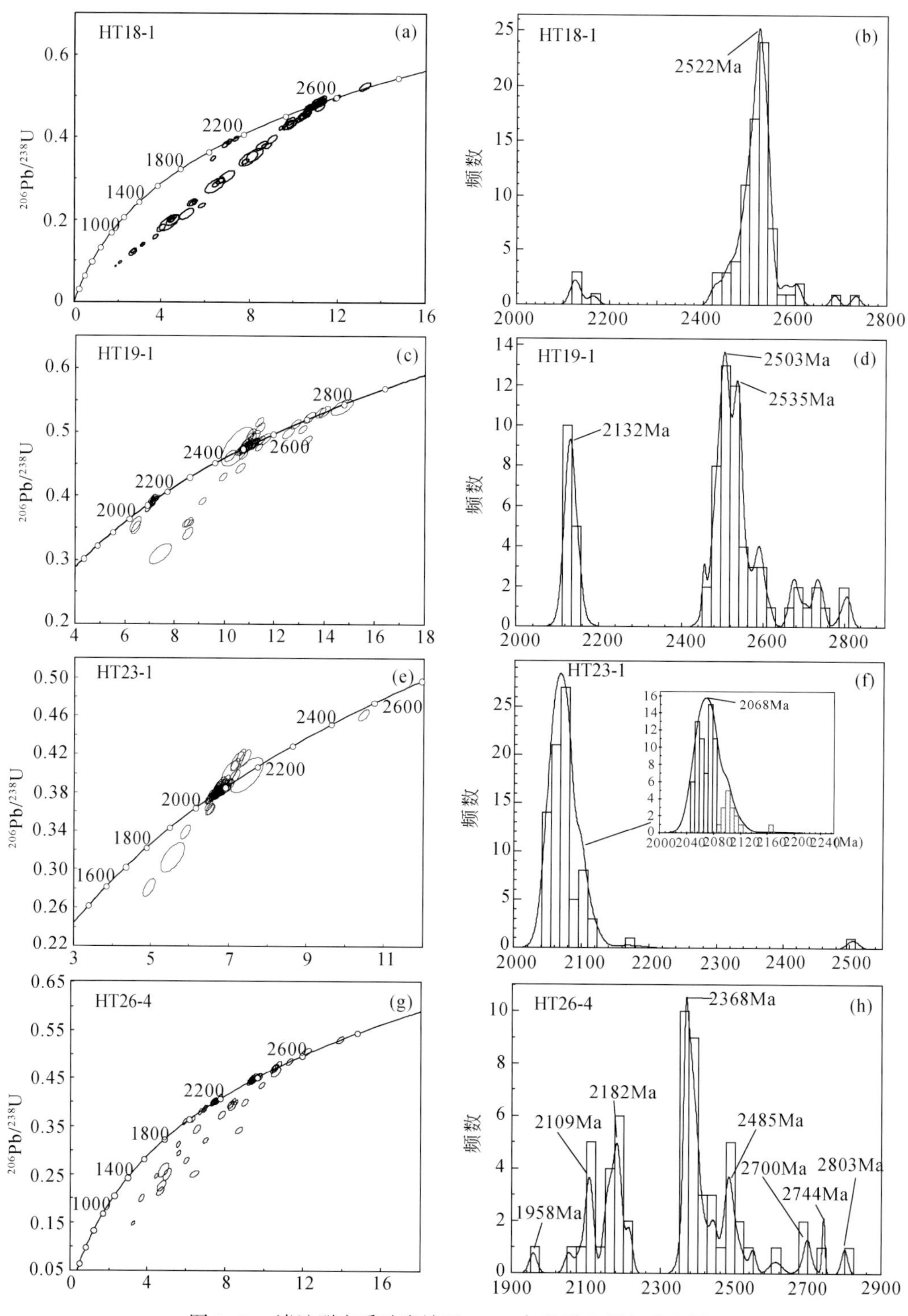

图 2.51 滹沱群变质砂岩锆石 U-Pb 年龄谐和图与直方图

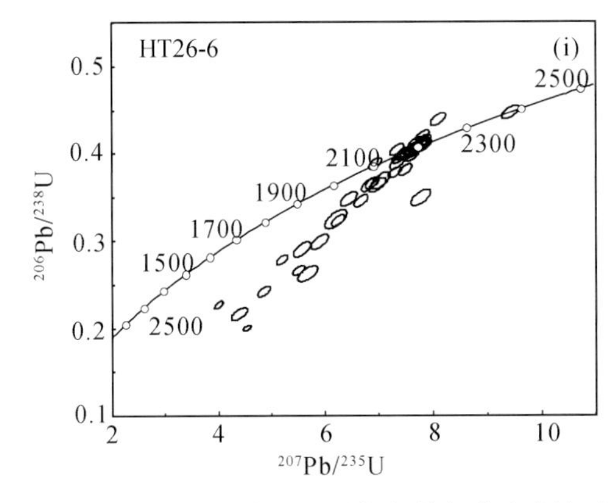

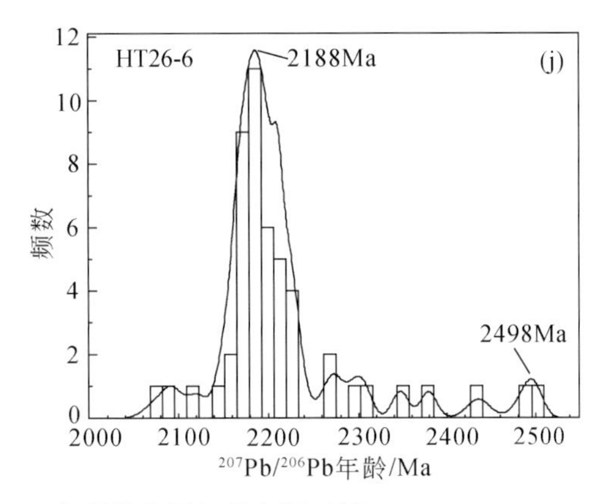

图 2.51　滹沱群变质砂岩锆石 U-Pb 年龄谐和图与直方图（续）

（3）郭家寨亚群西河里组。

变质岩屑杂砂岩（HT26-4）采自五台县东冶镇郭家寨村西山梁的郭家寨亚群西河里组中。野外露头呈浅灰色，块状构造。显微镜下碎屑颗粒组成主要为石英和岩屑，颗粒支撑-杂基支撑，接触式-基底式胶结。

锆石主要为圆粒状，个别呈短柱状，锆石颗粒大小为 50 ~ 150μm，大多数锆石具有较明显的岩浆韵律环带［图 2.50（i）、（j）］。我们选择其中 60 粒锆石进行了 60 个测点分析，U、Th 含量分别为 27×10^{-6} ~ 776×10^{-6}、19×10^{-6} ~ 649×10^{-6}，Th/U 值为 0.34 ~ 1.59（表 2.8）。在 U-Pb 年龄谐和图中［图 2.51（g）］，多数分析点都位于谐和线上或附近，少数测点具有较强烈的铅丢失。分析这些铅丢失强烈的测点发现，这些不同时代的分析点形成的不一致线下交点在原点附近，反映铅丢失不是由于后期地质事件引起的，而是现代铅丢失引起的，其$^{207}Pb/^{206}Pb$ 年龄受铅丢失的影响不明显（Amelin *et al.*，2000）。在$^{207}Pb/^{206}Pb$ 年龄直方图中［图 2.51（h）］，主要的年龄峰值为 2368Ma，另外还存在 ~2.1Ga、2.2Ga 和 2.5Ga 的次峰值。另有几粒锆石年龄在 2.6 ~ 2.8Ga。值得注意的是，其中最年轻的一粒碎屑锆石的年龄结果为 1958±10Ma（该年龄结果的谐和度为 99%）。

变质岩屑石英砂岩（HT26-6）采自五台县东冶镇郭家寨村西山坡的郭家寨亚群西河里组中。野外露头呈浅灰色，块状构造，可见斜层理和波痕构造。显微镜下碎屑颗粒组成组主要为石英和岩屑，颗粒支撑-杂基支撑，接触式-基底式胶结。

锆石主要为柱状、圆粒状，粒度大小为 100 ~ 150μm，多数锆石具有岩浆韵律环带，个别隐约可见岩浆环带，个别出现板状环带［图 2.50（k）、（l）］。我们对其中 50 粒锆石完成了 50 个测点分析，U、Th 含量分别为 39×10^{-6} ~ 879×10^{-6}、28×10^{-6} ~ 761×10^{-6}，Th/U 值为 0.31 ~ 1.73（表 2.8）。在 U-Pb 年龄谐和图中［图 2.51（i）］，少数分析点具有较为强烈的铅丢失（谐和度小于 90%），大多数分析结果位于谐和线上或附近。对所有锆石$^{207}Pb/^{206}Pb$ 年龄统计发现，最明显的年龄峰值为 2188Ma［图 2.51（j）］，有几粒锆石的年龄结果在 2.3 ~ 2.8Ga（图 2.51）。而最年轻的两粒锆石年龄分别为 2077±15Ma 和 2094±11Ma，其中，2094Ma 分析结果基本位于谐和线上（谐和度为 99%）。

对于滹沱群的形成时代，长期以来存在较大的争议。伍家善等（1986）首次从豆村亚群顶部青石村组玄武岩中获得2366+103/94Ma的锆石TIMS U-Pb年龄，限定了滹沱群的时代为古元古代。Wilde等（2003）在滹沱群中发现薄层的长英质凝灰岩（后证实该层位属青石村组），并从中获得2180±5Ma和2087±9Ma两个锆石年龄结果，认为2087±9Ma代表了火山岩的喷发时代。伍家善等（2008）根据滹沱群四集庄组变质玄武岩和南台组砂岩的年龄结果，认为滹沱群底界的时代为~2.5Ga。李江海等（2006b）根据侵入于滹沱群中花岗岩的时代（2549±22Ma，白瑾等，1992），提出滹沱群新太古代即开始接受沉积，并将华北太古宙与元古宙的地质界线置于滹沱群豆村亚群和东冶亚群之间。Zhang等（2006a）和Zhao等（2008）认为滹沱群沉积应晚于2.2~2.1Ga的花岗岩，甚至在1900Ma之后。

我们在滹沱群底部四集庄组中获得玄武安山岩锆石U-Pb年龄为2140±14Ma，同时在四集庄组中上部两个变质砂岩中获得最年轻的碎屑锆石年龄为2134±5Ma，结合滹沱群底部厚层的四集庄组砾岩，我们倾向于认为滹沱群底界的时代为~2.2Ga。由于Wilde等（2003）在豆村亚群青石村组火山岩中获得2087±9Ma的年龄结果，代表了青石村组沉积时代。因此，可以初步限定豆村亚群的沉积时代为2.2~2.09Ga，东冶亚群纹山组底部砂岩的锆石年龄结果主要为2050~2122Ma，其中64颗年轻碎屑锆石获得加权平均年龄为2068±3Ma，可以限定东冶亚群形成时代的下限为2070Ma。由于东冶亚群中上部是巨厚层的碳酸盐岩沉积，该亚群上限的时代无法较准确的限定。

从野外的地质关系发现，郭家寨亚群呈高角度不整合于东冶亚群之上，两者应代表了不同的地质过程。因此，我们建议将郭家寨亚群从滹沱群中独立出来，单独命名为郭家寨群。本次工作从郭家寨群底部砂岩中获得最年轻的一颗碎屑锆石年龄为1958±10Ma，可以初步限定郭家寨群形成的初始时限为1950Ma左右，即早元古代晚期/末期。对于华北而言，早元古代末期是华北最终克拉通化的重要阶段，郭家寨群应代表克拉通化过程中/之后的一套碎屑沉积岩系，可能位于华北中元古界长城系之下。

2.4.2.4 构造环境

Zhao等（2000，2001，2006，2008）和Zhang等（2006a）研究认为，滹沱群代表了古元古代（2.5~1.85Ga）西部陆块向东部陆块俯冲过程中，在东部陆块边缘古元古代晚期形成的弧后前陆盆地中沉积的一套碎屑（夹火山）沉积岩系。其中关键证据之一是中部带内基底岩石主要的区域变质作用时代为早元古代末期（~1.85Ga）(Zhao *et al.*，2002)。而Kusky和Li（2003），Kusky等（2007）以及Li和Kusky（2007）认为滹沱群豆村亚群与五台群高凡亚群代表了新太古代末期，在东部陆块上发育的前陆盆地沉积的一部分；滹沱群东冶亚群为古元古代早-中期（2.45~2.0Ga）裂谷盆地沉积-浅水边缘盆地沉积，而郭家寨亚群代表古元古代晚期（2.0~1.9Ga）华北克拉通中南部前陆盆地沉积的一部分。从地层沉积特征分析，滹沱群从豆村亚群到东冶亚群，由砾岩、长石石英砂岩、千枚岩过渡到厚层的碳酸盐岩沉积，反映了沉积环境具有水体逐渐加深的过程，明显形成于海侵过程（白瑾，1986），指示其沉积作用形成于伸展体制的构造环境（伍家善等，2008；杜利林等，2009）。郭家寨亚群以中粗粒砂岩-砾岩沉积为主，具有山间磨拉石沉积特征（白瑾，1986；伍家善等，2008）。同时，滹沱群底部火山岩的喷发时代为2140±14Ma，表明滹沱群开始接受沉积的时代为古元古代中期，而非新太古代末期（杜利林等，2010）。因此，Kusky 和 Li（2003），Kusky 等（2007）以及 Li 和 Kusky（2007）所提出的滹沱群从新太古代前陆盆地向裂谷盆地的转变构造模式与滹沱群的时代和地层沉积特征明显不符。我们通过对滹沱群底部砾岩的研究发现，其中含有许多条带状铁矿（BIF）砾石，这些砾石的变质程度为绿片岩相–角闪岩相（Zhai and Windley，1990），与基质的变质程度（低绿片岩相）明显不同；同时这些铁矿砾石中，一些砾石的变形特征明显与基质不协调。此外，已有研究证实，五台群的变质和变形特征较滹沱群复杂得多（白瑾，1986；田永清，1991）。这些基本事实共同表明，在滹沱群沉积之前的新太古代存在变质变形事件，该事件应代表了五台运动的地质记录（白瑾，1986；田永清，1991），与华北新太古代末期的克拉通化过程有关（Zhai，2004；Zhai *et al.*，2005；Zhai and Santosh，2011）。另外，我们从滹沱群豆村亚群–东冶亚群碎屑沉积岩系统的采样和显微镜下薄片观察发现，滹沱群中砂岩以石英（杂）砂岩为主，主要碎屑矿物组成为石英，长石含量少，岩屑成分以变质沉积岩岩屑为主，火山岩岩屑含量低；同时，石英、长石矿物碎屑磨圆度较差，反映近源沉积特征（杜利林等，2011）。在典型的弧后前陆盆地中，盆地下部沉积岩以石英和长石碎屑为主，反映碎屑物质主要来自于克拉通；而上部的碎屑沉积岩中常常会出现大量的火山岩岩屑，反映其主要的物质来源于岛弧或活动的造山带（Dicksson *et al.*，1983）。从滹沱群碎屑岩沉积特征分析，其碎屑物质应来源于克拉通和循环的造山带，而非火山弧，与弧后前陆盆地沉积特征相差很大。因此，滹沱群并非沉积于一些学者认为的弧后前陆盆地环境（Zhao *et al.*，2000，2001，2006，2008；Zhang *et al.*，2006a）。同时，已有研究发现滹沱群豆村–东冶亚群中基性火山岩高 Ti，Nb 和 Ta 之间无分异，具有高的 Zr/Hf 值，明显不同于岛弧火山岩，而具有板内裂谷火山岩的地球化学特征（杜利林等，2009）。因此，通过滹沱群的岩石沉积特征和火山岩综合分析认为，滹沱群豆村–东冶亚群为古元古代中–晚期裂谷环境中沉积的一套火山–沉积岩系，可能与华北克拉通内部 2.2 ~ 2.1Ga 裂谷事件有关（杜利林等，2010）；而郭家寨群代表裂谷盆地闭合过程中/之后的碎屑沉积建造，呈不整合覆盖在东冶亚群之上。

2.5　辽–吉地区前寒武纪地层

辽–吉（辽–吉南）地区是中国早前寒武纪最古老岩石出露地区之一，其中保留有 ~3.8Ga的岩石记录（Song *et al.*，1996）。区域内最主要的新太古代地层分布有鞍山岩群、龙岗岩群和夹皮沟岩群，古元古代地层主要有辽河群、集安群和老岭群。本项目主要对辽东地区的辽河群和吉南地区的老岭群、集安群和光华岩群进行初步的野外地质调查工作，并重点对辽河群进行研究，在辽河群中下部里尔峪组中选择了中酸性变质火山岩进行了锆石 SHRIMP U-Pb 定年，较为准确地限定了辽河群的形成时代。

2.5.1　光华（岩）群

2.5.1.1　地层划分与层序

光华岩群是由吉林省区域地质矿产调查所在 1994 年进行 1：5 万区域地质调查中创立

的岩石地层单位。该岩群主要出露于吉林省通化市北部光华乡至柳河县马鹿沟一带，整体呈东西向带状分布。由于后期二长花岗质片麻岩侵入破坏，多呈包体残存于花岗质片麻岩中，未见顶底。由于多次变质变形作用，原生层理遭到破坏，依据地质体的叠置顺序，自下而上划分为双庙岩组、同心岩组、小青沟岩组和杨木桥岩组（欧祥喜和马云国，2000）。路孝平（2004）在野外调查基础上认为小青沟岩组中的石榴子石变粒岩与同心岩组相同，可归并到同心岩组中；小青沟岩组中的变质流纹岩是中生代的火山岩，划归长白组；而杨木桥岩组含有小型铁矿，实为太古宙表壳岩。因此，将光华岩群划为双庙岩组变质玄武岩和同心岩组碎屑岩夹碳酸盐岩（路孝平，2004）。

双庙岩组：以多层变质基性火山岩、席状侵入的辉长岩岩墙及少量的黑云斜长片麻岩叠置而成，并夹有角砾状大理岩、黑云变粒岩薄层。在变质玄武岩中发育有大量的变余气孔、杏仁状构造。

同心岩组：以含石榴二云石英片麻岩、含石榴角闪片岩、变粒岩为主，局部夹有变质玄武岩。岩石组合以正常的泥质岩石为主（欧祥喜和马云国，2000）。

2.5.1.2　形成时代

本项目样品（L43-1）采自通化市光华镇西（41°56.546′N；125°58.663′E），岩性为黑云变粒岩（变质中酸性火山岩或变质沉积岩）。光华岩群黑云变粒岩中锆石主要为粒状-短柱状，粒度大小多为100～200μm，长宽比为1∶1～1∶2。部分锆石可见岩浆锆石晶面，部分锆石具有浑圆特征。在阴极发光图像中，多数锆石具有岩浆韵律环带（图2.52）。我们对其中20粒锆石进行了20个测点分析，锆石U、Th含量分别为29×10^{-6}～253×10^{-6}、18×10^{-6}～259×10^{-6}，Th/U值为0.42～1.06（表2.9）。分析年龄结果中，除一个测点的年龄结果较老，为2668±11Ma，其余19个测点的年龄主要集中于2.5～2.6Ga，获得$^{207}Pb/^{206}Pb$加权平均年龄为2543±6Ma（图2.53）。根据锆石的表面形态特征，对于2543Ma的锆石年龄结果有两种解释：一是其可能代表了中酸性火山岩的时代；二是其是碎屑沉积岩中最年轻的一组碎屑锆石年龄，因而可以限定地层的最大沉积时代为2543Ma。

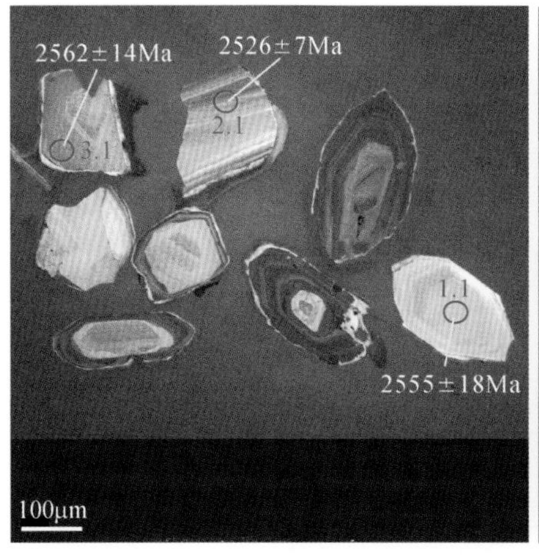

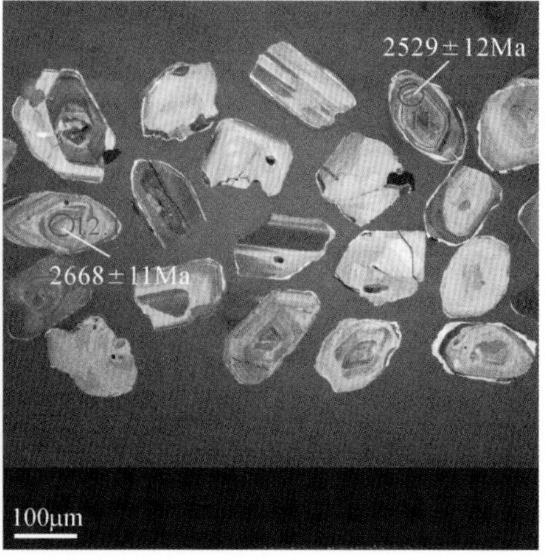

图2.52　光华岩群黑云变粒岩锆石CL图像

表 2.9　光华岩群黑云变粒岩锆石 SHRIMP U-Pb 分析

分析点号	$^{206}Pb_c$ /%	U /10^{-6}	Th /10^{-6}	$^{232}Th/^{238}U$	$^{206}Pb^*$ /10^{-6}	$^{206}Pb/^{238}U$ 年龄/Ma	$^{207}Pb/^{206}Pb$ 年龄/Ma	不谐和性 /%	$^{207}Pb^*/^{206}Pb^*$	±%	$^{207}Pb^*/^{235}U$	±%	$^{206}Pb^*/^{238}U$	±%	误差相关性
L43-1-1.1	0.16	29	19	0.70	12.0	2565±38	2555±18	0	0.1698	1.10	11.44	2.1	0.4887	1.8	0.862
L43-1-2.1	0.03	192	141	0.76	79.4	2531±27	2526±7	0	0.1668	0.41	11.06	1.4	0.4807	1.3	0.954
L43-1-3.1	0.10	93	46	0.51	38.8	2552±35	2562±14	0	0.1704	0.84	11.42	1.9	0.4858	1.7	0.893
L43-1-4.1	0.16	43	25	0.59	18.0	2538±37	2563±20	1	0.1706	1.20	11.35	2.2	0.4825	1.8	0.827
L43-1-5.1	—	76	39	0.53	32.6	2612±33	2560±14	-2	0.1703	0.83	11.73	1.8	0.4996	1.6	0.882
L43-1-6.1	—	39	28	0.72	16.0	2496±38	2548±20	2	0.1690	1.20	11.02	2.2	0.4728	1.8	0.839
L43-1-6.1	0.06	159	69	0.44	66.0	2534±31	2555±10	1	0.1698	0.60	11.27	1.6	0.4816	1.5	0.926
L43-1-7.1	—	32	19	0.63	12.9	2499±40	2569±22	3	0.1712	1.30	11.18	2.3	0.4736	2.0	0.835
L43-1-8.1	0.24	64	60	0.96	26.6	2537±34	2559±19	1	0.1701	1.10	11.31	2.0	0.4822	1.6	0.823
L43-1-9.1	0.01	253	259	1.06	105	2537±27	2526±8	0	0.1668	0.46	11.09	1.4	0.4822	1.3	0.943
L43-1-10.1	—	103	51	0.51	43.3	2573±31	2566±12	0	0.1709	0.71	11.55	1.6	0.4904	1.5	0.901
L43-1-11.1	0.15	128	62	0.50	51.0	2448±29	2529±12	3	0.1671	0.71	10.64	1.6	0.4620	1.4	0.893
L43-1-12.1	—	104	45	0.44	45.7	2662±32	2668±11	0	0.1816	0.67	12.81	1.6	0.5114	1.5	0.909
L43-1-13.1	0.03	90	69	0.79	38.9	2625±36	2541±13	-3	0.1683	0.76	11.66	1.8	0.5026	1.6	0.908
L43-1-14.1	—	83	67	0.83	35.8	2610±33	2556±16	-2	0.1698	0.95	11.69	1.8	0.4992	1.5	0.851
L43-1-15.1	—	133	55	0.42	54.3	2507±29	2543±11	1	0.1685	0.63	11.05	1.5	0.4755	1.4	0.912
L43-1-16.1	0.04	88	85	1.00	36.2	2531±31	2544±13	1	0.1686	0.78	11.18	1.7	0.4808	1.5	0.887
L43-1-17.1	0.17	80	60	0.77	34.8	2636±33	2548±16	-3	0.1690	0.93	11.77	1.8	0.5051	1.5	0.856
L43-1-18.1	0.19	35	18	0.52	15.0	2614±41	2536±28	-3	0.1678	1.60	11.57	2.5	0.5001	1.9	0.753
L43-1-19.1	—	71	40	0.59	29.5	2541±33	2547±15	0	0.1689	0.88	11.25	1.8	0.4833	1.6	0.872
L43-1-20.1	—	87	70	0.84	37.0	2601±32	2546±13	-2	0.1689	0.77	11.57	1.7	0.4969	1.5	0.889

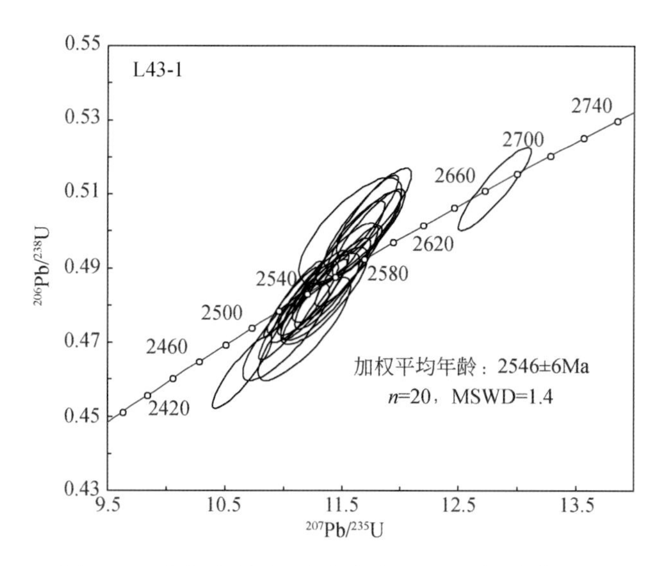

图 2.53　光华岩群黑云变粒岩锆石 U-Pb 年龄谐和图

路孝平（2004）在光华岩群双庙岩组变质基性火山岩中分选锆石并进行了 LA-ICP-MS 锆石 U-Pb 定年。根据锆石阴极发光特征认为，基性火山岩的喷发时代为 2129±20Ma。同时对光华岩群同心岩组石榴子石变粒岩（变质沉积岩）中的锆石进行了 U-Pb 定年，认为其中 2.5Ga 的锆石为太古宙残留锆石，其中 1988±27Ma 的锆石代表碎屑沉积岩的最大沉积下限时代，而 1758±19Ma 为变质锆石年龄。

根据路孝平（2004）的资料和本项目研究，我们倾向于认为光华岩群的时代为新太古代末期-古元古代，但具体的形成时代可能还需要进一步厘定。

2.5.2 集 安 群

2.5.2.1 地层划分与层序

集安群分布于吉林老岭山脉南部通化和集安一带。

1958～1960 年，长春地质学院吉南区测队将集安地区的含硼岩系称为中鞍山群，并划为三个岩组，属太古宇（吉林省地质矿产局，1988）。1961～1964 年，吉林省通化地质大队将中鞍山群改称为集安亚群，自下而上划分为清河组、新开河组和大东岔组。1973 年，郑传久等和吉林地质局区调队将其改称为集安群，划归于古元古代。1974 年，毕振纲等认为大东岔组不整合于新开河组之上，集安群不应包括该组。姜春潮（1987）对集安群的定义作了重新厘定，该群包括清河组、新开河组和霸王朝组，大东岔组不整合于集安群之上。1988 年，吉林省地质矿产局将集安群划分为清河组、新开河组和大东岔组。路孝平（2004）在前人研究资料基础上，根据详细的野外地质调查之后，将集安群地层重新厘定为蚂蚁河组、荒岔沟组和大东岔组，其中蚂蚁河组、荒岔沟组可能与新开河组的地层相当。本书采用吉林省区域地质志（吉林省地质矿产局，1988）的方案。

清河组：以含石墨黑云变粒岩、含石墨透辉变粒岩、电气变粒岩为主，其次为含石墨浅粒岩、片麻岩、斜长角闪岩及含石墨大理岩等。厚度约为 920m。

新开河组：以含石墨黑云变粒岩、浅粒岩、斜长角闪岩、电气变粒岩及一些混合岩类为主，夹少量蛇纹石化橄榄大理岩。厚度约为 1500m。赋存硼矿。

大东岔组：以石榴堇青夕线斜长片麻岩、含石墨黑云变粒岩为主，夹薄层石英岩。厚度大于 300m。

2.5.2.2 形成时代

在对集安群进行野外地质调查的基础上，本项目从新开河组中选取了一个斜长角闪岩样品进行锆石 SHRIMP U-Pb 定年。

斜长角闪岩样品（L24-3）采自集安县清河镇矿山村北公路边小河内（41°21.005′N；125°57.348′E）。斜长角闪岩中锆石主要为不规则粒状，表面形态不规则，少数呈柱状，但并无规则的晶面，粒度大小多为 100～200μm。在阴极发光图像中，部分锆石具有较为明显的板状环带，而一些锆石具有较规则的岩浆韵律环带，还有一些锆石由于具有较高的 U 含量环带特征不明显，少数锆石具有核边结构（图 2.54）。我们选择其中 19 粒锆石完成了 20 个测点分析，锆石 U、Th 含量分别为 $112\times10^{-6}\sim1834\times10^{-6}$、$45\times10^{-6}\sim1140\times10^{-6}$，Th/U 值为 0. 20 ~ 1. 63（表 2. 10）。在所有的分析结果中，除 2. 1 点和 18. 1 点具有较强烈的铅丢失而使 $^{207}Pb/^{206}Pb$ 年龄结果偏低外，其余分析点基本位于谐和线上或附近（图 2. 55）。根据阴极发光内部结构仔细核对发现，其中 5. 1、11. 1、13. 1、15. 1 和 16. 1 分析点为锆石的变质增生边部或变质重结晶的锆石，因而这 5 个分析点可以代表斜长角闪岩的变质时代，获得 $^{207}Pb/^{206}Pb$ 加权平均年龄结果为 1882±12Ma。在其余 13 个分析点中，年龄结果分布于 2065 ~ 1859Ma，其中最年轻的锆石年龄结果与角闪岩相变质作用的时代相近。我们分析认为，该年龄变化可能与原基性火山岩遭受角闪岩相变质过程发生铅丢失有关，因此，只有最大的年龄结果可能接近原岩的时代。在所有的岩浆锆石分析点中，最大的 $^{207}Pb/^{206}Pb$ 年龄结果为 2065±6Ma，可能近似代表原岩的时代。据此，我们推测新开河组基性火山岩的形成时代可能为 ~2. 1Ga。

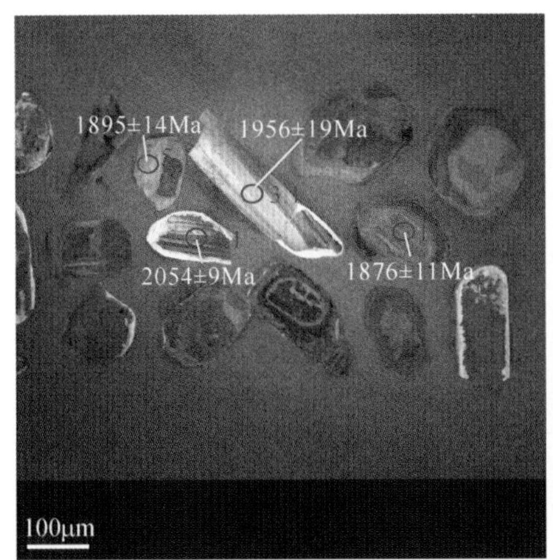

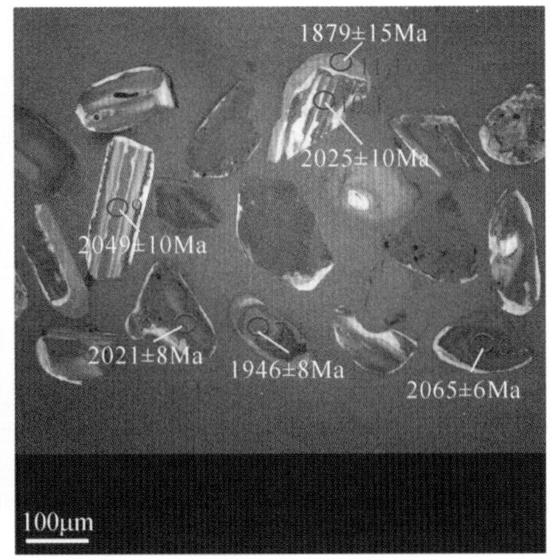

图 2. 54　集安群斜长角闪岩锆石 CL 图像

表 2. 10　集安群斜长角闪岩锆石 SHRIMP U-Pb 分析

分析点号	$^{206}Pb_c$ /%	U /10^{-6}	Th /10^{-6}	$^{232}Th/^{238}U$	$^{206}Pb^*$ /10^{-6}	$^{206}Pb/^{238}U$ 年龄/Ma	$^{207}Pb/^{206}Pb$ 年龄/Ma	不谐和性/%	$^{207}Pb^*/^{206}Pb^*$	±%	$^{207}Pb^*/^{235}U$	±%	$^{206}Pb^*/^{238}U$	±%	误差相关性
L24-3-1. 1	0	305	153	0. 52	86. 9	1844±21	1876. 0±11	2	0. 11474	0. 58	5. 240	1. 4	0. 3312	1. 3	0. 911
L24-3-2. 1	0. 02	1834	823	0. 46	332. 0	1232±14	1517. 9±7	19	0. 09449	0. 34	2. 743	1. 3	0. 2105	1. 2	0. 963
L24-3-3. 1	0. 14	112	66	0. 61	33. 1	1909±24	1956. 0±19	2	0. 12000	1. 10	5. 70	1. 8	0. 3447	1. 5	0. 807
L24-3-4. 1	0. 02	301	202	0. 70	97. 9	2071±23	2053. 5±10	−1	0. 12676	0. 53	6. 620	1. 4	0. 3788	1. 3	0. 924
L24-3-5. 1	0. 04	177	58	0. 34	51. 5	1875±22	1895. 0±14	1	0. 11595	0. 78	5. 397	1. 6	0. 3376	1. 4	0. 868
L24-3-6. 1	0	717	608	0. 88	235. 0	2085±22	2065. 2±7	−1	0. 12760	0. 35	6. 718	1. 3	0. 3819	1. 2	0. 962

续表

分析点号	$^{206}Pb_c$ /%	U /10^{-6}	Th /10^{-6}	$^{232}Th/^{238}U$	$^{206}Pb^*$ /10^{-6}	$^{206}Pb/^{238}U$ 年龄/Ma	$^{207}Pb/^{206}Pb$ 年龄/Ma	不谐和性 /%	$^{207}Pb^*/^{206}Pb^*$	±%	$^{207}Pb^*/^{235}U$	±%	$^{206}Pb^*/^{238}U$	±%	误差相关性
L24-3-7. 1	0. 03	544	103	0. 20	163. 0	1931±21	1946. 4±8	1	0. 11935	0. 44	5. 745	1. 3	0. 3492	1. 2	0. 943
L24-3-8. 1	0. 04	605	424	0. 72	188. 0	1989±22	2021. 1±8	2	0. 12446	0. 43	6. 201	1. 4	0. 3613	1. 3	0. 950
L24-3-9. 1	0	269	284	1. 09	87. 2	2064±23	2048. 5±10	-1	0. 12640	0. 56	6. 578	1. 4	0. 3774	1. 3	0. 918
L24-3-10. 1	—	275	179	0. 67	87. 6	2035±23	2025. 0±10	-1	0. 12474	0. 58	6. 385	1. 4	0. 3712	1. 3	0. 914
L24-3-11. 1	0. 01	137	45	0. 34	39. 7	1876±23	1879. 0±15	0	0. 11495	0. 82	5. 355	1. 6	0. 3379	1. 4	0. 862
L24-3-12. 1	0. 05	117	70	0. 62	36. 9	2016±25	2029. 0±15	1	0. 12500	0. 87	6. 330	1. 7	0. 3672	1. 4	0. 854
L24-3-13. 1	0. 01	229	72	0. 33	66. 3	1869±21	1879. 0±12	1	0. 11493	0. 68	5. 328	1. 5	0. 3362	1. 3	0. 889
L24-3-14. 1	0. 03	685	551	0. 83	199. 0	1874±20	1960. 7±8	4	0. 12030	0. 41	5. 596	1. 3	0. 3373	1. 2	0. 950
L24-3-15. 1	0. 01	238	79	0. 34	69. 0	1870±21	1886. 0±11	1	0. 11537	0. 63	5. 354	1. 5	0. 3366	1. 3	0. 902
L24-3-16. 1	0. 08	212	73	0. 36	61. 5	1873±22	1873. 0±13	0	0. 11455	0. 72	5. 324	1. 5	0. 3371	1. 3	0. 878
L24-3-17. 1	0. 04	301	118	0. 41	85. 1	1836±21	1884. 0±11	3	0. 11525	0. 62	5. 238	1. 4	0. 3296	1. 3	0. 901
L24-3-18. 1	0. 03	1644	1140	0. 72	363. 0	1472±16	1691. 2±6	13	0. 10369	0. 31	3. 668	1. 3	0. 2566	1. 2	0. 969
L24-3-19. 1	0. 06	232	79	0. 35	67. 3	1876±21	1859. 0±14	-1	0. 11367	0. 77	5. 293	1. 5	0. 3377	1. 3	0. 863
L24-3-20. 1	0. 03	856	1346	1. 63	261. 0	1956±21	1998. 1±7	2	0. 12286	0. 35	6. 006	1. 3	0. 3546	1. 3	0. 964

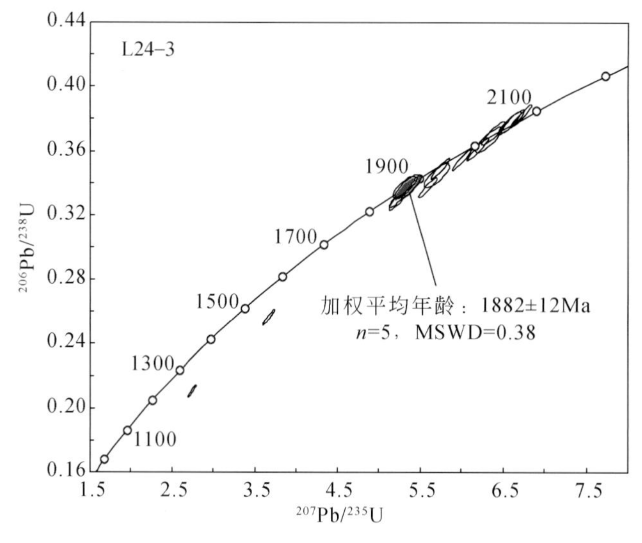

图 2. 55　集安群斜长角闪岩锆石 U-Pb 年龄谐和图

路孝平（2004）对集安群进行了较为系统的同位素年代学工作。在蚂蚁河组透辉变粒岩中获得了三组年龄结果，分别为2476±22Ma、2108±17Ma和1827±20Ma，认为2476Ma代表了太古代TTG残留锆石，而2108Ma代表了火山岩的形成年龄，1827Ma代表了变质作用的时代。此外，路孝平（2004）在荒岔沟组斜长角闪岩中获得1850±10Ma的变质年龄结果，而在大东岔组变粒岩中获得1978±15Ma和1866±21Ma两组年龄结果，从而限定集安变质作用的时代为1.85Ga，沉积作用的时限为2.18～1.85Ga。

通过初步研究并结合前人的研究资料，本书认为集安群的初始沉积时代为～2.2Ga，与辽河群和老岭群的形成时代相当。

2.5.3 老 岭 群

2.5.3.1 地层划分与层序

老岭群分布于吉林省浑江市（现白山市）老岭山脉北部一带。

1943年，斋藤林次将浑江市临江地区的元古界称辽河系，划分为下部片岩组、中部大石桥统和上部盖平统，盖平统又划分为花山层、临江层和大栗子层。1957年，罗耀星建议将辽河系改称临江系。1958～1960年，长春地质学院吉南区测队将辽河系改称为辽河群，自下而上划分为达台山组、珍珠门组、花山组、临江组和大栗子组。1973年吉林省地质局区调队将辽河群命名为老岭群。1981年，姜春潮将老岭群解体为草河群、大栗子群和辽阳群。1988年，王福润等将花山组和临江组（包括大栗子组）划入集安群大东岔组，老岭群仅保留珍珠门组及以下地层，划分为新农村组、板房沟组和珍珠门组，而白瑾等（1993）将珍珠门组置于花山组和大栗子组之上。本书沿用吉林省区域地质志对老岭群的划分方案（吉林省地质矿产局，1988）。

达台山组：以长石石英岩、含磁铁云母石英岩、绢云石英片岩为主，近下部夹数层变质砾岩。厚度约为820m。

珍珠门组：以白云石大理岩为主，夹绢云绿泥千枚岩、片岩。厚度约为2377m。

花山组：下部为二云石英片岩夹十字二云片岩和大理岩；中部为黝帘石二云片岩、二云石英片岩、磁铁二云片岩夹大理岩；上部为十字二云片岩夹大理岩。厚度约为4500m。

临江组：下部为石英岩夹炭质板岩、变细砂岩和薄层二云片岩；中部为十字二云片岩、绢云片岩夹石英岩；上部为厚层石英岩夹绢云石英片岩。厚度约为1500m。

大栗子组：主要为青灰色千枚岩夹大理岩和褐色千枚岩。厚度约为5800m。含铁矿（金文山等，1996）。

2.5.3.2 形成时代

测年样品（L14-1）采自临江市北约6km（41°50.323′N；125°53.470′E），岩性为临江组细粒石英岩。石英岩中锆石为圆粒状-短柱状，大多具有磨圆特征，显示具有一定的搬运特征。锆石粒度大小多为100～150μm，长宽比为1∶1.5～1∶1。在阴极发光图像中，部分锆石具有岩浆振荡环带，部分锆石具有板状环带（图2.56）。从锆石的形态和阴极发光特征分析，石英岩中锆石可能具有较复杂的源区。我们随机选择了其中 24 粒锆石进行了 24 个测点分析，锆石 U、Th 含量分别为 94×10^{-6} ~ 1694×10^{-6}、34×10^{-6} ~ 454×10^{-6}，Th/U 值为 0. 07 ~ 1. 55（表 2. 11）。从年龄结果看，有一颗锆石的年龄结果为 3015±18Ma，其余的年龄结果主要集中于 1950 ~ 2400Ma，其中最年轻的一颗碎屑锆石年龄结果为 1819±8Ma（图 2. 57）。从最年轻的锆石阴极发光特征看，该锆石 U 含量虽高，但隐约可见岩浆环带，同时该锆石的 Th/U 值为 0. 19，高于一般的变质锆石，因此，可以初步认为老岭群临江组的最大沉积时限为 1820Ma。

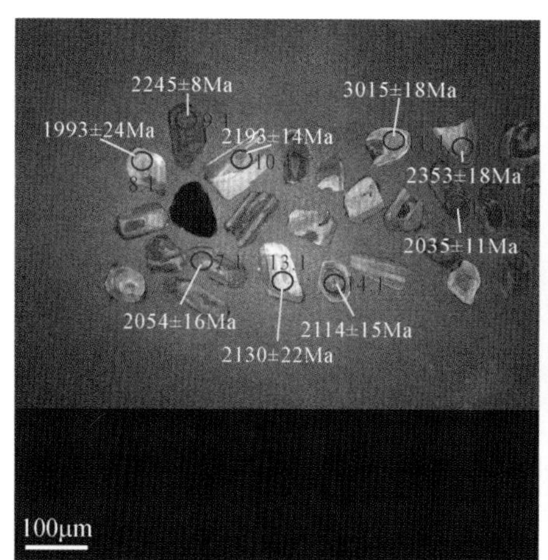

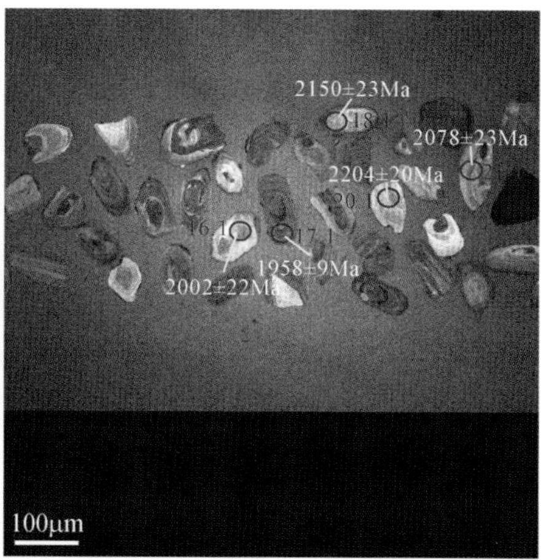

图 2. 56　老岭群临江组石英岩锆石 CL 图像

表 2. 11　老岭群临江组石英岩锆石 SHRIMP U-Pb 分析

分析点号	$^{206}Pb_c$ /%	U /10^{-6}	Th /10^{-6}	$^{232}Th/^{238}U$	$^{206}Pb^*$/10^{-6}	$^{206}Pb/^{238}U$ 年龄/Ma	$^{207}Pb/^{206}Pb$ 年龄/Ma	不谐和性/%	$^{207}Pb^*/^{206}Pb^*$	±%	$^{207}Pb^*/^{235}U$	±%	$^{206}Pb^*/^{238}U$	±%	误差相关性
L14-1-1. 1	0. 08	537	202	0. 39	173. 0	2054±11	2030±9. 7	-1	0. 1251	0. 55	6. 473	0. 85	0. 3753	0. 65	0. 763
L14-1-2. 1	0. 27	322	126	0. 40	109. 0	2136±15	1987±15	-7	0. 1221	0. 86	6. 613	1. 20	0. 3928	0. 81	0. 687
L14-1-3. 1	0. 19	141	79	0. 58	49. 3	2195±20	2130±17	-3	0. 1324	0. 95	7. 400	1. 40	0. 4056	1. 10	0. 749
L14-1-4. 1	0. 05	244	155	0. 65	82. 0	2126±15	2184±13	3	0. 1366	0. 74	7. 357	1. 10	0. 3907	0. 85	0. 754
L14-1-5. 1	0. 06	439	345	0. 81	139. 0	2027±12	2042±11	1	0. 1259	0. 64	6. 415	0. 95	0. 3695	0. 70	0. 738
L14-1-6. 1	0. 11	252	124	0. 51	91. 4	2272±16	2254±13	-1	0. 1422	0. 73	8. 282	1. 10	0. 4225	0. 85	0. 759
L14-1-7. 1	0. 15	229	96	0. 43	73. 1	2032±15	2054±16	1	0. 1268	0. 89	6. 476	1. 30	0. 3705	0. 88	0. 700
L14-1-8. 1	0. 14	149	224	1. 55	45. 6	1960±18	1993±24	2	0. 1225	1. 40	6. 000	1. 70	0. 3554	1. 10	0. 618
L14-1-9. 1	0. 04	763	333	0. 45	265. 0	2188±11	2245±8	3	0. 1414	0. 43	7. 878	0. 73	0. 4041	0. 59	0. 805
L14-1-10. 1	—	216	255	1. 22	75. 9	2208±17	2193±14	-1	0. 1373	0. 82	7. 733	1. 20	0. 4085	0. 92	0. 750
L14-1-11. 1	0. 16	116	66	0. 59	56. 9	2909±27	3015±18	4	0. 2248	1. 10	17. 670	1. 60	0. 5702	1. 10	0. 711
L14-1-12. 1	0. 09	113	58	0. 53	42. 1	2316±24	2353±18	2	0. 1506	1. 10	8. 980	1. 60	0. 4323	1. 20	0. 755
L14-1-13. 1	0. 13	94	112	1. 24	29. 9	2029±24	2130±22	5	0. 1324	1. 30	6. 750	1. 90	0. 3699	1. 40	0. 732
L14-1-14. 1	0. 13	307	137	0. 46	99. 9	2068±15	2114±15	2	0. 1312	0. 83	6. 840	1. 20	0. 3782	0. 83	0. 708

续表

分析点号	$^{206}Pb_c$ /%	U /10^{-6}	Th /10^{-6}	$^{232}Th/^{238}U$	$^{206}Pb^*$/ 10^{-6}	$^{206}Pb/^{238}U$ 年龄/Ma	$^{207}Pb/^{206}Pb$ 年龄/Ma	不谐和性 /%	$^{207}Pb^*/^{206}Pb^*$	±%	$^{207}Pb^*/^{235}U$	±%	$^{206}Pb^*/^{238}U$	±%	误差相关性
L14-1-16. 1	0. 38	222	60	0. 28	72. 4	2069±17	2002±22	-3	0. 1231	1. 20	6. 420	1. 60	0. 3784	0. 95	0. 609
L14-1-17. 1	0. 14	1295	454	0. 36	358. 0	1796±9	1958±9	8	0. 1201	0. 49	5. 320	0. 74	0. 3212	0. 56	0. 752
L14-1-18. 1	—	99	68	0. 71	31. 5	2027±29	2150±23	6	0. 1340	1. 30	6. 820	2. 10	0. 3694	1. 70	0. 784
L14-1-19. 1	0. 12	1694	309	0. 19	433. 0	1679	1819±9	8	0. 1112	0. 46	4. 561	0. 72	0. 2975	0. 56	0. 773
L14-1-20. 1	—	123	59	0. 49	43. 3	2210±29	2204±20	0	0. 1382	1. 10	7. 790	1. 90	0. 4090	1. 60	0. 808
L14-1-21. 1	0. 11	133	41	0. 32	42. 9	2047±21	2078±23	1	0. 1285	1. 30	6. 620	1. 80	0. 3738	1. 20	0. 689
L14-1-22. 1	0. 08	230	338	1. 52	77. 7	2137±18	2111±15	-1	0. 1309	0. 86	7. 096	1. 30	0. 3930	0. 98	0. 751
L14-1-23. 1	0. 15	226	106	0. 49	84. 1	2321±19	2402±14	3	0. 1550	0. 83	9. 260	1. 30	0. 4333	0. 99	0. 769
L14-1-24. 1	0. 03	498	34	0. 07	159. 0	2033±13	2045±11	1	0. 1262	0. 61	6. 452	0. 95	0. 3708	0. 73	0. 767

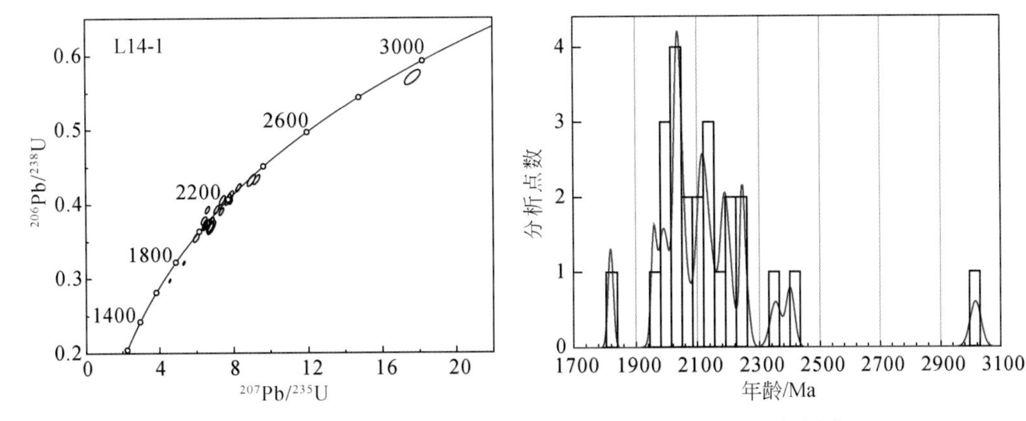

图 2. 57　老岭群临江组石英岩锆石 U-Pb 年龄谐和图和直方图

路孝平（2004）从老岭群临江组中选取了石英岩进行了锆石 LA-ICP-MS U-Pb 定年，其中主要的年龄分为三组：第一组$^{207}Pb/^{206}Pb$ 年龄结果为 2187±23Ma；第二组$^{207}Pb/^{206}Pb$ 年龄结果为 2049±11Ma；第三组$^{207}Pb/^{206}Pb$ 年龄结果为 2025±37Ma，并将第三组年龄解释为变质作用的时代。另有一粒锆石的年龄结果为 1065±59Ma，其很可能是样品选样过程中的污染造成的（路孝平，2004）。

根据现有的研究资料，老岭群下-中部地层缺少同位素资料，因此难以较为准确地限定老岭群的时代。根据区域资料对比，我们认为其可能能够与集安群和辽河群对比，沉积时代为古元古代中-晚期（2. 2 ~ 1. 8Ga）。

2. 5. 3. 3　变质特征与构造环境

辽-吉地区光华群、集安群和老岭群的共同特征是变质程度较高，普遍经历了角闪岩相变质作用（部分可能为高绿片岩相变质），并遭受了多期褶皱变形。从现有的资料分析，光华群、集安群和老岭群都经历了古元古代末期（1. 85 ~ 1. 8Ga）的变质作用，是否与东部陆块内部在古元古代末期沿胶辽吉带的拼合有关（Zhao *et al.*，2005），都还有待进一步研究。

对于光华群、集安群和老岭群沉积的构造背景，本项目并未做深入研究，故主要依据前人的研究资料进行总结。关于以上地层的形成环境，路孝平（2004）进行了较为全面的总结。路孝平（2004）认为光华群中的变质玄武岩为拉斑玄武岩，具有大陆玄武岩特征，但具有向岛弧玄武岩过渡的特征，可能形成于活动大陆边缘，属龙岗陆块南缘的活动大陆边缘早期岩浆活动的产物。集安群中的火山岩具有钙碱性岛弧玄武岩特征，与岛弧俯冲有关，而其中沉积岩系具有裂谷-裂谷结束沉积特征，代表了一个独立的陆源地壳拉张和恢复的过程（路孝平，2004）。而老岭群以碎屑岩和碳酸盐岩沉积为主，未出现火山岩，代表相对稳定的沉积环境，可能形成于稳定的大陆边缘。

从本项目现有研究分析，光华岩群的时代可能与老岭群、集安群和辽河群的时代不同，而后3个岩群的形成时代相当，但集安群、老岭群与辽河群（后述）形成的环境有一定的差异，可能是由于所处的大地构造位置不同，也可能与现有的研究程度低有关。

2.5.4 辽　河　群

2.5.4.1 地层划分与层序

辽河群广泛分布于辽宁东部的辽阳、海城、营口、盖县、岫岩、凤城、丹东、宽甸、桓仁和吉林南部的通化、浑江和集安等地。

1938年，斋藤林次创建辽河系，指震旦系细河统（相当于青白口系）之下，辽东系（现鞍山群）之上的一套变质地层，自下而上分为响水寺统、大石桥统和盖平统。1943年，斋藤林次在紧邻浑江和鸭绿江流域将辽河群自下而上划分为下部片岩、中部大石桥统和上部盖平统，上部盖平统再划分为花山层、临江层和大栗子层。1950年，宋叔和将辽河系改为青城子变质岩系。1960年，长春地质学院在1∶20万区域地质调查基础上，将辽东、吉南地区的辽河系称为辽河群，辽东地区的辽河群自下而上划分下辽河群的浪子山组、大石桥组和盖县组，上辽河群的榆树砬子组；吉南地区的辽河群自下而上划分为达台山组、珍珠门组、花山组、临江组和大栗子组；并认为辽河群与鞍山群呈整合接触，属太古代。1973年，辽宁地质局区调队将辽东地区辽河群分为上部和下部，下部为浪子山组、里尔峪组、高家峪组、大石桥组和盖县组，上部为榆树砬子组。同年，吉林地质局区调队将吉南辽河群改称老岭群，原中鞍山群集安亚群改名为集安群，均属古元古代。1975年，辽宁地质局区调队提出辽河群自下而上分为下亚群的浪子山组、里尔峪组及上亚群的高家峪组、大石桥组、盖县组。1984年，张秋生等提出存在两种同时异相的辽河群——优地槽相的南辽河群（集安群）和冒地槽相的北辽河群。1988年，张秋生等将辽河群分为下辽河群的浪子山岩组、里尔峪岩组。高家峪岩组和上辽河群的大石桥组、盖县岩组，榆树砬子岩组归属步云山群。1990年，程裕淇等将辽河群改称为辽河岩群。1993年，白瑾将辽河群划分为两个岩系，即下部的变质火山-沉积岩系和上部变碎屑岩-碳酸盐系（金文山等，1996）。

根据辽宁地矿局区调队和吉林地矿局区调队1∶20万地质图资料，结合中国地层典——古元古界的地层划分方案（金文山等，1996）。辽河群具体的地层层序和岩性自上而下如下。

浪子山组：为黑云绿泥片岩、石榴十字二云片岩。厚度约为1000m。

里尔峪组：主要为辽东-吉南的含硼岩系，由各种变粒岩、浅粒岩、镁橄榄白云石大理岩和斜长角闪岩组成。厚度约为8000m。含硼矿床及磁铁矿床。

高家峪组：主要为含碳岩系，在海城桦子峪剖面上，该组为石墨透闪石岩、黑云变粒岩夹大理岩。厚度约为500m。含铅锌矿床。

大石桥组：主要为厚层白云质大理岩、透闪大理岩，夹二云片岩、碳质板岩。厚度约为2000m。含菱镁矿和滑石矿床。

盖县组：主要为千枚岩、十字云母片岩、夕线二云片岩，夹石英岩和少量大理岩。厚度约为3000m。

2.5.4.2 形成时代

本书在对辽河群进行较系统的野外地质调查的基础上，从辽河群中下部里尔峪组中选择了一个黑云变粒岩（变质中酸性火山岩）进行了锆石SHRIMP U-Pb定年。

黑云变粒岩样品（L63-1）采自辽宁大石桥市501硼矿床露天采场围岩之中（40°29.079′N；122°51.338′E），其上下围岩主要为含电气石的石英岩、大理岩组合。黑云变粒岩中锆石主要为短柱状-粒状，粒度大小多为100～150μm，长宽比为1∶2～1∶1。部分锆石可见岩浆锆石晶面，部分锆石具有浑圆特征。在阴极发光图像中，多数锆石具有岩浆韵律环带（图2.58）。我们对13粒锆石进行了13个测点分析，锆石U、Th含量分别为180×10^{-6}～1374×10^{-6}、92×10^{-6}～484×10^{-6}，Th/U值为0.16～0.88（表2.12）。分析年龄主要分为三组年龄结果：其中1.1、2.1和5.1点的^{206}Pb/^{238}U年龄结果分别为206Ma、155Ma和212Ma，另有1个分析点6.1的^{207}Pb/^{206}Pb年龄为1814±13Ma，其余9个分析点的^{207}Pb/^{206}Pb年龄主要为2.1～2.2Ga（表2.12）。结合锆石和地质关系分析，我们认为

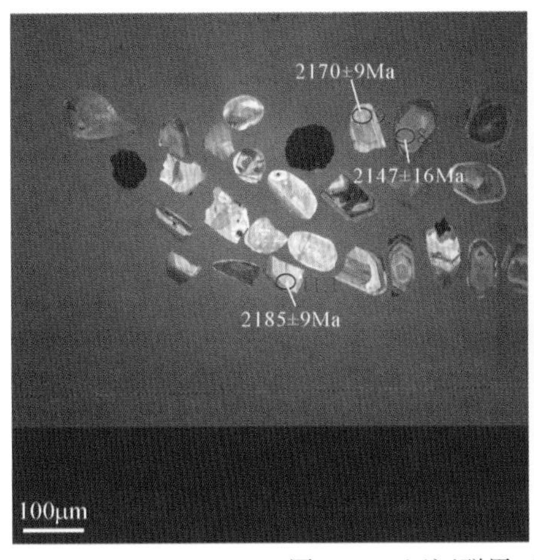

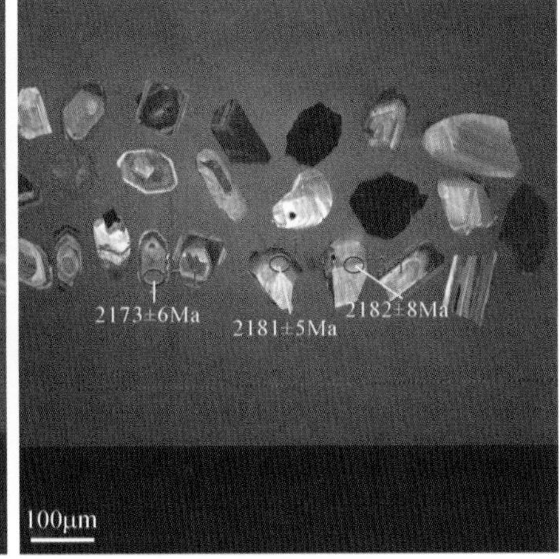

图2.58 辽河群黑云变粒岩锆石CL图像

1.8Ga 和 155 ~ 212Ma 的锆石可能是样品中的脉体、后期的地质作用或选样过程中混入的锆石。其余 9 个锆石年龄结果应代表黑云变粒岩（变质中酸性火山岩）的时代，利用 9 个测点获得锆石 $^{207}Pb/^{206}Pb$ 加权平均年龄结果为 2176±5Ma（图 2.59）。该年龄结果可以代表辽河群里尔峪组变质火山岩的喷发时代。

表 2.12 辽河群黑云变粒岩锆石 SHRIMP U-Pb 分析

分析点号	$^{206}Pb_c$ /%	U /10^{-6}	Th /10^{-6}	$^{232}Th/^{238}U$	$^{206}Pb^*$	$^{206}Pb/^{238}U$ 年龄/Ma	$^{207}Pb/^{206}Pb$ 年龄/Ma	不谐和性 /%	$^{207}Pb^*/^{206}Pb^*$	±%	$^{207}Pb^*/^{235}U$	±%	$^{206}Pb^*/^{238}U$	±%	误差相关性
L63-1-1.1	0.11	725	484	0.69	20.2	206.0±2.5	241±35	15	0.05101	1.50	0.228	2.0	0.03247	1.2	0.633
L63-1-2.1	—	264	224	0.88	5.52	155.2±2.1	261±58	41	0.05150	2.50	0.173	2.9	0.02437	1.4	0.482
L63-1-5.1	—	1374	262	0.20	39.4	211.7±2.7	261±26	19	0.05145	1.10	0.237	1.7	0.03338	1.3	0.754
L63-1-6.1	0.03	597	93	0.16	96.4	1109.0±12	1814±13	39	0.11088	0.70	2.870	1.4	0.18770	1.2	0.869
L63-1-7.1	0.02	328	226	0.71	111.0	2150.0±23	2173±6	1	0.13568	0.34	7.404	1.3	0.39580	1.2	0.965
L63-1-8.1	0.23	322	175	0.56	107.0	2108.0±25	2147±16	2	0.13370	0.91	7.130	1.7	0.38680	1.4	0.840
L63-1-9.1	0.02	240	136	0.59	81.1	2138.0±23	2170±10	1	0.13544	0.52	7.340	1.4	0.39330	1.3	0.925
L63-1-10.1	0.10	180	96	0.55	61.9	2166.0±24	2170±10	0	0.13544	0.52	7.460	1.4	0.39940	1.3	0.927
L63-1-11.1	0.02	246	116	0.49	84.2	2159.0±23	2185±9	1	0.13662	0.51	7.490	1.4	0.39780	1.3	0.928
L63-1-12.1	0	226	92	0.42	76.7	2147.0±23	2177±8	1	0.13596	0.43	7.409	1.3	0.39520	1.3	0.947
L63-1-13.1	—	270	163	0.63	90.7	2130.0±23	2183±9	2	0.13642	0.47	7.367	1.3	0.39160	1.2	0.936
L63-1-14.1	0.03	517	236	0.47	168.0	2064.0±21	2182±5	5	0.13635	0.28	7.094	1.2	0.37740	1.2	0.974
L63-1-15.1	—	301	159	0.55	100.0	2118.0±23	2174±9	3	0.13574	0.48	7.278	1.4	0.38890	1.3	0.936

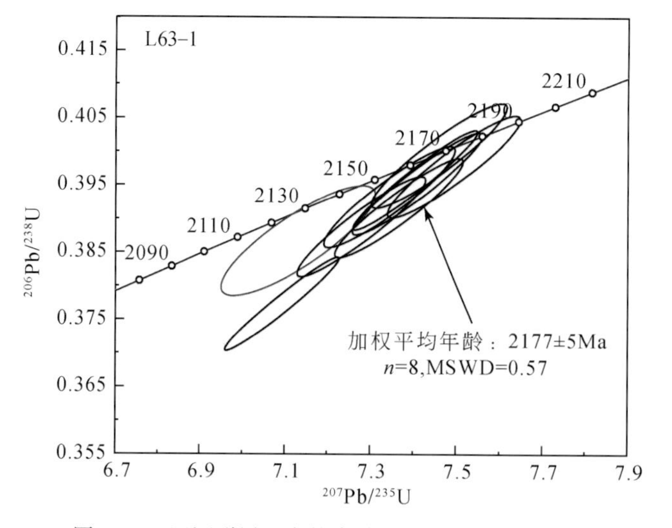

图 2.59 辽河群黑云变粒岩锆石 U-Pb 年龄谐和图

白瑾等（1993）获得的辽河群下部变质基性火山岩（斜长角闪岩类）和变质沉积岩组合 Sm-Nd 等时线年龄分别为 2191±30Ma 和 2063±38Ma；张秋生等（1988）在变粒岩中获得锆石 U-Pb 年龄为 1965Ma；王集源和吴家弘（1984）及姜春潮（1987）在辽河群上部碳酸盐中获得 Sm-Nd 和 Rb-Sr 等时线年龄为 1.8～1.9Ga。以上年龄结果的时间跨度为 2.2～1.8Ga。Luo 等（2004）通过辽河群中变质碎屑岩最年轻一颗碎屑锆石年龄结果（2050Ma），限定辽河群的沉积时代为 2.05Ga 之后。本项目在里尔峪组变质中酸性火山岩中获得的锆石年龄为 2176±5Ma，代表里尔峪组火山岩的喷发时代。同时，考虑到里尔峪组之下还有约 1000m 厚的碎屑岩沉积，我们认为辽河群开始沉积的时代可能为～2.2Ga，与五台地区的滹沱群时代相当。

2.5.4.3　变质变形特征

辽河群经历明显的区域变质作用，变质程度为绿片岩相-高角闪岩相，并以低角闪岩相分布最广（董申保等，1986），区域上经历了三幕褶皱变形作用（白瑾等，1993）。李三忠等（2001）对辽河群的区域变质和变形作用进行了较为系统的总结。根据变斑晶微构造研究、矿物世代划分、变质反应关系和矿物平衡共生组合分析等多方面的综合研究，李三忠等（2011）提出辽河群经历了四个变质作用阶段（M_1、M_2、M_3、M_4）和三幕变形（D_1、D_2、D_3）。变斑晶微结构特征表明，M_1发生于D_1变形前；M_2发生于D_1变形同期至D_2变形前，属区域动热变质作用；M_3发生于D_2变形同期至D_3变形之前，属区域动热变质作用；M_4发生于D_3变形同期及之后，区域上普遍发生绿片岩相退变质作用（贺高品等，1998）。辽河群区域变质作用发生分异的时间主要为M_2、M_3两个阶段。综合辽吉-胶东地区的资料，李三忠等（2001）总结了古元古代区域变质变形的大陆动力学过程：2.4～2.2Ga 的岩浆底侵、拉张-伸展，古元古代晚期（1.75Ga）的碰撞挤压和古元古代末—中元古代早期的拆沉、隆升。

从近年来的研究资料和本项目研究初步分析，辽河群形成时代并非开始于古元古代早期。因此，其是否经历了从古元古代早期—中元古代早期的变质变形历史还有待进一步研究。

2.5.4.4　构造环境

从辽河群的沉积特征分析，其下部主要为一套富泥质的碎屑沉积，后以碳酸盐岩沉积和火山-沉积岩为主，最上部又以富泥质的碎屑沉积岩夹少量的碳酸盐岩沉积为主。辽河群是在太古宙克拉通基底上裂开形成的拗拉槽中形成的冒地槽型沉积岩系（张秋生和李守义，1985）。陈荣度（1984）根据地球物理资料、辽河群沉积建造和其中变质基性火山岩的岩石化学特征，提出辽河群为裂谷沉积建造。根据前人的资料和本项目研究，我们倾向于辽河群是在古元古代中期（～2.2Ga）之后华北克拉通基底之上的裂谷中形成的火山-沉积岩系。

2.6　阜平杂岩中的前寒武纪地层

2.6.1　阜平杂岩的沿革和基本特征

在太行山中段河北省的平山县、阜平县、唐县、灵寿县等地出露一套前寒武纪变质岩系。1936 年杨杰将这套岩系命名为“阜平片麻岩”。20 世纪 60 年代河北省地质局区调队在该区进行 1∶20 万区域地质调查过程中，把这套变质岩系按变质地层的特性划分为阜平群和龙泉关群，进一步把阜平群自下而上划分索家庄组、团泊口组、南营组、漫山组、木厂组、四道河组和红土坡七个组，把龙泉关群自下而上划分为跑泉厂组和榆树湾组两个组。之后，河北省地质矿产局（1989）、伍家善等（1989）将龙泉关群并入阜平群，并将重新定义的阜平群划分为下、中、上三个亚群。从 20 世纪末到 21 世纪初，经过大量的专题研究和 1∶5 万区域地质调查，从原来划分的阜平群中识别出大量的岩浆成因的片麻岩，因而将这套变质岩系（包括变质的 TTG 片麻岩和变质的表壳岩）统称为阜平杂岩（关鸿等，1998；Liu *et al.*，2002；Zhao *et al.*，2002）。

目前的研究表明，阜平杂岩以不同成分、不同类型、形成时代有差异的，受到变质变形改造的岩浆片麻岩为主（包括坊里片麻岩、大石峪片麻岩、东庄片麻岩、杨家庄片麻岩、岗南片麻岩、南甸片麻岩、平阳片麻岩、蔡树庄片麻岩等），同时还保留一些变质地层（程裕淇等，2004），它们共同组成了阜平杂岩（图 2.60）。其中的变质地层在北部多以透镜体、残留条带保存于 TTG 片麻岩中，而南部变质地层分布较多。阜平杂岩经历了较强烈的变形改造、紧密褶皱和韧性剪切带发育。该杂岩大多经历高角闪岩相的区域变质改造，局部达到麻粒岩相（伍家善等，1989）。

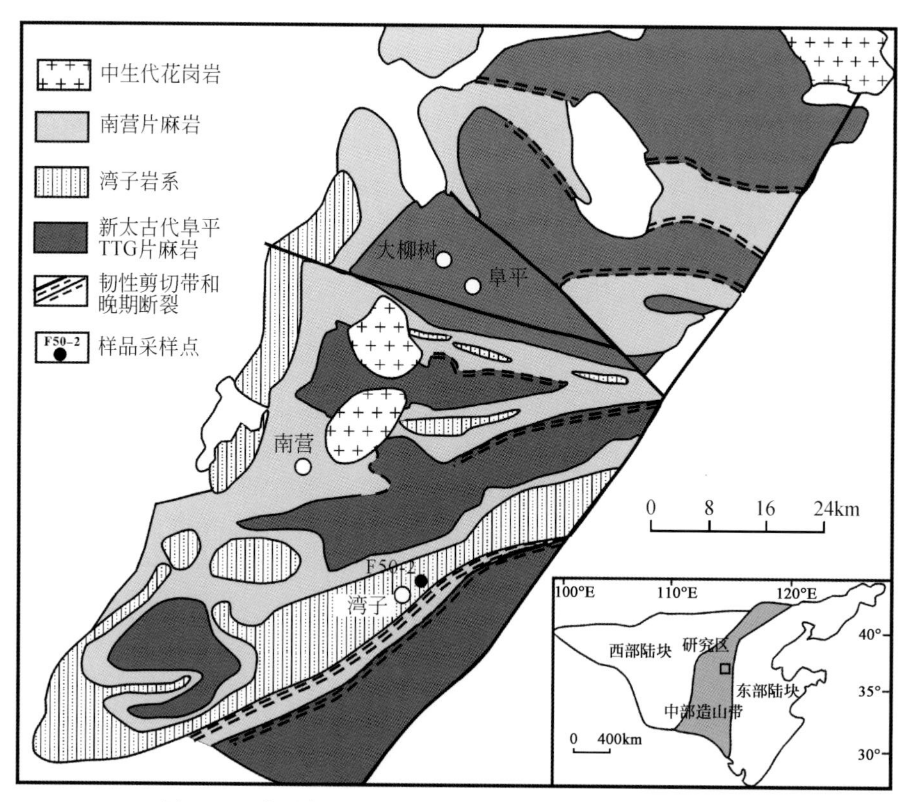

图 2.60 阜平杂岩地质简图（据 Liu *et al.*，2005，修改）

2.6.2　阜平杂岩中的变质地层

根据程裕淇等（2004）的研究，阜平杂岩中的变质地层可以划分为阜平岩群和湾子群两个地层单位。

1. 阜平岩群

阜平岩群主要分布于坊里、阜平县城附近、城南庄、陈庄、小觉、古月等地，是阜平地区出露最老的变质成层岩系。根据岩石组合的差异可划分为两个岩组。

索家庄岩组：主要分布于索家庄、陈庄、大柳树、坊里等地。该岩组主要由黑云斜长片麻岩、角闪斜长片麻岩、黑云角闪斜长片麻岩、石榴角闪二辉麻粒岩、二辉斜长麻粒岩、斜长角闪岩、浅粒岩、大理岩、紫苏磁铁石英岩、紫苏角闪磁铁石英岩等组成。该岩组经历了麻粒岩相的变质改造。在该岩组的长英质麻粒岩的碎屑锆石中获得了2.7Ga的SHRIMP U-Pb年龄。该样品中变质锆石获得了2538Ma和1820Ma两组年龄（程裕淇等，2004）。根据这些年龄数据推断索家庄组形成于2.7～2.54Ga，并经历了新太古代末期和古元古代晚期两期变质改造。

元坊岩组：主要分布在平山县小觉、天井、木盘、西柏坡、盖家庄、刘家坪，阜平县的城南庄、叠卜安、猴石顶、不老树等地。该岩组主要由黑云斜长片麻岩、角闪黑云斜长片麻岩、(角闪）黑云变粒岩、黑云二长变粒岩、含磁铁矿钾长浅粒岩、含磁铁矿二长浅粒岩、斜长角闪岩、透辉斜长变粒岩、方柱透辉变粒岩、斜长透辉岩、透辉石大理岩、透闪石大理岩、磁铁石英岩等组成。该岩组变质程度主要为高角闪岩相。目前还缺少该岩组可靠的同位素年代学数据。

2. 湾子群

湾子群亦称湾子岩系，主要分布在平山县宋家口-蛟潭庄-车幅按一带，成层性好，分布稳定。湾子群主要由下部的钾长浅粒岩、二长浅粒岩、磁铁矿浅粒岩、条带状二长浅粒岩和上部的含刚玉钾长变粒岩、透辉变粒岩、透闪变粒岩、方解透辉变粒岩、含橄榄白云石大理岩、金云母大理岩、透辉石大理岩等组成。下部以浅粒岩为主，称为下组；上部以大理岩、钙硅酸盐岩为主，称为上组（程裕淇等，2004）。湾子群变形强烈，发育不同规模的紧闭褶皱。部分地段混合岩化强烈，新生的混合演化脉体以红色钾长石、石英为主，脉体基本与区域片麻岩平行，部分斜切了区域片麻理，表明混合岩化脉形成较晚。关于湾子群的形成时代还存在不同认识，吴昌华等（2000）、Guan等（2002）和Zhao等（2002）认为湾子群形成于古元古代晚期，年龄小于2109Ma，李基宏等（2005）则认为形成时代介于2.5～2.1Ga，形成年龄不小于2.1Ga。

2.6.3　阜平杂岩中变质地层的一些年龄测定

阜平杂岩中的TTG片麻岩已有较多年龄报道。本研究针对一些前人注意较少的副变质岩进行了一些锆石 SHRIMP U-Pb 年龄测定，如索家庄岩组磁铁石英岩、元坊岩组钙镁硅酸盐岩和湾子群变石英岩。

1. 索家庄岩组磁铁石英岩（F52-3）

岩石呈条带状与其他长英质副片麻岩互层产出。主要矿物有石英、磁铁矿、铁紫苏辉石和镁铁闪石，其中镁铁闪石属于退变质产物。锆石测年数据见表 2.13 和图 2.61。

表 2.13 索家庄岩组磁铁石英岩锆石测年数据

分析点号	$^{206}Pb_c$ /%	U /10^{-6}	Th /10^{-6}	$^{232}Th/^{238}U$	$^{206}Pb^*$ /10^{-6}	$^{206}Pb/^{238}U$ 年龄/Ma	$^{207}Pb/^{206}Pb$ 年龄/Ma	不谐和性 /%	$^{207}Pb^*/^{206}Pb^*$	±%	$^{207}Pb^*/^{235}U$	±%	$^{206}Pb^*/^{238}U$	±%	误差相关性
F52-3-1. 1	0. 04	684	157	0. 24	257	2333±65	2469±7	6	0. 16130	0. 42	9. 70	3. 4	0. 436	3. 3	0. 992
F52-3-2. 1	0. 06	770	87	0. 12	225	1886±55	2115±10	11	0. 13125	0. 54	6. 15	3. 4	0. 340	3. 3	0. 987
F52-3-3. 1	0. 02	1504	110	0. 08	545	2267±64	2452±5	8	0. 15963	0. 31	9. 28	3. 3	0. 422	3. 3	0. 996
F52-3-3. 2	0. 03	1047	76	0. 08	270	1693±50	1811±11	7	0. 11072	0. 60	4. 59	3. 4	0. 300	3. 3	0. 984
F52-3-4. 1	0. 03	764	151	0. 20	196	1681±49	1816±11	7	0. 11101	0. 62	4. 56	3. 4	0. 298	3. 3	0. 983
F52-3-5. 1	0. 02	859	176	0. 21	269	2006±58	2209±13	9	0. 13850	0. 74	6. 97	3. 4	0. 365	3. 3	0. 976
F52-3-5. 2	0. 05	906	38	0. 04	238	1719±50	1854±11	7	0. 11336	0. 59	4. 78	3. 4	0. 306	3. 3	0. 985
F52-3-6. 1	0. 06	473	175	0. 38	119	1650±49	1815±16	9	0. 11098	0. 87	4. 46	3. 5	0. 292	3. 4	0. 968
F52-3-7. 1	0. 08	451	136	0. 31	116	1693±50	1819±17	7	0. 11120	0. 96	4. 60	3. 5	0. 300	3. 4	0. 961
F52-3-8. 1	0. 08	616	87	0. 15	157	1676±50	1817±13	8	0. 11106	0. 73	4. 55	3. 4	0. 297	3. 4	0. 977
F52-3-9. 1	0. 07	661	393	0. 61	165	1646±49	1795±13	8	0. 10972	0. 73	4. 40	3. 4	0. 291	3. 4	0. 977
F52-3-10. 1	0. 09	415	93	0. 23	153	2297±65	2451±11	6	0. 15960	0. 64	9. 42	3. 4	0. 428	3. 4	0. 982
F52-3-11. 1	0. 10	614	124	0. 21	154	1650±49	1794±13	8	0. 10969	0. 72	4. 41	3. 4	0. 292	3. 3	0. 978
F52-3-12. 1	0. 13	545	166	0. 32	140	1687±50	1789±14	6	0. 10938	0. 74	4. 51	3. 4	0. 299	3. 3	0. 976
F52-3-13. 1	0. 11	527	173	0. 34	135	1676±50	1821±14	8	0. 11130	0. 79	4. 56	3. 4	0. 2970	3. 3	0. 973
F52-3-14. 1	0. 06	1201	125	0. 11	318	1733±51	1813±9	4	0. 11084	0. 51	4. 71	3. 4	0. 308	3. 3	0. 989
F52-3-15. 1	0. 04	1265	97	0. 08	466	2300±65	2426±6	5	0. 15719	0. 34	9. 29	3. 4	0. 429	3. 3	0. 995
F52-3-16. 1	0. 04	730	202	0. 29	182	1640±48	1807±11	9	0. 11048	0. 63	4. 41	3. 4	0. 290	3. 3	0. 983
F52-3-17. 1	0. 06	851	6	0. 01	234	1788±52	1863±12	4	0. 11393	0. 65	5. 02	3. 4	0. 320	3. 3	0. 981
F52-3-18. 1	0. 06	640	182	0. 29	167	1714±51	1816±12	6	0. 11104	0. 65	4. 66	3. 4	0. 305	3. 3	0. 981
F52-3-19. 1	0. 07	639	142	0. 23	168	1721±51	1785±12	4	0. 10912	0. 66	4. 60	3. 4	0. 306	3. 3	0. 981
F52-3-20. 1	0. 04	1394	296	0. 22	514	2301±64	2447±5	6	0. 15922	0. 32	9. 42	3. 3	0. 429	3. 3	0. 995
F52-3-21. 1	0. 06	1082	114	0. 11	341	2012±58	2226±7	10	0. 13987	0. 41	7. 06	3. 3	0. 366	3. 3	0. 992
F52-3-22. 1	0. 03	755	183	0. 25	280	2311±66	2476±7	7	0. 16192	0. 43	9. 62	3. 4	0. 431	3. 4	0. 992
F52-3-23. 1	0. 07	1321	367	0. 29	335	1665±49	1807±9	8	0. 11046	0. 52	4. 49	3. 4	0. 295	3. 3	0. 988
F52-3-24. 1	0. 02	2940	1165	0. 41	596	1365±41	1788±6	24	0. 10931	0. 35	3. 55	3. 3	0. 236	3. 3	0. 994
F52-3-25. 1	0. 14	513	44	0. 09	142	1800±53	1816±12	1	0. 11103	0. 66	4. 93	3. 4	0. 322	3. 3	0. 981

续表

分析点号	$^{206}Pb_c$ /%	U /10^{-6}	Th /10^{-6}	$^{232}Th/^{238}U$	$^{206}Pb^*$ /10^{-6}	$^{206}Pb/^{238}U$ 年龄/Ma	$^{207}Pb/^{206}Pb$ 年龄/Ma	不谐和性 /%	$^{207}Pb^*/^{206}Pb^*$	±%	$^{207}Pb^*/^{235}U$	±%	$^{206}Pb^*/^{238}U$	±%	误差相关性
F52-3-25. 2	0. 07	779	82	0. 11	279	2243±63	2413±8	7	0. 15606	0. 46	8. 95	3. 4	0. 416	3. 3	0. 991
F52-3-26. 1	0. 12	132	4	0. 03	40	1948±61	1829±22	−7	0. 11180	1. 20	5. 44	3. 8	0. 353	3. 6	0. 948
F52-3-26. 2	0. 02	3861	111	0. 03	1180	1963±56	2279±9	14	0. 14430	0. 50	7. 08	3. 3	0. 356	3. 3	0. 989
F52-3-27. 1	0. 05	618	171	0. 29	169	1777±53	1797±10	1	0. 10987	0. 56	4. 81	3. 4	0. 317	3. 4	0. 986

注：误差为1б，Pb_c 和 Pb^* 分别代表普通铅和放射性成因铅，标准校正的误差为0. 57%，普通铅校正用^{204}Pb实测值，下同。

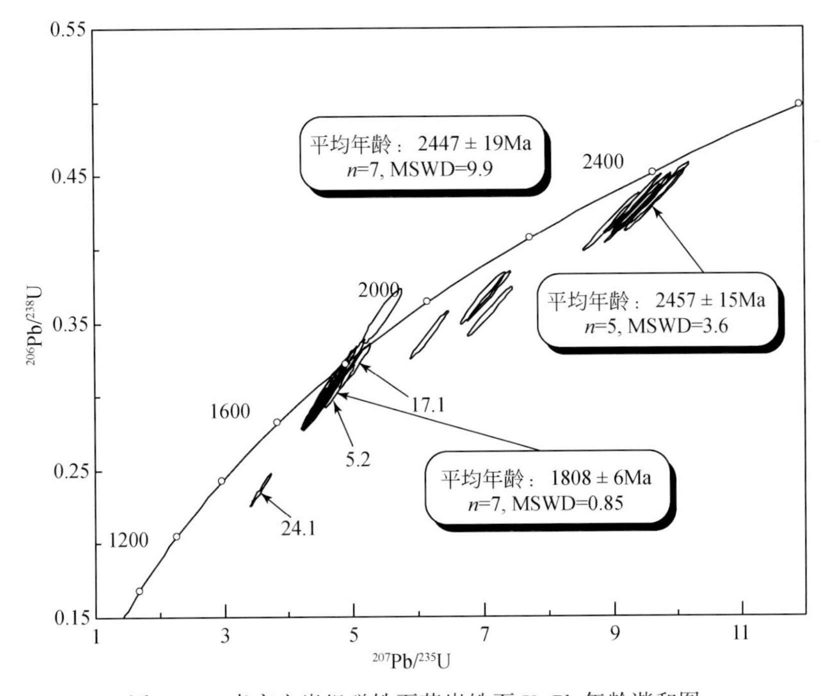

图2. 61 索家庄岩组磁铁石英岩锆石U-Pb年龄谐和图

该岩石的锆石CL图像大多较暗，核部的岩浆成因振荡环带较为模糊，普遍发育核-边结构，核部多呈深灰-黑色，边部浅灰色，从Th/U值方面核部和边部没有实质性的区别；年龄上也如此，即并非核部较老、边部年轻，从数值上所测年龄基本可分成两类：一类是较老的年龄结果2457±15Ma，一类是较年轻的年龄结果1807. 6±5. 9Ma。

从野外产状来看，该样品似乎产出在新太古代TTG片麻岩中，其形成时代不应晚于新太古代。所测锆石年龄结果可能受到了后期热事件的影响，使得锆石同位素体系发生了不同程度的重置。核部的年龄未必代表锆石的形成时代。另一方面，边部年龄既可给出1. 85Ga左右的数据，也有2115±10Ma（分析点F52-3-2. 1）和2451±11Ma（分析点F52-3-10. 1）的$^{206}Pb/^{207}Pb$年龄，更可能与新太古代末期TTG、甚至古元古代岩浆活动（如南营花岗岩）有关，而未必反映1. 85Ga左右的变质事件。

2. 元坊岩组钙镁硅酸盐岩（F54-3）

岩石呈条带状与其他长英质副片麻岩互层产出，可见少量的长英质浅色体。主要矿物有橄榄石、单斜辉石、角闪石、金云母和方解石，其中橄榄石多退变成蛇纹石。锆石测年数据见表2.14和图2.62。

表2.14 元坊岩组钙镁硅酸盐岩锆石测年数据

分析点号	$^{206}Pb_c$/%	U/10^{-6}	Th/10^{-6}	$^{232}Th/^{238}U$	$^{206}Pb^*$	$^{206}Pb/^{238}U$年龄/Ma	$^{207}Pb/^{206}Pb$年龄/Ma	不谐和性/%	$^{207}Pb^*/^{206}Pb^*$	±%	$^{207}Pb^*/^{235}U$	±%	$^{206}Pb^*/^{238}U$	±%	误差相关性
F54-3-1.1	0.23	311	56	0.19	85.8	1792±53	1799±18	0	0.11000	1.00	4.86	3.5	0.320	3.4	0.958
F54-3-2.1	0.03	353	76	0.22	95.5	1764±52	1826±13	3	0.11165	0.73	4.85	3.5	0.315	3.4	0.978
F54-3-2.2	0.16	680	209	0.32	134.0	1332±40	1752±16	24	0.10719	0.90	3.39	3.5	0.230	3.3	0.966
F54-3-3.1	0.17	447	322	0.74	134.0	1921±56	2393±11	20	0.15420	0.67	7.38	3.4	0.347	3.3	0.980
F54-3-3.2	0.47	785	179	0.24	140.0	1213±37	2009±17	40	0.12360	0.94	3.53	3.5	0.207	3.3	0.963
F54-3-4.1	0.34	218	56	0.26	60.6	1804±54	1771±29	-2	0.10830	1.60	4.82	3.7	0.323	3.4	0.904
F54-3-5.1	0.17	909	287	0.33	203.0	1486±44	1742±11	15	0.10660	0.62	3.81	3.4	0.260	3.3	0.983
F54-3-6.1	0.17	533	186	0.36	139.0	1703±51	1764±20	3	0.10790	1.10	4.50	3.5	0.302	3.4	0.952
F54-3-7.1	0.42	158	55	0.36	43.6	1791±54	1802±37	1	0.11020	2.00	4.86	4.0	0.320	3.4	0.858
F54-3-8.1	0.12	730	67	0.09	154.0	1417±43	1700±13	17	0.10418	0.68	3.53	3.4	0.246	3.3	0.980
F54-3-8.2	3.49	1556	96	0.06	207.0	894±28	1154±100	22	0.07830	5.10	1.61	6.1	0.149	3.4	0.550
F54-3-9.1	0.75	479	93	0.20	130.0	1757±52	1822±28	4	0.11140	1.50	4.81	3.7	0.313	3.4	0.910
F54-3-9.2	0.75	252	163	0.67	69.2	1775±53	2331±25	24	0.14880	1.40	6.50	3.7	0.317	3.4	0.921
F54-3-10.1	0.52	505	93	0.19	128.0	1661±49	1797±17	8	0.10990	0.92	4.45	3.5	0.294	3.3	0.964
F54-3-11.1	0.84	422	212	0.52	113.0	1731±51	2283±20	24	0.14470	1.20	6.14	3.6	0.308	3.4	0.946
F54-3-11.2	1.84	1207	54	0.05	150.0	856±27	1358±37	37	0.08690	1.90	1.701	3.8	0.142	3.3	0.867
F54-3-12.1	0.17	265	130	0.51	97.8	2303±65	2473±12	7	0.16160	0.69	9.57	3.4	0.429	3.4	0.980
F54-3-12.2	0.34	766	56	0.08	135.0	1198±36	1656±24	28	0.10170	1.30	2.86	3.6	0.204	3.3	0.931
F54-3-13.1	0.34	192	106	0.57	72.5	2344±67	2465±15	5	0.16100	0.87	9.73	3.5	0.439	3.4	0.968
F54-3-14.1	0.43	400	112	0.29	107.0	1739±51	1761±18	1	0.10770	0.99	4.60	3.5	0.310	3.3	0.959
F54-3-15.1	0.06	1313	44	0.03	293.0	1489±44	1745±7.5	15	0.10682	0.41	3.83	3.3	0.260	3.3	0.993
F54-3-16.1	0.36	496	109	0.23	132.0	1728±51	1759±23	2	0.10760	1.2	4.56	3.6	0.307	3.3	0.938

元坊岩组钙镁硅酸盐岩中的锆石与索家庄岩组磁铁石英中的锆石类似，一般也具有核-边结构，在阴极发光下核部多呈深灰-黑色，边部浅灰色。就变质沉积岩来说，锆石的核部通常具有较高的Th/U值，代表源区的锆石特点；而锆石的边部通常具有较低(<0.1)的Th/U值，是变质增生的产物。在该样品中大多数锆石的核部具有较高的Th/U值，边部具有较低的Th/U值（如分析点8.2，11.2，12.2，15.1），但是有的锆石边部具有较高的Th/U值（如分析点2.1，3.2），显然不能简单地以Th/U值是否小于0.1来判断是否为

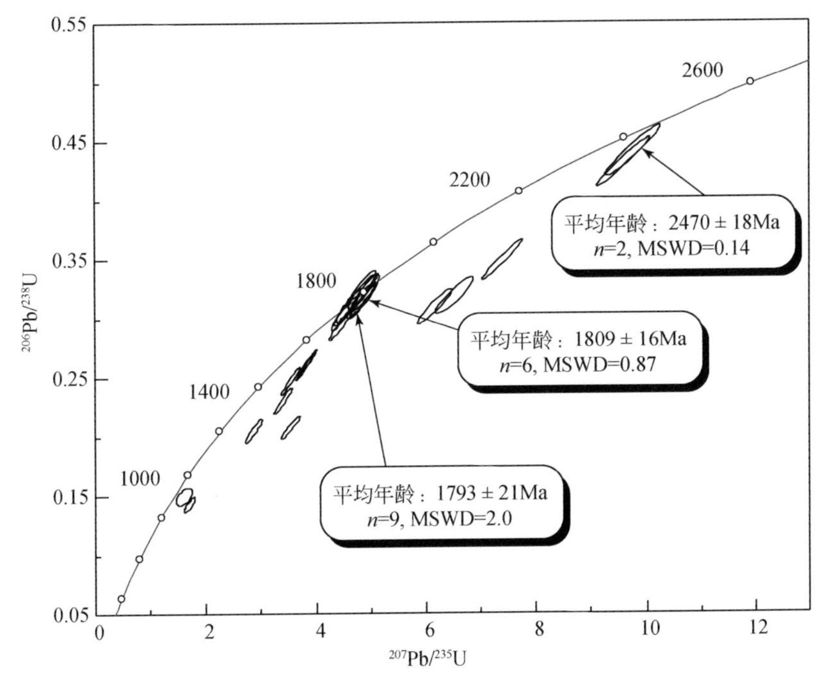

图 2.62　元坊岩组钙镁硅酸盐岩锆石 U-Pb 年龄谐和图

变质锆石。

从年龄看，一些锆石的核部给出的年龄老边部年轻（如颗粒 12），反映了正常的规律。但是有的点核部与边部得出相近的年龄（如颗粒 2），有的锆石颗粒则核部得到的年龄则相对较年轻，而边部反而老（如颗粒 9）。目前分析给出两组年龄，一组较老，年龄为 2470±18Ma，一组较年轻的年龄为 1809±16Ma。但是锆石核部和边部在 Th/U 值和 $^{207}Pb/^{206}Pb$ 年龄上的不同变化，表明所测锆石年龄结果可能受到后期构造热事件的影响，使锆石同位素体系发生了不同程度的重置。从地质特征看，古元古代晚期的南营花岗岩在区内分布较广，影响范围大，作者推测这次同位素体系的重置可能与该期的岩浆活动有关。因此核部年龄不一定能准确代表源区的锆石形成年龄，边部年龄也并不一定能准确反映变质的时间。

3. 湾子群石英岩（F50-2）

湾子群石英岩出露较少，呈 2～3m 长的透镜状（图 2.63），岩石 SiO_2 含量达 88.2%。观察表明，石英岩呈致密块状构造，不显示片麻理，未见明显的浅色脉体注入。岩石中除石英外，还分布有一定量的长石，其中以钾长石居多。在斜长石周围具有少量的钠长石净边，石英颗粒内可有钾长石（微斜长石）自形晶，石英粒间偶见微斜长石的半自形晶、相邻矿物构成斜长石-微斜长石-石英的镶嵌结构、微斜长石-磷灰石-磁铁矿的镶嵌结构；局部可见微斜长石-石英呈舌状位于石英粒间或嵌入石英粒内、在石英粒间可见钾长石窄条、三角形的钾长石-斜长石-石英镶嵌团块，斜长石可与角闪石共存。人工重砂分析表明，石英岩中的锆石主要为碎屑锆石。

图 2.63 湾子岩系石英岩

1）样品和分析结果

进行定年的样品采自灵寿长峪村南的湾子岩系石英岩（38°30.669′N，114°07.513′E），该处石英岩呈楔状产于白云钾长浅粒岩中（图 2.63），粒状结构、块状构造。矿物成分包括石英（60%）、微斜长石（28%）、斜长石（8%）、角闪石（1%）、绿帘石（2%）、绿泥石（2%）、白云母（1%）和1%的磷灰石、磁铁矿。

样品中的锆石明显分为两类：一类表面有麻坑、呈浑圆状和柱状（边缘浑圆），有的具裂缝和矿物包裹体；另一类呈柱状、自形程度较好，这些锆石长度为 100～250μm，长宽比为 1∶2～1∶1，集中于 1∶2 附近。在阴极发光（CL）图像中，锆石核部具有岩浆锆石的振荡环带特征，多数锆石还具有 10～30μm 宽的增生边（图 2.64），再向外，偶见一些窄的亮边（颗粒 11），因宽度太小而无法测年。

该样品的锆石具核–幔–边结构特征，核部具振荡环带，属岩浆锆石特征（图 2.64），其边部被锆石增生幔（边）溶蚀，环带很微弱，外边很少发育，呈无结构的窄亮边。我们测定了 13 个颗粒的 20 个点，锆石 U、Th 含量和 Th/U 值分别为 35×10^{-6}～612×10^{-6}、4×10^{-6}～352×10^{-6}和 0.04～1.71（表 2.15）。

大多数的核部岩浆锆石可能代表了碎屑来源，即沉积源区为花岗质岩石，核部继承锆石谐和年龄为 2.50～2.63Ga（继承锆石 4.2、5.2 和 1.2）为主，排除一个较老的数据（1.2）2630±31Ma，其余 6 个核部的 $^{207}Pb/^{206}Pb$ 年龄集中于 2492～2506Ma（图 2.65），说明源区存在 2492～2506Ma 的岩浆岩。核部不谐和的继承锆石的 $^{207}Pb/^{206}Pb$ 年龄 2350～2470Ma（继承锆石 2.1、3.2、6.2 和 10.2）显示后期热事件作用造成锆石有一定的铅丢失。

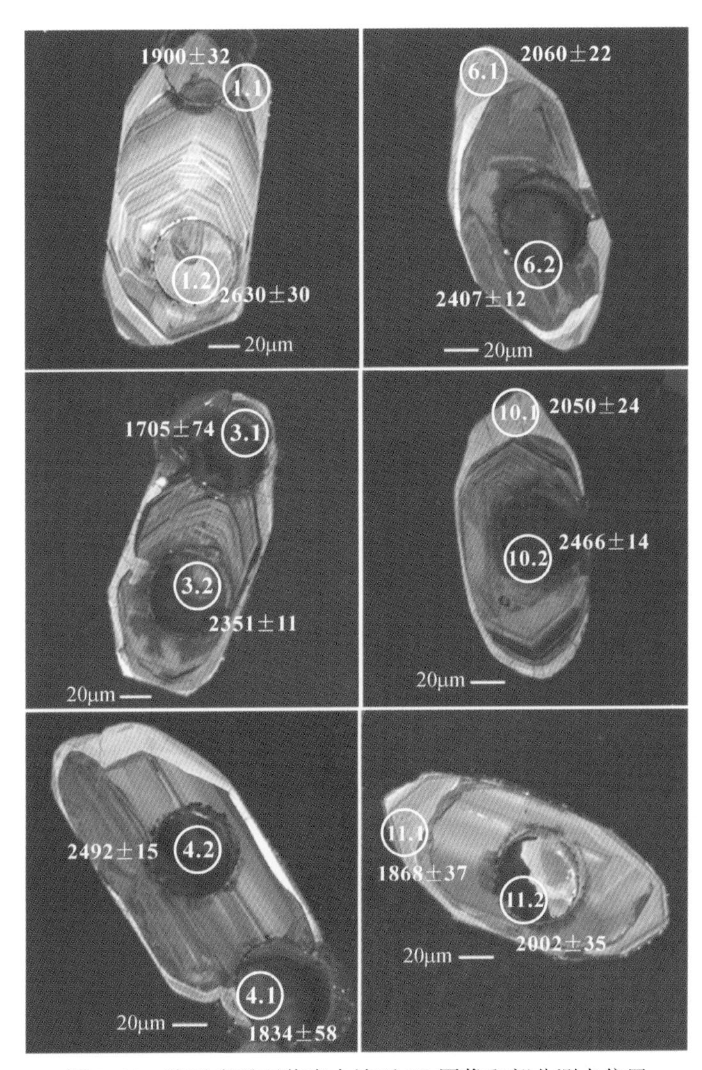

图 2.64　湾子岩系石英岩中锆石 CL 图像和部分测点位置

表 2.15　湾子岩系石英岩中锆石 SHRIMP 分析数据

分析点	$^{206}Pb_c$ /%	U /10^{-6}	Th /10^{-6}	$^{232}Th/^{238}U$	$^{206}Pb^*$ /10^{-6}	$^{206}Pb/^{238}U$ 年龄 /Ma	±1σ	$^{207}Pb/^{206}Pb$ 年龄 /Ma	±1σ	不谐和性 /%	$^{207}Pb^*/^{206}Pb^*$	±%	$^{207}Pb^*/^{235}U$	±%	$^{206}Pb^*/^{238}U$	±%	误差相关性
1. 1r	0. 28	82	6	0. 07	22. 8	1802	63	1900	32	5	0. 1163	1. 80	5. 17	4. 4	0. 323	4. 0	0. 917
1. 2c	0. 42	35	14	0. 42	14. 3	2533	100	2630	30	4	0. 1775	1. 80	11. 78	5. 2	0. 481	4. 9	0. 936
2. 1c	0. 47	433	192	0. 46	144. 0	2105	69	2390	9. 9	12	0. 154	0. 58	8. 20	3. 9	0. 386	3. 9	0. 989
3. 1r	0. 19	129	5	0. 04	34. 0	1726	59	1705	74	−1	0. 1044	4. 00	4. 42	5. 6	0. 307	3. 9	0. 699
3. 2c	0. 81	528	322	0. 63	159. 0	1927	65	2351	11	18	0. 1504	0. 66	7. 23	3. 9	0. 348	3. 9	0. 986
4. 1r	1. 52	65	8	0. 14	15. 9	1600	57	1834	58	13	0. 1121	3. 20	4. 35	5. 1	0. 282	4. 0	0. 782
4. 2c	0. 32	116	82	0. 73	45. 4	2409	79	2492	15	3	0. 1635	0. 92	10. 21	4. 0	0. 453	3. 9	0. 974

续表

分析点	$^{206}Pb_c$ /%	U /10^{-6}	Th /10^{-6}	$^{232}Th/^{238}U$	$^{206}Pb^*$ /10^{-6}	$^{206}Pb/^{238}U$ 年龄/Ma	±1σ	$^{207}Pb/^{206}Pb$ 年龄/Ma	±1σ	不谐和性/%	$^{207}Pb^*/^{206}Pb^*$	±%	$^{207}Pb^*/^{235}U$	±%	$^{206}Pb^*/^{238}U$	±%	误差相关性
5. 1r	0. 20	99	7	0. 08	31. 8	2039	69	1931	22	−6	0. 1183	1. 20	6. 07	4. 1	0. 372	4. 0	0. 955
5. 2c	1. 17	114	76	0. 69	46. 4	2471	82	2507	75	1	0. 1649	4. 50	10. 62	6. 0	0. 467	4. 0	0. 667
6. 1r	0. 34	114	16	0. 14	35. 3	1979	67	2060	22	4	0. 1272	1. 20	6. 30	4. 1	0. 359	3. 9	0. 955
6. 2c	1. 18	612	45	0. 08	208. 0	2130	70	2407	12	12	0. 1555	0. 72	8. 39	3. 9	0. 391	3. 9	0. 983
7. 1r	0. 28	101	4	0. 04	31. 6	2001	68	1870	34	−7	0. 1144	1. 90	5. 74	4. 4	0. 364	4. 0	0. 906
8. 1r	0. 48	129	22	0. 18	36. 1	1816	62	1930	26	6	0. 1183	1. 50	5. 31	4. 2	0. 325	3. 9	0. 938
9. 1r	0. 35	179	23	0. 13	55. 7	1982	67	2113	19	6	0. 1311	1. 10	6. 51	4. 1	0. 360	3. 9	0. 962
10. 1r	0. 58	181	23	0. 13	46. 3	1672	58	2050	24	18	0. 1265	1. 40	5. 16	4. 1	0. 296	3. 9	0. 944
10. 2c	1. 11	423	352	0. 86	128. 0	1927	64	2466	15	22	0. 1610	0. 92	7. 74	4. 0	0. 348	3. 9	0. 973
11. 1r	1. 03	236	11	0. 05	50. 5	1424	50	1868	37	24	0. 1143	2. 00	3. 89	4. 4	0. 2472	3. 9	0. 889
11. 2c	0. 60	60	100	1. 71	20. 4	2134	74	2002	35	−7	0. 1231	2. 00	6. 66	4. 5	0. 392	4. 1	0. 897
20. 1c	0. 84	360	206	0. 59	102. 6	1833	29	2126	17	14	0. 1321	1. 00	5. 99	2. 1	0. 3290	1. 8	0. 876
25. 1c	0. 46	150	197	1. 35	47. 4	2007	34	2084	26	4	0. 1290	1. 50	6. 49	2. 5	0. 3652	2. 0	0. 800

注：分析点中的 r 代表锆石的边部，c 代表锆石的核部。

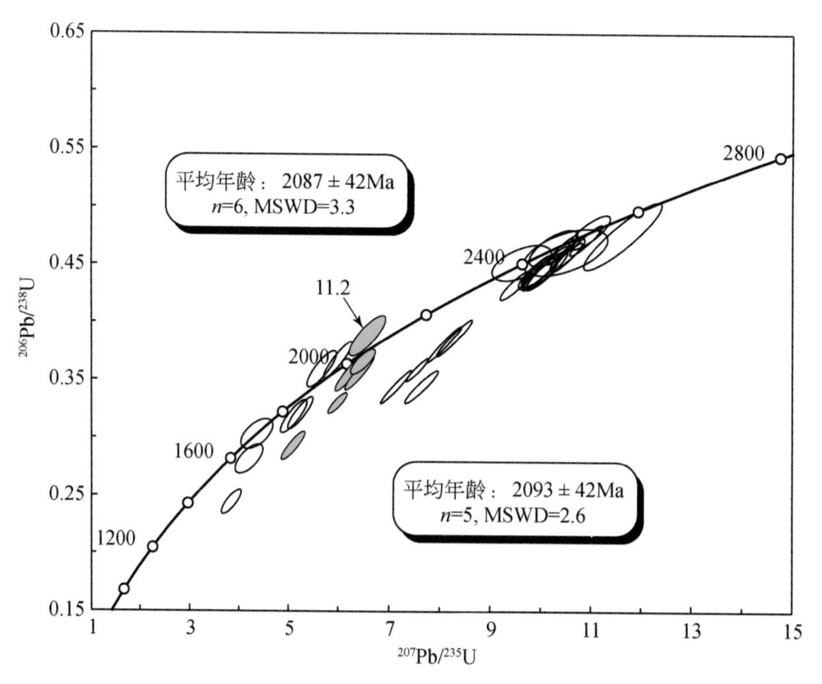

图 2. 65 湾子岩系石英岩中锆石 SHRIMP U-Pb 年龄谐和图

一些锆石具有弱的环带和较年轻的年龄，如分析点 11.2、20.1 和 25.1 给出 2002±35Ma、2126±17Ma 和 2084±6Ma 的$^{207}Pb/^{206}Pb$ 年龄，Th/U 值在 0.59～1.71（表 2.15）。

锆石的幔或边给出两组年龄：一组 Th/U 值为 0.13～0.18，其中的 4 个点给出$^{207}Pb/^{206}Pb$ 平均年龄 2052±120Ma（表 2.15）；另一组 Th/U 值为 0.05～0.08，其中的 6 个点给出$^{207}Pb/^{206}Pb$平均年龄 1889±61Ma（表 2.15），前者较高的 Th/U 值而后者较低的 Th/U 值分别表明其可能为岩浆、变质成因（Williams and Claesson，1987），但是，从 CL 图像上难于看出两者的区别。

具有弱的环带特征的锆石颗粒（分析点 11.2、20.1 和 25.1）可能与岩浆过程有关，给出 2.1～2.0Ga 的$^{207}Pb/^{206}Pb$ 年龄，这一结果与具有较高 Th/U 值的幔部给出的年龄几乎一致，表明较年轻的核部与幔部具有相同的形成时间，具有较低 Th/U 值的幔部的较低的$^{207}Pb/^{206}Pb$ 年龄可能与铅丢失有关。

具有核部宽缓环带、幔部弱环带以及极窄的可能亮边的锆石与 Zhao 等［2002（fig. 9f）］所描述的南营片麻岩中的锆石非常相似。核部、幔部可能经历了同一个岩浆过程，因此，类似于 Zhao 等（2002）的处理，这里把核部与具有较高 Th/U 值（0.13～0.18）的幔部放到一起，获得 2087±42Ma（6 个分析点，MSWD=3.3）的$^{207}Pb/^{206}Pb$ 年龄或 2093±42Ma（5 个分析点，MSWD=2.6）（图 2.65），考虑到 MSWD 的大小，后者结果可能更好，以此代表石英岩中岩浆或熔体活动的时代。

2）讨论

下面将结合本研究所测数据与前人报道资料，综合分析湾子岩系石英岩中的锆石年龄及相关年龄数据的地质意义。

（1）变质-混合岩化对锆石的影响

在经历过强烈变形-变质-混合岩化改造的岩石中，仅根据锆石的形态也很难对其成因作出准确的判断。南营片麻岩系由花岗岩直接变质而成，并未经历表生沉积阶段，典型的岩浆型锆石核部年龄（2072～2094Ma）记录了花岗岩侵位的时代。南营片麻岩中的锆石多具核-边构造，边部记录了 18 亿年的变质事件，但核部呈明显的浑圆状见 Zhao 等 2002 年文献中图片 fig. 9d、e，若仅根据核部深圆状外形很容易得出南营片麻岩中锆石核部为碎屑成因的推论。湾子夕线钾长片麻岩中的锆石核部（25 亿～26 亿年，Th/U=0.70～0.73）显示碎屑沉积的磨圆特征，而幔部（23 亿～24 亿年，Th/U=0.07～0.11，明显低于核部）却呈现半自形-自形晶（Zhao *et al.*，2002），若沉积年龄在 21 亿年附近或其后，这些锆石幔部也应受到磨圆。Reid 等（1975）很早即研究了岩浆岩中锆石的溶蚀形态，浑圆锆石可产于侵入的深成花岗岩体；有的以锆石形态解释为变质沉积岩的太古代片麻岩实际上为变质的侵入深成岩。因此，仅从锆石的外形很难准确判断其成因，必须参照其他参数，如产状和岩相证据等。

阜平杂岩经历了中-高级变质作用（变质条件为 690～800℃、0.65～0.82GPa）并具有较高的水活度（刘树文和梁海华，1997），与世界范围内混合岩和花岗岩的熔融和形成条件（620～860℃，5～28km，0.15～0.75GPa，Chen and Grapes，2007）较为接近，从而使得熔体的黏度降低、具有较大的活动性并可缓慢结晶。

阜平杂岩发生了显著的熔体混合岩化作用，也有人认为阜平杂岩经历了强烈的变质-

深熔作用（程裕淇等，2004），当然，不论哪种情形，都说明存在熔体活动，由此形成部分岩浆锆石。

（2）湾子岩系及相关岩石已有年龄资料分析。

早已有人注意到，湾子表壳岩中的锆石年龄以 2.5Ga 为主（李基宏等，2005），相当于碎屑锆石年龄并集中于2466～2504Ma，表明碎屑锆石主要来源于～2.5Ga 的火成源区，相反，18 亿年的数据却较少（Zhao *et al.*，2002）。

文献中多已注意到了湾子表壳岩中 2.1～2.0Ga 的事件，刘敦一等较早通过对湾子岩系中锆石多颗粒传统 U-Pb 测年，获得了 2025+46/-36Ma 的结果，认为其代表了变质作用的时代（Liu *et al.*，1985）。程裕淇等（2000）曾对湾子群钾长浅粒岩进行过研究，其中浅色体团块中锆石的上交点年龄为 2.08±0.07Ga，认为代表了深熔作用的时代。程裕淇等（2004）指出，在钾长浅粒岩中的深熔团块内的锆石表面沟槽遍布，凹坑、裂纹普遍发育，多数锆石水化较强烈，得到 2016±36Ma 的近于谐和年龄；李基宏等（2005）对钾长浅粒岩中的太古代碎屑锆石（2638Ma）较宽的增生边测得 2081±47Ma 的 $^{207}Pb/^{206}Pb$ 年龄，由于其 Th/U 值为 0.20，区别于典型的变质锆石（Th/U 值通常小于 0.1，Williams and Claesson，1987），认为该样品受到了深熔作用的强烈影响，推测该增生边为深熔作用过程中形成的，钾长浅色体为深熔熔体的结晶产物。实际上，这些年龄数据与本研究所获得同期的岩浆年龄基本一致。其所测对象与本书的具有钾长脉体的夕线片麻岩一致。

Guan 等（2002）所测定的湾子岩系浅粒岩的地球化学特征显示正片麻岩性质。由于该浅粒岩或细粒长英质片麻岩明显的层状特征，Guan（2000）提出了含有这些锆石的岩石原岩为火山碎屑岩的解释。其中，锆石呈灰色，自形，具生长环带，U、Th 含量很高，Th/U 值为 0.15～0.58，属岩浆锆石，但内部结构不均匀（孙敏和关鸿，2001）。关鸿通过 SHRIMP U-Pb 测年分析结果给出 2096±46Ma 的上交点年龄，代表锆石自岩浆结晶的年龄（Guan，2000），Guan 等（2002）认为湾子岩系中可能为火山序列的部分与南营片麻岩的侵入年龄相同，继而把两者均归因于 2.1～2.05Ga 前发生过一次显著的岩浆（火山）事件（表 2.16）。

表 2.16　湾子岩系和阜平杂岩的一些年龄数据

地质单元	岩石类型	分析方法	年龄/Ma	地质解释	资料来源
湾子岩系	二云钾长片麻岩	颗粒锆石化学法	2013～2107	碎屑锆石	吴昌华等，2000
	含夕线石片麻岩	SHRIMP	2109±5		Zhao *et al.*，2002
	含夕线石片麻岩	LA-ICP-MS	2100		Xia *et al.*，2006c
	细粒长英质片麻岩	SHRIMP	2097±46	喷出年龄	Guan *et al.*，2002
	石英岩	SHRIMP	2093±42	注入熔融	本次研究
	浅粒岩中混合岩团块	颗粒锆石化学法	2080±70	深熔年龄	程裕淇等，2000
	钾长浅粒岩	SHRIMP	2081±47		李基宏等，2005
	副片麻岩	化学 U-Pb 法	2025+46/-36	变质年龄	Liu *et al.*，1985
	含夕线石片麻岩	LA-ICP-MS	1825～1843		Xia *et al.*，2006c

续表

地质单元	岩石类型	分析方法	年龄/Ma	地质解释	资料来源
南营片麻岩	片麻状花岗岩	SHRIMP	2045±64	侵位或变质年龄	Guan *et al.*, 2002
	二长花岗质片麻岩	SHRIMP	2077±13		Zhao *et al.*, 2002
	花岗闪长质片麻岩	SHRIMP	2024±21		Zhao *et al.*, 2002
	浅色片麻岩	全岩 Sm–Nd 等时线	2123±55	深熔和侵位变质年龄	刘树文等，2000
	二长花岗岩	全岩 Rb–Sr 等时线	1933±80		刘树文等，2000
	花岗闪长质片麻岩	SHRIMP	1850±9.6	变质年龄	Zhao *et al.*, 2002

孙敏和关鸿（2001）指出，阜平地区有一期 2.05Ga 的岩浆活动，以岗南岩体和南营花岗片麻岩为代表。南营花岗片麻岩代表了 2077±13Ma 和 2024±21Ma 前侵位的深熔花岗岩（Guan *et al.*，2002；Zhao *et al.*，2002），属于准铝质–过铝质高钾钙碱性系列，派生于阜平 TTG 片麻岩并有湾子副片麻岩的混染介入（Liu *et al.*，2005）。刘树文等（2002）认为 2.1～2.0Ga 的花岗岩可广泛分布于吕梁山–太行山–恒山–五台山变质地块中，是吕梁运动的产物，代表了太行山–恒山变质地块的活化事件，即存在 2.1～2.0Ga 的深熔花岗岩侵位结晶事件。

Zhao 等（2002）获得夕线片麻岩中的锆石 SHRIMP U-Pb 谐和年龄 2109±5Ma，认为此类锆石属碎屑来源，湾子表壳岩的形成时代应小于 2109Ma（Zhao *et al.*，2002）。吴昌华等（2000）对夕线石二云母钾长片麻岩采用单颗粒锆石化学方法获得了 2013Ma、2082Ma 和 2107Ma 的 $^{207}Pb/^{206}Pb$ 年龄，也认为是碎屑锆石的年龄。Xia 等（2006c）在有钾质脉体的夕线片麻岩的岩石中获得大量的 2.1～2.0Ga 年龄，认为相当于碎屑锆石的年龄。

（3）2.1～2.0Ga 事件的性质。

根据本研究的情形，不排除这些锆石属于沉积-变质之后重新注入熔体结晶的可能。阜平杂岩中 2.1～2.0Ga 岩浆作用实际上包括了花岗岩（包括南营花岗岩、岗南花岗岩等）的侵位、片麻岩中的“深熔团块”和熔体注入所引起的混合岩化作用以及一些副变质岩（如石英岩）中的少量熔体活动。

关于 2.1～2.0Ga 岩浆活动及其相关的地质意义，王惠初等（2005）认为华北地台 2.0～2.2Ga 事件的性质尚有许多不确定性。杨崇辉等（2011a）和杜利林等（2009）认为该期岩浆事件与华北克拉通的陆内伸展活动有关。

钾长浅粒岩中的钾长伟晶质团块或脉状体主要由微斜长石和石英组成。这些长英质条带或伟晶质团块有时与片麻理谐和一致（程裕淇等，2000），说明熔体注入的时间与湾子片麻岩的变形–变质阶段基本同期；有时也切割夕线片麻理，表明部分伟晶质团块晚于片麻岩的片麻理。

不论是熔体注入还是深熔成因，上述脉体因可切割片麻理，其年龄限定了变形–变质（片麻理）事件的年龄应不小于脉体的结晶年龄 2.1～2.0Ga，因此，李基宏等（2005）提出，阜平杂岩存在 2.1Ga 左右的变质（深熔）作用，而不是简单的只有 1.8Ga 的变质作用。Trap 等（2008）也认为 2.1～2.0Ga 可能代表了区域高温变质作用和有关的混合岩化作用的时间，并认为阜平杂岩的盆–隆构造起因于 SN 向的缩短、EW 向拉伸所造成的区域共轴应变，同时伴随有深熔岩石和深熔花岗岩的垂直隆升和~2.1Ga前的大规模热事件。

本书的研究表明，石英岩中2.1~2.0Ga的渗透式混合作用与Trap等（2008）推断的该时期发生了区域高温变质作用和混合岩化作用是一致的。

翟明国（2004）以及翟明国和彭澎（2007）已意识到，在华北克拉通内1.9~2.1Ga沿古元古代活动带形成了一些凹陷盆地和随后强烈的变形-变质作用。此外，华北克拉通很多部位出现2.0~2.1Ga阶段的岩浆过程，如北缘（钟长汀等，2007）、内蒙古贺兰山地区有~2.05Ga和1.92~1.95Ga的花岗岩浆事件（耿元生等，2009），太行山和五台山地区（杜利林等，2009；杨崇辉等，2011a）以及胶辽-吉带、朝鲜半岛等。

通过资料对比得知，石英岩中大部分的锆石颗粒（主要为~2.5Ga的碎屑锆石）经受了2.1~2.0Ga的岩浆增生，形成少量的岩浆锆石，该年龄与Zhao等（2002）所描述的南营二长花岗片麻岩中的锆石较为相似；少数锆石还经历了1.88~1.80Ga的变质事件改造，使得一些岩浆锆石外缘形成少量的亮边。

随后的1.92Ga和1.85Ga的事件得到许多研究者的关注，Santosh等（2007）确定UHT（超高温）高级变质作用事件发生在1.92Ga，而Zhao等（2010）更是识别出了~1.95Ga和~1.85Ga两次变质事件。

（4）对副片麻岩沉积年龄的限定。

副变质岩中的碎屑锆石可用来限定沉积作用的时代（Wan *et al.*，2006；Xia *et al.*，2006a，2006b）。这样做需要一个前提，岩石中的锆石要么为碎屑来源、要么为变质成因，不能有可形成新的岩浆锆石的熔体活动。阜平杂岩及其中的湾子岩系发生了中-高级变质作用，并经历过明显的混合岩化改造，相应的长英质岩石中既可以有野外宏观的熔体注入现象，也可出现显微尺度下的熔体渗入过程。

在湾子岩系中副变质的夕线片麻岩、二长片麻岩、浅粒岩中含有较多的具有振荡环带的岩浆锆石，通常认为这些具有岩浆结晶特征的锆石是碎屑来源，并由此限定碎屑沉积的时代（Wan *et al.*，2006；Xia *et al.*，2006c；吴昌华，2007），根据这类锆石的年龄，一些作者认为湾子岩系的沉积作用应在2.0Ga之后（Zhao *et al.*，2002）。但是如果这些锆石是在2.1~2.0Ga期间的岩浆活动、混合岩化作用过程中老锆石的同位素体系发生了重置或新生成的具有弱环带的锆石，那么这种推论就缺少充分的依据。从地质上看，湾子岩系的一些变质表壳岩以包体、透镜体形式产于2077~2024Ma的南营片麻岩中（刘树文和梁海华，1997）和~2100Ma的混合片麻岩中（Trap *et al.*，2008），说明湾子岩系形成时代应老于2100Ma，而不应小于2000Ma。在区域上2.1~2.0Ga的岩浆事件和混合岩化事件较强烈，既有较大规模的岩浆侵入（如岗南花岗岩）也有分布较广的混合岩脉体和团块，尽管表现形式有所区别，但都是同一岩浆事件的产物。正是这期岩浆事件使湾子岩系石英岩中的一些碎屑锆石的同位素体系发生了重置，尽管还保留有较密集的岩浆环带，但是年龄已经被年轻化。在这期事件中湾子岩系石英岩中还生成了一些振荡环带不很发育的新生锆石（多表现为锆石的幔部）。因此湾子岩系石英岩中2.1~2.0Ga具有岩浆振荡环带或弱振荡环带的锆石，并不是碎屑锆石，而是2.1~2.0Ga岩浆活动再造或新生的产物。这些锆石的年龄不能用来限定变质沉积岩的沉积时代，而是记录了一期岩浆热液活动的时间。由此，我们认为在中-高级变质地区，尤其是经历过混合岩化改造地区采用副片麻岩中具有岩浆环带锆石的年龄来限定沉积时限需要慎重。

4. 结论

（1）阜平杂岩中有大量的浅色熔体脉，外来岩浆活动形成侵入脉体、条带和一些侵入岩以及广泛的混合岩化作用。强烈的混合岩化作用使得在长英质片麻岩中可形成较明显的熔体注入，甚至在一些不易片理化的岩石中形成浸染状熔体渗入。

（2）索家庄岩组磁铁石英岩、元坊岩组钙镁硅酸盐岩锆石测年结果也有类似的情形。而且，较老的具有岩浆环带的锆石年龄未必代表其形成时代，同位素体系受后期改造、重置的可能性还是存在的。锆石边部年龄也未必代表晚期的变质事件的年代，同样不排除后期岩浆活动的影响。

（3）对于经历了变形-变质作用和混合岩化改造的阜平杂岩，在遭受熔体渗透式混合岩化作用的过程中，岩石成分发生了改变，即体系属于开放系统。由于熔体的渗透，在片麻岩中可形成一些岩浆锆石，若这些岩浆锆石出现在副片麻岩中，很容易被当作碎屑锆石。湾子岩系石英岩中有大量的锆石具有约2.5Ga的年龄，代表了碎屑锆石的时代；因石英岩中也发生了一定量的熔体渗入，2.0～2.1Ga的锆石即此活动的反映，是“碎屑锆石”的可能性不大，2.0～2.1Ga的年龄即反映了这次熔体注入活动或混合岩化作用的时代，限定了原岩沉积时代老于、而不是晚于此年龄。对于中-高级变质、尤其是经历了显著熔体注入或混合岩化作用影响的副变质岩，可能有一定数量的锆石与新的熔体结晶有关，采用副变质岩碎屑锆石年龄限定原岩沉积时代需慎重。

（4）在阜平杂岩以及其中的湾子岩系中，伴随着2.1～2.0Ga的岩浆活动和广泛的混合岩化作用，发生了相当时期的变形-变质作用，脉体团块对片麻理的切割表明变形-变质作用的年龄不晚于此时代；而～1.85Ga发生的是另一次变形-变质事件，伴有少量的脉体、伟晶岩活动。

2.7 吕梁地区前寒武纪地层

2.7.1 吕梁杂岩的组成

吕梁地区早前寒武纪岩系分布较广，除变质深成岩之外，出露的变质地层有界河口岩群、吕梁群、岚河群、野鸡山群及黑茶山群。以往把它们作为自下而上的沉积序列（山西地质矿产局，1989），现在多认为它们为构造叠置关系或相变关系，并不是一个连续的沉积叠置序列（吴昌华等，1997；万渝生等，2000）（图2.66）。

2.7.2 界河口岩群

2.7.2.1 界河口岩群的基本特征

界河口岩群是吕梁地区最老的变质地层。主要分布在山西省兴县、方山县、岚县、临

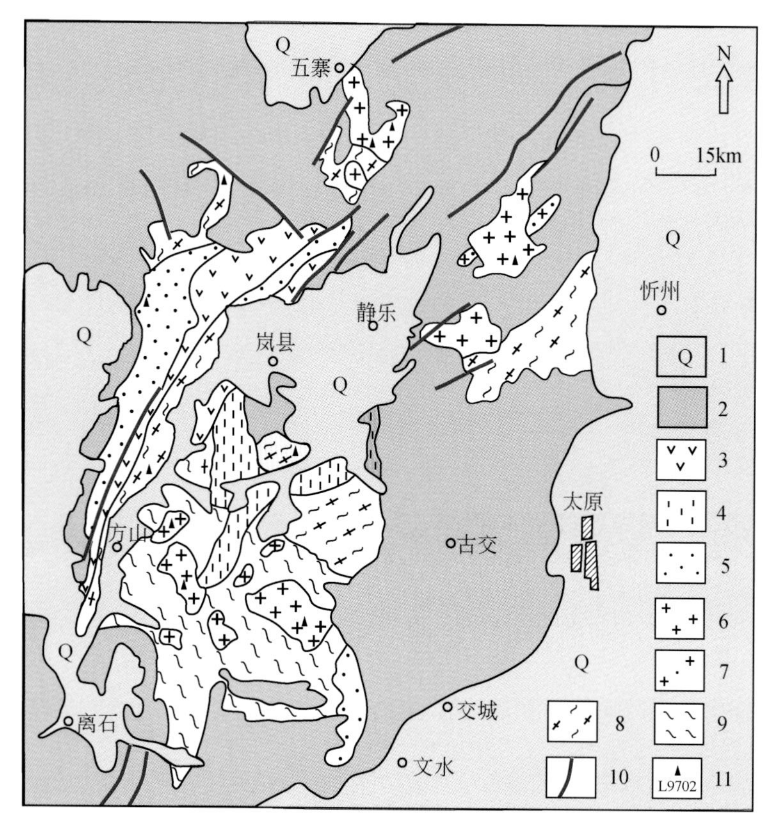

图 2.66 吕梁山中段前寒武系简图（据耿元生等，2006）

1. 第四系；2. 古生界到中生界盖层；3. 野鸡山群；4. 吕梁群；5. 界河口群；6. 古元古代末期花岗岩；7. 含辉石石英二长岩；8. 片麻状花岗闪长岩；9. 混合质花岗片麻岩；10. 断裂；11. 采样点和编号

县一带，在岢岚县宁家岔、离石县上白霜、阳县禅房、交城县西榆皮等地也有零星出露。在兴县交楼申-方山县阳平一带出露比较完整，在其他地区则较零星。山西省地质矿产局（1989）将这套岩层自下而上划分为奥家滩组、小蛇头组、黑崖寨组、马国寨组以及烧炭沟组。山西省地矿局在进行地层清理时认为该套地层在交楼申一带出露地连续完整，地层成层有序，自下而上划分为园子坪组、阳平上组和贺家湾组。而在岚县、文水等地出露的地层不完整，属于成层无序，根据不同地区的出露组合划分为奥家滩岩组、黑崖寨岩组和长数山岩组（沈其韩等，1996）。无论地层如何划分，界河口岩群主体由（含夕线石）二云片岩、黑云片岩、（含石墨）黑云变粒岩、大理岩、斜长角闪岩等组成。其原岩是黏土质碎屑岩和碳酸盐岩为主的陆源碎屑-碳酸盐建造，夹少量的基性火山岩。由于界河口岩群的原岩以泥砂质和碳酸盐岩为主，局部含有石墨，因此有的研究者认为这是一套孔兹岩系，可与华北克拉通北缘的孔兹岩系进行对比（吴昌华等，1997；万渝生等，2000；Zhao *et al.*，2008）。

界河口岩群变形比较强烈，紧闭褶皱主体近 SN 走向。该岩群经历了角闪岩相-高角闪岩相的变质改造，局部混合岩化较强，在片岩和变粒岩中有基本顺片麻理分布的长英质脉体。由于界河口群的原岩以泥砂质-碳酸盐为主，其形成时代一直难以准确限定。耿元生等（2000）根据全岩 Sm-Nd 模式年龄和碎屑锆石的年龄判断界河口岩群形成于 2600 ~ 2400Ma；刘建忠等（2001）根据斜长角闪岩的全岩 Sm-Nd 等时线年龄认为界河口岩群形成于新太古代，并经历了 2464Ma 左右的变质改造；万渝生等（2000）根据碎屑锆石的颗粒锆石化学法得到的结果认为界河口岩群形成于古元古代，吴昌华等（1997）和 Zhao 等（2008）也认为界河口岩群形成于古元古代。显然，对于界河口岩群的形成时代还缺少可靠的同位素年龄限定。

2.7.2.2　界河口岩群的锆石年龄测定

1. 条带状石榴黑云斜长片麻岩（LL01-6）

条带状石榴黑云斜长片麻岩（LL01-6）采自交城县西榆皮，地理坐标为 37°29.53′N，111°54.15.7′E，岩石灰-白色，呈细条带状（图 2.67），在采样点附近有长英质脉斜切过片麻岩的条带。该样品的矿物组合有石榴子石、夕线石、黑云母、钾长石、斜长石、石英、红柱石和独居石。共对样品中的 11 粒锆石进行了 15 个点的 SHRIMPU-Pb 分析，其中位于锆石边部的 4.2、7.2 和 9.2 号分析点的 $^{232}Th/^{238}U$ 值分别为 0.05、0.06 和 0.07，明显小于 0.1，属于变质锆石。它们给出的 $^{207}Pb/^{206}Pb$ 年龄分别为 1899±5Ma、1845±7Ma 和 1926±6Ma（表 2.17）。这三个分析点给出的年龄值与华北克拉通中部带 1.93Ga 和 1.85Ga 的变质事件的时间一致，代表了该样品经历古元古代末变质事件改造的时间。其他 12 个分析点多位于锆石的中部，其中最老的一个锆石的年龄为 2746Ma，表明物源区有较老岩石的存在。其他的点在谐和图上显示出 ~2.5Ga 和 2.2 ~ 2.0Ga 两个族群［表 2.17，图 2.68（a）、（b）］，但是目前尚无法判断不同族群所代表的地质含义。

图 2.67　界河口群的条带状石榴黑云斜长片麻岩（LL01-6）

表 2.17 界河口岩群主要岩类测年结果

分析点号	U /10^{-6}	Th /10^{-6}	^{232}Th/^{238}U	^{206}Pb* /10^{-6}	^{207}Pb/^{206}Pb 年龄/Ma	±16	不谐和性 /%	^{207}Pb*/^{206}Pb*	±%	^{207}Pb^r/^{235}U	±%	^{206}Pb*/^{238}U	±%	相关误差性
石榴黑云斜长片麻岩（LL01-6）														
LL01-6-1.1	47	38	0.83	19.9	2547	25	0	0.1690	1.5	11.34	2.2	0.4866	1.7	0.739
LL01-6-2.1	66	50	0.78	24.3	2335	14	2	0.1490	0.8	8.80	1.9	0.4283	1.7	0.900
LL01-6-3.1	110	53	0.49	50.5	2746	26	0	0.1904	1.6	14.02	2.1	0.5342	1.4	0.669
LL01-6-4.1	908	603	0.69	234.4	2137	9	21	0.1329	0.5	5.50	1.3	0.3000	1.2	0.926
LL01-6-4.2	1021	46	0.05	261.0	1899	5	12	0.1162	0.3	4.76	1.3	0.2974	1.2	0.980
LL01-6-5.1	196	119	0.63	67.2	2198	14	1	0.1376	0.8	7.58	1.5	0.3995	1.3	0.856
LL01-6-6.1	103	50	0.50	41.6	2451	23	-2	0.1596	1.4	10.38	2.3	0.4718	1.8	0.802
LL01-6-6.2	811	303	0.39	313.8	2355	5	-2	0.1508	0.3	9.35	1.3	0.4497	1.2	0.971
LL01-6-7.1	148	65	0.45	60.3	2435	7	-3	0.1581	0.4	10.33	1.6	0.4741	1.6	0.967
LL01-6-7.2	833	45	0.06	165.2	1845	7	28	0.1128	0.4	3.59	1.3	0.2305	1.3	0.960
LL01-6-8.1	112	64	0.59	43.1	2369	9	-1	0.1521	0.5	9.37	1.5	0.4470	1.4	0.936
LL01-6-9.1	285	82	0.30	103.8	2576	8	12	0.1719	0.5	9.99	1.4	0.4213	1.3	0.932
LL01-6-9.2	1038	69	0.07	252.1	1926	6	17	0.1180	0.3	4.59	1.3	0.2820	1.2	0.970
LL01-6-10.1	236	78	0.34	98.4	2531	24	-1	0.1673	1.4	11.17	2.0	0.4844	1.4	0.716
LL01-6-11.1	209	172	0.85	77.8	2344	6	1	0.1499	0.4	8.96	1.4	0.4338	1.3	0.961
中粒斜长角闪岩（LL03-5）														
LL03-5-1.1	158	8	0.05	48.4	1924	10	-2	0.1179	0.5	5.80	1.2	0.3570	1.1	0.896
LL03-5-2.1	33	2	0.07	10.1	1962	25	-1	0.1204	1.4	5.94	2.0	0.3581	1.5	0.726
LL03-5-3.1	49	2	0.04	14.6	1919	21	0	0.1176	1.1	5.65	1.8	0.3483	1.3	0.761
LL03-5-4.1	1249	73	0.06	256.0	1737	8	21	0.1063	0.4	3.49	1.1	0.2382	1.0	0.910
LL03-5-4.2	198	9	0.05	56.0	1917	10	4	0.1174	0.5	5.33	1.2	0.3292	1.1	0.893
LL03-5-5.1	263	23	0.09	72.0	1966	8	9	0.1207	0.4	5.30	1.1	0.3185	1.1	0.927
LL03-5-5.2	60	4	0.07	14.1	1897	23	18	0.1161	1.3	4.38	1.9	0.2738	1.3	0.715
LL03-5-6.1	43	3	0.06	12.0	1945	19	6	0.1193	1.1	5.37	1.8	0.3268	1.4	0.791
LL03-5-7.1	140	6	0.04	40.9	1933	11	2	0.1184	0.6	5.55	1.3	0.3402	1.1	0.878
LL03-5-7.2	264	20	0.08	71.2	1929	8	9	0.1182	0.4	5.11	1.1	0.3136	1.0	0.919
LL03-5-8.1	84	5	0.06	24.5	1942	19	3	0.1191	1.1	5.56	1.6	0.3385	1.2	0.748
LL03-5-9.1	131	16	0.13	39.4	1959	11	1	0.1202	0.6	5.80	1.3	0.3500	1.1	0.871
LL03-5-10.1	222	18	0.08	68.1	1938	7	-1	0.1188	0.4	5.84	1.1	0.3567	1.1	0.931
LL03-5-11.1	66	6	0.10	18.1	1920	16	7	0.1176	0.9	5.17	1.6	0.3191	1.3	0.818
LL03-5-12.1	114	7	0.06	32.3	1962	11	6	0.1204	0.6	5.50	1.3	0.3311	1.1	0.880
LL03-5-13.1	154	6	0.04	46.3	1913	9	-1	0.1172	0.5	5.65	1.2	0.3497	1.1	0.908
LL03-5-13.2	84	4	0.05	25.7	1933	17	-2	0.1184	1.0	5.83	2.0	0.3570	1.8	0.882

续表

分析点号	U /10^{-6}	Th /10^{-6}	$^{232}Th/^{238}U$	$^{206}Pb^*$ /10^{-6}	$^{207}Pb/^{206}Pb$ 年龄/Ma	±16	不谐和性/%	$^{207}Pb^*/^{206}Pb^*$	±%	$^{207}Pb^r/^{235}U$	±%	$^{206}Pb^*/^{238}U$	±%	相关误差性
中粒斜长角闪岩（LL03-5）														
LL03-5-14. 1	47	2	0. 05	14. 4	1955	19	0	0. 1199	1. 1	5. 86	1. 7	0. 3541	1. 3	0. 787
LL03-5-15. 1	215	12	0. 06	67. 7	1930	7	-5	0. 1183	0. 4	5. 99	1. 1	0. 3675	1. 0	0. 931
LL03-5-16. 1	56	3	0. 06	18. 0	1947	14	-5	0. 1194	0. 8	6. 14	1. 5	0. 3730	1. 3	0. 845
LL03-5-17. 1	93	5	0. 06	28. 6	1901	12	-3	0. 1163	0. 7	5. 71	1. 4	0. 3561	1. 2	0. 869
LL03-5-18. 1	121	4	0. 04	38. 1	1949	10	-3	0. 1195	0. 6	6. 02	1. 2	0. 3651	1. 1	0. 892
LL03-5-19. 1	1124	109	0. 10	195. 3	1569	7	24	0. 0971	0. 4	2. 70	1. 0	0. 2019	1. 0	0. 936
二云母石英及岩（LL14-1）														
LL14-1-1. 1	190	128	0. 69	71. 2	2272	7	-3	0. 1437	0. 4	8. 63	1. 1	0. 4359	1. 1	0. 926
LL14-1-2. 1	371	97	0. 27	123. 0	2060	6	-2	0. 1272	0. 3	6. 76	1. 1	0. 3857	1. 0	0. 952
LL14-1-3. 1	99	46	0. 48	32. 6	2057	11	-2	0. 1270	0. 6	6. 73	1. 3	0. 3841	1. 2	0. 883
LL14-1-4. 1	186	219	1. 22	66. 7	2157	12	-4	0. 1345	0. 7	7. 69	1. 3	0. 4148	1. 1	0. 840
LL14-1-5. 1	583	332	0. 59	168. 4	2013	6	7	0. 1239	0. 3	5. 73	1. 1	0. 3355	1. 0	0. 945
LL14-1-7. 1	179	60	0. 35	53. 5	2152	10	11	0. 1341	0. 5	6. 43	1. 2	0. 3477	1. 1	0. 889
LL14-1-8. 1	105	38	0. 37	36. 4	2167	9	-1	0. 1352	0. 5	7. 52	1. 7	0. 4033	1. 6	0. 947
LL14-1-9. 1	107	33	0. 32	35. 5	2060	10	-2	0. 1272	0. 6	6. 78	1. 3	0. 3866	1. 1	0. 888
LL14-1-10. 1	237	97	0. 42	75. 8	2018	39	0	0. 1242	2. 2	6. 31	2. 4	0. 3681	1. 1	0. 437

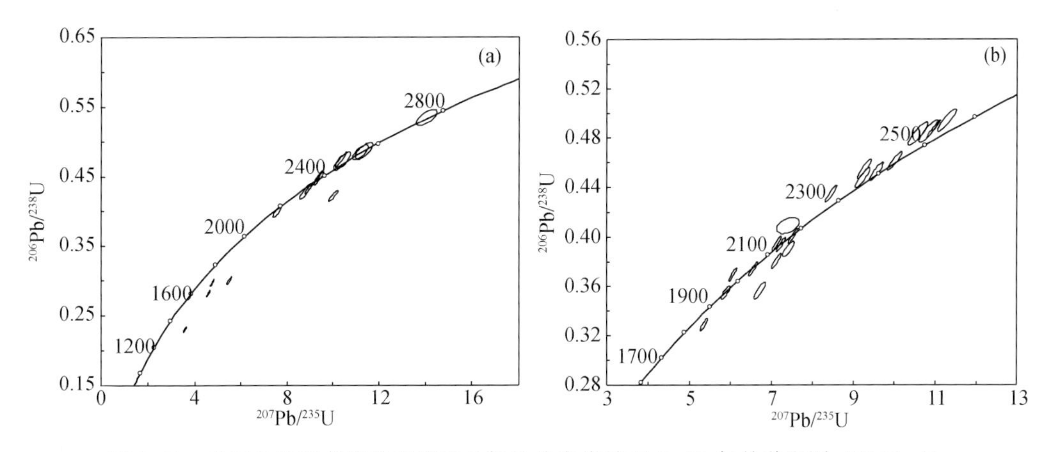

图 2. 68　界河口岩群条带状石榴黑云斜长片麻岩锆石 U-Pb 年龄谐和图（LL01-6）

2. 斜长角闪岩（LL03-5）

斜长角闪岩样品（LL03-5）采自交城县西榆皮，地理坐标为 37°30. 03. 9′N，111°54. 03. 9′E。采样地周围以黑云斜长片麻岩为主，斜长角闪岩宽 3m 左右，与片麻岩平行接触。局部在宽的斜长角闪岩边部有较窄的（10cm 左右）斜长角闪岩小角度穿入片麻岩中（图 2.69）。从产状上看斜长角闪岩很可能是侵入到片麻岩中的变质变形的基性岩脉。样品采自宽的斜长角闪岩，主要由单斜辉石、斜方辉石、角闪石和斜长石组成，含少量的黑云母和磁铁矿，这种组合与基性岩浆岩的组合类似。对该样品中 19 粒锆石进行了 23 个点的 SHRIMP U-Pb 分析（表 2.17），锆石的 U 和 Th 的含量分别为 $33\times10^{-6}\sim1124\times10^{-6}$ 和 $2\times10^{-6}\sim109\times10^{-6}$，所有分析点的 $^{232}Th/^{238}U$ 值都很低，绝大部分分析点的 Th/U 值为 0.05～0.08，表明所分析的点绝大部分为变质成因。扣除 3 个 Th/U 值较高的分析点后，20 个分析点的 $^{207}Pb/^{206}Pb$ 加权平均年龄为 1936±8Ma（图 2.70）。这一结果表明，斜长角闪岩中的锆石主要为变质锆石，记录了 1.93Ga 左右的变质事件，也表明界河口岩群的形成时代要老于 1.93Ga。

图 2.69 界河口岩群中粒斜长角闪岩（LL03-5）

3. 二云母长石石英片岩（LL14-1）

二云母长石石英片岩（LL14-1）样品采自兴县东会乡阳平上，地理坐标为38°09.29.1′N，111°16.33.1′E。采样地以粗粒的黑云透辉变粒岩、透闪透辉变粒岩为主，二云母长石石英片岩在其中为 20cm 厚的夹层产出，粒度较细，硬度较大，具有较细的条纹条痕状构造（图 2.71）。二云母长石石英片岩主要矿物成分为白云母、黑云母、微斜长石、斜长石和石英，少部分斜长石具有钠长石净边，意味着可能受到了混合岩化作用的影响。样品中的锆石具有较密集的振荡环带，少溶蚀、少变质增生边，表明它们可能为岩浆成因。对该样品中的 9 粒锆石的 9 个点进行了 SHRIMP U-Pb 分析（表 2.17）。在所分析的 9 个点中，除 5.1 点和 7.1 点有较明显的铅丢失，位于谐和线之下外，其他分析点基本位于谐和线上或附近，但是年龄结果明显不同，2 个点的加权平均年龄为 2159±12Ma，另外 3 个点的加权平均年龄为 2059±9Ma，还有一个（10.1）获得了更加年轻的数据（图 2.72）。这些锆石

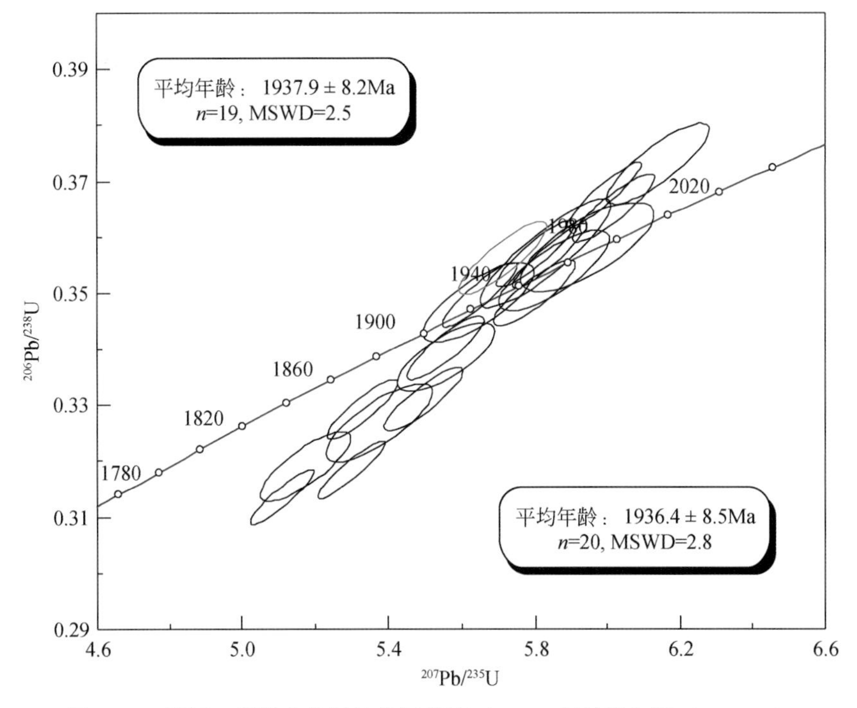

图 2.70　界河口岩群中粒斜长角闪岩锆石 U-Pb 年龄谐和图（LL03-5）

具有岩浆特征，应该代表岩浆锆石的结晶时代，但是由于所分析的数据比较少，目前还很难判断这两组年龄的地质含义。

图 2.71　界河口岩群二云母长石石英片岩（LL14-1）

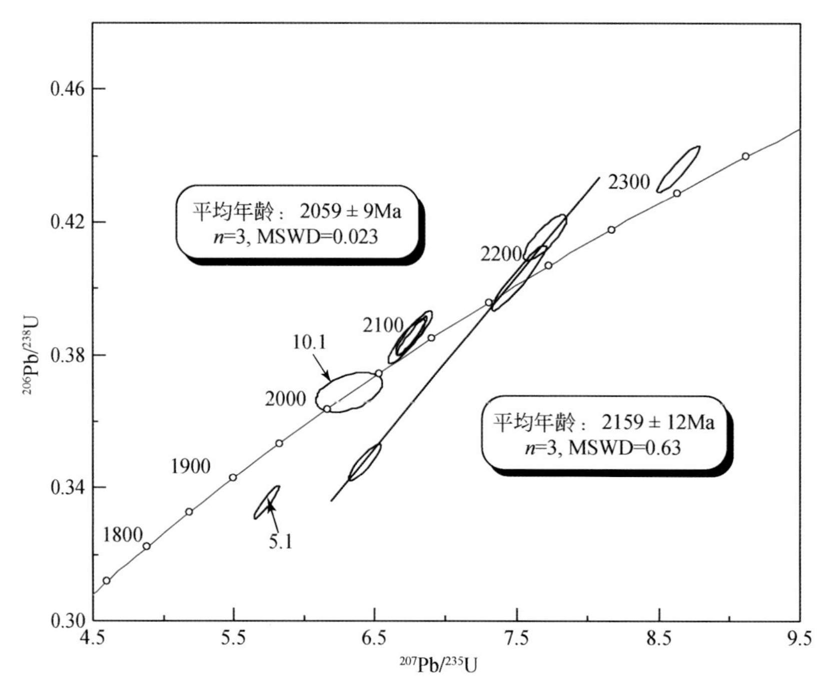

图 2.72 界河口岩群二云母长石石英片岩锆石 U-Pb 年龄谐和图（LL14-1）

4. 侵入界河口岩群的黑云母花岗闪长岩（LL02-1）

该样品采自交城县西榆皮，地理坐标为 37°29.56.5′N，111°54.11.2′E。采样地附近的黑云母花岗闪长岩侵入到界河口岩群的片麻岩之中，在黑云母花岗岩中见有黑云角闪片麻岩的包体（图 2.73），表明黑云母花岗闪长岩形成于界河口岩群形成之后。进行测年的样品主要由黑云母、微斜长石、斜长石（具有钠长石净边）和石英组成，斜长石呈半自形，反映了一定程度的岩浆结晶特点。部分斜长石和黑云母已退变成绿帘石、绿泥石。阴极发光下大部分锆石有黑色生长边，个别有白色生长边。Th/U 值较高，大多大于 1，表明它们是岩浆成因的。对该样品中的 17 粒锆石进行了 17 个点的 SHRIMP U-Pb 分析（表 2.18），除 3 个点有较明显的铅丢失位于谐和线之下、一个相对较老外，其他 13 个分析点基本位于谐和线上，给出的加权平均年龄为 1827±6Ma（图 2.74），代表岩浆侵位时代。该年龄与区域上广泛出现的 1.85Ga 的变质事件时代相近，表明在古元古代末变质事件发生时伴有一些花岗岩或花岗闪长岩的侵位。

表 2.18 界河口岩群主要岩类测年结果

分析点号	U /10^{-6}	Th /10^{-6}	^{232}Th/^{238}U	^{206}Pb* /10^{-6}	^{207}Pb/^{206}Pb 年龄/Ma	±16	不谐和性 /%	^{207}Pb^r/^{206}Pb^r	±%	^{207}Pb^r/^{235}U	±%	^{206}Pb*/^{238}U	±%	误差相关性
LL02-1-1.1	142	208	1.51	38.7	1833	13	3	0.1121	0.7	4.91	1.4	0.3176	1.2	0.867
LL02-1-2.1	285	527	1.91	74.4	1847	10	8	0.1130	0.6	4.73	1.3	0.3035	1.2	0.895

续表

分析点号	U /10^{-6}	Th /10^{-6}	$^{232}Th/^{238}U$	$^{206}Pb^*$ /10^{-6}	$^{207}Pb/^{206}Pb$ 年龄/Ma	±1б	不谐和性 /%	$^{207}Pb^r/^{206}Pb^r$	±%	$^{207}Pb^r/^{235}U$	±%	$^{206}Pb^*/^{238}U$	±%	误差相关性
LL02-1-3.1	572	1246	2.25	121.0	1799	7	21	0.1100	0.4	3.73	1.2	0.2458	1.1	0.946
LL02-1-4.1	136	168	1.28	36.6	1824	12	4	0.1115	0.6	4.81	1.4	0.3131	1.2	0.890
LL02-1-5.1	104	30	0.30	30.0	1908	13	2	0.1168	0.8	5.40	1.5	0.3352	1.3	0.859
LL02-1-6.1	97	116	1.25	26.6	1821	13	1	0.1113	0.7	4.92	1.5	0.3209	1.3	0.868
LL02-1-7.1	121	129	1.10	33.4	1850	11	3	0.1131	0.6	4.99	1.6	0.3196	1.5	0.922
LL02-1-8.1	622	691	1.15	146.9	1807	6	13	0.1104	0.3	4.19	1.2	0.2749	1.1	0.963
LL02-1-9.1	137	189	1.42	38.2	1816	11	0	0.1110	0.6	4.96	1.4	0.3239	1.3	0.900
LL02-1-10.1	170	260	1.59	46.4	1842	17	3	0.1126	0.9	4.95	1.5	0.3187	1.2	0.795
LL02-1-11.1	113	161	1.47	31.0	1812	15	2	0.1108	0.8	4.85	1.5	0.3178	1.2	0.833
LL02-1-12.1	214	249	1.20	56.8	1829	11	5	0.1118	0.6	4.76	1.3	0.3089	1.2	0.901
LL02-1-13.1	454	484	1.10	109.3	1818	8	12	0.1111	0.4	4.29	1.2	0.2799	1.1	0.931
LL02-1-14.1	235	374	1.64	64.8	1811	9	1	0.1107	0.5	4.89	1.3	0.3206	1.2	0.928
LL02-1-15.1	134	175	1.34	38.2	1820	11	-1	0.1113	0.6	5.07	1.4	0.3307	1.2	0.893
LL02-1-16.1	352	454	1.33	97.2	1830	7	2	0.1119	0.4	4.95	1.3	0.3211	1.2	0.953
LL02-1-17.1	149	185	1.28	41.3	1815	11	1	0.1109	0.6	4.93	1.4	0.3222	1.2	0.902

图2.73　黑云母花岗闪长岩（LL02-1）

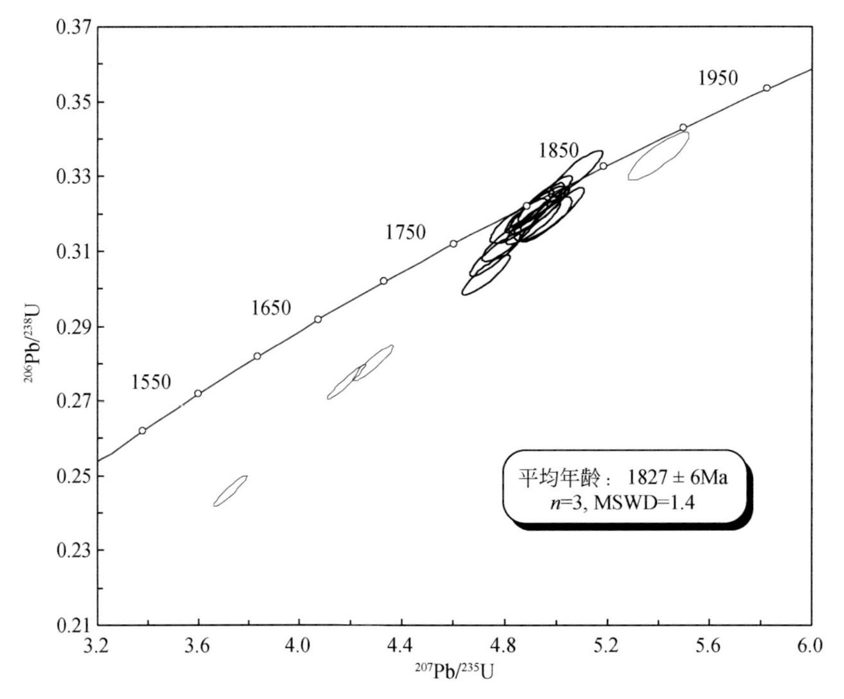

图 2.74　侵入界河口花岗岩的黑云母花岗闪长岩锆石 U-Pb 年龄谐和图（LL02-1）

2.7.3　吕　梁　群

2.7.3.1　吕梁群的基本特征

吕梁群主要分布在吕梁山中部，北起岚县南到西川河以南，西起赤坚岭东侧向东到娄烦一带。最初北京地质学院山西大队在建立吕梁群的时候，只是把赤坚岭-关帝山一带的片麻岩定义为吕梁群，其内部并未分组。20 世纪 60 年代末至 70 年代初，山西省地质局区调队在该区进行 1∶20 区域地质调查过程中，将吕梁群划分为 10 个组。山西省地质矿产局（1989）在山西省区域地质总结时，将吕梁群划分为 7 个组，自下而上分别为青杨沟组、周家沟组、宁家湾组、袁家村组、裴家庄组、近周峪组和杜家沟组。后来有的研究者认为吕梁群中原划分的部分组实际上是变形的花岗岩，有的是地层的重复，因此只保留了原七组划分中上部四组的名称（于津海等，1997a）。根据山西省地质调查院（2003）所测制 1∶25 万岢岚幅地质图及本项目的研究，杜家沟组的主体应为糜棱岩化的浅火山岩。从目前的研究看，吕梁群主要由变质长石石英砂岩、变粉砂岩、绢云绿泥千枚岩、角闪绿泥片岩、斜长角闪岩、变质流纹岩、铁英岩等组成。总体上看，吕梁群下部以碎屑岩夹含铁建造为主，上部以基性火山岩和酸性火山岩为主。有的研究者认为基性火山岩和酸性火山岩构成了双峰式火山岩（于津海等，1997a）。

吕梁群地层近 SN 走向，总体倾向 E，在南部靠近西川河断裂带地层转为走向 NW，倾向NE（于津海等，1997b）。吕梁群地层为东老西新的倒转地层，说明变形较强。吕梁群总体变质程度较低，多为低角闪岩相，靠近西川河断裂带，变质程度增高，可能与晚期断裂的韧性活动有关（于津海等，1997b）。吕梁群是吕梁山地区重要的含铁层位，以往根据与五台群含铁岩系的对比，认为吕梁群形成于太古宙。张其春等（1988）根据吕梁群上部火山岩2471Ma的全岩Sm-Nd等时线数据，推断吕梁群形成于太古宙。于津海根据吕梁群基性火山岩和变质流纹岩中锆石常规U-Pb法的年龄结果认为吕梁群形成于2.1Ga左右，耿元生等（2000）则根据基性火山岩的Sm-Nd全岩等时线和变质凝灰岩锆石常规化学法的年龄结果认为吕梁群形成于2.35Ga左右。

吕梁群上部的基性火山岩和酸性火山岩构成了双峰式火山岩，形成于拉张环境。流纹岩富集LIL和HFS元素且具高的Rb/Sr和Ga/Al值，显示出与A型花岗质岩石的相似性。玄武岩具有低TiO_2和P_2O_5含量且富集LIL和LREE元素。地球化学研究表明吕梁群玄武岩和流纹岩形成于大陆边缘的裂谷环境。玄武岩的母岩浆起源于亏损程度较低的地幔，并经历了结晶分异和地壳混染作用。流纹岩是由下地壳麻粒岩相正变质岩受到裂谷区高温热流和基性岩浆的影响部分熔融而形成。耿元生等（2003）指出，吕梁山中部的古元古代吕梁群（2300Ma）和野鸡山群（2100Ma）均由下部的碎屑建造和上部的火山建造组成。在火山建造中以基性火山岩为主，酸性火山岩较少。该区的玄武岩中MgO和P_2O_5含量低，而$\sum FeO$、K_2O+Na_2O和LREE含量高，类似于大陆溢流玄武岩。酸性火山岩则以LIL和ΣREE富集和高$(La/Yb)_N$值为特点。沉积环境和火山岩的地球化学特征表明，吕梁群和野鸡山群火山岩形成于陆内或大陆边缘裂谷环境。用亏损地幔模式年龄t_{DM}计算的$\varepsilon_{Nd}(t_{DM})$值（+3.0左右）说明玄武岩的母岩浆来源于亏损地幔，而采用岩石形成年龄t_{FM}计算的$\varepsilon_{Nd}(t_{FM})$值近于零，则表明原始岩浆曾受到大陆地壳物质的混染。古元古代裂谷型火山作用的出现意味着在此之前（太古宙末）华北地区已形成了具有相当规模的大陆地壳。

2.7.3.2　吕梁群变质地层的锆石年龄测定

1. 糜棱岩化长石斑岩（LL08-1）

样品采于山西省方山县马坊镇薛家沟，地理坐标为38°03.16.6′N，111°26.25.1′E。采样点出露的是吕梁群原杜家沟组的糜棱岩化长石斑岩，显示很强的糜棱岩化特征，动态重结晶明显、局部可见“σ”和“δ”型长石眼球，糜棱岩面理产状：45°∠20°（图2.75）（LL08-1）。钾长石和石英可呈斑晶，边缘有一定的蚀变，基质为细粒石英和钠长石，黑云母、绿泥石略呈定向排列，显示浅成岩经历了低级变质改造。样品中的锆石呈自形，局部有溶蚀（凹坑）。阴极发光显示，锆石具有岩浆振荡环带，没有明显的增生边，因此分析点一般位于锆石没有裂纹的核部。对8粒锆石进行了8个点的SHRIMP U-Pb分析（表2.19）。锆石U和Th的含量分别为$114\times10^{-6}\sim363\times10^{-6}$和$50\times10^{-6}\sim241\times10^{-6}$，锆石Th/U值中等，在0.45~0.65，亦说明锆石为岩浆成因。8个分析点均位于谐和线上或附近，铅丢失较少，$^{207}Pb/^{206}Pb$加权平均年龄为2189±6Ma（图2.76），该年龄代表长石斑岩侵位的时间。

图 2. 75 吕梁群杜家沟组的糜棱岩化长石斑岩（LL08-1）

表 2. 19 吕梁群变火山岩测年结果

分析点号	U /10^{-6}	Th /10^{-6}	$^{232}Th/^{238}U$	$^{206}Pb^{*}$ /10^{-6}	$^{207}Pb/^{206}Pb$ 年龄/Ma	±1б	不谐和性 /%	$^{207}Pb^{r}/^{206}Pb^{r}$	±%	$^{207}Pb^{r}/^{235}U$	±%	$^{206}Pb^{*}/^{238}U$	±%	误差相关性
糜棱岩化长石斑岩（LL08-1）														
LL08-1-1. 1	332	182	0. 57	116. 3	2197	7	0	0. 1376	0. 4	7. 73	1. 5	0. 4073	1. 4	0. 966
LL08-1-2. 1	114	50	0. 45	40. 6	2205	15	-1	0. 1382	0. 9	7. 90	1. 7	0. 4147	1. 5	0. 868
LL08-1-3. 1	250	119	0. 49	85. 8	2186	7	1	0. 1367	0. 4	7. 52	1. 5	0. 3989	1. 4	0. 964
LL08-1-4. 1	129	59	0. 47	44. 9	2179	9	-1	0. 1362	0. 5	7. 62	1. 6	0. 4056	1. 5	0. 943
LL08-1-5. 1	139	62	0. 46	46. 6	2171	10	2	0. 1356	0. 6	7. 30	1. 8	0. 3905	1. 7	0. 949
LL08-1-6. 1	150	70	0. 48	49. 3	2202	9	5	0. 1380	0. 5	7. 30	1. 6	0. 3835	1. 5	0. 942
LL08-1-7. 1	363	241	0. 69	125. 6	2193	8	1	0. 1373	0. 4	7. 61	1. 5	0. 4021	1. 4	0. 955
LL08-1-8. 1	207	109	0. 54	70. 5	2181	11	1	0. 1364	0. 6	7. 45	1. 6	0. 3961	1. 5	0. 916
细粒长石斑岩（LL09-1）														
LL09-1-1. 1	128	63	0. 51	45. 1	2191	9	-1	0. 1371	0. 5	7. 76	1. 6	0. 4103	1. 5	0. 940
LL09-1-2. 1	198	103	0. 54	66. 2	2189	8	3	0. 1370	0. 4	7. 36	1. 5	0. 3895	1. 4	0. 955
LL09-1-3. 1	130	75	0. 60	45. 6	2188	9	-1	0. 1369	0. 5	7. 71	1. 6	0. 4086	1. 5	0. 947
LL09-1-4. 1	333	189	0. 59	115. 1	2186	6	0	0. 1367	0. 3	7. 59	1. 5	0. 4025	1. 4	0. 975
LL09-1-5. 1	1226	1259	1. 06	420. 5	2183	3	1	0. 1365	0. 2	7. 51	1. 4	0. 3991	1. 4	0. 992
LL09-1-6. 1	369	232	0. 65	128. 8	2190	5	0	0. 1371	0. 3	7. 69	1. 4	0. 4067	1. 4	0. 977
LL09-1-7. 1	210	127	0. 63	74. 9	2179	7	-3	0. 1361	0. 4	7. 78	1. 5	0. 4146	1. 5	0. 961
LL09-1-8. 1	143	67	0. 48	39. 0	2188	12	19	0. 1369	0. 7	5. 99	1. 7	0. 3172	1. 5	0. 909

续表

分析点号	U /10^{-6}	Th /10^{-6}	$^{232}Th/^{238}U$	$^{206}Pb^{*}$ /10^{-6}	$^{207}Pb/^{206}Pb$ 年龄/Ma	±16	不谐和性/%	$^{207}Pb^{r}/^{206}Pb^{r}$	±%	$^{207}Pb^{r}/^{235}U$	±%	$^{206}Pb^{*}/^{238}U$	±%	误差相关性
细粒长石斑岩（LL09-1）														
LL09-1-9. 1	1106	1565	1. 46	128. 3	1424	24	44	0. 0899	1. 2	1. 65	1. 9	0. 1329	1. 4	0. 745
LL09-1-10. 1	504	639	1. 31	167. 1	2187	5	4	0. 1368	0. 3	7. 27	1. 4	0. 3858	1. 4	0. 983
LL09-1-11. 1	196	103	0. 54	67. 5	2195	10	1	0. 1374	0. 6	7. 61	1. 6	0. 4016	1. 4	0. 924
LL09-1-12. 1	327	198	0. 63	100. 2	2173	6	10	0. 1357	0. 4	6. 66	1. 5	0. 3562	1. 4	0. 968
LL09-1-13. 1	257	126	0. 51	90. 6	2189	6	-1	0. 1370	0. 4	7. 75	1. 5	0. 4106	1. 4	0. 969
LL09-1-14. 1	194	108	0. 57	64. 8	2192	8	3	0. 1372	0. 5	7. 35	1. 5	0. 3888	1. 5	0. 949

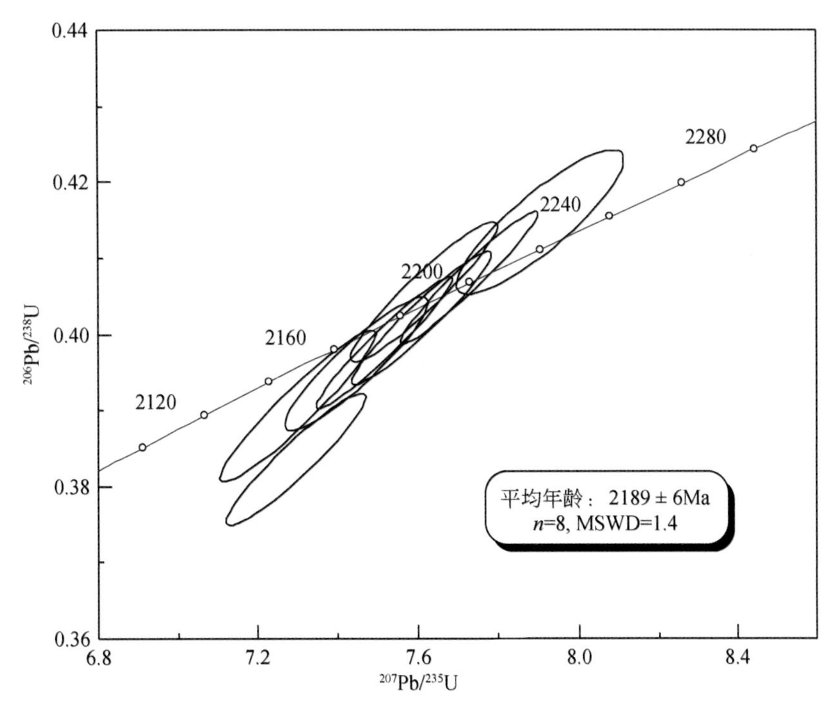

图 2. 76 原划吕梁群杜家沟组的糜棱岩化长石斑岩锆石 U-Pb 年龄谐和图（LL08-1）

2. 糜棱岩化细粒长石斑岩（LL09-1）

用于定年的样品（LL09-1）采自山西方山县马坊镇高明村西，地理坐标为38°03. 22. 2′N，111°25. 38. 7′E。样品属于吕梁群原杜家沟组。岩石具有由长石和石英定向拉长的面理（图 2. 77），产状为 60°∠62°。定年的样品的岩性为细粒长石斑岩，基质主要由石英和钠长石组成，斑晶主要为钾长石和斜长石，斑晶一般粒度为 1m×2m ~ 2m×3m，斑晶含量约 10%，部分斑晶外形不规则有有一定的溶蚀。样品中的锆石多较自形，长宽比为 1∶2 ~ 1∶1，在阴极发光下锆石多具有较清楚的岩浆振荡环带，没有增生边，显示岩浆锆石的特征。对该样品中 14 粒锆石进行了 14 个点的 SHRIMP U-Pb 分析（表 2. 19），锆石的 U 和 Th 的含量分别为 $128\times10^{-6}\sim1126\times10^{-6}$ 和 $63\times10^{-6}\sim1656\times10^{-6}$，锆石 Th/U 值在 0. 48 ~ 1. 46，普遍大于 0. 1，说明锆石为岩浆成因。除三个点有较明显的 Pb 丢失外（其中 9. 1 号点由于铅丢失强烈在图 2. 80 中未标示），其他 11 个点位于谐和线上或附近，这 11 个分析点 $^{207}Pb/^{206}Pb$ 加权平均年龄为 2186±4Ma，用 13 个点计算的加权平均年龄为 2186±4Ma（图 2. 78）二者完全一致。因此可以认为 2184Ma 代表长石斑岩侵位的时间。

图 2. 77　原划吕梁群杜家沟组的细粒长石斑岩（LL09-1）

2. 7. 3. 3　讨论

本次研究所测定的杜家沟组糜棱岩化长石斑岩和细粒长石斑岩年龄分别为 2189±6Ma 和 2186±4Ma，二者年龄在误差范围内一致。于津海（1997a）采用常规锆石 U-Pb 法在杜家沟组流纹岩中获得过 2099±41Ma 的年龄数据，本次研究的结果，两个样品的年龄结果精度更高，可以相互印证，因此可以确定原划为杜家沟组的浅成岩形成于 2. 19Ga 左右，属于古元古代。

于津海等（1998）认为，杜家沟组流纹岩是一个古元古代的弱碱性火山岩。它具有高 SiO_2、Na_2O+K_2O 和 Zr 等高场强（HFS）元素和高 FeO_T/MgO、Rb/Sr 和 Ga/Al 值，以及低 CaO、Sr 和 Eu/Eu^* 的地球化学特征，相似于 A 型花岗质岩石。形成于大陆边缘裂谷环境。化学成分及同位素特征为高 $\varepsilon(t)$ 值、低 $(^{87}Sr/^{86}Sr)_i$ 值，表明流纹岩的原始岩浆由下地壳新太古代变质岩受裂谷岩浆和热流作用的影响部分熔融形成，在经以长石为主的结晶分离后最终形成吕梁群 A 型流纹岩。

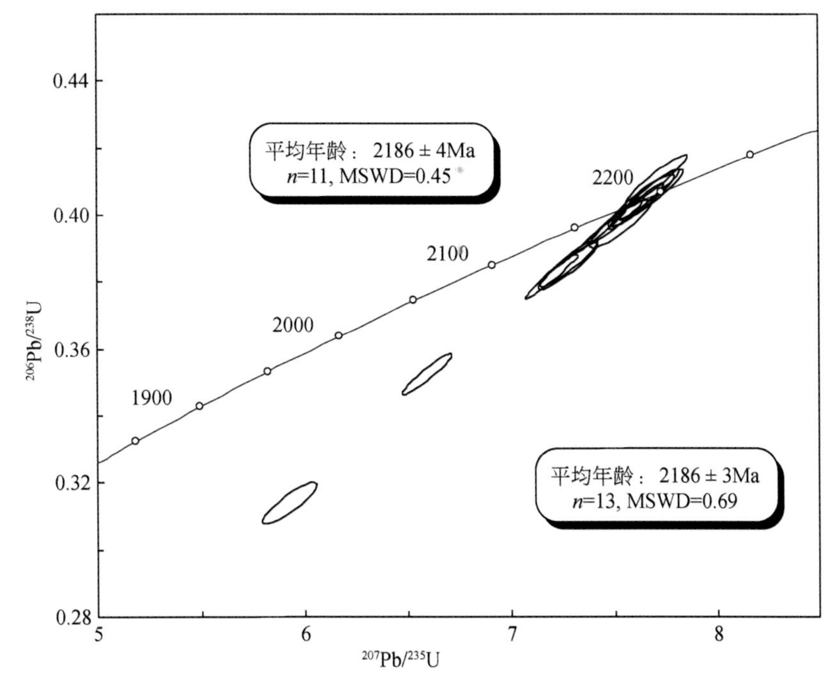

图 2.78　原划吕梁群杜家沟组的细粒长石斑岩锆石 U-Pb 年龄谐和图（LL09-1）

2.7.4　岚河群和野鸡山群

2.7.4.1　岚河群、野鸡山群的组成和对比

岚河群分布在赤坚岭片麻岩的东侧，在两个区出露比较连续，北区在岚县岚城镇—静乐县西马坊一带，南区在岚县乱石村到方山县开府一带。主要由变质砾岩、石英岩、千枚岩、绿色片岩、结晶白云岩等组成。前人曾将这套变质地层自下而上划分为凤子山组、前马宗组、后马宗组、石窑凹组和乱石村组。该岩群底部发育较厚的变质砾岩，不整合于吕梁群之上（山西省地质矿产局，1989）。张建中等（1997）在 1∶5 万区域地质调查的基础上，认为岚河群本身为一走向 NNE 的紧闭倒转向斜，原来划分的部分地层属于向斜的两翼，因此将岚河群自下而上划分为前马鬃组、两角村组和石窑凹组。前马鬃组分布在倒转向斜的两翼，石窑凹组位于倒转向斜的核部。在西侧，前马鬃组变质砾岩中的砾石有拉长现象，是受到开府-普明剪切带的影响（张兆琪等，2004）；在东侧前马鬃组的砾岩直接不整合覆盖在神堂沟变质石英斑岩之上。岚河群变质较浅，为低绿片岩相。

野鸡山群分布在赤坚岭片麻岩的西侧，北从宁武县芦草沟，向南经岚县野鸡山，一直到离石县的马头山一带，总体呈北宽南窄的狭长带状分布。野鸡山群主要由变质砾岩、长石石英岩、千枚岩、绿色片岩、变质玄武岩、钙质千枚岩、变质粉砂岩、大理岩等组成。根据岩性对比野鸡山群总体表现为一走向近 SN 的向斜构造。前人曾将野鸡山群自下而上划分为青杨树湾组、白龙山组和程道沟组，并认为西侧不整合在界河口群之上，东侧不整合在赤坚岭片麻岩之上（山西省地质矿产局，1989）。张建中等（1997）等根据1：5万区域地质调查资料，则将野鸡山群自下而上划分为新舍窠组、青杨树湾组、白龙山组和程道沟组。张兆琪等（2004）认为在西侧，野鸡山群和界河口群之间以小木沟-大蛇头韧性剪切带为界，刘树文等（2009）认为东侧野鸡山群和赤坚岭片麻岩之间也是大型的剪切带。野鸡山群变质较浅，通常为低绿片岩相。

以往认为野鸡山群和岚河群是上下叠置关系，岚河群位置靠下，野鸡山群位置靠上。在空间上，野鸡山群和岚河群呈向斜相间排列，并未直接接触。如果将野鸡山群和岚河群底面恢复原始产状后展开，它们之间则应为侧向对应关系（张建中等，1997），二者可能为同时异相的关系。根据这种认识，我们把岚河群和野鸡山群一并讨论。

2.7.4.2 岚河群、野鸡山群的年代学研究

本次研究对岚河群乱石村组变质长石石英砂岩和野鸡山群白龙山组二云母石英片岩进行了锆石SHRIMP U-Pb年龄测定。

1. 岚河群变质长石石英砂岩（LL18-1）

样品采自山西岚县王狮乡乱石村东南，地理坐标为38°10.20.7′N，111°31.05.3′E。样品采自岚河群乱石村组，岩性为变质长石石英砂岩，主要由石英、斜长石、微斜长石、绢云母组成，含少量的黑云母和磁铁矿。由黑云母和磁铁矿等暗色矿物构成的斜层理清晰可见（图2.79）。样品中的锆石多为短柱状，长宽比，阴极发光下锆石多具有岩浆锆石具有的振荡环带，偶见暗色的边。随机对17粒锆石进行了17个点的SHRIMP U-Pb分析，锆石的U和Th的含量分别为79×10^{-6}～252×10^{-6}和59×10^{-6}～264×10^{-6}，锆石Th/U值在0.45～1.53，普遍大于0.1，说明锆石为岩浆成因。$^{207}Pb/^{206}Pb$的年龄比较集中，在2115±24～2199±9Ma（表2.20），位于谐和线上的11个点的$^{207}Pb/^{206}Pb$加权平均年龄为2164±

图2.79 岚河群乱石村组变质长石石英砂岩（LL18-1）斜层理发育

7Ma（图 2.80）。由于该样品是具有交错层理的变质长石石英砂岩，其沉积成因明确。其中锆石的 Th、U 含量、$^{207}Pb/^{206}Pb$ 年龄都很集中，至少可以说明两个问题，一是沉积物来源比较单调，主要是 2164Ma 左右的岩浆岩；二是岚河群的形成时间应晚于 2164Ma。

表 2.20　岚河群–野鸡山群部分岩石测年结果

分析点号	U /10^{-6}	Th /10^{-6}	$^{232}Th/^{238}U$	$^{206}Pb^{*}$ /10^{-6}	$^{207}Pb/^{206}Pb$ 年龄/Ma	±16	不谐和性/%	$^{207}Pb/^{206}Pb^{r}$	±%	$^{207}Pb^{r}/^{235}U$	±%	$^{206}Pb^{*}/^{238}U$	±%	误差相关性
LL16-1-1.1	62	40	0.67	26.0	2474	11	−3	0.1617	0.6	10.83	1.4	0.4855	1.2	0.890
LL16-1-2.1	178	75	0.44	58.1	2173	8	4	0.1357	0.4	7.12	1.2	0.3805	1.1	0.923
LL16-1-3.1	626	727	1.20	262.1	2486	3	−3	0.1629	0.2	10.95	1.0	0.4873	1.0	0.980
LL16-1-4.1	52	15	0.30	21.4	2440	11	−4	0.1585	0.7	10.57	1.5	0.4834	1.3	0.890
LL16-1-5.1	214	121	0.58	75.2	2114	39	−5	0.1312	2.2	7.40	2.4	0.4089	1.0	0.428
LL16-1-6.1	205	155	0.78	68.9	2200	12	4	0.1378	0.7	7.40	1.3	0.3897	1.1	0.825
LL16-1-7.1	203	98	0.50	57.3	1927	9	5	0.1181	0.5	5.35	1.1	0.3286	1.0	0.909
LL16-1-8.1	110	49	0.46	42.9	2383	8	−1	0.1533	0.5	9.57	1.2	0.4528	1.1	0.916
LL16-1-9.1	230	268	1.21	85.9	2239	7	−4	0.1410	0.4	8.45	1.1	0.4348	1.0	0.937
LL16-1-10.1	201	14	0.07	108.4	3210	8	2	0.2540	0.5	21.96	1.7	0.6270	1.6	0.949
LL16-1-11.1	315	267	0.88	99.9	1938	6	−5	0.1188	0.4	6.05	1.1	0.3694	1.0	0.944
LL16-1-12.1	241	135	0.58	73.6	1960	11	0	0.1203	0.6	5.88	1.2	0.3544	1.0	0.856
LL16-1-13.1	84	45	0.55	32.4	2340	10	−2	0.1495	0.6	9.23	1.3	0.4479	1.2	0.902
LL16-1-14.1	234	84	0.37	75.1	2055	7	0	0.1269	0.4	6.54	1.1	0.3740	1.0	0.934
LL16-1-15.1	79	50	0.65	24.0	2184	12	10	0.1366	0.7	6.71	1.4	0.3562	1.2	0.868
LL16-1-16.1	126	75	0.61	49.3	2320	8	−4	0.1478	0.5	9.27	1.2	0.4552	1.1	0.928
LL16-1-17.1	135	62	0.47	53.4	2429	7	−1	0.1575	0.4	10.02	1.2	0.4612	1.1	0.933
LL16-1-18.1	382	85	0.23	129.6	2111	6	−2	0.1309	0.3	7.12	1.1	0.3942	1.0	0.949
LL16-1-19.1	408	177	0.45	138.1	2140	6	0	0.1332	0.3	7.22	1.1	0.3935	1.0	0.951
LL16-1-20.1	342	166	0.50	117.8	2179	6	0	0.1362	0.3	7.52	1.1	0.4007	1.0	0.953
LL16-1-21.1	66	63	0.97	28.2	2511	9	−3	0.1653	0.6	11.27	1.3	0.4945	1.2	0.908
LL18-1-1.1	144	141	1.01	48.3	2142	14	1	0.1333	0.8	7.15	1.4	0.3887	1.2	0.842
LL18-1-2.1	237	171	0.75	72.9	2195	9	10	0.1374	0.5	6.78	1.4	0.3577	1.3	0.918
LL18-1-3.1	221	159	0.74	74.8	2158	31	1	0.1345	1.8	7.29	2.1	0.3932	1.2	0.554
LL18-1-4.1	244	248	1.05	84.9	2181	7	0	0.1363	0.4	7.60	1.3	0.4044	1.2	0.946
LL18-1-5.1	178	264	1.53	58.0	2164	9	4	0.1350	0.5	7.07	1.3	0.3799	1.2	0.921
LL18-1-6.1	130	95	0.75	45.4	2199	9	0	0.1377	0.5	7.70	1.3	0.4053	1.2	0.920
LL18-1-7.1	191	178	0.96	65.2	2115	24	−2	0.1313	1.3	7.20	1.8	0.3980	1.2	0.662
LL18-1-8.1	79	58	0.76	26.7	2162	12	1	0.1348	0.7	7.33	1.5	0.3942	1.3	0.889
LL18-1-9.1	106	86	0.84	35.6	2141	11	1	0.1332	0.6	7.19	1.4	0.3913	1.3	0.893

续表

分析点号	U /10^{-6}	Th /10^{-6}	$^{232}Th/^{238}U$	$^{206}Pb^*$ /10^{-6}	$^{207}Pb/^{206}Pb$ 年龄/Ma	±1б	不谐和性 /%	$^{207}Pb/^{206}Pb^r$	±%	$^{207}Pb^r/^{235}U$	±%	$^{206}Pb^*/^{238}U$	±%	误差相关性
LL18-1-10.1	151	115	0.79	52.0	2161	9	-1	0.1348	0.5	7.46	1.3	0.4015	1.2	0.919
LL18-1-11.1	95	59	0.64	33.5	2122	22	-5	0.1318	1.3	7.49	1.8	0.4123	1.3	0.716
LL18-1-12.1	120	75	0.65	40.6	2154	10	1	0.1343	0.6	7.29	1.4	0.3939	1.3	0.906
LL18-1-13.1	106	75	0.73	35.5	2174	12	3	0.1358	0.7	7.28	1.4	0.3890	1.3	0.889
LL18-1-14.1	109	47	0.45	34.5	2188	47	8	0.1368	2.7	6.94	6.0	0.3678	5.4	0.894
LL18-1-15.1	167	179	1.11	57.9	2131	26	-3	0.1325	1.5	7.38	1.9	0.4039	1.2	0.633
LL18-1-16.1	81	92	1.17	28.1	2170	13	0	0.1354	0.7	7.51	1.5	0.4024	1.3	0.875
LL18-1-17.1	252	164	0.67	81.0	2192	8	7	0.1372	0.5	7.06	1.2	0.3731	1.2	0.930

注：同表2.7。

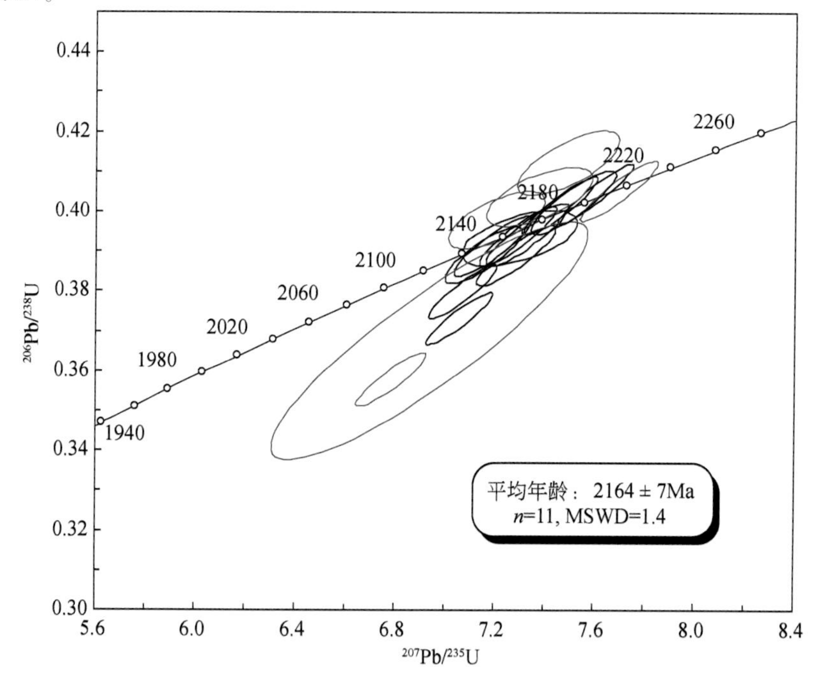

图2.80 岚河群乱石村组变质长石石英砂岩锆石U-Pb年龄谐和图（LL18-1）

2. 野鸡山群二云母石英片岩（LL16-1）

样品采自山西兴县会东杨疙台东，地理坐标为38°08.51.4′N，111°19.38.7′E。样品采自野鸡山群白龙港组。采样点出露的岩性以二云母石英片岩为主夹变质基性火山岩，所采样品为变质基性火山岩中所夹的薄层二云母石英片岩，厚约15～20cm。二云母石英片岩中常见有小角度斜切片理的2～3cm宽的长英质脉体（图2.81）。该样品中的锆石形态较复杂，有的较自形，有的有一定的磨圆，少变质的增生边。随机对21粒锆石进行了

SHRIMP U-Pb 分析，锆石 U 和 Th 的含量分别为 52×10^{-6} ~ 626×10^{-6} 和 14×10^{-6} ~ 727×10^{-6} 的锆石 Th/U 值在 0.23 ~ 1.21，普遍大于 0.1，说明不同形态的锆石均为岩浆成因。但是锆石的 $^{207}Pb/^{206}Pb$ 的年龄变化较大，为 1927 ~ 3210Ma（表 2.20），从年龄谐和图上可以看出，所测定的锆石可以大致分为几个组，一组位于谐和线偏上方的 2.5Ga 的锆石（有 3 个颗粒）；一组在 2.4Ga 左右，基本位于谐和线上（有 4 粒）；一组在 2.1 ~ 2.2Ga（有 7 粒），有的稍有铅丢失，有的位于谐和线上；另一组有 3 粒，其 $^{207}Pb/^{206}Pb$ 年龄介于 1927 ~ 1960Ma。从锆石的年龄结果看，该样品应为变质沉积岩，说明其来源较复杂。

图 2.81　野鸡山群白龙山组二云母石英片岩（LL16-1）

2.7.4.3　几个问题的讨论

1. 关于岚河群和野鸡山群的形成时代

迄今为止还缺少岚河群形成时代的准确同位素年龄数据，本次研究对岚河群乱石村组变质长石石英砂岩进行了锆石 SHRIMP U-Pb 年代学研究，获得了 2164±7Ma 年龄值。由于样品是变质碎屑岩，因此只能限定岚河群形成要晚于 2164Ma。

关于野鸡山群的形成时代，耿元生等（2000）从野鸡山群白龙山组长英质凝灰岩中获得单颗粒锆石 U-Pb 年龄为 2124±38Ma，限定野鸡山群形成于古元古代。Liu 等（2011）对野鸡山群不同岩组中长石石英砂岩和变粉砂岩等 4 个样品中碎屑锆石进行了 LA-ICP-MS U-Pb 分析，一共 237 个分析点的直方图上可以分为 ~2489Ma、~2394Ma、2200 ~ 2100Ma、~2018Ma 和 ~1843Ma 几个峰值，并认为最年轻一组碎屑锆石的年龄限定了野鸡山群的最大沉积时限，也就是说野鸡山群形成于 1843Ma 之后。本次研究对野鸡山群白龙山组二云母石英片岩的样品进行了锆石 SHRIMP U-Pb 定年（图 2.82），但是锆石年龄非常分散，可以识别出 ~2.5Ga、~2.4Ga、2.1 ~ 2.2Ga 和 1927 ~ 1960Ma 四组年龄，与 Liu

等（2011）对野鸡山群碎屑岩中碎屑锆石得出的年龄峰值有类似之处。这些资料只表明野鸡山群形成于古元古代晚期，但是具体的时代目前还难以确定，需要进一步研究。

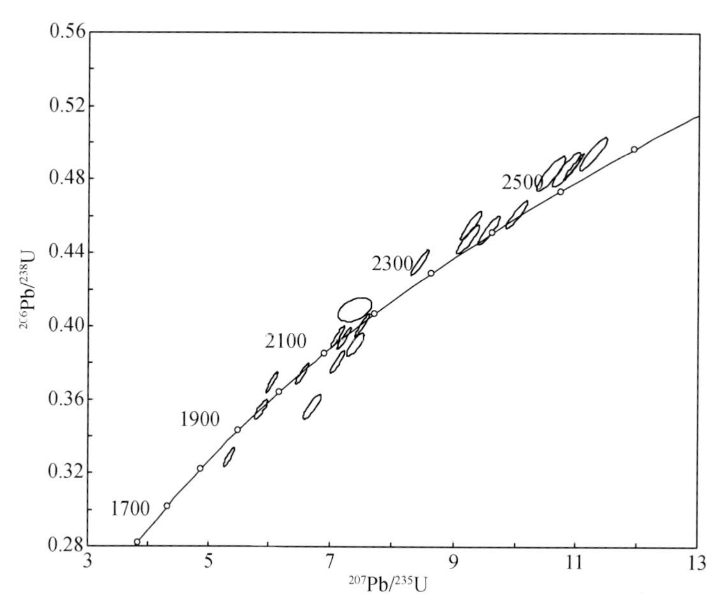

图 2.82 野鸡山群白龙山组二云母石英片岩锆石 U-Pb 年龄谐和图（LL16-1）

从区域上看，河南地区的熊耳群被认为是华北克拉通在古元古代末最终克拉通化后的最早盖层，吕梁地区与熊耳群对比的小两岭组火山岩已经获得 1779±20Ma 的锆石 LA-ICP-MSU-Pb 年龄（徐勇航等，2007）。如果小两岭组确实是野鸡山群、岚河群等形成后的第一个盖层，难么就意味着同时异相的岚河群和野鸡山群形成于古元古代晚期一个较短的时间范围之内。

2. 关于野鸡山的形成环境

耿元生等（2003）通过对野鸡山群火山岩的地球化学研究，认为野鸡山群变基性火山岩主要形成于大陆裂陷环境，其原始岩浆来源于亏损地幔，但在喷发结晶之前受到了太古宙地壳物质的混染。刘树文等（2009）通过对野鸡山群火山岩的地质、岩石和地球化学研究认为，野鸡山群的火山岩以玄武岩、玄武安山岩为主，伴有安山岩、英安岩、流纹岩和侵入的辉长岩。这些岩石的地球化学表明，这些火山岩的原始岩浆源于尖晶石二辉橄榄岩和石榴子石橄榄岩以近等量混合地幔的低度部分熔融，并最可能形成于大陆边缘的弧后盆地靠近岛弧一侧的构造背景。

通过以上讨论可知，无论是岚河群和野鸡山群的形成时代还是它们的形成环境或构造背景都还存在不同认识，研究程度也比较低，需要进一步深入研究。

2.7.5 古元古代花岗岩

除较老的云中山花岗片麻岩外（2499Ma，Zhao *et al.*，2008），吕梁地区古元古代的较早的花岗质岩浆活动形成了盖家庄片麻状花岗岩（耿元生等，2006；Zhao *et al.*，2008）。不同研究对吕梁地区古元古代的花岗质岩石进行过一些年代学和地球化学研究，并对岩浆演化过程和形成构造背景进行了讨论。

耿元生等（2006）根据花岗岩岩石组合和同位素地质年代学资料，将吕梁地区古元古代的花岗岩浆事件划分出四个阶段：在早期拉张阶段，2364Ma 的盖家庄片麻状花岗岩侵位，并伴随有大陆边缘裂谷型的吕梁群的火山活动；拉张-挤压转化阶段的花岗岩浆活动，代表性产物是 2150Ma 左右的赤坚岭片麻状花岗闪长岩；中期挤压阶段的花岗岩浆活动，代表性产物是 2063Ma 的道仁沟石英二长岩、1906Ma 的惠家庄似斑状黑云母花岗岩和 1848Ma 的市庄细粒花岗闪长岩等；晚期的拉张阶段的花岗岩浆活动，主要有 1805Ma 的大草坪斑状花岗岩和 1800Ma 的芦芽山斑状花岗岩、云中山花岗岩等。锆石 SHRIMP U-Pb 年代学研究结果表明，以往划分的关帝山杂岩是由不同时期的花岗岩所组成的，应予以解体，可将其划分为挤压阶段的惠家庄岩体、市庄岩体和后造山阶段的大草坪岩体等。

根据对吕梁山中段花岗质岩石的年代学和地球化学研究，于津海等（2004）对花岗岩的形成进行了类似的划分，认为研究区存在两期古元古代花岗质岩浆活动，分别形成于 2063Ma 和 1806Ma，它们具有不同的地球化学特征。早期石英二长岩（2063Ma）具有埃达克质岩浆特点，低 SiO_2、MgO、Y 和 Yb，高 Al_2O_3、Na_2O、Sr、Ba 和 Sr/Y 值，没有明显的 Eu 异常；结合同位素特征，早期道仁沟石英二长岩被解释为古老的地壳物质在地幔深部发生部分熔融形成，并与地幔围岩发生了物质交换，岩石学和地球化学特征显示它们形成于同碰撞的构造背景。后期二长花岗岩（1806Ma）则具高 SiO_2、Rb、Nb、Y、Yb，低 Na_2O、Al_2O_3和 Sr 的特点，并具低的 Sr/Y 值和明显的 Eu 负异常，表明后期花岗岩由石榴子石麻粒岩在地壳深度熔融分解产生，形成于造山后的构造背景。

Zhao 等（2008）则对花岗岩阶段作出了不同的划分。他们认为吕梁山构造前 TTG 片麻岩绝大多数为钙碱性，形成于岩浆弧环境，包括云中山片麻岩（侵位时间为 ~2499±9Ma，吕梁地区最早的与弧有关的岩浆事件）、盖家庄片麻岩（2375±10Ma）、赤坚岭-关帝山片麻岩最为广泛，包括英云闪长质片麻岩（2199±11Ma）、花岗闪长质片麻岩（2180±7Ma）、二长花岗质片麻岩（2173±7Ma）；同构造片麻状花岗岩形成较晚，如惠家庄片麻状花岗岩（1832±11Ma）；紧随的是构造后花岗岩，如芦芽山紫苏花岗岩（1815±5Ma）、鲁超沟斑状花岗岩（1807±10Ma）、堂儿上（1790±14Ma）-关帝山块状花岗岩（1798±11Ma）。从开始到结束，岩浆活动持续时间达 650Ma，代表了一个长期演化的岩浆弧。

本次研究对山西兴县恶虎滩片麻岩（变英云闪长岩-花岗闪长岩）进行了锆石 SHRIMP U-Pb 年代学研究。样品采自恶虎滩乡沟门前村，地理坐标为 38°31. 41. 6′N，111°20. 02. 8′E，该点出露的主要为中-细粒的黑云角闪斜长片麻岩（原岩为英云闪长岩），暗色矿物以角闪石和黑云母为主，它们定向排列构成了明显的片麻理（图 2. 83），片麻理产状 25°∠75°。进行定年的样品（LL26-1）为中-细粒变晶结构，主要组成矿物为碱性长石（20% ~25%）、斜长石（30% ~35%）、石英（20% ~25%）、角闪石（5% ~7%）、黑云母（5% ~10%）、磁铁矿（2%），副矿物为独居石和锆石。样品中的锆石主要为短柱状-长柱状。透射光下，锆石无色透明，粒度大小多为 100 ~200μm，长宽比为 1∶3 ~1∶1. 5，多数柱面较发育，而锥面不发育，部分锆石表面具溶蚀特征。阴极发光图像中，锆石多具有宽缓的韵律环带，少数可见较窄的暗色增生边，偶见核部锆石出现流体交代现象。选择了该样品中22颗锆石进行了24个测点分析（表2.21）。U、Th含量分别为$44\times10^{-6}\sim207\times10^{-6}$和$7\times10^{-6}\sim131\times10^{-6}$，Th/U值为0.04~1.15，表明样品中的锆石为岩浆成因。在锆石U-Pb年龄谐和图中（图2.84），所有的分析结果都位于谐和线上或附近，且主要的年龄集中于2.1~2.2Ga，而10.1、15.1和21.2点年龄结果明显偏低。在主体2.1~2.2Ga的分析结果中，17.1和19.1点年龄稍微偏低，去除以上2个点后，其余18个分析点获得$^{207}Pb/^{206}Pb$加权平均年龄结果为2181±5Ma（MSWD=0.99），应代表黑云角闪斜长片麻岩的原岩（英云闪长岩）锆石结晶年龄。结合锆石内部结构和锆石Th/U值，10.1和15.1点环带结构不明显，且Th/U值较高，可能代表混合年龄；而21.2点位于锆石增生边部，无明显结构特征，且具有非常低的Th/U值（0.04），具有变质锆石特征。其$^{207}Pb/^{206}Pb$年龄结果为1919±8Ma，应代表了后期变质/深熔作用的时代。

表2.21 恶虎滩黑云角闪斜长片麻岩测年结果

分析点号	U $/10^{-6}$	Th $/10^{-6}$	$^{232}Th/^{238}U$	$^{206}Pb^*/10^{-6}$	$^{207}Pb/^{206}Pb$ 年龄/Ma	±16	不谐和性/%	$^{207}Pb^*/^{206}Pb^*$	±%	$^{207}Pb^*/^{235}U$	±%
LL26-1-6.1	95	48	0.52	32.3	2169	10	1	0.1354	0.6	7.40	2.0
LL26-1-7.1	97	107	1.15	33.3	2192	12	1	0.1372	0.7	7.58	2.5
LL26-1-8.1	61	41	0.70	20.8	2200	15	2	0.1379	0.9	7.55	2.0
LL26-1-9.1	109	72	0.69	37.4	2186	11	1	0.1367	0.6	7.54	1.8
LL26-1-10.1	110	36	0.34	33.9	2042	13	3	0.1259	0.7	6.24	1.8
LL26-1-11.1	158	131	0.86	53.3	2187	10	2	0.1368	0.6	7.42	1.8
LL26-1-11.2	44	28	0.65	14.4	2161	20	4	0.1348	1.1	7.07	2.8
LL26-1-12.1	91	63	0.72	30.1	2167	16	3	0.1352	0.9	7.20	2.1
LL26-1-13.1	72	50	0.72	25.1	2194	12	0	0.1373	0.7	7.65	1.8
LL26-1-14.1	87	63	0.75	29.7	2159	15	0	0.1346	0.8	7.37	2.0
LL26-1-14.1	142	130	0.95	50.5	2176	8	-3	0.1359	0.5	7.77	2.1
LL26-1-15.1	185	38	0.21	59.0	1991	8	-2	0.1224	0.5	6.26	1.7
LL26-1-16.1	81	69	0.88	28.0	2185	11	0	0.1366	0.6	7.58	1.8
LL26-1-17.1	153	34	0.23	53.9	2123	15	-4	0.1319	0.8	7.45	1.8
LL26-1-18.1	70	53	0.78	23.5	2177	11	2	0.1360	0.7	7.37	1.8
LL26-1-19.1	207	108	0.54	69.7	2142	6	1	0.1333	0.4	7.20	1.8
LL26-1-20.1	74	72	1.00	25.7	2185	10	0	0.1367	0.6	7.60	1.8
LL26-1-21.1	71	58	0.83	24.4	2211	16	3	0.1387	0.9	7.55	2.3
LL26-1-21.2	195	7	0.04	57.3	1919	8	1	0.1175	0.5	5.53	1.7

同一地区，耿元生等（2000）采自兴县恶虎滩西公路旁的条纹状角闪斜长片麻岩（L9738），主要由斜长石、角闪石、石英、少量黑云母组成，暗色矿物有时富集成条纹，

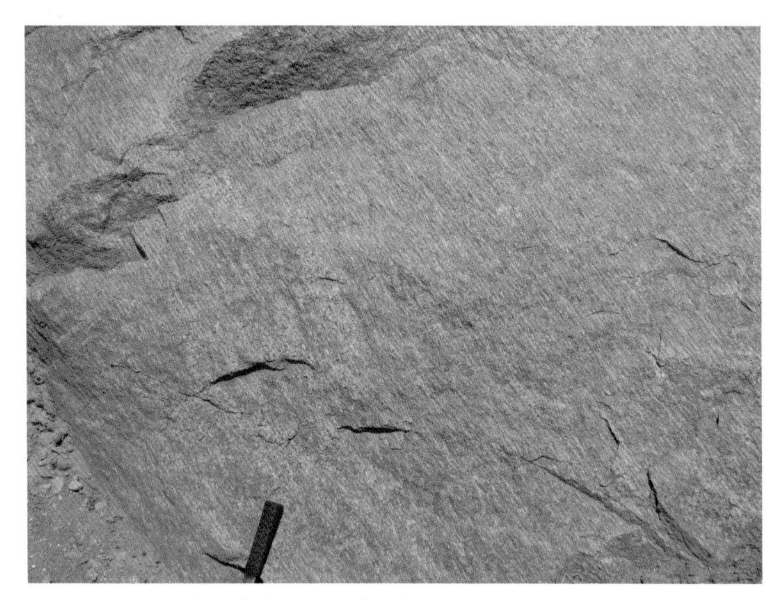

图 2.83　恶虎滩片麻岩（黑云角闪斜长片麻岩）野外产状（LL26-1）

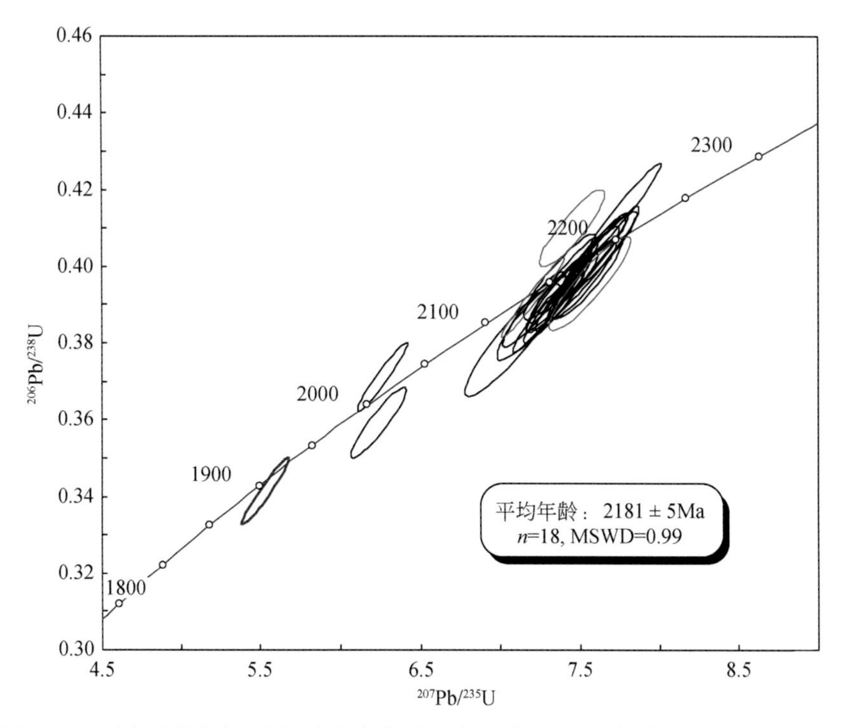

图 2.84　恶虎滩片麻岩（黑云角闪斜长片麻岩）锆石 U-Pb 年龄谐和图（LL26-1）

弱片麻状构造，花岗变晶结构。所含锆石多为浅黄色长柱状晶体，透明到半透明，晶形完整，柱面和锥面均较发育，具岩浆成因锆石的特点。锆石颗粒构成的不一致线与谐和线上交点的年龄为 2151±12Ma，应代表锆石的形成年龄（表 2.22）。

表 2.22 古元古代花岗岩类测年数据统计

岩性	年龄	方法	资料来源	备注
云中山英云闪长质片麻岩	2499±9Ma	SHRIMP	Zhao *et al.*, 2008	黑边 2360±14Ma
盖家庄片麻状斑状花岗岩	2375±10Ma	SHRIMP	Zhao *et al.*, 2008	极窄亮边
盖家庄片麻状斑状花岗岩	2364±9Ma	SHRIMP	耿元生等, 2006	
西潘杂岩体	~2200Ma	LA-ICP-MS	Chen *et al.*, 2006	
赤坚岭片麻状花岗岩	2199±11Ma	SHRIMP	Zhao *et al.*, 2008	变质边? 1872±7Ma
赤坚岭片麻状花岗岩	2152±35Ma	颗粒锆石化学法	耿元生等, 2000	
恶虎滩英云闪长质片麻岩	2181±5Ma	SHRIMP	本书	
恶虎滩英云闪长质片麻岩	2151±12Ma	颗粒锆石化学法	耿元生等, 2000	
交楼申二长花岗片麻岩	2173±7Ma	SHRIMP	Zhao *et al.*, 2008	
关帝山强片麻状英云闪长岩	2170±11Ma 2181±8Ma	SHRIMP	Liu 是 *et al.*, 2009	
关帝山弱片麻状二长花岗岩	2090±18Ma	SHRIMP	Liu *et al.*, 2009	
道仁沟片麻状石英二长岩	2063±46Ma	颗粒锆石化学法	于津海等, 2004	
裂谷火山岩	2360~2100Ma		耿元生等, 2003	
惠家庄似斑状黑云花岗岩	1906±96Ma	SHRIMP	耿元生等, 2006	上交点年龄
惠家庄片麻状花岗闪长岩	1832±11Ma	SHRIMP	Zhao *et al.*, 2008	无变质边
市庄细粒花岗闪长岩	~1848±32Ma	SHRIMP	耿元生等, 2006	
云中山花岗岩	~1806Ma		于津海等, 2004	
云中山花岗岩	1801±11Ma	SHRIMP	耿元生等, 2004	
芦芽山紫苏花岗岩	1815±5Ma	SHRIMP	Zhao, *et al.*, 2008	
鲁超沟斑状花岗岩	1807±10Ma	SHRIMP	Zhao, *et al.*, 2008	
大草坪斑状花岗岩	1805±8Ma	SHRIMP	耿元生等, 2006	
关帝山块状花岗岩	1798±11Ma	SHRIMP	Zhao *et al.*, 2008	
芦芽山辉石石英二长岩	1794±13Ma	SHRIMP	耿元生等, 2004	
唐儿上块状花岗岩	1790±14Ma	SHRIMP	Zhao *et al.*, 2008	

从岩浆起源上，Chen 等（2006）通过对西潘古元古代杂岩体和云中山元古宙花岗岩体的地球化学和 Nd-Sr 同位素数据，示踪了这些新太古代-古元古代岩浆岩的源区性质，特别是当时的地壳生长机制。横岭花岗片麻岩（大约 2.51Ga）富钠和大离子亲石元素、具有类似 TTG 岩石的稀土配分模式（中稀土亏损、Eu 异常不明显）和中等亏损的 Nd-Sr 同位素成分［$\varepsilon_{Nd}(t)=1.2\sim2.7$，$I_{Sr}=0.7015\sim0.7019$］，被认为是发育在华北克拉通上的弧岩浆作用的产物。西潘杂岩体（大约 2.2Ga）包括辉长闪长岩和二长岩，大部分以富钠、强分异稀土模式和同位素富集［$\varepsilon_{Nd}(t)=-1.5\sim-4.1$，$I_{Sr}=0.7038\sim0.706$］为特征。

其中辉长闪长岩可能起源于富集地幔的部分熔融，但被下地壳物质高度混染；二长岩可能代表辉长闪长岩浆和壳源花岗岩浆混合的产物。稀土模式分成两组（一组富集重稀土、Sc、Y、Zr，并有明显的Eu负异常；另一组显示高度亏损重稀土和中等亏损中稀土，Eu异常不明显）。Liu等（2009）的研究指出，关帝山花岗岩由早期的片麻状英云闪长岩（锆石SHRIMP U-Pb年龄为~2.17Ga）、花岗闪长岩（英石闪长岩和花岗闪长岩二者均属于中钾钙碱性系列，$\varepsilon_{Nd}(t)$= +0.48 ~ −3.19，t_{DM} =2.76 ~2.47Ga）和二长花岗岩［~2.06Ga，$\varepsilon_{Nd}(t)$= −0.53 ~ −2.51，t_{DM} =2.61 ~2.43Ga，属于高钾钙碱性-橄榄玄粗岩系列的过渡］，源于变玄武岩、泥质岩的部分熔融；晚期片麻状-块状二长花岗岩（~1.84Ga，属于高钾钙碱性系列，$\varepsilon_{Nd}(t)$= −6.41 ~ −2.78，t_{DM} =2.69 ~2.52Ga），源于陆壳内杂砂岩的部分熔融。所有岩石具有Nb、Ta、Sr、P、Ti负异常（对于初始地幔），反映了自洋壳俯冲、碰撞造山、直至造山后的拉伸和抬升全过程。

与Zhao等（2008）的花岗岩划分较为接近，陈斌等（2006）推测吕梁-五台地区的年龄为1.85Ga左右的碰撞后花岗岩的成因可能是：东部和西部陆块在大约1.85Ga前发生碰撞造山形成中部陆块（高压麻粒岩的变质年龄为1.85Ga，Zhao *et al.*，2002），然后在1.8Ga前后加厚的造山带发生垮塌而使该区处于伸展的构造环境，引发幔源玄武质岩浆的上涌和底侵，并导致下地壳古老陆壳的部分熔融而形成花岗质岩浆，后者与幔源的玄武质岩浆发生混合作用，从而形成吕梁-五台地区以古老壳源物质再改造为主，并混有不同比例的幔源组分的碰撞后花岗岩，有的岩体代表纯的壳源再循环，如样品所代表的黑云母花岗岩体。云中山后碰撞花岗岩（~1.8Ga）具高钾钙碱性和强富集而均一的Nd同位素成分［$\varepsilon_{Nd}(t)$= −4.9 ~ −5.7］。这些花岗岩成因上与增厚造山带的伸展垮塌有关，它们可能形成于壳幔岩浆的混合作用，之后发生铁镁矿物（角闪石和辉石等）、长石和锆石的分离结晶作用。一些云中山花岗岩显示非常古老的Nd模式年龄（2.9 ~3.0Ga），表明研究区可能存在超过2.7Ga的古老地壳，这一点得到这些花岗岩的锆石Hf同位素的支持。

耿元生等（2004）对吕梁地区的芦芽山辉石石英二长岩和云中山花岗岩进行了全岩主量和微量元素分析以及锆石SHRIMP U-Pb同位素年龄分析。结果表明，芦芽山辉石石英二长岩和云中山花岗岩在Y+Nb-Rb和Y-Nb图解（见耿元生等，2004图5）中均位于板内花岗岩区，在花岗岩R1-R2图解（见耿元生等，2004图6）上，芦芽山含辉石石英二长岩位于后碰撞隆升（post-collision uplift）花岗岩区，云中山花岗岩位于晚造山（late orogenic）花岗岩区，它们都属于后造山花岗岩。芦芽山辉石石英二长岩的锆石SHRIMP U-Pb年龄为1794±13Ma，云中山花岗岩的年龄为1801±11Ma。18亿年后造山花岗岩的确定，为确定古元古代末造山运动结束的时间提供了直接的证据。

对于大规模古元古代花岗岩的形成，耿元生等（2003）较为强调克拉通内部的活动，如大陆裂谷。大陆裂谷通常是在具有相当规模的大陆地壳背景上，由于地幔大面积隆升或由底辟上隆使地壳拉张变薄造成的长槽或盆地。对于古裂谷的识别可以追索古大陆形成与演化的历史、可以探讨地幔上隆的背景和过程。一些学者已经注意到华北克拉通内古元古代末至中元古代早期（1900 ~1600Ma）的裂谷构造活动（翟明国等，2001）。耿元生等（2003）提出吕梁地区存在2300 ~2100Ma的裂谷活动，意味着华北克拉通内的古裂谷活动始于古元古代早中期。对于华北克拉通，大量的地质和同位素年代学资料证明，2500Ma

左右和1800Ma左右是两个最重要的地质事件（或事件群）的发生时期，而2400～2000Ma长达400Ma的地质时期历史时期地质事件的年代记录相对较少，一些学者认为，这一时期是华北克拉通处于相对稳定的阶段（翟明国等，2001），与北美和其他大陆该阶段发育较多古元古代活动带存在较大差别。耿元生等（2003）提出2360～2100Ma吕梁地区存在裂谷型火山岩，表明在此期间华北克拉通在部分地区出现过古元古代的活动带。除吕梁地区之外，还有一些地区也存在古元古代的裂谷活动（如中条山地区），孙继源等（1995）曾详细论述了绛县群和中条群的裂谷特点，据孙大中和胡维兴（1993）的研究，其形成时代为2200～2060Ma；另外，曾被称为地槽的辽河群，实际上也是一种裂谷环境的活动产物，据研究，主要形成于2300～2050Ma（白瑾等，1993）。此外，滹沱群青石村组的基性火山岩的年龄约为2100Ma（杜利林等，2010，2011），也说明五台山南部在此期间有火山沉积事件发生。以上地质记录表明，华北克拉通在古元古代曾发生过具有一定影响的裂谷型地质事件，可与北美、北欧等大陆古元古代的活动带事件相对比。而且，古元古代的裂谷活动不是一次孤立的地质事件（耿元生等，2003），2500Ma之后在华北克拉通出现了古元古代的基性岩墙事件（李江海等，1997），在北京密云、冀东等地都曾报道过2300Ma左右的基性岩墙。裂谷事件和基性岩墙事件都是拉张环境的产物。不论是裂谷事件还是基性岩墙事件，都需要一个较大规模的大陆地壳作为背景。由此可以推断，在华北克拉通影响最为广泛的太古宙末（2500Ma左右），强烈的地质事件是一次陆块拼合事件。不同陆块的拼合造就了规模较大的华北克拉通，此后（古元古代早中期）由于地幔的上涌，使部分地壳处于拉张环境，地壳减薄，形成了基性岩墙群和陆内及边缘裂谷（耿元生等，2003）。

通过分析、对比，我们也意识到，吕梁地区具有强烈的古元古代花岗岩类活动，而不仅是约25亿年和18.5亿年前的事件。即Zhao等（2008）所划分的岩浆弧周期（6亿年）似乎过长，中间应发生了多种地质过程。我们更倾向于耿元生等（2006）和于津海等（2004）的划分方案。但是，对于何为同构造、晚构造花岗岩及构造运动的性质，似乎尚未有统一的认识。我们认为，吕梁地区强烈片麻理化的片麻状花岗岩（如恶虎滩片麻岩）基本表现出同岩浆变形的特征，因为其矿物组合主要是岩浆岩而不是变质岩组合。片麻理实际上表现为岩浆就位过程中的变形结果，或者说是岩石塑性变形过程中所形成的一些现象。因此，同构造变形过程中侵位的花岗岩片麻理最为强烈。从而可以推测，恶虎滩—交楼申一带的片麻状花岗岩代表了典型的同构造侵位，即2180～2173Ma的花岗岩类同时伴随变形作用，早或晚于此阶段的花岗岩片麻理均较弱。例如，盖家庄片麻状花岗岩多数片麻理微弱，吕梁地区先期侵位的花岗岩的变形则属于一般的固相变形-变质作用。18.5亿年前的事件及相伴随的花岗岩则代表了另外的一次相对独立的构造-热事件，何为同构造阶段需要进一步的研究限定。

2.7.6 变形-变质作用

吕梁山区吕梁群与岚河群的古元古代构造变形作用可以区分出三期（刘建忠和欧阳自远，2003）。第一期构造变形作用（D_1）发生于吕梁群表壳岩沉积之后，岚河群沉积之前。以原始岩性层面（S_0）为变形面，在吕梁群中形成各种片内无根褶皱，但其样式由于后期构造作用的叠加改造，保存较少。目前在一些石榴子石变斑晶内，保存主要由细粒定向排列的绢云母、绿泥石、黑云母、斜长石和塑变石英等包体组成的早期面理 S_1，与基质中片理 S_2 斜交，且粒度明显小于基质中的同类矿物。吕梁群与上覆岚河群之间的不整合也为金洞梁不整合。第二期构造变形作用（D_2）发生于岚河群沉积之后，是全区最强烈的主期构造作用，使吕梁群和岚河群在区域上形成一系列同斜紧闭褶皱（F_2），同时沿 F_2 轴面方向形成区域性片理或片麻理（S_2）。在 D_2 变形期两个群都发生了变质作用，以绿片岩相为主，部分达低角闪岩相，形成递增变质带。第三期构造变形作用（D_3）发生于古元古代末黑茶山群沉积之前。区域上两个群形成一些半开阔至开阔陡倾伏或斜歪褶皱（F_3），轴面一般较陡。露头上可见褶皱对 F_2 褶皱的叠加改造现象，如云母片岩中石英脉的紧闭同斜褶皱的轴面也发生 F_3 褶皱，但其褶皱的轴面劈理不发育，仅局部表现为应变滑劈理，也只在云母片岩中较为常见。

吕梁山区吕梁群与岚河群的原岩形成时代虽稍有先后，且存在不整合关系，但两者的变质作用类型和特征完全相同，在空间上也未表现出明显的间断性和叠加现象，说明主要的变质和变形作用发生于岚河群形成以后，因此两群可作为一体来讨论，以吕梁群为例：它由四组地层组成，下部的袁家村组和裴家庄组主要是泥砂质陆源碎屑沉积岩，局部夹含铁硅质岩（袁家村组），上部的近周营组和杜家沟组分别由基性和酸性火山岩组成。吕梁山区的变质作用强度由北向南逐渐增强（于津海等，1999）。在北部的王家掌、泽石村以北地区主要为各种板岩、板状千枚岩、变质玄武岩和变质流纹岩等，特征矿物主要是袁家村组含铁岩系中的黑硬绿泥石。往南开始出现黑云母、硬绿泥石、阳起石和白云母等特征变质矿物。皇姑山南坡的千枚状或板状构造的白云母片岩中出现了细小的自形斑状石榴子石。皇姑山南坡再向南石榴子石斑晶粒度加大，在尖山北坡出现了板条状的石榴子石巨晶。十字石仅见于尖山—正王背—酱菜背一线，但大多数后期退变强烈，保存好的样品见于尖山与西川河以南的五龙山两地。但两地的矿物组合明显不同。在尖山地区十字石片岩的矿物组合为 St+Bt+Ms+Qtz+不透明矿物，且十字石具十字双晶。五龙山地区的十字石常与石榴子石、黑云母等共存，并可见夕线石晶体。蓝晶石发现于尖山以北，主要的矿物组合为 Ky+Ms+Qtz+Trn。

于津海等（2004）认为，吕梁群主变质作用与第二期花岗质岩浆活动（1806Ma）几乎同时发生，它们具有等温降压的顺时针 $P-T-t$ 轨迹，表明它们经历了快速抬升的变质过程。这一期花岗质岩浆活动和变质作用与华北地块许多岩浆活动和变质作用同时发生，暗示从这个时间开始华北地块处于拉张构造背景。

吕梁山五个样品的独居石电子探针 Th-U-Pb 化学法定年表明（刘树文等，2007），石榴二云母片岩和花岗质片麻岩中的独居石记录了 >1902Ma、1883.3 ~ 1865.6Ma 和 1731.3Ma 等几期构造热事件。>1902Ma 的年龄代表早期岩浆和深熔事件，1883.3 ~ 1865.6Ma 代表峰期变质事件，1731.3Ma 代表晚期流体活动事件。石榴子石花岗岩记录了 1882.8 ~ 1850.9Ma 深熔岩浆事件。未变质花岗岩脉记录的 1742.6Ma 和石榴子石二云母片岩记录的 1731.1Ma 为晚期岩浆-流体活动事件。综合上述，从独居石电子探针定年的结果不难看出吕梁山前寒武纪变质杂岩主期变质作用发生在 1885 ~ 1849Ma，并伴生有同期的 S 型花岗质岩浆活动，与恒山-五台山-阜平杂岩的变质变形作用同时发生。Zhao 等（2008）

认为，赤坚岭-关帝山英云闪长质片麻岩（2199±11Ma）的无结构锆石边可以被当作变质边，其年龄1872±7Ma被认为与中部带1880～1820Ma的变质事件一致。但是，该结果具有较高的Th/U值（0.72～1.0），Zhao等（2008）解释其可能与有流体活动时独居石中Th淋滤有关（Möller and Kennedy，2006）。实际上，该值与其他岩浆成因锆石颗粒的Th/U值完全相当，无结构锆石边可能仅仅是晚期流体引起的同位素体系重启，而不是变质边。如果该无结构边属于变质成因，那么，为什么大多数古元古代花岗岩中的锆石仅有岩浆环结构、鲜有变质边，如盖家庄片麻状花岗岩（2375Ma）？

对不同岩石类型一些样品（LL14-5、LL28-1等）薄片的详细观察揭示出不同类型岩石中的矿物组合转变过程。

界河口岩群园子坪组变沉积岩（LL14-5），一方面显示Grt-Ms-Bt变质矿物组合，另一方面还显示明显的原岩残留结构（变粉砂结构）特征，说明了其只经历了主要的一期变质作用，而且变形作用不是很强烈。

赤坚岭片麻岩（LL28-1）形成Mc(Ab-rim)-Bt-Qtz±Pl-Mag岩浆矿物组合，具微弱片麻理，微斜长石有斑晶、基质两种形式，显示浅成岩轻微变质特征。

在黑云角闪片麻岩（变英云闪长岩）（LL29-1）中，岩石具有Hbl+Mc+Bt+Pl（±rim）+Qtz+Tit+Ap矿物组合，中等变形程度，仍有不少黑云母以及少量斜长石净边，矿物组合基本保持岩浆矿物的特征。随着变形作用的加强，如其间发育韧性剪切带，则形成新的变质矿物组合Hbl+Mc+Pl+Qtz+Tit+Ap，黑云母消失，斜长石净边消失（LL29-2），表现为典型的变质矿物组合性质。

关帝山花岗岩中可夹石榴钾长片麻岩（LL06-2）表壳岩包体，显然受到了岩浆的渗入，渗入前的“热+活动组分”导致石榴子石的形成。一般角闪石的Xmg比黑云母的稍高，若发生黑云母向角闪石的转化，可富余一定的Fe组分，形成石榴子石。随后的岩浆渗入又可改造先结晶的石榴子石。

与混合岩化密切相关的与角闪石有关的稳定组合是Hbl-Pl±Bt或Bt-Pl±Hbl，Hbl-Kfs±Pl组合，表明Na-Ca进入角闪石而不是斜长石（Al呈4配位），K进入钾长石而不是黑云母，有限的H_2O进入角闪石（Al呈4、6配位）而不是黑云母（Al呈4、6配位）。体系中有一定的H_2O，且Mg、Fe不迁移，在一定的水分压条件下，黑云母-斜长石趋于分解，钾长石趋于结晶。

$$Bt + Pl \rightarrow Hbl + Kfs$$

主要是K和（Na-Ca）之间的交换反应，且Ca/(Ca+Na)增高，即发生了CaO进入和（或）Na_2O迁出的变化：有一部分的Na_2O进入钾长石。

$$5KMg_3[AlSi_3O_{10}](OH)_2+6CaAl_2Si_2O_8+9SiO_2 \rightarrow 3Ca_2Mg_5[Si_4O_{11}]_2(OH)_2+4KAlSi_3O_8+K^++4(OH)^-+13Al^{3+}$$

或

$$Bt+Plg(I)+Qtz=Hbl+Kfs+Tit+granitic\ melt\ [K^++Na^++4(OH)^++13Al^{3+}+SiO_2 \pm Mg^{2+}]$$

浅色体中Na^+比K^+多，应为富斜长石熔体。

从主要成分上看，早期的斜长石分解出的组分（Ca、Na）可用来形成角闪石，黑云母分解出的组分（K、Al）形成钾长石和榍石（Ca、Ti），偶尔有少量的铁-钛氧化物

（Fe、Ti），或帘石（Ca、Al、Fe^{3+}）等矿物形成。

水的活动性直接影响到其他组分的活动性。水分基本在体系内循环，没有明显丢失，也没有显著失水反应，组分迁移不明显。长英质岩石中钾组分弱迁移，就地形成钾长石（微斜长石），镁铁组分弱迁移，黑云母转化为角闪石而不是石榴子石；少量的镁铁质岩石可能反而有一定的镁铁组分分异，或能够活动的组分恰与石榴子石组分相当，从而形成石榴子石。

$$Bt+Plg(\mathrm{I})+Qtz\pm Ep+H_2O(aq)=Hbl+Plg(\mathrm{II})+granitic\ melt$$

黑云母中的 Ti^{4+}、F^-、Cl^-、OH^-和斜长石中的 Ca 可进入榍石 CaTi［SiO_4］（O、OH^-、Cl^-、F）。

黑云母向角闪石的转化，主要组分上需要 CaO、SiO_2和少量 Na_2O、MnO 的介入和消耗（斜长石的分解?），并有 K_2O、Al_2O_3、TiO_2的迁移或形成钾长石，若水太多可形成白云母，CaO、SiO_2的加入和 TiO_2的富余形成榍石，CaO 的加入和 Al_2O_3的富余形成帘石，但因消耗 MnO 不易形成石榴子石。当有中性（基性）（岩浆）组分的介入时，较容易发生这种转化。

因此，我们认为古元古代花岗岩在吕梁地区的活动是强烈而广泛的，但是，其所伴随的变质作用并不是十分明显。除了局部产生一些类似于热接触变质带外（于津海等，1999，2004），大多数的花岗岩表现为与岩浆就位相伴随的变形及一定程度的变质改造，矿物组合，包括锆石主要表现为岩浆的特征，变质作用的叠加痕迹较轻微。

2.7.7　讨　　论

关于吕梁地区早前寒武纪构造性质，Zhao 等（2008）强调自 2499Ma 云中片麻岩到关帝山块状花岗岩（1798Ma）是一个长期的岩浆弧演化过程。包括盖家庄片麻岩（2375Ma）、2199～2173Ma 赤坚岭-关帝山片麻岩等形成于岩浆弧的花岗岩，同构造的片麻状花岗岩和构造后的芦芽山紫苏花岗岩、唐儿上-关帝山块状花岗岩等。

Faure 等（2007）认为，横穿华北克拉通造山带（TNCB）的是一个古元古代造山带（1.9～1.8Ga），并导致了华北克拉通的聚合。在此之前，吕梁地区尚有与阜平地块的构造-岩浆活动相当的一个较早的（～2100Ma）造山事件。与阜平-吕梁山西部的低级变质镁铁质岩石（LGMU）是植根于缝合带的蛇绿岩地体，向东南方向逆冲于双峰式火山-沉积岩系列（正片麻岩-火山岩系，OVU，角闪岩相变质，并被钙碱性正片麻岩侵位）之上，该系列是一个发育在大陆基底（新太古代阜平杂岩的向西延伸部分）之上的新太古代-古元古代复合岩浆弧，经历两个阶段（～2500Ma 和～2100Ma），该正片麻岩-火山岩系沿龙泉关剪切带向东南逆冲于阜平地块之上，此次活动变质程度达角闪岩相（～1880Ma），并遭受广泛的混合岩化（1850Ma）及后造山花岗岩的侵位（1800Ma）。弱变质的滹沱群不整合覆盖在韧性变形-变质的 OVU 和 LGMU 之上，并卷入到较浅部的第二次构造幕中。阜平地块的构造-岩浆证据支持一个较早的（～2100Ma）、向西俯冲于阜平地块之下的造山事件。在西部的鄂尔多斯地块、中间的阜平地块和东部地块之间分别发生吕梁洋（1900～1880Ma）、太行洋（～2100Ma）的闭合与俯冲。Trap 等（2009）指出，派生于洋盆的陆源镁铁质单元（TMU）逆冲到片麻岩和火山-沉积岩系之上，可能代表了一个沉积于 TTG 基底之上的岩浆弧，向南东的逆冲时间据独居石电子探针 U-Th/Pb 测年为 1890～1870Ma（D_1），D_1 期间的沉积不整合于变质单元之上，并在 D_2 时发生了首次变形。

所以，一方面，与阜平杂岩类似，吕梁地区也存在明显的古元古代（2200～2000Ma）花岗岩及相伴随的变形-变质作用，该期花岗岩浆活动较为强烈，在许多表壳岩中都有其反映，甚至直接影响到表壳岩年龄的判断。另一方面，古元古代花岗岩活动时期吕梁地区（2200～2000Ma）比阜平同期花岗岩（南营花岗岩，2100～2000Ma）稍早，可能反映了二者构造位置的差别，而且，该时期吕梁地区发育浅成岩甚至喷发岩，如吕梁群、岚河群和野鸡山群，而阜平地区基本为湾子岩系变碎屑岩。

2.7.8 结　　论

吕梁地区具有强烈的古元古代花岗岩类的活动，而不仅仅是约 25 亿年和 18.5 亿年前的事件。2180～2173Ma 的花岗岩类同时伴随变形作用，基本表现为同岩浆变形的特征，其矿物组合主要是岩浆岩而不是变质岩组合。早或晚于此阶段的花岗岩片麻理均较弱。18.5 亿年前的事件及相伴随的花岗岩则代表了另外的一次相对独立的构造-热事件。

古元古代花岗岩在吕梁地区的活动是强烈而广泛的，但是，其所伴随的变质作用并不是十分明显。除了局部产生一些类似于热接触变质带外，大多数的花岗岩表现为与岩浆就位相伴随的变形及一定程度的变质改造，矿物组合，包括锆石主要表现为岩浆的特征，变质作用的叠加痕迹较轻微。

吕梁地区存在明显的古元古代（2200～2000Ma）的花岗岩及相伴随的变形-变质作用。吕梁地区古元古代花岗岩活动时期（2200～2000Ma）比阜平同期花岗岩（南营花岗岩，2100～2000Ma）稍早，可能反映了二者构造位置的差别。

第3章　华北克拉通早前寒武纪花岗岩浆作用

3.1　~2.7Ga 花岗岩

本书对华北克拉通五台-阜平地区、嵩山地区、辽-吉地区、中条地区、吕梁地区和赞皇地区的研究中，在赞皇地区首次发现存在 ~2.7Ga 花岗质岩石。本节对该期岩石进行较为详细的岩石学、地球化学和年代学研究，在此基础上讨论其成因及可能的形成环境。

3.1.1　地 质 背 景

赞皇杂岩位于太行山南段，属 Zhao 等（2005）所划分的华北克拉通中部带的中-南段，主要由早前寒武纪变质变形的 TTG 片麻岩、钾质花岗岩和少量表壳岩组成（图3.1），其中 TTG 片麻岩约占 60%（Trap *et al.*，2009a；Xiao *et al.*，2011；杨崇辉等，2011a，2011b）。传统的认识将这套早前寒武纪杂岩全部当作变质地层，命名为赞皇群，根据面理产状认为由东向西构成由老而新单斜序列，由老到新依次命名为放甲铺组、石城组、红鹤组和石家栏组四个组。其中，放甲铺组、石城组和石家栏组主要由各类片麻岩组成，而红鹤组则由石英岩、云母片岩、角闪片岩和大理岩组成（河北省地质矿产局，1989）。随着近年来工作的不断深入，该地区早前寒武纪地层的格局发生了重大的变化，从原赞皇群放甲铺组、石城组和石家栏组地层中解体出来了大量的 TTG 片麻岩和钾质花岗质片麻岩及花岗岩，剩余少量的表壳岩重新定义为狭义的太古宙赞皇岩群，并将原红鹤组大部分解体出来，重新命名为古元古代官都群（杨崇辉等，2011a，2011b）（图3.1）。

赞皇杂岩中的变质深成岩明显分为两种类型。一种是条带状片麻岩，其浅色长英质条带非常发育，条带大多平行于片麻理，以英云闪长质片麻岩为主，并常见有暗色的闪长质片麻岩密切相伴；另一种为较均匀的片麻岩，不发育长英质浅色条带，岩性较为复杂，主要由英云闪长质片麻岩、花岗闪长质片麻岩和钾质花岗质片麻岩构成，时代为 2.51 ~ 2.50Ga（杨崇辉等，2011b）。

3.1.2　岩石学特征与地球化学

3.1.2.1　岩石学特征

条带状 TTG 片麻岩主要分布在赞皇县南部院头镇至临城县郝庄、孟家庄一带。其北侧

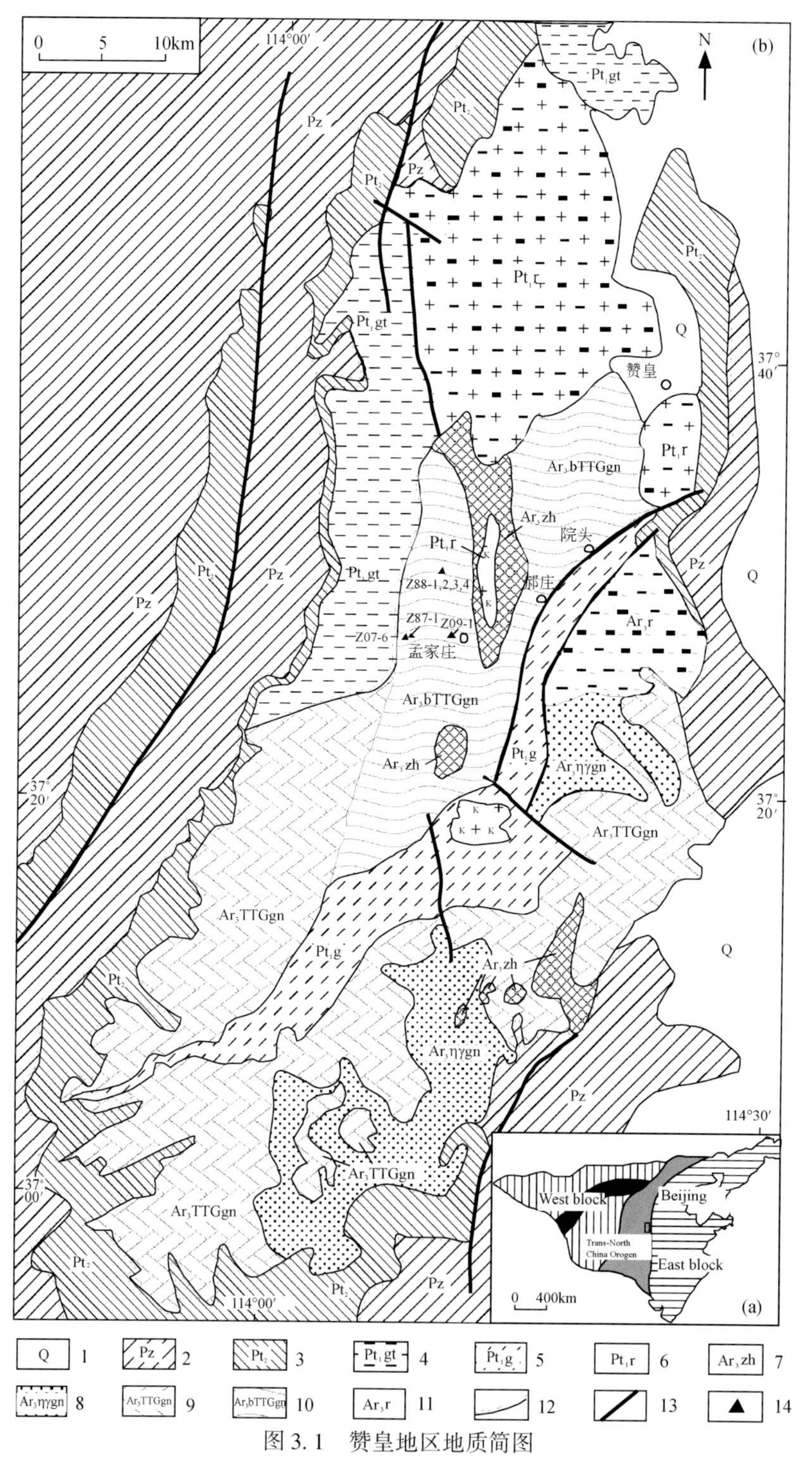

图 3.1 赞皇地区地质简图

1. 第四系；2. 古生代地层；3. 中元古界长城系；4. 古元古代甘陶河群；5. 古元古代官都群；6. 古元古代钾质花岗岩；7. 新太古代赞皇群；8. 新太古代二长花岗片麻岩；9. 新太古代 TTG 片麻岩；10. 新太古代条带状 TTG 片麻岩（~2.7Ga）；11. 新太古代钾质花岗岩；12. 不整合；13. 断层；14. 采样位置

被古元古代许亭钾质花岗岩侵入，西北侧为古元古代甘陶河群地层不整合覆盖，西南侧由于露头不连续，具体的边界尚不清楚，东侧与古元古代官都群地层为构造接触（图3.1）。条带状片麻岩主要由英云闪长质片麻岩和暗色闪长质片麻岩组成，常见有斜长角闪岩包体。岩石的片麻理有所变化，北部院头镇一带片麻理产状为322°∠50°，中南部闫家庄一带片麻理产状为295°∠80°。该套片麻岩最显著的特征是浅色长英质条带非常发育，其条带可明显分为早晚两期。早期的条带多为1～2cm宽，平行于片麻理，主要由细粒的斜长石和石英组成［图3.2（a）］。晚期的条带明显宽一些，多为5～20cm，总体平行于片麻理，但局部可见其切割片麻理［图3.2（b）］，粒度也明显较早期的条带粗一些，多为中

图3.2　条带状英云闪长质片麻岩野外照片

粒和中粗粒结构，主要由斜长石和石英组成。条带多数情况下比较平直［图3.2（a）］，但有些地段条带呈肠状褶曲［图3.2（c）］。条带分布不太均匀，个别地方可以见到条带相对不发育，更多地保留了原岩的特征［图3.2（d）］。

根据岩性的变化特征，我们分别采取了不同的代表性样品进行研究，其中Z07-6［图3.2（e）］、Z09-1［图3.2（d）］、Z87-1［图3.2（f）］、Z88-1［图3.2（g）］为条带状英云闪长质片麻岩，Z88-4为暗色闪长质片麻岩［图3.2（g）、（h）］，Z88-2为细粒片麻状奥长花岗质脉体［图3.2（g）］，Z88-3为中粗粒奥长（花岗）质脉体［图3.2（g）］。

条带状英云闪长质片麻岩（Z07-6、Z09-1、Z87-1、Z88-1）新鲜面为灰色，风化后常为黄白-土黄色。岩石具中粒花岗变晶结构，条带状及片麻状构造，主要由黑云母、斜长石、石英以及少量的绿帘石、白云母、绿泥石等矿物组成，并见有少量锆石、磷灰石、磁铁矿等副矿物。石英含量为20%～25%，它形粒状，可见波状消光，多以集合体形式分布，颗粒之间多具明显的三连点结构，相互之间交角为120°。有些样品中可见石英呈矩形条带状分布，为糜棱岩石英条带静态重结晶而成。斜长石含量约为60%～65%，常见绢云母化和绿帘石化，聚片双晶发育。斜长石颗粒大小不一，大者多为半自形板柱状，蚀变通常较强烈，而小者通常为不规则柱状，颗粒表面通常较干净。黑云母为鳞片状，定向排列构成片麻理，具有绿褐-浅黄色的多色性，部分颗粒转化成了绿泥石，含量在6%～10%。绿帘石多为细小的它形粒状，少量为自形-半自形柱状，多分布于斜长石和黑云母颗粒内部，应为其蚀变产物，含量约为3%～5%。白云母呈细小鳞片状、针状，主要由斜长石蚀变而来，含量约为1%～2%。绿泥石为鳞片状集合体，浅绿色，与黑云母密切共生，含量通常<1%。从矿物组成来看，原岩应为英云闪长岩，个别样品暗色矿物含量较少，过渡为奥长花岗岩。

闪长质片麻岩（Z88-4）呈条带状、似层状或团块状与英云闪长质片麻岩密切共生［图3.2（e）］，新鲜面为灰黑色，风化后为深灰色。片麻状构造，其内部通常不发育条带，主要由黑云母、角闪石、斜长石、石英和少量绿帘石、绿泥石等矿物组成。石英含量约为15%左右，它形粒状，波状消光明显。斜长石含量为55%左右，半自形板柱状，表面较干净，聚片双晶发育。黑云母含量为10%左右，鳞片状，定向分布，具有绿褐-浅黄色多色性，见有绿泥石化蚀变。角闪石含量为20%左右，半自形柱状-不规则粒状，定向分布，具有浅蓝绿-浅黄色多色性，见有绿帘石化蚀变。绿泥石为鳞片状集合体，浅绿色，与黑云母密切共生，含量通常<1%。原岩应为石英闪长岩。

细粒片麻状奥长花岗质脉体（Z88-2）呈脉状顺片麻理贯入英云闪长质片麻岩，局部可见其切割了条带及片麻理，具片麻状构造，主要由石英、斜长石、微斜长石和少量白云母、黑云母、绿帘石等组成。石英含量约为25%，它形粒状，多以集合体形式分布。斜长石含量约为65%，半自形板柱状-不规则柱状，发育聚片双晶，部分颗粒蚀变强烈，表面较脏，在与微斜长石接触部位发育蠕虫状构造。微斜长石含量约为5%，多为不规则粒状，颗粒明显小于斜长石，表面干净，发育格子状双晶。偶见具有卡钠复合双晶的正长石。白云母含量约为2%，细小鳞片状，与斜长石关系密切。偶见黑云母，多已转变成了白云母和绿帘石。绿帘石含量约为1%～2%，与斜长石关系密切，应为蚀变产物。

中粗粒奥长花岗质脉体（Z88-3）呈脉状侵入英云闪长质片麻岩，明显切割片麻理及条带，本身为弱片麻状-块状，主要由石英、斜长石、微斜长石和少量白云母、黑云母、绿帘石等组成。石英含量较高，约为35%，它形粒状，以集合体形式分布。斜长石含量约为60%，半自形板柱状-不规则柱状，发育聚片双晶。微斜长石含量约为1%，为不规则粒状，颗粒明显小于斜长石，发育格子状双晶。白云母含量约为1%左右，细小鳞片状，与斜长石关系密切。黑云母含量为1%左右，具有黄褐色-浅黄色多色性。绿帘石含量约为1%~2%，与斜长石关系密切，应为蚀变产物。

对进行锆石U-Pb年龄测试的样品（Z09-1）进行了人工重砂鉴定，副矿物主要为锆石（17.02μg/g）、磷灰石（52.55μg/g）、磁铁矿（290.43μg/g）和钛铁矿（175.74μg/g），并有少量金红石、黄铁矿、褐帘石等。样品重矿物中有大量的绿帘石（2182.98μg/g），但多数为不规则的圆粒状，主要为长石和黑云母等矿物的蚀变产物，不是原生的副矿物。副矿物属锆石-磷灰石-磁铁矿型组合。

3.1.2.2　地球化学特征

对薄片中观察到蚀变较弱的代表性样品完成了主量和稀土、微量元素测试，具体分析结果和有关参数见表3.1。

1. 主量元素

条带状英云闪长质片麻岩具有高硅（SiO_2=67.76%~73.31%）、高铝（Al_2O_3=14.38%~15.83%）、富钠（Na_2O=4.48%~5.07%）、贫钾（K_2O=0.77%~1.93%）的岩石化学特征（表3.1），MgO含量较低，为0.65%~1.48%，TiO_2和P_2O_5含量均很低，分别为0.22%~0.42%和0.07%~0.13%，并且FeO_T+MgO+MnO+TiO_2含量低（小于5%）。在标准化的An-Ab-Or图解上，三个样品落入英云闪长岩区，一个样品落入奥长花岗岩区（图3.3）。岩石K_2O/Na_2O低（0.16~0.43），具有奥长花岗岩的演化趋势（图3.4）。TTG片麻岩模式组分表明，它们属于中K_2O-拉斑系列（图3.5）。样品的*A/CNK*为0.98~1.07，平均为1.02，属于过铝质，显示了高铝TTG片麻岩的特点。样品的$Mg^\#$不高，为32~44，平均为0.37。这些特征表明，赞皇条带状片麻岩为典型的高铝TTG片麻岩。

表3.1　条带状英云闪长质片麻岩主微量元素分析（氧化物：%，微量元素和稀土元素：10^{-6}）

样品号	Z07-6	Z09-1	Z87-1	Z88-1	Z88-2	Z88-3	Z88-4	<3Ga TTG*
SiO_2	70.04	71.27	67.76	73.31	74.78	79.07	59.81	68.36
TiO_2	0.39	0.29	0.42	0.22	0.08	0.03	0.46	0.38
Al_2O_3	14.38	14.86	15.83	14.47	14.47	12.84	14.02	15.52
Fe_2O_3	1.49	1.53	1.65	1.19	0.80	0.23	2.05	3.27
FeO	1.99	1.06	1.60	1.42	0.27	0.05	3.68	—
MnO	0.05	0.03	0.05	0.03	0.02	0.01	0.10	0.05
MgO	1.48	0.74	1.03	0.65	0.25	0.10	6.34	1.36
CaO	2.17	3.11	3.43	3.18	2.56	2.39	5.79	3.23

续表

样品号	Z07-6	Z09-1	Z87-1	Z88-1	Z88-2	Z88-3	Z88-4	<3Ga TTG*
Na_2O	4.53	4.48	5.07	4.80	4.15	4.32	3.70	4.70
K_2O	1.93	1.18	1.48	0.77	1.71	0.72	1.79	2.00
P_2O_5	0.09	0.07	0.13	0.07	0.01	0.01	0.11	0.15
H_2O^+	0.84	0.66	0.36	0.06	0.20	0.02	0.30	—
CO_2	0.62	0.12	0.26	0.26	0.34	0.26	0.95	—
总计	100.00	99.40	99.07	100.43	99.64	100.05	99.10	—
K_2O/Na_2O	0.43	0.26	0.29	0.16	0.41	0.17	0.48	0.43
A/CNK	1.07	1.04	0.98	1.00	1.08	1.05	0.76	0.98
$Mg^{\#}$	0.44	0.35	0.37	0.32	0.31	0.41	0.67	0.45
La	23.30	11.70	12.30	6.93	7.64	1.85	13.90	30.80
Ce	43.70	24.00	25.00	24.60	11.60	1.91	28.80	58.50
Pr	4.58	2.20	2.72	1.49	1.52	0.33	3.62	—
Nd	16.80	7.82	10.40	5.34	5.54	1.10	13.90	23.20
Sm	3.10	1.46	2.23	1.01	1.15	0.22	2.84	3.50
Eu	0.68	0.54	0.73	0.46	0.81	0.55	1.17	0.90
Gd	2.99	1.48	1.94	0.64	1.05	0.25	3.23	2.30
Tb	0.41	0.18	0.29	0.14	0.14	<0.05	0.49	—
Dy	2.21	0.88	1.58	0.56	0.53	0.18	2.45	1.60
Ho	0.4	0.15	0.27	0.10	0.11	<0.05	0.49	—
Er	1.07	0.39	0.75	0.33	0.30	0.13	1.55	0.75
Tm	0.15	0.05	0.11	<0.05	<0.05	<0.05	0.23	—
Yb	1.00	0.32	0.69	0.33	0.24	0.11	1.37	0.63
Lu	0.14	0.04	0.10	0.05	<0.05	<0.05	0.19	0.12
ΣREE	100.53	51.21	59.11	41.98	30.63	6.63	74.23	—
Eu/Eu^*	0.67	1.11	1.05	1.64	2.21	7.15	1.18	—
$(La/Yb)_N$	15.71	24.65	12.02	14.16	21.46	11.34	6.84	—
Sc	7.60	4.54	4.01	1.59	1.82	0.43	16.30	—
V	52.70	23.90	39.60	17.30	9.53	3.21	116.00	52.00
Cr	51.80	18.70	6.35	5.87	1.57	1.08	249.00	50.00
Co	10.90	5.41	6.20	4.01	2.21	0.66	37.00	—
Ni	23.00	11.80	4.38	3.34	3.18	2.30	179.00	21.00
Ga	21.00	18.00	17.90	13.80	16.90	13.70	19.30	—
Rb	72.00	40.80	51.20	46.90	37.60	12.20	92.90	67.00
Sr	218.00	200.00	408.00	330.00	193.00	178.00	405.00	541.00

续表

样品号	Z07-6	Z09-1	Z87-1	Z88-1	Z88-2	Z88-3	Z88-4	<3GaTTG*
Zr	169.00	154.00	165.00	156.00	68.70	9.43	90.20	154.00
Nb	4.45	4.96	6.57	4.80	3.32	0.54	3.94	7.00
Cs	1.30	0.48	2.70	3.34	1.41	0.32	5.07	—
Ba	588.00	398.00	295.00	199.00	378.00	185.00	436.00	847.00
Hf	4.57	4.39	4.30	4.77	3.13	0.48	3.05	—
Ta	0.34	0.31	0.55	0.32	1.01	0.20	0.35	—
Pb	10.60	4.90	10.80	7.44	11.10	8.17	7.07	—
Th	5.33	3.06	2.34	3.21	4.21	0.43	2.94	—
U	0.68	0.64	0.83	0.56	0.60	0.43	0.82	—
Y	10.30	3.53	8.46	3.41	2.40	0.92	11.40	11.00
Rb/Sr	0.33	0.20	0.13	0.14	0.19	0.07	0.23	—
Sr/Y	21.17	56.66	48.23	96.77	80.42	193.48	35.53	49.18

* 数据引自 Martion *et al.*, 2005。

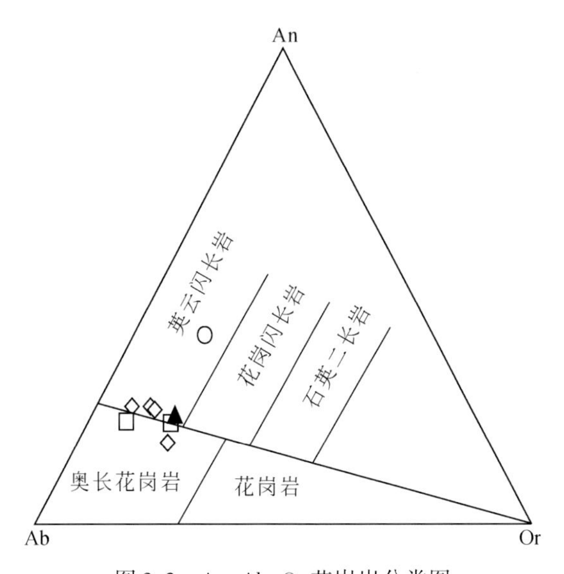

图 3.3　An-Ab-Or 花岗岩分类图

◇条带状片麻岩；○闪长质片麻岩；□奥长花岗岩脉；▲<3Ga TTG（据 Martin *et al.*, 2005）

与条带状 TTG 片麻岩密切共生的闪长质片麻岩具有低硅（SiO_2 = 59.81%）、高镁（MgO = 6.34%）、高铝（Al_2O_3 = 14.02%）、富钙（CaO = 5.79%）、富钠（Na_2O = 3.7%）、贫钾（K_2O = 1.79%）的特征。MgO、FeO_T 和 CaO 的含量明显高于 TTG 片麻岩。具有很高的 $Mg^{\#}$ 指数（$Mg^{\#}$ = 67）。

条带状 TTG 片麻岩中的奥长花岗质脉体也具有高硅（SiO_2 = 74.78% ~ 79.07%）、高

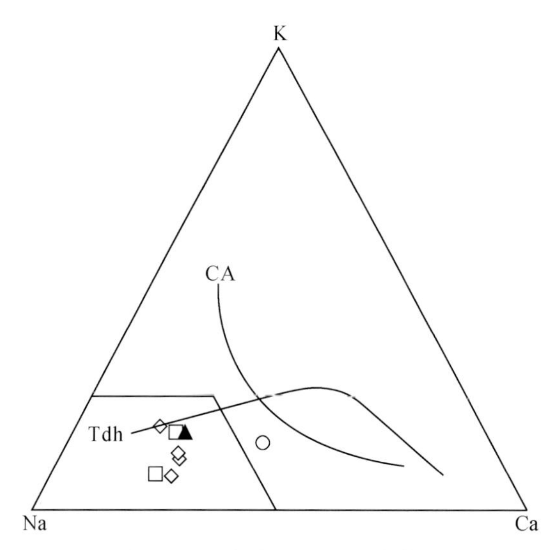

图 3.4 花岗岩 K-Na-Ca 分类图

◇条带状片麻岩；○闪长质片麻岩；□奥长花岗岩脉；▲<3Ga TTG（据 Martin *et al.*，2005）
CA. 钙碱性花岗岩演化趋势；Tdh. 奥长花岗岩演化趋势

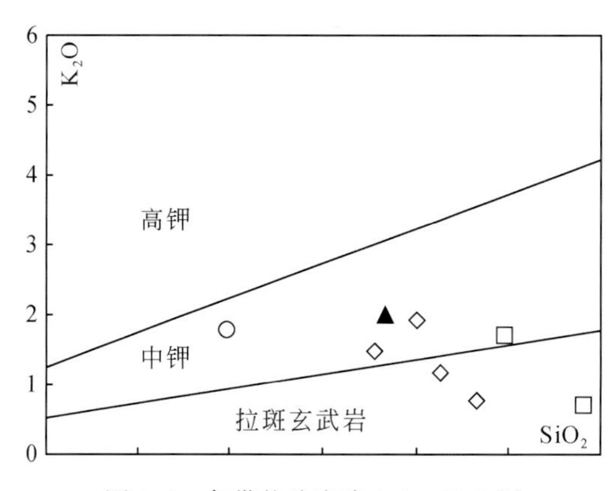

图 3.5 条带状片麻岩 SiO_2-K_2O 图

铝（Al_2O_3=12.84%～14.47%）、富钠（Na_2O=4.15%～4.32%）、贫钾（K_2O=0.72%～1.71%）、低镁（MgO=0.10%～0.25%）的特征（表 3.1），与条带状 TTG 片麻岩表现出了高度的相似性。但奥长花岗质脉体 TiO_2、P_2O_5 和 Fe_2O_3 含量非常低，分别为 0.03%～0.08%、0.01% 和 0.29%～1.0%。FeO_T+MgO+MnO+TiO_2 仅为 0.43%～1.45%，这与其暗色矿物含量很少是一致的。

2. 稀土和微量元素

条带状 TTG 片麻岩不同样品的稀土元素含量变化较大（$\sum$REE = 41.98×10^{-6}～100.53×10^{-6}）（表 3.1），样品的球粒陨石标准化稀土配分型式为向右倾斜曲线，显示出轻重稀土较强烈分馏［图 3.6（a）］，$(La/Yb)_N$ = 12.02～24.65，与太古宙 TTG 的

$(La/Yb)_N$特征［$5<(La/Yb)_N<150$］一致。HREE 明显亏损，$Yb_N=1.15\sim4.78$。除一个样品具有弱的 Eu 负异常外（$Eu/Eu^*=0.6$），其他样品均具有弱的 Eu 正异常（$Eu/Eu^*=1.05\sim1.64$）。

闪长质片麻岩的稀土总量中等（$\sum REE=74.23\times10^{-6}$）。球粒陨石标准化稀土配分型式为向右倾斜曲线，轻重稀土分异明显，$(La/Yb)_N=6.84$。具有弱的 Eu 正异常（$Eu/Eu^*=1.18$）［表3.1，图3.6（a）］。

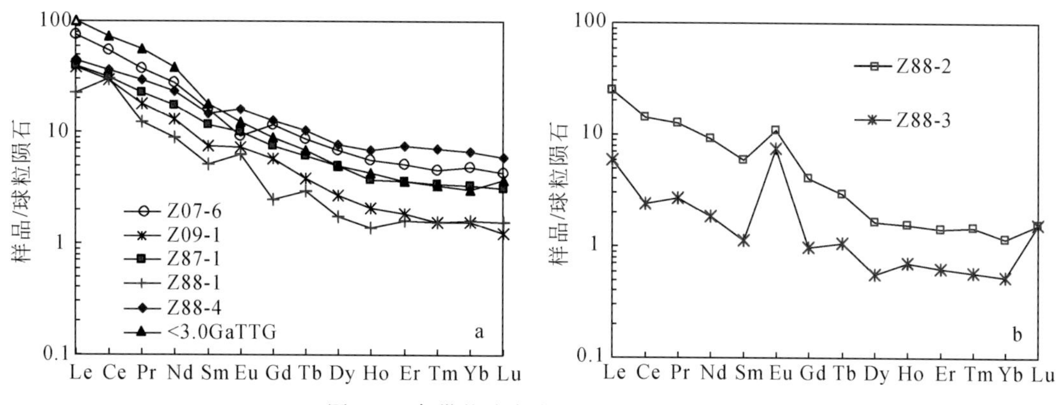

图3.6　条带状片麻岩稀土元素配分图解

奥长花岗质脉体稀土总量很低（$\sum REE=6.63\times10^{-6}\sim30.63\times10^{-6}$），球粒陨石标准化稀土配分型式为向右倾斜曲线（对个别低于检出限的数据用内插法进行了处理），大致平行于条带状 TTG 片麻岩，轻重稀土强烈的分馏［图3.6（b）］，$(La/Yb)_N=11.34\sim21.46$，具有明显的 Eu 正异常（$Eu/Eu^*=2.21\sim7.15$）和弱的 Ce 负异常，这与岩石含有大量长石和很少的暗色矿物及副矿物有关。

条带状 TTG 片麻岩富集大离子亲石元素 Ba（$199\times10^{-6}\sim588\times10^{-6}$）、Sr（$200\times10^{-6}\sim408\times10^{-6}$），略亏损 Rb（$40.8\times10^{-6}\sim72\times10^{-6}$），Yb（$0.32\times10^{-6}\sim1.00\times10^{-6}<1.5\times10^{-6}$）和 Y（$3.41\times10^{-6}\sim10.3\times10^{-6}<15\times10^{-6}$）的含量较低。Rb/Sr 值较低，为 0.13～0.33，Sr/Y 值则较高，为 21.77～96.77（>20）。亏损高场强元素 Nb、Ta、Ti，在原始地幔标准化的微量元素配分图解中，具有 Nb、Ta、Ti、P 和 Sm 的负异常［图3.7（a）］，具有 TTG 岩石的特征。

闪长质片麻岩大离子亲石元素 Rb（92.9×10^{-6}）、Sr（405×10^{-6}）等含量较高，Yb（1.37×10^{-6}）和 Y（11.4×10^{-6}）的含量较低。相容元素 V（116×10^{-6}）、Cr（249×10^{-6}）、Co（37×10^{-6}）、Ni（179×10^{-6}）等含量远高于条带状 TTG 片麻岩中相应元素的含量。在原始地幔标准化的微量元素配分图解中具有 Nb、Ta、Ti、P 和 Sm 的负异常，曲线与条带状 TTG 片麻岩相似，只是高场强元素 Zr 和 Hf 的含量略低于 TTG 片麻岩［图3.7（a）］。

奥长花岗质脉体的 V（$3.21\times10^{-6}\sim9.53\times10^{-6}$）、Cr（$1.08\times10^{-6}\sim1.57\times10^{-6}$）、Co（$0.66\times10^{-6}\sim2.21\times10^{-6}$）、Ni（$2.3\times10^{-6}\sim3.18\times10^{-6}$）等相容元素含量很低，强烈亏损 Nb、Zr、Ti 等高场强元素［图3.7（b）］。Rb/Sr 值较低，为 0.07～0.19。Sr/Y 值则较高，为 80.42～193.48。

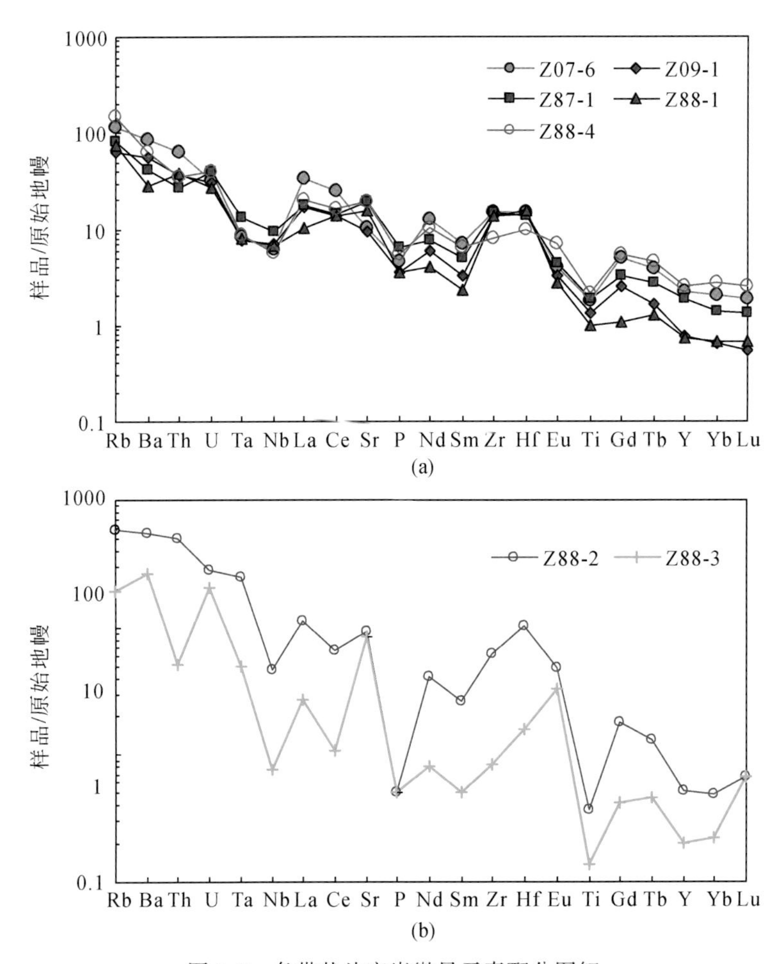

图 3.7 条带状片麻岩微量元素配分图解

3. 锆石的 Zr 饱和温度

一般认为锆石的 Zr 饱和温度可以近似代表花岗质岩石近液相线的温度（Watson and Harrison，1983），条带状英云闪长质片麻岩（Z09-1）测年样品中未发现残留锆石，所以可以利用锆石的 Zr 饱和温度计算方法（Watson and Harrison，1983；Miller *et al.*，2003），得出条带状 TTG 片麻岩样品锆石的 Zr 饱和温度较高，在 771 ~ 788℃，细粒奥长花岗质脉体（Z88-2）的锆石的 Zr 饱和温度在 720℃。粗粒奥长花岗质脉体（Z88-3）的锆石的 Zr 和温度则只有 592℃，这与其地质地球化学特征是吻合的，也证明了其为晚期深融的低温产物。闪长质片麻岩由于锆不饱和不适用该方法计算形成温度。

4. Sr-Nd 同位素

选取了两个条带状 TTG 片麻岩样品进行 Sm-Nd 和 Rb-Sr 同位素测定，结果见表 3.2。

条带状 TTG 片麻岩样品的 $^{143}Nd/^{144}Nd$ 值为 0.511281 ~ 0.511407，$^{147}Sm/^{144}Nd$ 值为 0.1135 ~ 0.1180，有一定的变化范围。$\varepsilon_{Nd}(t)$ 值为正值（t = 2692Ma），介于 2.37 ~ 3.29。

样品的Sm/Nd值为0.19，同时样品的富集系数$f_{Sm/Nd}$值均为变化范围不大的负值（-0.42～-0.40），说明源区Sm、Nd元素没有明显的分馏，计算的亏损地幔Nd模式年龄有明确的地质意义。单阶段亏损地幔Nd模式年龄t_{DM}为2.76～2.83Ga，两阶段Nd模式年龄t_{DM2}为2.77～2.84Ga。

表3.2　条带状片麻岩Sr-Nd同位素分析

样品号	Sm/10^{-6}	Nd/10^{-6}	$^{147}Sm/^{144}Nd$	$^{143}Nd/^{144}Nd$	2σ	$\varepsilon_{Nd}(t)$	$f_{Sm/Nd}$	t_{DM}/Ma	t_{DM2}/Ma
Z07-6	3.01	15.50	0.1180	0.511407	0.000014	3.29	-0.40	2759	2765
Z09-1	1.47	7.85	0.1135	0.511281	0.000012	2.37	-0.42	2826	2848

样品号	Rb/10^{-6}	Sr/10^{-6}	$^{87}Rb/^{86}Sr$	$^{87}Sr/^{86}Sr$	2σ	$^{87}Sr/^{86}Sr(t)$
Z07-6	61.8	208.1	0.8663	0.730947	0.000011	0.697189
Z09-1	34.9	203.0	0.5011	0.720204	0.000013	0.700678

样品的$^{87}Rb/^{86}Sr$值为0.5011～0.8663，$^{87}Sr/^{86}Sr$值为0.720204～0.730947，$^{87}Sr/^{86}Sr(t)$值很低（t=2692Ma），为0.697189～0.700678。

总体分析发现，赞皇地区的条带状片麻岩的岩石学、地球化学及Sr-Nd同位素特征与鲁西地区的望府山片麻岩的特征非常相似（Jahn *et al.*，1988）。

3.1.3　锆石年代学

条带状英云闪长质片麻岩测年锆石取自Z09-1样品。锆石颜色单一，呈浅粉色，金刚光泽，半自形柱状，晶棱多已圆钝，可模糊见复四方柱状。锆石表面有溶蚀凹坑，裂纹发育，多呈透明-半透明状。这些特征表明锆石经受了重熔作用的影响。锆石粒径以50～100μm为主，少量为100～150μm。锆石的伸长系数为2～4。在阴极发光（CL）图像中，锆石发光较弱，具有密集振荡环带，多数颗粒为长柱状晶体（图3.8）。从锆石的表面形态及内部结构特征分析，该样品中锆石为岩浆成因。

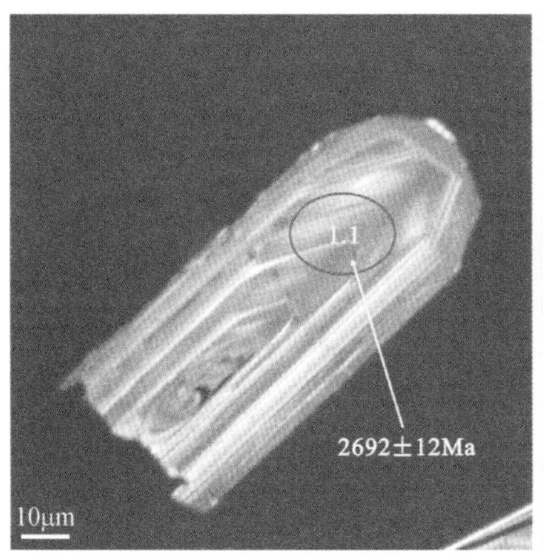

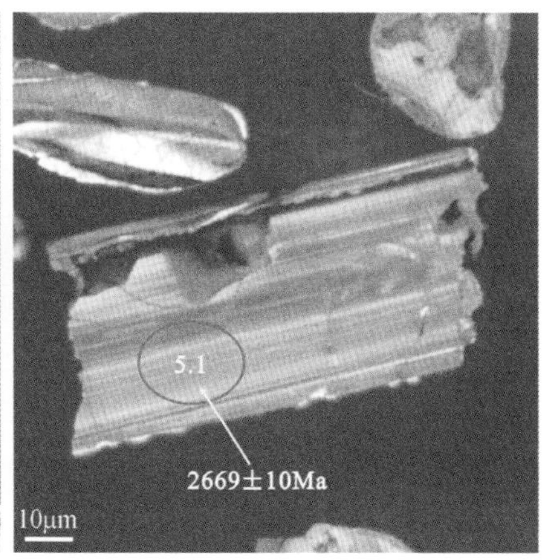

图3.8　条带状片麻岩锆石CL图像

随机选择了 32 粒锆石进行 32 个测点分析，锆石 U、Th 含量分别为 145×10^{-6} ~ 2044×10^{-6}、16×10^{-6} ~ 3579×10^{-6}，Th/U 值为 0.02 ~ 4.07（表 3.3）。其中低 Th/U 值的 23.1 点和 26.1 点的 $^{207}Pb/^{206}Pb$ 年龄分别为 2449±7Ma 和 1885±15Ma，可能代表后期的变质事件年龄。但这两个分析点都远离谐和线，所以可能与后期事件引起不同程度的铅丢失有关，无明确的地质意义。由于大部分锆石分析结果都具有较强烈的铅丢失，所获得不一致线上交点年龄为 2677±13Ma，与位于谐和线上的分析点 2692±12Ma（1.1）在误差范围内相差不大，应代表了岩浆锆石的年龄（图 3.9）。根据位于谐和线上的年龄结果（2692±12Ma），我们认为英云闪长质片麻岩原岩形成时代应为 ~2.7Ga。

表 3.3 条带状片麻岩锆石 SHRIMP U-Pb 分析结果

样点号	$^{206}Pb_c$ /%	U /10^{-6}	Th /10^{-6}	Th/U	$^{206}Pb^*$ /10^{-6}	$^{207}Pb^*/^{206}Pb^*$	±%	$^{207}Pb^*/^{235}U$	±%	$^{206}Pb^*/^{238}U$	±%	误差相关性	年龄/Ma		不谐和性 /%
													$^{206}Pb/^{238}U$	$^{207}Pb/^{206}Pb$	
Z09-1-1.1	0.02	222	177	0.82	99.9	0.18430	0.73	13.31	1.10	0.5240	0.83	0.748	2716±18	2692±12	-1
Z09-1-2.1	0.07	229	83	0.37	86.9	0.18030	0.71	11.00	1.10	0.4422	0.84	0.762	2360±17	2656±12	11
Z09-1-3.1	0.05	935	294	0.33	345.0	0.17928	0.34	10.61	0.59	0.4294	0.48	0.813	2303±9	2646±6	13
Z09-1-4.1	0.46	198	279	1.46	60.9	0.16840	1.00	8.26	1.3	0.3558	0.87	0.645	1962±15	2542±17	23
Z09-1-5.1	0.01	235	184	0.81	99.3	0.18180	0.63	12.34	1.0	0.4923	0.81	0.789	2581±17	2669±10	3
Z09-1-6.1	0.24	268	1056	4.07	113.0	0.18230	0.68	12.33	1.1	0.4906	0.85	0.783	2573±18	2674±11	4
Z09-1-7.1	0.22	173	125	0.75	64.3	0.17750	0.60	10.54	1.4	0.4306	1.3	0.906	2308±25	2629±10	12
Z09-1-8.1	0.07	568	89	0.16	187.0	0.16907	0.31	8.93	1.2	0.3829	1.1	0.964	2090±20	2549±5	18
Z09-1-9.1	0.11	463	251	0.56	147.0	0.17099	0.36	8.70	1.2	0.3688	1.1	0.953	2024±20	2568±6	21
Z09-1-10.1	0.07	197	85	0.45	67.4	0.17650	0.93	9.68	1.5	0.3977	1.2	0.795	2158±22	2620±15	18
Z09-1-11.1	0.04	519	399	0.80	214.0	0.17891	0.29	11.82	1.2	0.4793	1.1	0.970	2524±24	2643±5	4
Z09-1-12.1	0.11	2044	3579	1.81	509.0	0.16319	0.24	6.509	1.1	0.2892	1.1	0.978	1638±16	2489±4	34
Z09-1-13.1	0.29	229	156	0.71	90.1	0.18300	0.68	11.53	1.7	0.4568	1.6	0.921	2425±32	2681±11	10
Z09-1-14.1	0.16	245	169	0.71	83.0	0.17720	0.76	9.60	1.5	0.3930	1.3	0.863	2137±24	2627±13	19
Z09-1-15.1	0.09	145	75	0.53	53.6	0.17770	0.75	10.53	1.5	0.4299	1.3	0.864	2305±25	2631±12	12
Z09-1-16.1	0.53	759	401	0.55	136.0	0.13338	0.59	3.821	1.3	0.2078	1.1	0.889	1217±13	2143±10	43
Z09-1-17.1	0.11	433	145	0.35	149.0	0.16963	0.35	9.37	1.2	0.4006	1.1	0.956	2172±21	2554±6	15
Z09-1-18.1	0.13	375	41	0.11	114	0.17234	0.42	8.38	1.2	0.3528	1.2	0.941	1948±19	2581±7	25
Z09-1-19.1	0.14	540	54	0.10	141	0.15467	0.41	6.479	1.2	0.3038	1.1	0.940	1710±17	2398±7	29
Z09-1-20.1	0.08	286	178	0.65	125	0.18227	0.39	12.76	1.2	0.5076	1.2	0.950	2646±25	2674±6	1
Z09-1-21.1	0.07	190	69	0.37	64.1	0.16990	0.73	9.17	1.7	0.3915	1.5	0.898	2130±27	2557±12	17
Z09-1-22.1	0.09	437	228	0.54	155	0.17713	0.37	10.05	1.2	0.4116	1.1	0.952	2222±22	2626±6	15
Z09-1-23.1	0.22	574	16	0.03	161	0.15936	0.41	7.161	1.2	0.3259	1.1	0.941	1818±18	2449±7	26
Z09-1-24.1	0.05	484	404	0.86	201	0.18171	0.41	12.07	4.4	0.4820	4.4	0.996	2535±92	2669±7	5

续表

样点号	$^{206}Pb_c$ /%	U /10^{-6}	Th /10^{-6}	Th/U	$^{206}Pb^*$ /10^{-6}	$^{207}Pb^*/^{206}Pb^*$	±%	$^{207}Pb^*/^{235}U$	±%	$^{206}Pb^*/^{238}U$	±%	误差相关性	年龄/Ma		不谐和性 /%
													$^{206}Pb/^{238}U$	$^{207}Pb/^{206}Pb$	
Z09-1-25.1	0.14	263	125	0.49	109	0.17833	0.43	11.79	1.3	0.4797	1.2	0.938	2526±25	2637±7	4
Z09-1-26.1	0.14	1095	25	0.02	133	0.11531	0.81	2.247	1.4	0.1413	1.1	0.809	852.1±8.9	1885±15	55
Z09-1-27.1	0.26	204	86	0.44	77.8	0.16398	0.60	10.00	1.4	0.4421	1.3	0.902	2360±25	2497±10	5
Z09-1-28.1	1.26	370	143	0.40	121	0.16710	0.90	8.62	1.6	0.3742	1.3	0.835	2049±24	2529±15	19
Z09-1-29.1	0.19	726	700	1.00	176	0.16277	0.36	6.306	1.2	0.2810	1.1	0.954	1596±16	2485±6	36
Z09-1-30.1	0.03	635	426	0.69	210	0.17714	0.30	9.41	1.2	0.3853	1.1	0.968	2101±20	2626±5	20
Z09-1-31.1	0.16	867	402	0.48	209	0.16223	0.42	6.277	1.2	0.2806	1.1	0.936	1594±16	2479±7	36
Z09-1-32.1	0.15	264	189	0.74	94.8	0.17671	0.46	10.17	1.3	0.4173	1.2	0.933	2248±22	2622±8	14

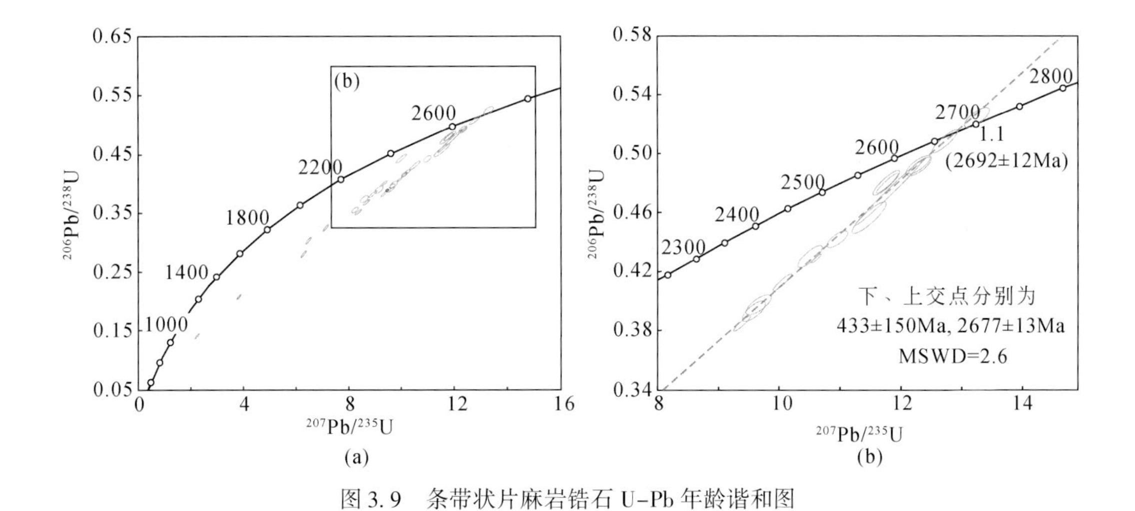

图3.9 条带状片麻岩锆石U-Pb年龄谐和图

3.1.4 岩石成因及构造环境

3.1.4.1 岩石的属性及成因

1. 条带状TTG片麻岩的属性及成因

赞皇杂岩中条带状TTG片麻岩具有高硅、高铝、富钠、贫钾的常量元素特征，具有富集轻稀土亏损重稀土、轻重稀土分馏强烈，弱Eu正异常的稀土元素特征，在微量元素方面富集大离子亲石元素Ba、Sr，亏损高场强元素Nb、Ta、Ti，Yb和Y的含量较低。在原始地幔标准化的微量元素配分图解中，具有 Nb、Ta、Ti 、P 和 Sm 的负异常。这些特征与太古宙高铝 TTG 岩石的特征一致，表明本区条带状片麻岩为典型的太古宙 TTG 岩系。同时赞皇条带状片麻的上述特点还具有埃达克岩的主要地球化学特征，在微量元素图解中均落入高硅埃达克岩区（图 3. 10）。

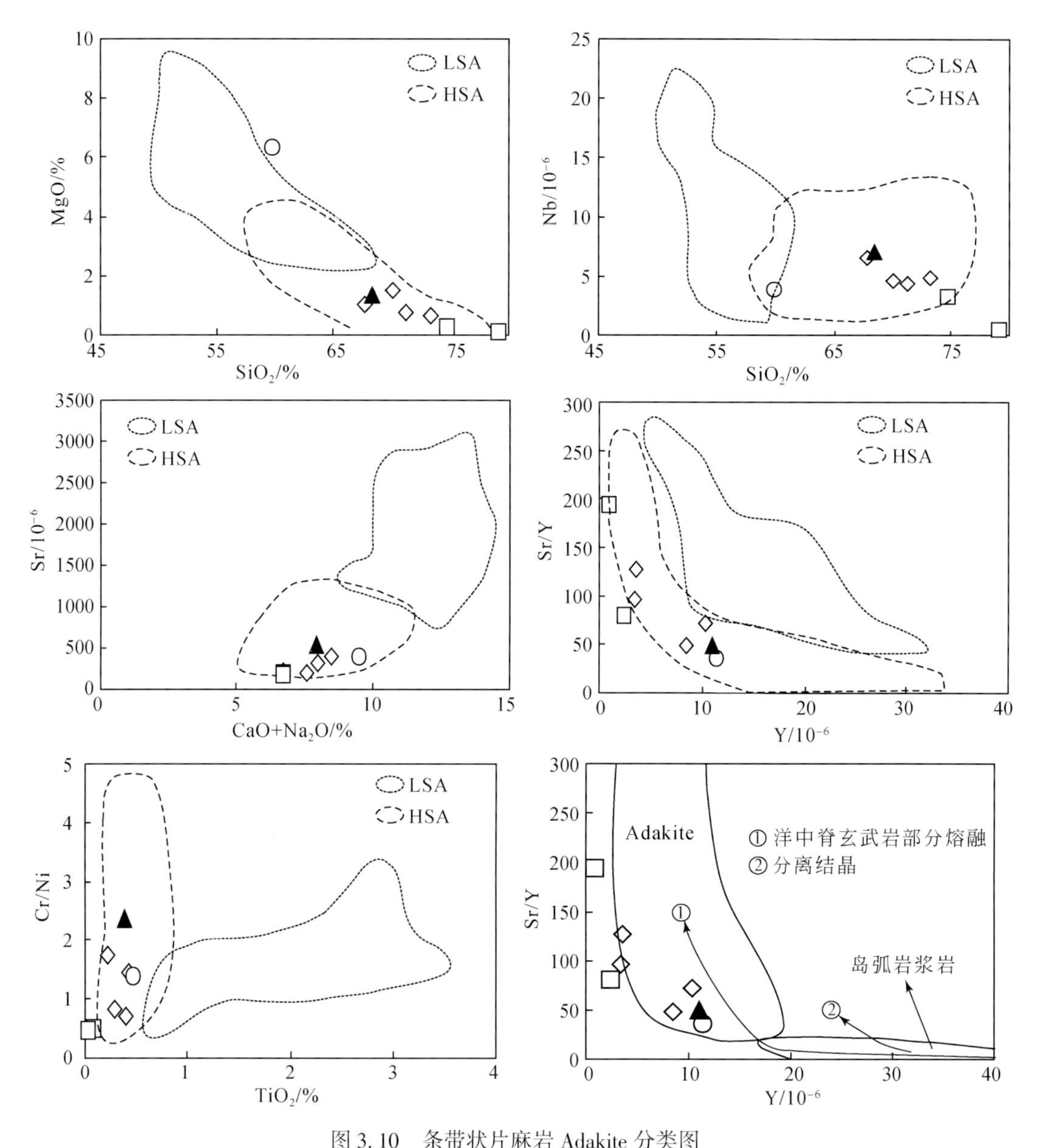

图 3. 10 条带状片麻岩 Adakite 分类图

LSA. 低硅埃达克岩；HSA. 高硅埃达克岩（据 Martin *et al.* , 2005）；样品的花纹符号同图 3. 3

条带状 TTG 片麻岩高铝、富钠、贫钾，低的 Y、Nb、Th、Ta、Zr 和 Yb 等元素及其比值特征具有岛弧岩浆的特点。其正的 $\varepsilon_{Nd}(t)$ 值（2. 37 ~ 3. 29）和低的 Sr 初始值（0. 69719 ~0. 70068< 0. 704 ）表明其可能来源于亏损地幔或新生地壳。单阶段亏损地幔

Nd 模式年龄（2. 77 ~ 2. 84Ga）略大于其形成年龄，表明源区可能来自约 2. 8Ga 的新生地壳部分熔融。

具有正 $\varepsilon_{Nd}(t)$ 值和低 Sr 初始值的花岗岩类通常直接地或间接地与地幔有关（Jahn *et al.*，2000），但赞皇条带状片麻岩的相对高 Sr、富集 LREE、亏损 HREE 和 Eu 正异常等特征，以及在区域上没有相对应的其他类型岩石和超镁铁质岩石残留项的存在，很难用地幔岩浆的直接分离结晶成因来解释。对具有正 $\varepsilon_{Nd}(t)$ 值的花岗岩来说，还有一种可能是幔源基性岩浆与地壳混染或与壳源岩浆的混合。从赞皇条带状片麻岩的产状及组合特征来看，没有两个端元岩浆的存在，也未见典型的幔源暗色细粒包体和具有岩浆混合标志的淬冷细粒包体。另外，具有正 $\varepsilon_{Nd}(t)$ 值的花岗岩如果是由地幔岩浆与地壳混染或与壳源岩浆混合形成的话，那么应该有大量的地幔物质加入才可以形成上述 Nd 同位素特征，这也与该岩石的元素组成特征矛盾。所以赞皇条带状片麻岩也不可能是地幔岩浆与地壳混合成因。

前面已述及赞皇条带状片麻岩具有高铝、富钠、重稀土亏损和地幔性质的同位素特征，属于高铝 TTG 岩系，类似于高硅埃达克岩，关于这类岩石的成因目前还存在俯冲板片部分熔融（Kepezhinskas *et al.*，1995；Martin，1999；Defant *et al.*，2002；Martin *et al.*，2005）和加厚下地壳部分熔融（Atherton and Petford，1993；Arculus *et al.*，1999；Hou *et al.*，2004）两种主要的争议。如果是加厚地壳部分熔融形成的熔体一般富钾（Martin，1987；Jiang *et al.*，2007），而赞皇条带状片麻岩富钠低钾，K_2O/Na_2O 小于 0. 5。如果是下地壳在拆沉机制下发生部分熔融，大陆地壳通常具有比较长的演化时间，其形成的埃达克岩具有富集的 Nd 同位素特征（Xu *et al.*，2002；Gao *et al.*，2004，2008；Jiang *et al.*，2007），而本区岩石具有亏损地幔 Nd 同位素特征。此外，下地壳重熔通常会保留有老地壳的年龄信息（Gao *et al.*，2004；Jiang *et al.*，2007），而本区岩石尚未发现有老的残留锆石年龄。所以，赞皇条带状片麻岩不太可能由加厚下地壳部分熔融形成。

实验岩石学证据表明，TTG 岩系的矿物组成及地球化学特征要求含水玄武质岩石在较高压力条件下部分熔融产生（Barker and Arth，1976；Rapp *et al.*，1991；Kröner and Layer，1992；Rapp and Watson，1995；Xiong，2006；Xiong *et al.*，2009）。TTG 类似于地幔的 Sr 和 Nd 同位素特征表明，基性岩石在它们从地幔分异后即迅速发生了熔融（≤0. 1Ga）（Martin，1987）。据此，许多研究者倾向于大多数太古宙 TTG 片麻岩形成于温度较高的新生的太古宙俯冲洋壳的部分熔融（Martin，1999；Defant *et al.*，2002；Martin *et al.*，2005）。结合赞皇条带状 TTG 片麻岩的岩石学、地球化学、同位素特征等，我们认为其应是从亏损地幔衍生出的新的基性地壳的部分熔融形成的，可能的机制是与板片的俯冲有关。结合其 $Mg^{\#}$ 较低，平均为 0. 37，相容元素 Cr（平均 20.72×10^{-6}）、Ni（平均 10.63×10^{-6}）等含量较低，熔体应该没有和地幔橄榄岩发生明显的交代作用。

2. 闪长质片麻岩的属性及成因

与赞皇条带状片麻岩密切共生的闪长质片麻岩具有低硅、高镁、高铝、富钠、贫钾的特征，其 $Mg^{\#}$ 指数很高，具有高镁闪长岩的特征。闪长质片麻岩同时也具有高 Sr、高 Sr/Y 值（35. 53），轻重稀土分馏显著，具有 Nb、Ta 、Ti 、P 和 Sm 的负异常的特征，这些与条带状片麻岩相同的地球化学特征证明闪长质片麻岩可能同样来源于俯冲板片的部分熔融。闪长质片麻岩低硅、高镁，相容元素 V、Cr、Ni 等明显富集，表明其可能受到了地幔橄榄岩的混染。俯冲板片熔体与地幔橄榄岩相互作用形成的原始高镁安山岩熔体，如果没有经过分异，$Mg^{\#}$指数一般要大于60（Kelemen *et al.*，2003），本区闪长质片麻岩的 $Mg^{\#}$指数为 67，表明其未经历明显的结晶分异作用。

3. 浅色奥长花岗质脉体的成因

野外特征表明浅色的奥长花岗质脉体为后期的贯入脉体，其形成时代明显晚于英云闪长质片麻岩。其常量元素为高铝、富钠、低钾，与英云闪长质片麻岩高度相似。其稀土含量较低，但配分曲线平行于英云闪长质片麻岩，强烈亏损 Nb、Zr、Ti 等高场强元素，Sr/Y 值高。这些特征均与英云闪长质片麻岩相似，加之本身又具有很高的硅、很低的铁镁含量以及与之平行的稀土配分曲线，其应为英云闪长质片麻岩部分熔融的产物。

3.1.4.2 华北克拉通新太古代早期地壳增生及演化

赞皇杂岩中条带状片麻岩是由来源于亏损地幔的新生地壳在 ~2.7Ga 发生部分熔融而形成，表明本地区在新太古代早期发生了大规模的陆壳增生。本区 ~2.5Ga 岩浆活动规模远大于 ~2.7Ga 的岩浆活动规模，但 2.51Ga 的闪长质片麻岩包体和 2.50Ga 的钾质花岗岩均具有正的 $\varepsilon_{Nd}(t)$ 值和 ~2.7Ga 的 Nd 模式年龄（杨崇辉等，2011b），说明本区主要的地壳增生事件发生在 ~2.7Ga。~2.5Ga 岩浆活动尽管非常强烈，但主要是对早期地壳的再造，可能没有大规模的地幔物质添加。类似的是整个华北克拉通最强烈的岩浆活动也发生在新太古代末 2.50 ~ 2.55Ga（Guan *et al.*，2002；沈其韩等，2005；Wilde *et al.*，2005；Kröner *et al.*，2005；Zhao *et al.*，2008；Yang *et al.*，2008；Condie，2009；Grant *et al.*，2009；Liu *et al.*，2009a；耿元生等，2010），但研究显示该阶段的岩浆岩 Nd 及 Hf 同位素许多具有 2.7 ~ 2.8Ga 的模式年龄和接近亏损地幔演化线的 $\varepsilon_{Nd}(t)$ 值和 $\varepsilon_{Hf}(t)$ 值（陆松年等，1996；Zhai，2004；Wu *et al.*，2005；Wan *et al.*，2011c，2012b；Zhai and Santosh，2011；Geng *et al.*，2012），表明华北克拉通在 ~2.7Ga 曾发生过大规模的地壳增生事件。~2.5Ga 热事件对早期地壳强烈再造的同时，也有一些地壳增生的信息，如冀西北怀安（Liu *et al.*，2009c）、冀东（Yang *et al.*，2008）、辽西（Grant *et al.*，2009）、五台（Wilde *et al.*，2004；Kröner *et al.*，2005）和太华（Diwu *et al.*，2010）等地。

Zhai 和 Santosh（2011）将华北克拉通的基底划分为 6 个微陆块，微陆块周边为绿岩带所环绕，通过弧-陆碰撞的方式使不同的微陆块聚合在一起，形成了统一的华北克拉通。他们将阜平-赞皇与五台一起归入了 ~2.5Ga 五台绿岩带，本书结果表明，赞皇地区可能存在大面积的 ~2.7Ga TTG 片麻岩，考虑到阜平地区 ~2.5Ga 花岗质片麻岩中存在 ~2.7Ga 角闪片麻岩的包体（Guan *et al.*，2002）以及 ~2.7Ga 的碎屑锆石（程裕淇等，2004），阜平-赞皇地区可能存在一定规模的 ~2.7Ga 的绿岩带，只是被后期 ~2.5Ga 构造热事件强烈改造而残缺不全。赞皇地区 ~2.7Ga TTG 片麻岩的特征与鲁西地区望府山片麻岩非常相似，但由于被中新生代盆地所分隔，两者并未直接接触，它们是否曾经是同一陆块或是同一拼合带，还需进一步工作确定，这无疑为华北克拉通基底的划分和构造演化提供了新的线索或约束。

3.2 ~2.5Ga 岩浆作用

就全球范围而言，~27亿年（主要为27.5亿~26.5亿年）构造岩浆热事件广泛发育，如北美Superior、西加拿大地盾和怀俄明、波罗的海地盾、西格陵兰和东格陵兰、芬兰、西澳大利亚Pilbara和Yilgarn、南非Kaapvaal、津巴布韦等地区。该构造岩浆热事件具全球意义，导致大陆地壳在短时间内迅猛增生，表现为表壳岩系和深成侵入体的大量形成，正是该构造岩浆热事件导致了Kenorland超大陆的形成。

然而，~25亿年构造岩浆热事件虽在全球范围内只在少数地区发育，但在我国华北克拉通却表现的非常强烈。

关于华北克拉通新太古代晚期（~2.5Ga）构造岩浆热事件的性质还有不同认识。一种观点认为是岛弧岩浆-碰撞造山作用。Zhao等（2000，2001a，2001b，2002，2003）认为位于中部造山带的恒山-五台-阜平杂岩为岛弧岩浆作用的产物，但直到古元古代末东、西陆块才相互碰撞。Li等（2000，2002）和Kusky等（2001）提出了一条新太古代碰撞造山带，其空间分布在中南部与Zhao等（2000，2001a，2001b，2008）的古元古代碰撞造山带相似，在北部则转向了辽西-吉南。他们认为在太古宙末期西部陆块和东部陆块就发生了碰撞拼贴，形成统一的华北克拉通。万渝生等（2005a，2005b）对辽北地区的研究也认为岛弧岩浆作用对于新太古代陆壳增生具有重要意义。这意味着板块构造在华北克拉通太古宙末就起了作用，并是华北克拉通陆壳增生的主要原因。另一种观点认为~2.5Ga岩浆活动可能是与地幔柱有关的板底垫托作用（耿元生等，2010），理由包括：① 不同类型岩浆岩在~25亿年很短时间范围内形成；② 在一些地方，25亿年表壳岩和TTG花岗质岩石形成后，很快发生变质作用；③ 25亿年地质体在华北克拉通大范围分布，并不只分布于所谓的“中部造山带”内。例如，在华北克拉通西北缘内蒙固阳地区、东南缘徐淮和蚌埠地区都有~25亿年岩石或残余锆石存在（耿元生等，2010）。

华北克拉通新太古代晚期构造岩浆热事件的属性，关系到太古代时期地壳增生的方式，或者以类似显生宙板块构造的方式使地球增生，或者以地幔柱底侵的方式增生。两种不同的增生方式不仅对认识早期地壳增生演化的方式具有重要的科学意义，同时不同的增生方式对区域成矿作用的制约影响不同。因此对新太古代晚期构造岩浆热事件属性的研究，在理论上可以创新，对指导区域找矿勘查也具有重要的意义。我们选择了阜平-赞皇、五台、中条等地对新太古代岩浆作用进行了研究，本节重点对赞皇地区新太古代末期岩浆作用进行了解剖，与其他地区进行对比。

赞皇地区的地质背景详见3.1节相关部分，此处不再赘述。赞皇地区新太古代晚期岩浆作用的一个显著特征是其具有明显的演化时序性，从早期的TTG岩石，到中期的钙碱性花岗闪长岩-二长花岗岩，再到最后的钾长花岗岩，形成了一个完整的演化系列（图3.1）。

3.2.1 岩石学特征与地球化学

3.2.1.1 岩石学特征

从野外产状来看，新太古代晚期 TTG 岩石分布较为广泛，经历了强烈的变质变形，片麻理非常发育，原岩结构很少保留。而花岗闪长岩-二长花岗岩主要分布在赞皇杂岩的东北侧，变形相对较弱一些，其片麻理明显较 TTG 片麻岩弱一些，原岩结构大多有所保留，如似斑状结构等。钾质花岗岩分布局限，规模较大的岩体仅见菅等岩体，其变形较弱，虽然总体上发育片麻理，但片麻理较弱，局部保留有块状构造。

TTG 片麻岩具花岗变晶结构，片麻状构造（黑云母定向排列）。主要由斜长石（55%～60%）、黑云母（5%～15%）、石英（15%～25%）、微斜长石（1%～5%）及少量磷灰石、绿帘石和磁铁矿等副矿物组成。石英为它形粒状，多以集合体形式存在，发育波状消光。斜长石以它形-半自形板柱状为主，但边界多不规则，可明显分为两个粒级，大者达 2～3mm，小者<1mm。斜长石通常蚀变强烈，部分颗粒见良好的聚片双晶，双晶平直，界面清晰，推测颗粒大者多为岩浆结晶形成的斜长石，而颗粒小者可能多为变质成因的斜长石。微斜长石多为不规则粒状，颗粒明显小于斜长石，表面干净，发育格子状双晶，偶见具有卡钠复合双晶的正长石。黑云母为鳞片状定向排列，粒度多为 0.2mm×1.5mm，多聚集成条带，总体较新鲜，个别转变成了绿泥石，Ng 方向多为黄绿色。绿帘石有两种形态，一种为半自形柱粒状，一种为它形粒状，常呈包体存在于长石和云母等矿物中，应为蚀变产物。磷灰石多为自形柱状和针柱状，多包裹于斜长石中。从矿物组成来看，原岩主要为英云闪长岩，个别暗色矿物较少者为奥长花岗岩。

花岗闪长质-二长花岗质片麻岩，片麻理发育，为中粒花岗结构，局部发育钾长石斑晶，为似斑状结构，主要由石英（20%～25%）、斜长石（30%～45%）、钾长石（10%～30%）、黑云母（5%～10%）和少量白云母（1%～3%）等组成。石英为它形粒状，波状消光明显，常呈集合体和条带状分布。钾长石为微斜长石，颗粒表面较干净，粒径多为 1～2mm，个别可达 3～5mm，多为它形粒状，个别较大的晶体为半自形板柱状，发育粗大的格子状双晶，常见其交代包裹斜长石和白云母等矿物。斜长石多为它形粒状-半自形柱状，绢云母化强烈，有些颗粒发育有相对干净的边，部分颗粒见有聚片双晶，粒度通常为 1～2mm。黑云母多鳞片状，蚀变强烈多已转变成了绿泥石，Ng 方向为黄绿色。白云母为鳞片状，含量约为 1%。

片麻状钾质花岗岩新鲜面为粉红色，片麻状-弱片麻状构造，局部为块状构造，中粒花岗结构，主要由石英、钾长石、钠长石和少量黑云母和白云母组成，暗色矿物含量非常少。石英为它形粒状，波状消光明显，常呈集合体和条带状分布，条带定向，含量约为 30%。钾长石为微斜长石，颗粒表面较干净，粒径多为 1～2mm，个别可达 3～5mm，多为它形粒状，个别较大的晶体为半自形板柱状，发育粗大的格子状双晶，常见其交代包裹斜长石和白云母等矿物，含量约为 58%。斜长石为钠长石，多为它形粒状，颗粒表面较脏，绢云母化强烈，多数颗粒发育有相对干净的边，部分颗粒见有聚片双晶，常位于微斜长石和石英颗粒之间，粒度通常为0.5～1mm，略小于微斜长石，含量为10%左右。黑云母多为细小鳞片状，蚀变强烈多已转变成了绿泥石，Ng方向为墨绿色，含量不足1%。白云母为鳞片状，含量约为1%。从形态上看白云母可分为两类，一类为原生白云母，可偶见自形-半自形的鳞片状晶体，多数被微斜长石交代呈筛状或孤岛状残留于微斜长石中，另有少量是由钠长石和黑云母蚀变而成的细小鳞片状白云母。

3.2.1.2　地球化学特征

1. 主量元素特征

TTG片麻岩具有高硅（SiO_2=61.52%～70.23%）、高铝（Al_2O_3=14.82%～17.16%）、富钠（Na_2O=4.15%～5.32%）、贫钾（K_2O=1.46%～2.34%）的岩石化学特征（表3.4）。MgO含量不高，为0.9%～2.04%，TiO_2和P_2O_5含量均较低，分别为0.35%～0.7%和0.11%～0.27%。岩石K_2O/Na_2O低（0.31～0.53），具有奥长花岗岩的演化趋势。TTG片麻岩模式组分表明，它们属于中钾系列（图3.11）。样品的A/CNK为0.96～1.11，属于过铝质，显示了TTG片麻岩高铝的特点。$Mg^{\#}$不高，为35～47。这些特征表明，赞皇地区的TTG片麻岩为典型的高铝TTG岩石。

表3.4　赞皇杂岩新太古代晚期花岗岩岩类常量、微量及稀土元素分析结果

（氧化物:%，稀土元素和微量元素：10^{-6}）

单元	TTG片麻岩						
样品号	Z55-1	Z56-1	Z56-2	Z56-4	Z63-3	Z03-2	TTG<3Ga
岩性	黑云斜长片麻岩	黑云斜长片麻岩	黑云斜长片麻岩	黑云斜长片麻岩	黑云斜长片麻岩	黑云斜长片麻岩	<3.0Ga TTG平均值
SiO_2	68.86	70.23	69.07	69.41	65.95	61.52	68.36
Al_2O_3	14.82	14.85	15.39	15.30	16.36	17.16	15.52
Fe_2O_3	1.77	1.31	1.35	1.41	2.14	3.05	3.27
FeO	1.65	1.45	1.67	1.35	1.13	2.50	—
CaO	3.76	1.59	2.45	1.89	3.03	4.34	3.23
MgO	1.36	1.39	0.90	1.47	1.74	2.04	1.36
K_2O	1.46	2.09	2.29	1.66	2.34	2.36	2.00
Na_2O	4.15	5.00	4.95	5.32	5.00	4.47	4.70
TiO_2	0.37	0.35	0.48	0.36	0.42	0.70	0.38
MnO	0.05	0.04	0.04	0.04	0.05	0.09	0.05
P_2O_5	0.11	0.14	0.15	0.15	0.18	0.27	0.15
H_2O^+	0.58	1.02	0.78	0.74	0.50	1.04	—
CO_2	0.43	0.26	0.26	0.43	0.43	0.12	—
LOI	0.77	0.72	0.48	0.77	0.55	1.10	—
总计	99.37	99.72	99.78	99.53	99.27	99.66	99.02

续表

单元	TTG片麻岩						
样品号	Z55-1	Z56-1	Z56-2	Z56-4	Z63-3	Z03-2	TTG<3Ga
岩性	黑云斜长片麻岩	黑云斜长片麻岩	黑云斜长片麻岩	黑云斜长片麻岩	黑云斜长片麻岩	黑云斜长片麻岩	<3.0Ga TTG平均值
$Mg^{\#}$	41.00	47.00	35.00	49.00	49.00	40.00	43.00
La	14.40	31.70	76.90	39.60	36.50	47.50	30.80
Ce	28.30	56.70	125.00	69.00	66.00	96.80	58.50
Pr	3.25	6.14	12.10	7.04	7.09	10.60	—
Nd	12.20	21.10	36.60	22.70	24.50	38.10	23.20
Sm	2.33	3.46	4.61	3.39	4.11	5.98	3.50
Eu	0.65	0.81	0.89	1.03	0.91	1.49	0.90
Gd	1.97	2.03	1.74	1.83	2.35	4.78	2.30
Tb	0.36	0.33	0.40	0.33	0.38	0.58	—
Dy	1.86	1.40	1.38	1.44	1.67	3.05	1.60
Ho	0.34	0.24	0.23	0.26	0.29	0.57	—
Er	1.02	0.71	0.82	0.70	0.83	1.53	0.75
Tm	0.12	0.07	0.10	0.09	0.08	0.22	—
Yb	0.80	0.53	0.63	0.58	0.52	1.41	0.63
Y	9.83	6.27	6.83	7.45	7.90	13.8	11.00
Lu	0.12	0.07	0.09	0.09	0.09	0.21	0.12
Eu/Eu^{*}	0.95	0.90	0.82	1.19	0.85	0.87	0.95
$(La/Yb)_N$	12.14	40.32	82.29	46.03	47.32	22.71	32.96
Sc	8.20	3.55	3.07	3.07	5.32	10.10	—
Cr	23.00	11.10	4.25	11.30	23.00	24.40	50.00
Co	9.32	5.01	6.03	6.66	8.22	13.20	—
Ni	12.90	5.77	3.07	6.85	13.10	15.90	21.00
V	52.60	33.80	34.40	36.00	49.30	85.20	52.00
Ga	14.80	16.70	18.00	16.30	17.70	23.60	—
Rb	48.30	39.80	63.40	42.10	85.80	426.00	67.00
Sr	312.00	414.00	494.00	358.00	599.00	530.00	541.00
Zr	108.00	164.00	336.00	153.00	175.00	430.00	154.00
Hf	3.24	4.43	8.08	3.95	4.32	9.13	—
Nb	6.64	5.70	9.54	5.44	5.39	8.96	7.00
Ta	0.53	0.32	0.45	0.34	0.47	0.59	—
Cs	1.00	0.36	0.77	0.63	1.53	23.50	—
Ba	374.00	683.00	1019.00	350.00	904.00	405.00	847.00

续表

单元	TTG 片麻岩						
样品号	Z55-1	Z56-1	Z56-2	Z56-4	Z63-3	Z03-2	TTG<3Ga
岩性	黑云斜长片麻岩	黑云斜长片麻岩	黑云斜长片麻岩	黑云斜长片麻岩	黑云斜长片麻岩	黑云斜长片麻岩	<3.0Ga TTG 平均值
Pb	5.35	9.08	17.00	11.00	11.40	16.10	—
Th	1.50	7.77	21.70	7.49	8.10	5.76	—
U	0.29	0.46	1.28	0.42	1.00	2.09	—
T/℃	738.00	788.00	842.00	780.00	775.00	840.00	766.00

单元	花岗闪长质-二长花岗质片麻岩					
样品号	Z47-2	Z47-4	Z59-1	Z63-1	Z63-2	Z64-1
岩性	片麻状花岗闪长岩	片麻状花岗闪长岩	片麻状二长花岗岩	片麻状二长花岗岩	片麻状花岗闪长岩	片麻状花岗闪长岩
SiO_2	67.61	66.90	73.41	71.94	66.92	70.91
Al_2O_3	14.33	15.01	14.50	14.32	15.64	14.56
Fe_2O_3	1.25	1.22	0.49	0.99	1.11	1.31
FeO	2.46	2.87	0.77	0.88	2.46	0.95
CaO	2.70	2.63	1.85	1.60	2.74	2.16
MgO	1.28	1.26	0.42	0.94	1.91	0.72
K_2O	4.68	4.89	4.16	3.17	2.24	2.98
Na_2O	3.25	2.94	3.77	4.56	4.84	4.58
TiO_2	0.35	0.34	0.14	0.23	0.44	0.28
MnO	0.06	0.08	0.01	0.03	0.05	0.03
P_2O_5	0.13	0.17	0.04	0.10	0.19	0.12
H_2O^+	0.40	0.72	0.44	0.40	0.50	0.60
CO_2	0.43	0.43	0.26	0.26	0.26	0.26
LOI	0.55	0.83	0.18	0.40	0.61	0.39
总计	98.93	99.46	100.26	99.42	99.30	99.46
$Mg^{\#}$	38.00	35.00	37.00	47.00	49.00	36.00
La	35.10	68.20	6.05	27.60	36.40	31.80
Ce	74.10	136.00	9.35	49.50	60.00	53.80
Pr	8.51	14.50	0.94	4.92	6.83	5.76
Nd	31.40	52.20	3.09	16.10	23.00	18.90
Sm	6.59	9.73	0.48	2.35	3.66	2.81
Eu	0.87	1.18	0.10	0.64	0.83	0.56
Gd	5.23	6.97	0.41	1.19	1.93	1.44
Tb	0.97	1.20	0.05	0.23	0.37	0.26

续表

单元	花岗闪长质-二长花岗质片麻岩					
样品号	Z47-2	Z47-4	Z59-1	Z63-1	Z63-2	Z64-1
岩性	片麻状花岗闪长岩	片麻状花岗闪长岩	片麻状二长花岗岩	片麻状二长花岗岩	片麻状花岗闪长岩	片麻状花岗闪长岩
Dy	5.26	5.73	0.24	0.81	1.65	1.02
Ho	1.01	1.05	0.05	0.14	0.25	0.17
Er	2.82	3.07	0.16	0.34	0.81	0.48
Tm	0.35	0.40	<0.05	0.05	0.09	0.06
Yb	2.30	2.71	0.14	0.27	0.46	0.35
Y	27.40	29.70	1.35	3.67	7.23	4.62
Lu	0.30	0.41	<0.05	0.05	0.08	0.05
Eu/Eu^*	0.46	0.44	0.71	1.08	0.89	0.79
$(La/Yb)_N$	10.29	16.97	29.13	68.92	53.35	61.26
Sc	17.00	17.20	0.83	2.73	5.48	1.95
Cr	37.50	23.10	3.36	6.43	65.90	7.98
Co	8.18	8.46	2.64	3.56	9.14	4.48
Ni	13.10	12.80	2.35	3.29	31.70	4.42
V	42.60	37.30	16.50	21.60	52.00	25.30
Ga	16.30	17.20	13.40	15.30	16.20	15.20
Rb	193.00	227.00	89.70	75.80	78.80	61.80
Sr	319.00	344.00	354.00	380.00	506.00	522.00
Zr	248.00	105.00	66.50	125.00	138.00	147.00
Hf	7.41	3.30	2.16	3.65	3.62	4.32
Nb	13.20	12.80	1.48	3.31	6.10	3.27
Ta	0.69	1.05	0.05	0.23	0.50	0.30
Cs	2.19	2.19	0.44	0.75	1.67	0.73
Ba	964.00	1104.00	1303.00	953.00	699.00	1248.00
Pb	23.00	34.30	12.30	11.90	10.70	10.10
Th	12.00	32.40	0.96	6.87	5.76	7.67
U	2.00	1.68	0.19	0.44	0.80	0.96
T/℃	801.00	736.00	713.00	761.00	758.00	769.00

单元	钾质花岗岩				
样品号	Z51-4	Z01-1	Z02-1	Z03-1	Z03-3
岩性	片麻状钾质花岗岩	钾质花岗岩	片麻状钾质花岗岩	片麻状钾质花岗岩	片麻状钾质花岗岩
SiO_2	73.99	74.49	74.91	75.40	74.30

续表

单元	钾质花岗岩				
样品号	Z51-4	Z01-1	Z02-1	Z03-1	Z03-3
岩性	片麻状钾质花岗岩	钾质花岗岩	片麻状钾质花岗岩	片麻状钾质花岗岩	片麻状钾质花岗岩
Al_2O_3	12.92	13.40	13.57	13.29	13.29
Fe_2O_3	0.67	0.19	0.46	0.73	0.79
FeO	0.63	0.09	0.13	0.13	0.34
CaO	1.24	0.14	0.81	0.43	0.40
MgO	0.27	0.02	0.22	0.20	0.49
K_2O	5.24	9.37	6.16	5.91	5.76
Na_2O	2.96	2.08	3.21	3.17	3.49
TiO_2	0.17	0.04	0.08	0.06	0.15
MnO	0.01	<0.01	<0.01	0.01	0.02
P_2O_5	0.02	<0.01	0.01	0.01	0.04
H_2O^+	0.78	0.20	0.44	0.34	0.44
CO_2	0.26	0.12	0.03	0.12	0.12
LOI	0.98	0.30	0.59	0.60	0.66
总计	99.16	100.14	100.03	99.80	99.63
$Mg^{\#}$	27.00	11.00	40.00	29.00	44.00
La	43.10	2.24	2.75	8.63	38.60
Ce	69.20	8.44	3.69	16.80	77.00
Pr	7.01	0.46	0.60	1.81	7.86
Nd	20.40	1.65	2.32	6.14	25.50
Sm	2.62	0.33	0.54	0.96	3.77
Eu	1.42	0.24	0.24	0.30	0.50
Gd	1.30	0.42	0.53	0.88	2.66
Tb	0.30	0.07	0.08	0.13	0.37
Dy	1.33	0.45	0.44	0.75	1.78
Ho	0.24	0.08	0.09	0.15	0.32
Er	0.80	0.19	0.30	0.52	0.90
Tm	0.10	0.03	0.05	0.07	0.12
Yb	0.73	0.16	0.37	0.59	0.86
Y	7.15	1.70	2.50	4.16	8.27
Lu	0.11	0.02	0.07	0.09	0.14
Eu/Eu^*	2.17	2.10	1.43	1.03	0.48
$(La/Yb)_N$	39.81	9.44	5.01	9.86	30.26

续表

单元	钾质花岗岩				
样品号	Z51-4	Z01-1	Z02-1	Z03-1	Z03-3
岩性	片麻状钾质花岗岩	钾质花岗岩	片麻状钾质花岗岩	片麻状钾质花岗岩	片麻状钾质花岗岩
Sc	1.14	1.15	2.28	1.13	2.87
Cr	4.07	10.60	17.00	39.90	135.00
Co	1.80	0.34	0.42	1.08	2.38
Ni	1.35	4.57	8.41	18.60	85.80
V	6.74	1.73	3.01	5.58	8.21
Ga	13.80	13.80	17.20	17.40	16.10
Rb	212.00	407.00	381.00	373.00	307.00
Sr	186.00	123.00	104.00	96.00	83.30
Zr	172.00	1.90	81.10	41.80	118.00
Hf	5.84	0.10	3.63	1.90	4.57
Nb	5.52	0.40	5.51	3.21	9.84
Ta	0.23	0.08	0.31	0.76	1.18
Cs	0.89	4.31	3.47	4.92	4.04
Ba	680.00	722.00	312.00	432.00	676.00
Pb	20.00	22.70	24.80	21.40	16.10
Th	14.50	5.51	21.40	9.78	28.10
U	1.61	0.42	2.38	2.00	1.96
T/℃	791.00	500.00	729.00	686.00	762.00

花岗闪长质-二长花岗质片麻岩具有菅等花岗岩高硅（SiO_2=66.92%～73.41%）、高铝（Al_2O_3=14.32%～15.64%）、富钾（K_2O=2.24%～4.89%）、富钠（Na_2O=2.94%～4.84%）特征。铝指数*A/CNK*=0.93～1.03，为过铝质。属于中钾-高钾系列（图3.11）。

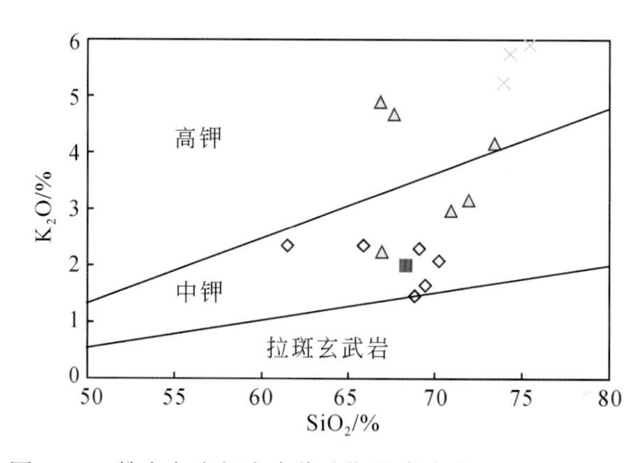

图3.11 赞皇杂岩新太古代晚期花岗岩类SiO_2-K_2O图解

◇为TTG片麻岩；■为小于3.0Ga TTG的平均值；△为花岗闪长质-二长花岗质片麻岩；×为钾质花岗岩

钾质花岗岩高硅（SiO_2 = 74.3% ~ 75.4%）、高钾（K_2O = 5.24% ~ 9.37%）、富碱（ALK = 8.20% ~ 11.45%）、贫钙（CaO = 0.14% ~ 0.81%）、低镁、铁（MgO = 0.02% ~ 0.49%，FeO_T = 0.26% ~ 1.05%）和钛（TiO_2 = 0.04% ~ 0.15%）。岩石的 $Mg^{\#}$ 值较低（11 ~ 44），相对于高硅含量的岩石来说，该岩体铝含量较高（Al_2O_3 = 13.29% ~ 13.57%），铝指数 *A/CNK* = 0.97 ~ 1.07，平均为 1.03，*A/NK* 值介于 0.99 ~ 1.14，均表现为（弱）过铝质特征［图 3.12（a）］。岩石中 K_2O 含量很高，且与 SiO_2 含量无相关性，在 SiO_2-K_2O 图中，投点于钾玄岩系列［图 3.12（b）］，K_2O 和 Na_2O 具有一定的负相关性，K_2O/Na_2O 较高，介于 1.65 ~ 4.50，也表现出钾玄岩系列的特征。在 ACF 图解中花岗岩的样品全部投于 S 型花岗岩区域［图 3.13（a）］，但在 K_2O-Na_2O 分类图解中钾质花岗岩有三个样品位于 A 型花岗岩区与 S 型花岗岩交界处，另一个特别高钾的样品投点于 S 型花岗岩区［图 3.13（b）］。

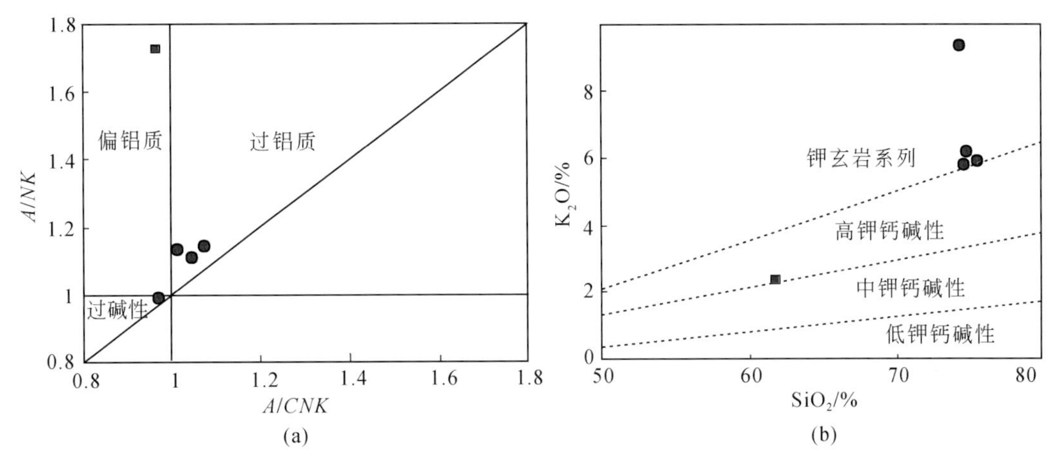

图 3.12　菅等钾质花岗岩 *A/NK*-*A/CNK* 和 SiO_2-K_2O 关系图解

■为石英闪长岩包体；●为钾质花岗岩

2. 稀土和微量元素

TTG 片麻岩不同样品的稀土元素含量变化较大，$\sum REE = 67.72\times10^{-6} \sim 261.49\times10^{-6}$（表 3.4），样品的球粒陨石标准化稀土配分型式为向右倾斜曲线，显示出轻重稀土强烈分馏（图 3.14），$(La/Yb)_N$ = 12.14 ~ 82.29，与太古宙 TTG 的 $(La/Yb)_N$ 特征（$5<(La/Yb)_N<150$）一致。HREE 明显亏损。岩石的 Eu 异常不明显，除一个样品具有弱的 Eu 正异常外（Eu/Eu^* = 1.15），其他样品均具有非常弱的 Eu 负异常（Eu/Eu^* = 0.82 ~ 0.90）。TTG 片麻岩的稀土元素特征与<3.0Ga 的 TTG 片麻岩稀土元素的平均值非常相似，稀土配分曲线完全重合。

花岗闪长质–二长花岗质片麻岩的稀土元素含量变化较大，$\sum REE = 21.06\times10^{-6} \sim 174.81\times10^{-6}$（表 3.4）明显低于 TTG 片麻岩。样品的球粒陨石标准化稀土配分型式为向右倾斜曲线，显示出轻重稀土强烈分馏（图 3.15），$(La/Yb)_N$ = 10.29 ~ 68.92，HREE 明显亏损。多数样品具有明显的 Eu 负异常，除一个样品具有很弱的 Eu 正异常外（Eu/Eu^* =

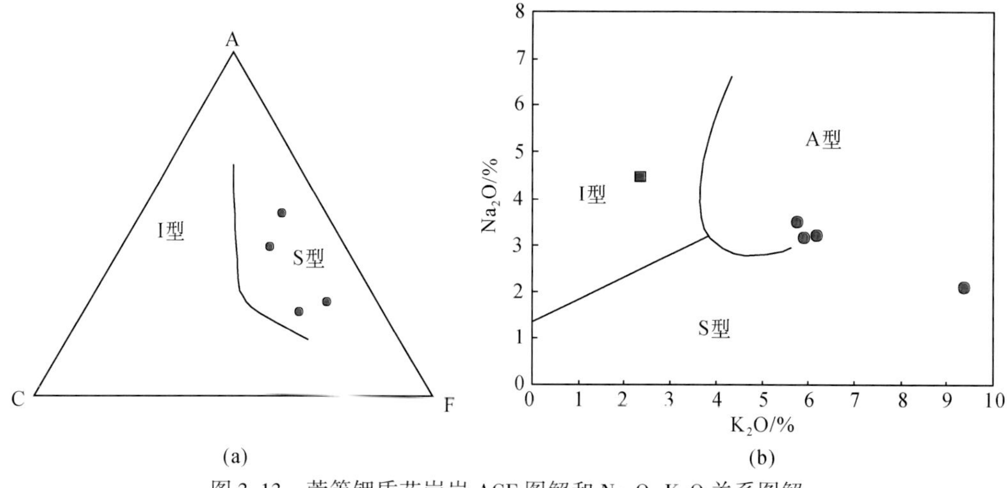

图 3.13 菅等钾质花岗岩 ACF 图解和 Na_2O-K_2O 关系图解

■为石英闪长岩包体；●为钾质花岗岩

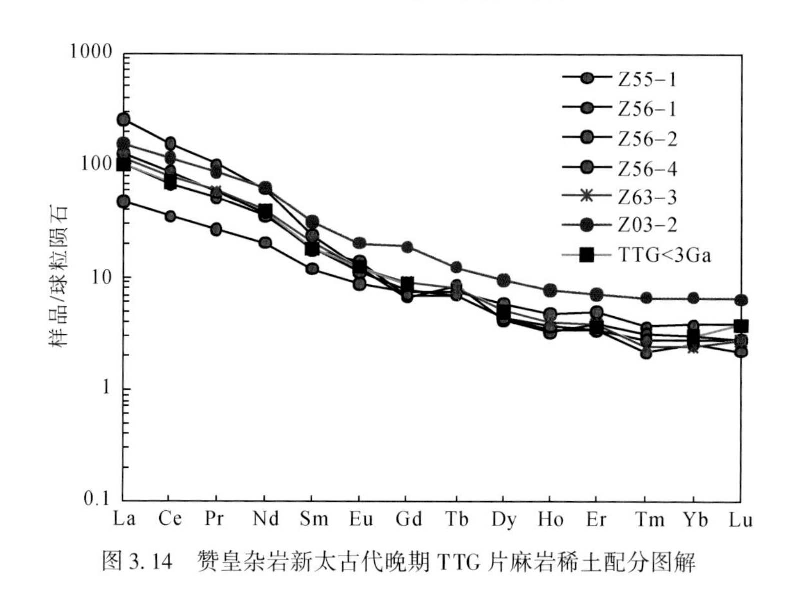

图 3.14 赞皇杂岩新太古代晚期 TTG 片麻岩稀土配分图解

1.05)，其他样品均具有 Eu 负异常（$Eu/Eu^*=0.42\sim0.86$）。

钾质花岗岩不同样品的稀土元素含量变化较大，稀土总量较低，特别是 Z01-1 和 Z02-1 两个暗色矿物很少的样品稀土总量很低（$\sum REE=12.07\times10^{-6}\sim14.78\times10^{-6}$），而样品 Z03-3 稀土总量中等（$\sum REE=160.38\times10^{-6}$）。样品的球粒陨石标准化稀土配分型式变化较大（图 3.16），但总的来说轻稀土元素相对富集，轻重稀土具有中等程度分异［$(La/Yb)_N=5.01\sim30.26$］。Eu 异常变化较大，暗色矿物很少的样品 Z01-1 和 Z02-1 具有明显的 Eu 正异常（$Eu/Eu^*=1.36\sim1.97$），这与岩石富含大量钾长石的特征相一致。Z03-3 样品，具有中等程度的 Eu 负异常（$Eu/Eu^*=0.46$）。钾质花岗岩内英云闪长质包体具有较高的稀土总量（$\sum REE=212.82\times10^{-6}$），球粒陨石标准化稀土配分型式为向右倾斜曲线，具有弱的 Eu 负异常（$Eu/Eu^*=0.83$）。

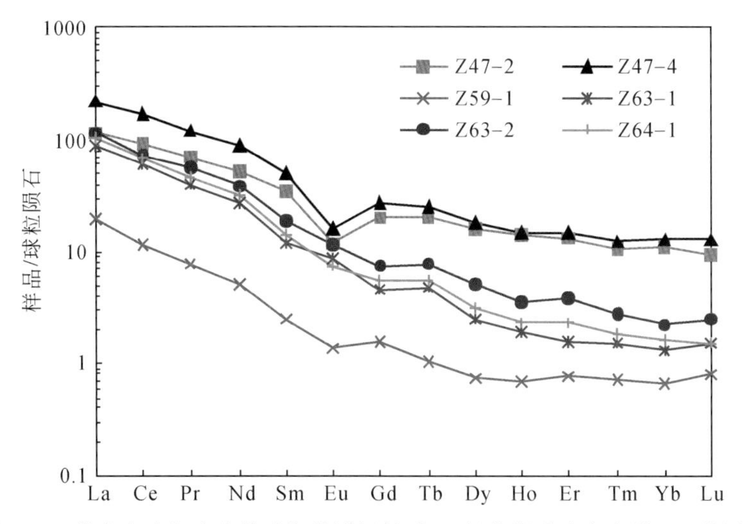

图3.15 赞皇杂岩新太古代晚期花岗闪长质-二长花岗质片麻岩稀土配分图解

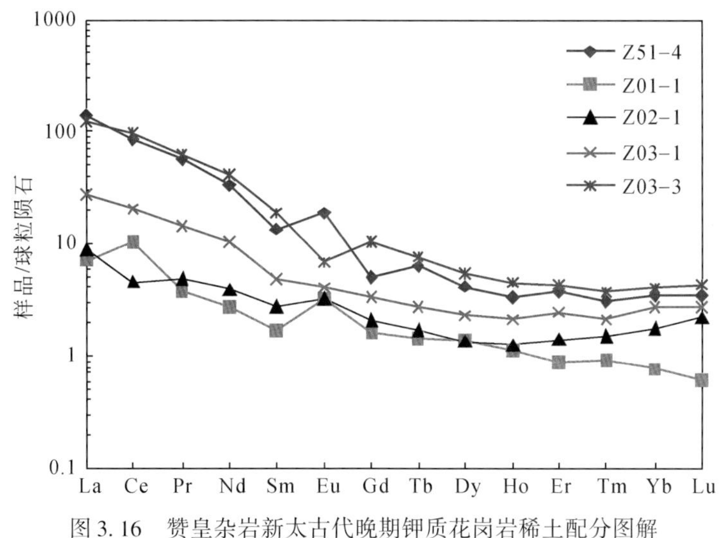

图3.16 赞皇杂岩新太古代晚期钾质花岗岩稀土配分图解

TTG片麻岩富集大离子亲石元素Rb、Ba、Th、Sr，亏损Yb和Y。Rb/Sr值较低，除一个样品为0.80外，其他样品介于0.10～0.15，Sr/Y值则较高，为31.74～75.82（>20）。亏损高场强元素Nb、Ta、Ti，在原始地幔标准化的微量元素配分图解中，具有Nb、Ta 、Ti 、P和Sm的负异常（图3.17），具有TTG岩石的典型特征。

片麻状钾质花岗岩微量元素含量变化较大，其中Z01-1样品除了Rb、Ba和Th外，其余所有的微量元素含量都很低，特别强烈亏损Nb、Zr、Ti等元素，表现出结晶分异演化到晚期的特征（图3.18）。所有花岗岩的样品都具有高Rb（307×10^{-6}～407×10^{-6}）、低Sr（83.3×10^{-6}～123×10^{-6}）、低Zr（1.9×10^{-6}～118×10^{-6}）、低Yb（0.16×10^{-6}～0.86×10^{-6}）和低Y（0.75×10^{-6}～8.27×10^{-6}）的特征，类似于张旗等（2006，2008）划分的低Sr低Yb的

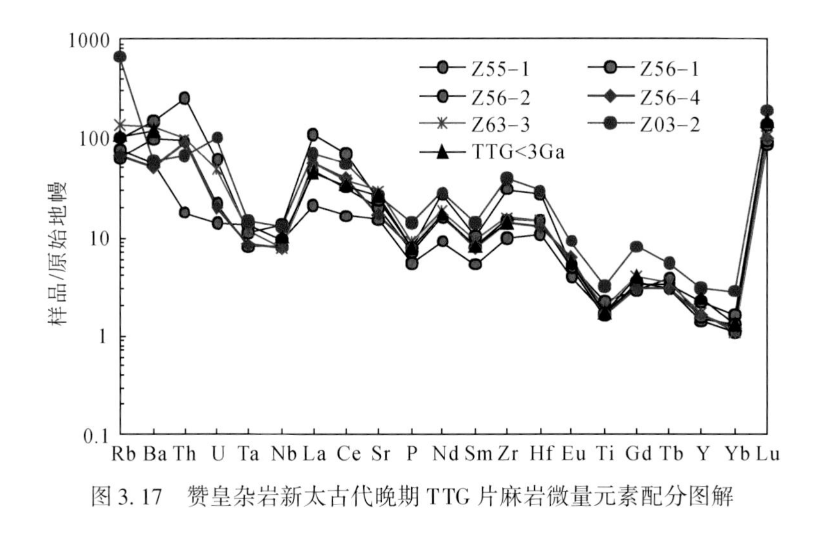

图 3.17 赞皇杂岩新太古代晚期 TTG 片麻岩微量元素配分图解

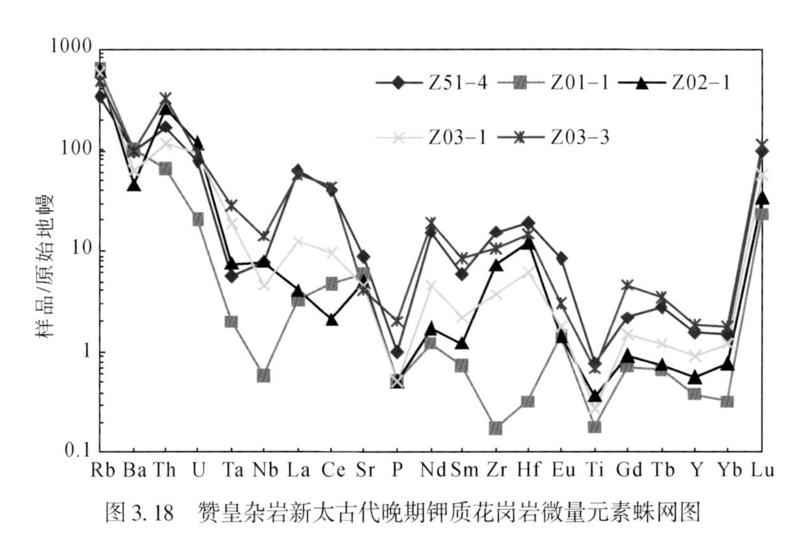

图 3.18 赞皇杂岩新太古代晚期钾质花岗岩微量元素蛛网图

喜马拉雅型花岗岩类。样品的 Rb/Sr 值很高，介于 3.31 ~ 3.89，高于全球上地壳 0.32 的平均值，与二云母型的淡色花岗岩相似（1.2<Rb/Sr<5.5）（郭素淑等，2007）。样品的 Rb/Ba 值较高，介于 0.45 ~ 1.22，也与二云母型的淡色花岗岩相似。该花岗岩具有较低的 Ga/Al 值（1.94 ~ 2.47），低于（但比较接近）A 型花岗岩的下限值 2.6。花岗岩的 Y/Nb 值除样品 Z01-1 较高外（3.25），其余均较低，介于 0.45 ~ 1.3。在原始地幔标准化的微量元素配分图解中，具有非常明显的 Nb、P、Sm、Ti 和 Ba 的负异常。

花岗闪长质-二长花岗质片麻岩的微量元素特征基本相似（图 3.19），都反应了壳源花岗岩的特征。

利用 Watson 和 Harrison（1983）锆石饱和温度计算方法计算了赞皇新太古代晚期不同类型花岗质岩石的锆石饱和温度，大致反映了岩浆结晶的温度。其中，TTG 片麻岩样品锆石饱和温度较高，在 738 ~ 842℃（表 3.4）。细粒奥长花岗质脉体（Z88-2）的锆石饱和温度在 720℃。花岗闪长质-二长花岗质片麻岩的锆石饱和温度较高，在 713 ~ 801℃（表

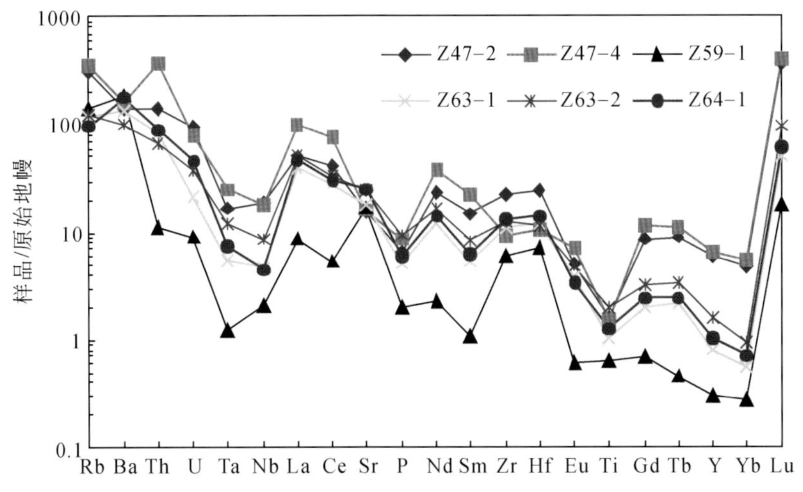

图 3.19　赞皇杂岩新太古代晚期花岗闪长质-二长花岗质片麻岩微量元素蛛网图

3.4)，低于 TTG 片麻岩。钾质花岗岩样品锆石饱和温度在 500 ~ 762℃（表 3.4），其中样品 Z01-1 的温度只有 500℃，这与其地质地球化学特征是吻合的，也表明了其为岩浆结晶晚期低温产物。其余 3 个样品平均温度为 726℃，低于典型的碱性 A 型花岗岩的平均温度 883℃（刘昌实等，2003）。

3. 同位素地球化学特征

TTG 片麻岩包体的$^{143}Nd/^{144}Nd$值为 0.511102，$\varepsilon_{Nd}(t)$ 值（t=2510Ma）为 3.05。Sm/Nd 值为 0.16，富集系数$f_{Sm/Nd}$值为-0.54。两阶段 Nd 模式年龄 t_{DM2}为 2.64Ga（表 3.5）。

钾质花岗岩样品的$^{143}Nd/^{144}Nd$ 值为 0.511030 ~ 0.511282，有一定的变化范围。$\varepsilon_{Nd}(t)$ 值（t=2490Ma）为变化不大的正值，介于 2.85 ~ 3.66。样品的 Sm/Nd 值为 0.15 ~ 0.17，介于地壳岩石平均 Sm/Nd 值 0.17 ~ 0.21 的范围内，同时样品的富集系数$f_{Sm/Nd}$值均为变化范围不大的负值（-0.52 ~ -0.48），说明源区 Sm、Nd 元素没有明显的分馏，计算的 Nd 模式年龄是有明确地质意义的。两阶段 Nd 模式年龄 t_{DM2}为 2.55 ~ 2.64Ga（表 3.5）。

表 3.5　赞皇杂岩花岗岩的 Sm-Nd 同位素组成

样品号	Sm/10^{-6}	Nd/10^{-6}	Sm/Nd	$^{147}Sm/^{144}Nd$	$^{143}Nd/^{144}Nd$	$\varepsilon_{Nd}(t)$	$f_{Sm/Nd}$	t_{DM}/Ma	t_{DM2}/Ma
Z03-1	1.00	5.9	0.17	0.1020	0.511282	3.66	-0.48	2535	2550
Z03-3	4.33	29.2	0.15	0.0899	0.511030	2.85	-0.52	2597	2637
Z03-2	7.57	48.6	0.16	0.0943	0.511102	3.05	-0.54	2601	2640

3.2.2　形 成 年 龄

钾质花岗岩测年锆石取自 Z03-3 样品，锆石颜色为乳白-乳黄色，部分铁染呈假铁锈红色，半自形柱状为主、少量保留完整的自形柱状，部分晶体棱角圆钝呈柱粒状。大多锆石呈半透明-不透明状，表面溶蚀凹坑常见，似油脂-瓷状光泽，裂纹发育，表明岩石曾经历了强烈的后期事件影响。锆石粒径以50～120μm为主，另少量为100～220μm。锆石的伸长系数为1.75～2.5。包体测年锆石选自Z03-2样品，锆石颜色单一，呈浅粉色，金刚光泽，晶体多已熔圆，呈钝形似米粒，可模糊见复四方柱状。表面光亮，有轻铁染，晶内气液及固相包体发育，见少量横裂纹。这些特征表明锆石受重熔作用影响强烈。锆石粒径在30～100μm。伸长系数以1.5～2为主，少量为2～3。

在阴极发光（CL）图像中，钾质花岗岩多数锆石呈发光较弱的浅灰色，表现出高U含量的特征，具有密集的振荡环带（图3.20）。从锆石的表面形态及内部结构特征分析，钾质花岗岩（样品Z03-3）锆石具有岩浆成因的特征。石英闪长质片麻岩包体的锆石发光中等，具有板状或振荡环带，多数的颗粒边部都有很薄的增生边，也为典型的岩浆锆石。

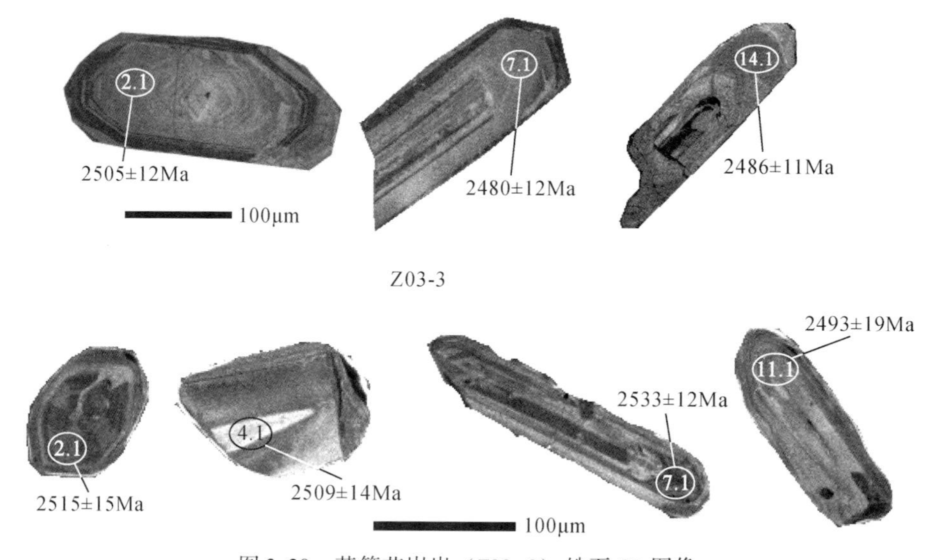

图3.20 菅等花岗岩（Z03-2）锆石CL图像

我们选择菅等花岗岩中的18颗锆石，进行了18个测点分析，具体结果见表3.6。锆石U含量较高，为93×10^{-6}～835×10^{-6}、多数介于200×10^{-6}～400×10^{-6}，平均为336.89×10^{-6}。Th含量为44×10^{-6}～402×10^{-6}，多数介于50×10^{-6}～280×10^{-6}，平均为133.61×10^{-6}。Th/U值为0.17～1.16，多数较为集中，介于0.2～0.5，为典型岩浆锆石特征。由于锆石高U，多数锆石分析点具有明显的铅丢失，使年龄数据大都在谐和线的下方，但靠近谐和线，有少数颗粒位于谐和线上。所有的点均可拟合成一条很好的等时线，其上交点与位于谐和线上的数据点吻合，谐和线上3个数据点的$^{207}Pb/^{206}Pb$加权平均值为2490±13Ma（图3.21），这一年龄代表了锆石结晶年龄。

我们对暗色包体了选取了17颗锆石进行测定，结果见表3.6。锆石U含量为69×10^{-6}～491×10^{-6}、多数介于100×10^{-6}～300×10^{-6}。Th含量为35×10^{-6}～316×10^{-6}，多数介于40×10^{-6}～150×10^{-6}。Th/U值为0.37～0.97，多数介于0.45～0.8，平均为0.67，为典型岩浆锆石的特征。多数数据位于谐和线上或附近，个别锆石有铅丢失，去除铅丢失明显的数据点，14个数据$^{207}Pb/^{206}Pb$加权平均年龄为2506±13Ma（图3.21），代表了锆石的结晶年龄。

表 3.6　营等花岗岩（Z03-3）和包体（Z03-2）锆石 SHRIMP U-Pb 分析结果

分析点号	$^{206}Pb_c$ /%	U /10^{-6}	Th /10^{-6}	$^{232}Th/^{238}U$	$^{206}Pb^*$ /10^{-6}	$^{206}Pb/^{238}U$ 年龄/Ma	$^{207}Pb/^{206}Pb$ 年龄/Ma	不谐和性 /%	$^{207}Pb^*/^{206}Pb^*$	±%	$^{207}Pb^*/^{235}U$	±%	$^{206}Pb^*/^{238}U$	±%	误差相关性
Z03-3															
Z03-3-1.1	0.04	243	64	0.27	93.7	2385±16	2487±13	4	0.16300	0.79	10.060	1.10	0.4477	0.81	0.717
Z03-3-2.1	0.02	238	115	0.50	100.0	2565±18	2505±12	-2	0.16470	0.68	11.100	1.10	0.4886	0.83	0.772
Z03-3-3.1	0.05	408	166	0.42	122.0	1925±11	2447±1	21	0.15917	0.62	7.639	0.92	0.3481	0.68	0.736
Z03-3-4.1	0.21	324	166	0.53	89.9	1801±11	2378±13	24	0.15290	0.78	6.792	1.10	0.3223	0.72	0.680
Z03-3-5.1	0.22	643	266	0.43	192.0	1923±9	2391±9.5	20	0.15404	0.56	7.382	0.79	0.3476	0.56	0.711
Z03-3-6.1	0.44	835	256	0.32	183.0	1459±13	2249±12	35	0.14176	0.68	4.964	1.20	0.2540	1.00	0.833
Z03-3-7.1	0.04	211	77	0.38	84.1	2457±20	2480±12	1	0.16230	0.73	10.380	1.20	0.4640	0.98	0.800
Z03-3-8.1	0.44	224	70	0.32	78.9	2206±22	2471±15	11	0.16150	0.90	9.080	1.50	0.4080	1.20	0.793
Z03-3-9.1	0.06	295	81	0.28	107.0	2261±15	2465±11	8	0.16090	0.68	9.318	1.00	0.4201	0.77	0.752
Z03-3-10.1	0.71	304	195	0.66	57.2	1267±13	2375±20	47	0.15260	1.20	4.570	1.60	0.2172	1.10	0.692
Z03-3-11.1	0.09	188	75	0.41	64.7	2172±19	2499±15	13	0.16420	0.90	9.070	1.40	0.4007	1.00	0.759
Z03-3-12.1	0.09	294	64	0.23	110.0	2324±15	2449±11	5	0.15930	0.66	9.536	1.00	0.4341	0.76	0.754
Z03-3-13.1	0.11	313	53	0.17	115.0	2288±14	2449±11	7	0.15930	0.67	9.359	0.99	0.4260	0.73	0.740
Z03-3-14.1	0.06	316	150	0.49	128.0	2484±15	2486±11	0	0.16290	0.63	10.560	0.96	0.4700	0.72	0.757
Z03-3-15.1	0.09	556	112	0.21	212.0	2364±11	2465±10	4	0.16095	0.58	9.830	0.82	0.4430	0.58	0.709
Z03-3-16.1	0.25	93	44	0.49	31.2	2118±23	2504±22	15	0.16470	1.30	8.830	1.80	0.3890	1.30	0.688
Z03-3-17.1	0.00	218	49	0.23	88.9	2506±18	2525±12	1	0.16670	0.71	10.920	1.10	0.4751	0.86	0.771
Z03-3-18.1	0.36	359	402	1.16	99.1	1790±11	2494±13	28	0.16370	0.78	7.223	1.00	0.3200	0.69	0.662

续表

分析点号	$^{206}Pb_c$ /%	U /10^{-6}	Th /10^{-6}	$^{232}Th/^{238}U$	$^{206}Pb^*$ /10^{-6}	$^{206}Pb/^{238}U$ 年龄/Ma	$^{207}Pb/^{206}Pb$ 年龄/Ma	不谐和性 /%	$^{207}Pb^*/^{206}Pb^*$	±%	$^{207}Pb^*/^{235}U$	±%	$^{206}Pb^*/^{238}U$	±%	误差相关性
Z03-2															
Z30-2-1. 1	0. 03	2231	234	0. 11	483	1449±8. 7	2384±4	39	0. 15340	0. 26	5. 331	0. 72	0. 2520	0. 67	0. 933
Z30-2-2. 1	0. 03	817	767	0. 97	372	2739±17	2570± 5	-7	0. 17125	0. 29	12. 50	0. 81	0. 5295	0. 76	0. 936
Z30-2-3. 1	0. 02	2342	305	0. 13	951	2495±14	2486±3	0	0. 16290	0. 18	10. 616	0. 70	0. 4727	0. 67	0. 965
Z30-2-4. 1	0. 39	1035	850	0. 85	276	1736±12	2463±7	30	0. 16073	0. 44	6. 851	0. 88	0. 3091	0. 76	0. 867
Z30-2-5. 1	0. 04	92	57	0. 64	38. 0	2540±30	2524±15	-1	0. 16660	0. 91	11. 10	1. 70	0. 4830	1. 40	0. 845
Z30-2-6. 1	0. 06	424	197	0. 48	170	2470±18	2537±7	3	0. 16788	0. 42	10. 81	0. 96	0. 4669	0. 86	0. 897
Z30-2-7. 1	0	357	148	0. 43	143	2475±19	2554±7	3	0. 16966	0. 44	10. 95	1. 00	0. 4680	0. 91	0. 899
Z30-2-8. 1	0. 30	389	185	0. 49	160	2520±18	2557±9	1	0. 16997	0. 52	11. 21	1. 00	0. 4783	0. 88	0. 862
Z30-2-9. 1	0. 19	373	266	0. 74	139	2319±17	2511±9	8	0. 16530	0. 52	9. 87	1. 00	0. 4329	0. 89	0. 862
Z30-2-10. 1	0. 17	72	45	0. 64	24. 6	2145±30	2073±28	-3	0. 12810	1. 60	6. 97	2. 30	0. 3947	1. 60	0. 714
Z30-2-11. 1	0. 27	549	169	0. 32	223	2492±17	2532±8	2	0. 16740	0. 48	10. 89	0. 94	0. 4719	0. 81	0. 859
Z30-2-12. 1	0. 57	340	88	0. 27	99. 4	1881±15	2487±13	24	0. 16300	0. 76	7. 612	1. 20	0. 3388	0. 93	0. 772
Z30-2-13. 1	0. 13	681	411	0. 62	285	2552±17	2545±6	0	0. 16873	0. 35	11. 30	0. 90	0. 4858	0. 82	0. 919
Z30-2-14. 1	0. 03	476	120	0. 26	194	2505±19	2527±8	1	0. 16687	0. 48	10. 93	1. 00	0. 4749	0. 91	0. 885
Z30-2-15. 1	0. 04	3065	643	0. 22	131	2596±14	2447±3	-6	0. 15915	0. 16	10. 879	0. 68	0. 4958	0. 66	0. 973
Z30-2-16. 1	0. 09	480	247	0. 53	197	2517±18	2543±9	1	0. 16853	0. 52	11. 10	0. 99	0. 4776	0. 84	0. 852
Z30-2-17. 1	0. 51	70	46	0. 68	18. 7	1743±25	1729±32	-1	0. 10580	1. 80	4. 53	2. 40	0. 3104	1. 60	0. 681
Z30-2-18. 1	0. 21	684	120	0. 18	284	2538±16	2516±6	-1	0. 16586	0. 37	11. 036	0. 86	0. 4826	0. 78	0. 901

注：$^{206}Pb_c$（%）指普通铅，普通铅中的^{206}Pb占全铅^{206}Pb的百分数；Pb^*代表放射性铅，应用实测^{204}Pb校正，表中所有误差均为1σ。

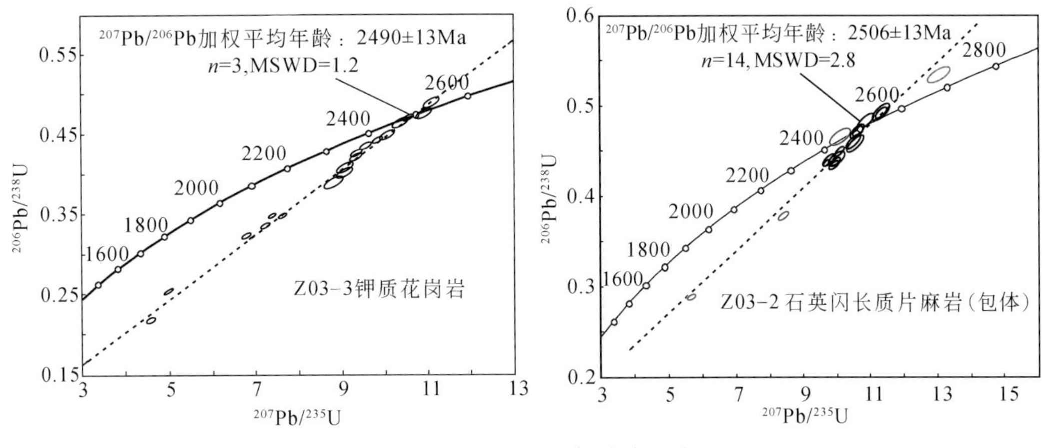

图3.21　锆石U-Pb年龄谐和图

3.2.3　成因及演化

3.2.3.1　TTG片麻岩成因

赞皇地区～2.5Ga TTG片麻岩具有高硅、高铝、富钠、富集轻稀土、亏损重稀土、轻重稀土分馏强烈、弱Eu正异常、富集大离子亲石元素Ba、Sr及亏损高场强元素Nb、Ta、Ti等特征。这些特征与本区～2.7Ga TTG片麻岩和太古宙高铝TTG岩石的特征一致。同时，赞皇～2.5Ga TTG片麻岩的上述特点还具有埃达克岩的主要地球化学特征，在微量元素图解中均落入埃达克岩区（图3.22）。其成因与本区～2.7Ga TTG片麻岩一致，详见3.1.4.1节有关部分，不再赘述。

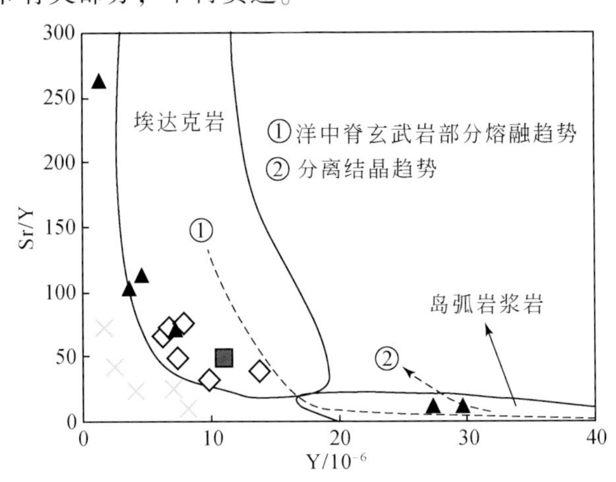

图3.22　赞皇杂岩新太古代晚期TTG片麻岩Sr/Y-Y图解

3.2.3.2 花岗闪长岩-二长花岗片麻岩-钾质花岗岩的成因及演化

赞皇新太古代晚期花岗岩体的岩性不均匀，从花岗闪长岩到二长花岗岩再过渡到钾长花岗岩最后到中粗粒长英质浅色体，它们通常没有明显的界线。暗色矿物含量总体较少，但在二长花岗岩中的暗色矿物含量要多于钾长花岗岩中的暗色矿物含量。该期花岗岩的一个非常显著的特征是主量元素特征差别不是很大，而稀土和微量元素变化较大。在稀土元素三角图解上不同样品呈明显的线性关系，在反映岩浆演化的 Rb-Ba-Sr 三角图解上，它们也呈明显的线性关系［图 3.23（b）］。在微量元素 Rb-Sr 和 Ni-Co 等协变图上不同样品呈明显的线性关系（图 3.24）。这些特征表明它们应该是同源岩浆结晶分异的产物，但由于其母岩浆可能是低程度部分熔融的产物（岩体的锆石饱和温度证明是接近共结点的低温岩浆），所以造岩矿物变化不明显，但由于分离结晶作用（主要是副矿物控制）稀土和微量元素变化较大。

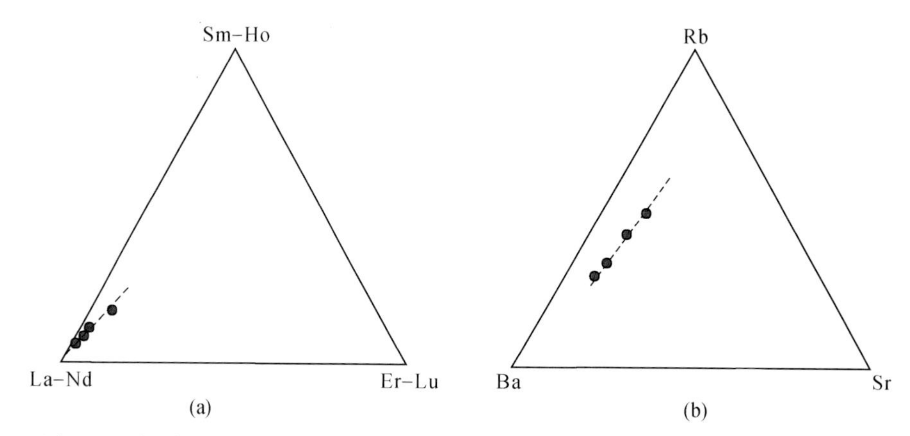

图 3.23 钾质花岗岩(Sm-Ho)-(La-Nd)-(Er-Lu)三角图解和 Rb-Ba-Sr 三角图解

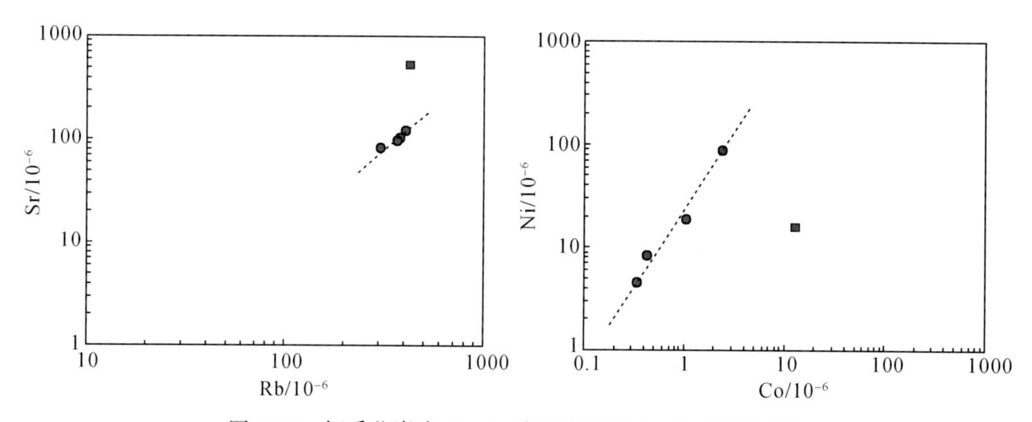

图 3.24 钾质花岗岩 Rb-Sr 关系图解和 Co-Ni 关系图解

属于 TTG 系列的石英闪长质片麻岩包体的稀土配分曲线与寄主岩石（Z03-3）的稀土配分曲线基本平行一致，只是稀土总量高于寄主花岗岩，Eu 异常略小一些，同样包体的原始地幔标准化蛛网图曲线也与寄主花岗岩（Z03-3）的蛛网图曲线形态相近（图3.17、图3.18），所以石英闪长质片麻岩包体很可能是残留的源区岩石。石英闪长质片麻岩中锆石普遍经历了溶蚀，并发育变质增生边以及部分新生的斜长石内包裹有大量的自形针柱状磷灰石、黑云母等也证实了该岩石曾经历了部分熔融。根据稀土及微量元素变化特征，我们有理由推测源区的石英闪长质（Z03-2）-英云闪长质岩石（TTG）经历了低限/低程度部分熔融形成了母岩浆，又经历了结晶分异作用，先后形成了二长花岗岩、钾长花岗岩以及最后的长英质浅色体（Z01-1）。

从主量元素看钾质花岗岩高硅、高钾、富碱、富铝，贫钙、低铁镁，属过铝质钾玄岩系列。从矿物组成看，岩石暗色矿物含量较少，发育有原生白云母，具有S型花岗岩的矿物组成特征。在ACF图解中投点于S型花岗岩范围，在K_2O-Na_2O分类图解中多数样品投点于A型花岗岩向S型花岗岩过渡的区域（图3.13），说明该岩体应为壳源花岗岩。岩石的$\varepsilon_{Nd}(t)$值（t=2490Ma）为正值（2.85～3.66），该值远高于华北克拉通古老下地壳的$\varepsilon_{Nd}(t)$值（-44～-32）以及上地壳的$\varepsilon_{Nd}(t)$值（-32～-20），说明源区物质不可能是老地壳。一般来说具有正$\varepsilon_{Nd}(t)$值的花岗岩可直接地或间接地与地幔岩浆有关（Jahn *et al.*，2000；洪大卫等，2000，2003），从菅等岩体具有S型花岗岩的元素地球化学特征来看，它不可能由地幔直接分异而来。对具有不大的正$\varepsilon_{Nd}(t)$值的花岗岩来说，还有一种可能是幔源基性岩浆与地壳混染或壳源岩浆的混合。从菅等花岗岩体特征来看，其无幔源的暗色细粒包体，特别是没有岩浆混合标志的淬冷细粒包体，另一方面具有正$\varepsilon_{Nd}(t)$值的花岗岩如果是由地幔岩浆与地壳混染或与壳源岩浆混合形成的话，那么应该有大量的地幔物质加入才可以形成上述Nd同位素特征，这也与该岩石的元素组成特征矛盾。排除上述可能，那么该岩体是由与地幔有关的新生地壳深熔而成就是唯一合理的解释。从两阶段Nd模式年龄为2.55～2.64Ga来看，略大于该岩体的成岩年龄，也说明其应是新生地壳部分熔融而来。钾质花岗岩的周围有大量的TTG岩石分布，根据野外产状可将其分为两期：早期为深熔作用强烈的条带状TTG质片麻岩或混合岩，成岩年龄为2.7Ga；晚期的TTG片麻岩深熔条带不发育，但片麻理非常强烈，钾质花岗岩中的暗色石英闪长质包体的年龄应与该期TTG质片麻岩年龄一致，与菅等花岗岩的Nd模式年龄接近。而TTG岩石由来源于幔源玄武质岩石的部分熔融所形成，继承了许多幔源岩石的特征，具有较高的$\varepsilon_{Nd}(t)$值，所以我们推测钾质花岗岩可能是由新太古代的TTG岩石深熔而来。

钾质花岗岩矿物组成上，含有原生白云母，常量元素具有高硅、富钾，贫钙、铁、镁等特征，微量元素方面富集LREE、Rb、Ba和Th，贫Zr、Hf、Y和Yb等，具有明显的S型花岗岩特征，但岩石富碱，K_2O/Na_2O值较高，属钾玄岩系列，又具有碱性A型花岗岩的某些特征，表现出非典型的过渡特点（图3.25）。该花岗岩具有低Sr、低Yb的特征，张旗等（2006）认为这种低Sr、低Yb型的花岗岩可能来源于加厚地壳的深部，显示出挤压的构造环境。在Rb-(Y+Nb)构造环境判别图上只有一个样品（Z03-3）投点于后碰撞花岗岩区，其他样品都投点于同碰撞花岗岩区（图3.26）。由于该岩体经历了强烈的分异作用，演化到晚期的岩石样品微量元素Y、Nb等含量都很低，但Rb却与长石密切相关，随着结晶分异Rb含量不会降低甚至有所富集，在Rb-（Y+Nb）图解上表现出向左漂移的特征。所以，经历过高度演化的花岗岩在应用微量元素判别构造环境时，一定要充分考虑岩浆演化对微量元素造成的影响。营等花岗岩样品在R1-R2阳离子图解上投点于造山晚期（后碰撞）与同碰撞花岗岩交界的区域（图3.26），又显示出了一定的伸展背景。综合起来看，营等花岗岩应该形成于由挤压碰撞造山到造山后伸展的过渡环境，实际上花岗岩的这种过渡性质是比较常见的（王涛等，2002；王月然等，2005；Liu *et al.*，2006），后碰撞花岗岩类本身也是复杂多样（Huang *et al.*，2010）。

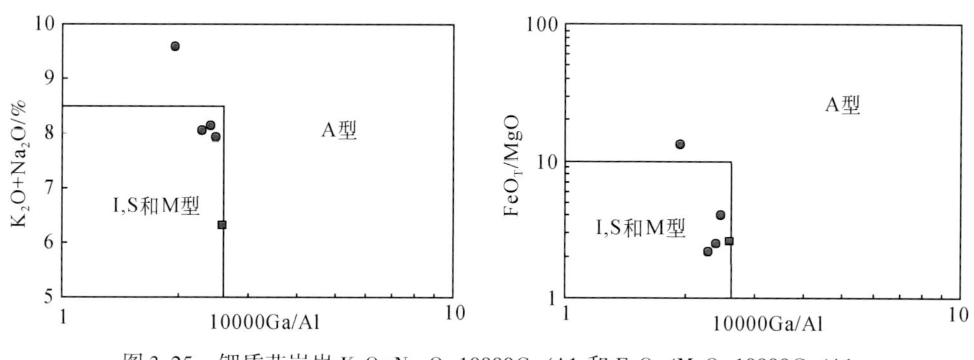

图3.25 钾质花岗岩 K_2O+Na_2O-10000Ga/Al 和 FeO_T/MgO-10000Ga/Al 关系图(据 Whalen *et al.*,1987)

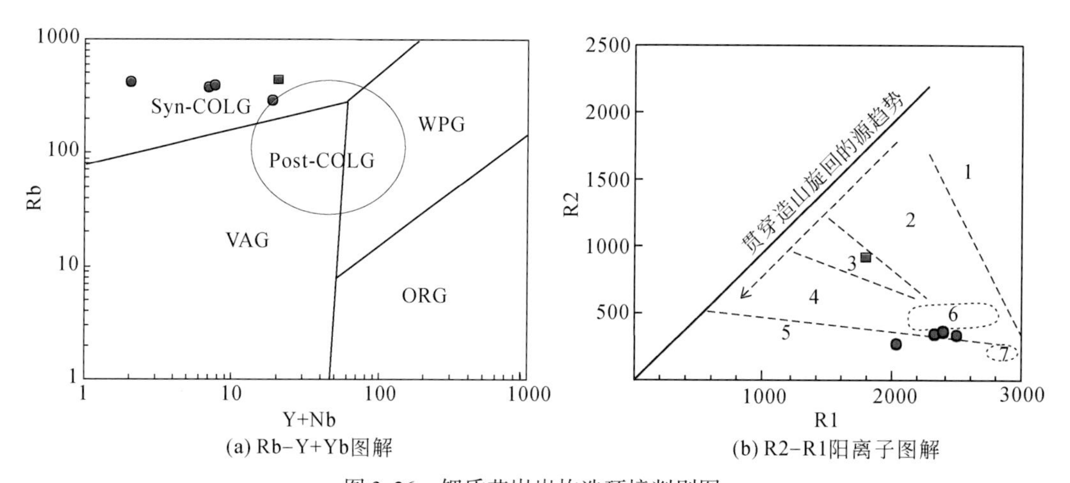

图3.26 钾质花岗岩构造环境判别图

Syn-COLG. 同碰撞花岗岩；Post-COLG. 后碰撞花岗岩；VAG. 火山弧花岗岩；WPG. 板内花岗岩；ORG. 洋脊花岗岩；底图据 Pearce *et al.*，1984。1. 幔源花岗岩；2. 板块碰撞前消减区的花岗岩；3. 板块碰撞后隆起花岗岩；4. 晚造山期花岗岩；5. 非造山花岗岩；6. 同造山/碰撞花岗岩；7. 造山后A型花岗岩；底图据 Batchler and Bowden，1985

赞皇杂岩中变质深成岩主要由TTG、二长花岗岩和钾长花岗岩组成，它们的变质变形程度由强到弱，形成顺序也由老到新，具体明显的演化时序。

嵩山地区~2.5Ga岩浆活动也明显具有时序性，TTG片麻岩的形成时代较早，会善寺奥长花岗岩的年龄为2553Ma，大塔寺英云闪长岩的年龄为2531Ma（万渝生等，2009），本次工作我们测得大塔寺条带状英云闪长质片麻岩的锆石SHRIMP U-Pb年龄为2532±13Ma（图3.27），许台二长花岗岩的年龄为2503±11Ma（图3.26），路家沟钾质花岗岩年龄为

2471±21Ma（图3.28）。可以看出从早到晚，由TTG（2.55～2.53Ga）演化到二长花岗岩（2.50Ga），再到最后阶段的钾质花岗岩（2.47Ga），表现出与赞皇地区一致的演化特征。

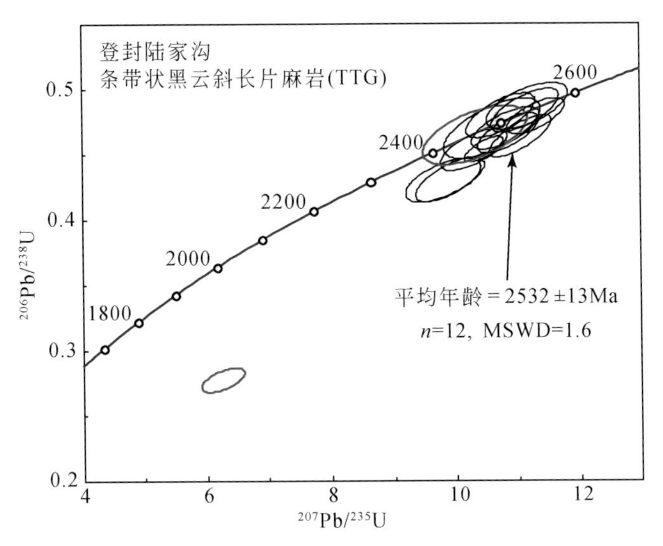

图3.27 登封陆家沟条带状黑云斜长片麻岩（大塔寺单元）（S14-4）锆石U-Pb年龄谐和图

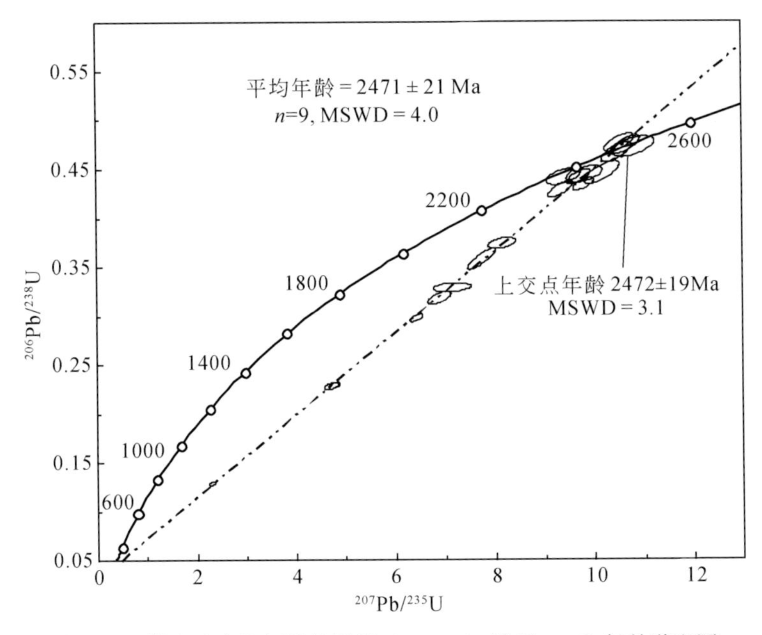

图3.28 嵩山路家沟钾长花岗岩（S14-1）锆石U-Pb年龄谐和图

平山-阜平地区～2.5Ga岩浆活动同样具有明显的时序性，TTG片麻岩的形成时代比较早，杨崇辉等（2004）曾测得平山TTG片麻岩的锆石SHRIMP U-Pb年龄为2536Ma，Zhao等（2002）测得阜平地区TTG片麻岩的锆石SHRIMP U-Pb年龄为2523Ma，Guan等（2002）测得阜平地区的深熔成因的平阳片麻岩的锆石SHRIMP U-Pb年龄为2515Ma，我们对龙泉关钙碱性花岗闪长岩重新进行了年龄测定，其锆石 SHRIMP U-Pb 年龄为 2511Ma。反映出从早到晚岩石性质的规律性变化。

五台地区 ~2.5Ga 岩浆活动非常发育，已有大量的同位素年龄数据。TTG 性质的车厂-北台岩体的锆石 SHRIMP U-Pb 年龄为 2530 ~ 2552Ma（Wilde *et al.*, 1997；Kröner *et al.*, 2005），TTG 性质的石佛花岗岩年龄为 2531Ma（Kröner *et al.*, 2005），TTG 性质的光明寺花岗岩年龄为 2531Ma（Kröner *et al.*, 2005）。王家会岩体灰色相钙碱性的花岗闪长岩的年龄在 2520 ~ 2517Ma（Kröner *et al.*, 2005）。从 TTG 片麻岩到花岗闪长岩时代由老至新。目前五台地区还没有发现太古宙末期的钾质花岗岩，而峨口和兰芝山钾质花岗岩则具有五台地区最老的侵入岩年龄，分别为 2566Ma 和 2555Ma（Wilde *et al.*, 1997），其应为五台岛弧岩浆活动之前的产物。

中条地区的涑水杂岩非常复杂，~2.5Ga、~2.3Ga、~2.1Ga 等不同时代的岩体混杂在一起，需要进一步细致的工作，将不同时期的地质体区分开来。

3.2.4 ~2.5Ga 岩浆演化及对华北克拉通构造背景的制约

华北克拉通 ~2.5Ga 的岩浆岩广泛发育，中部带从太华、嵩山、中条、赞皇、阜平-五台、恒山、淮安等地由南而北也发育有大量的 ~2.5Ga 变质侵入岩，其中 TTG 片麻岩是主要组成部分。虽然对这期岩浆活动的性质还存在争议，但多数学者认为这些 TTG 岩石是与板块俯冲有关的岛弧岩浆活动的产物（Wang and Mo, 1995；白瑾等，1996；Wilde, 1998；吴福元等，1999；李江海等，2004；Zhao *et al.*, 2005, 2008；Wilde *et al.*, 2005；周艳艳等，2009；Liu *et al.*, 2009；Trap *et al.*, 2009；Wang *et al.*, 2010）。

华北克拉通赞皇、阜平、五台、登封等杂岩中变质深成岩主要由 TTG、二长花岗岩和钾长花岗岩组成，它们的变质变形程度由强到弱，形成顺序也由老到新，具有明显的演化时序。结合钾质花岗岩的性质，我们认为在新太古代晚期由于俯冲作用导致俯冲板片的部分熔融，形成了 TTG 岩石组合，随着俯冲作用的结束导致了陆块碰撞，加厚地壳的部分熔融形成了大量的花岗闪长岩和二长花岗岩，造山晚期由挤压向伸展转换过程中深部地壳部分熔融形成了钾质花岗岩，标志着造山作用的结束，形成了稳定的克拉通。该地区的后续岩浆活动也证明了这一点。该地区古元古代的许亭花岗岩形成于 2.1Ga 的非造山的 A 型花岗岩，形成于裂谷环境，说明在 2.1Ga 之前华北克拉通中部已经存在稳定的大陆了。从中部带新太古代末和古元代的岩浆活动的性质来看，华北克拉通在新太古代末已经克拉通化了，在古元代又发生了拉张裂解事件，~1.8Ga 岩浆和变质事件记录的是华北克拉通古元代末陆内拼合事件。

3.3 2.4 ~ 2.3Ga 花岗岩

3.3.1 地质背景

现有的研究资料发现，古元古代（2.45 ~ 2.3Ga）是华北克拉通相对宁静的地质时期，仅在华北克拉通“中部带”南缘的豫西、中条、吕梁和中部恒山地区发现少量的2.4～2.3Ga的岩浆活动记录（孙大中等，1991；Kröner *et al.*，2005；耿元生等，2006；赵风清，2006；第五春荣等，2007；Zhao *et al.*，2008）。其中，研究相对较为详细的为吕梁地区的盖家庄片麻岩（耿元生等，2006；Zhao *et al.*，2008）和河南宜阳地区的TTG质片麻岩（第五春荣等，2007）。另外，赵风清（2006）在原划归太古宙的涑水杂岩中厘定出的古元古代寨子英云闪长质片麻岩、横岭关花岗岩和烟庄花岗岩中获得了2.4～2.3Ga的年龄结果。

本项目在较为详细的野外工作基础上，在原涑水杂岩中发现存在新太古代和古元古代早期的花岗岩，并对其完成了锆石U-Pb定年。本节仅对古元古代的烟庄花岗岩和其中闪长岩、横岭关花岗岩和涑水杂岩中的古元古代花岗岩进行了详细的岩石学、地球化学研究和年代学研究，并结合吕梁地区的盖家庄片麻岩和河南宜阳地区的TTG质片麻岩的研究成果，对2.4～2.3Ga的岩浆事件构造环境进行初步分析。

涑水杂岩出露于中条山脉西侧，是中条山地区最早的地质单元。它呈NE向分布于绛县—夏县—解州—永济一带，分别与古元古代绛县群、中条群、中元古代西阳河群、汝阳群呈不整合接触（田伟等，2005）。赵风清（2006）详细研究认为，涑水杂岩的组成非常复杂，包括太古代TTG片麻岩和变质表壳岩组合，古元古代变质表壳岩系（冷口变质火山岩）和多期古元古代花岗岩。在中条山北段，其主体岩石为古元古代；而在中条山中段和南段，涑水杂岩的主体为太古宙。本节古元古代涑水杂岩主要选自山西运城市闻喜县石门镇附近。主体岩性为英云闪长质片麻岩和花岗岩，英云闪长质片麻岩露头呈浅灰色，其中片麻理发育，暗色矿物主要为黑云母和少量的磁铁矿。花岗岩呈弱片麻状-块状。

寨子英云闪长质片麻岩主要分布于绛县冷口村南至烟庄村之间，主要岩性为片麻状、眼球状片麻岩和角砾状片麻岩，其内部至少存在两期剪切变形，形成片麻状构造和眼球状构造。在冷口村南，英云闪长质片麻岩侵入于冷口变质火山岩中。寨子英云闪长质片麻岩中存在许多黑云母片岩、角闪黑云片麻岩、方柱黑云母片岩和细粒黑云母变粒岩的包体、残留体。寨子英云闪长质片麻岩的单颗粒锆石TIMS U-Pb年龄为2321±2Ma（赵风清，2006）。本次研究的寨子英云闪长质片麻岩主要选自绛县寨子村附近，露头上呈灰色，片麻状构造，中粒结构，片麻岩中出现明显的强变形带，其中有后期的花岗质脉体穿过，并经历变形被拉断形成透镜体，可见细条状的黑云角闪质残留体，剪切带面理产状为295°∠70°。

横岭关花岗岩出露于冷口—垣曲公路横岭关—烟庄之间，其北侧与烟庄花岗岩接触，南侧与绛县群平头岭石英岩接触（赵风清，2006）。本次研究的横岭关花岗岩主要选自横岭关附近，可见其与绛县群平头岭组呈构造接触关系，露头上呈浅粉色，片麻状-块状构造，中粗粒结构，其中可见磁铁矿集合体，同时含有角闪质暗色包体。

烟庄花岗岩出露于烟庄附近，岩体总体呈NNE向，其北侧为寨子英云闪长质片麻岩，南侧为横岭关碱性花岗岩，区域内可见烟庄花岗岩侵入于寨子英云闪长质片麻岩和横岭关花岗岩中（赵风清，2006）。烟庄花岗岩野外出露长度约为25km，宽度约为5～7km，总面积约为130km^2。本次研究的烟庄花岗岩选自烟庄附近，部分样品取自烟庄场沟内，主要岩性为钾长花岗岩，新鲜露头为肉红色，粗粒块状结构，暗色矿物为少量的角闪石（<10%）；同时可见烟庄花岗岩中存在中-细粒闪长岩，弱片麻状构造，片麻理走向为

140°，近于直立。

盖家庄片麻岩出露于吕梁地区岚县南约15～20km，吕梁山东侧和北侧的宁家湾、盖家庄和东水沟等地。在部分地段可见盖家庄片麻岩侵入到吕梁群的袁家村组，在岩体边部可见袁家村组各类岩石包体。岩体普遍具有片麻状构造，片麻理方向与吕梁群变质地层的构造线方向基本一致。在1：20万静乐幅地质调查报告中曾将该套片麻状岩石划归吕梁群，并建立了宁家湾组。20世纪90年代进行的1：5万马坊幅区域地质调查首次将其从变质地层中划分出来，称为宁家湾岩体，但未进行年代学研究。在盖家庄附近，该套片麻岩出露较为典型，称为盖家庄片麻状花岗岩（耿元生等，2006）。

宜阳地区的TTG片麻岩出露于河南宜阳以南。区域内出露的地层主要为太古宙的太华杂岩和古元古界嵩山群，中元古界熊耳群呈角度不整合覆盖于太华杂岩之上（第五春荣等，2007）。太华杂岩主要分布于上宫、程子以西，张舞-穆册一带，太华杂岩经历了多期构造-热事件改造，变质作用和混合岩化强烈，变质程度为角闪岩相，主要岩性为黑云斜长片麻岩、角闪斜长片麻岩、斜长角闪岩、黑云变粒岩、石英岩等（第五春荣等，2007）。

3.3.2 岩石学特征与地球化学

3.3.2.1 岩石学特征

寨子英云闪长质片麻岩主要岩性为黑云斜长片麻岩、眼球状片麻岩、角砾状片麻岩，片麻状构造。片麻岩内部存在大量黑云片岩、角闪黑云片岩、方柱黑云片岩、细粒黑云斜长变粒岩、斜长角闪岩和变质英安岩的包体，斜长角闪岩包体中见有变余火山凝灰结构，岩性与冷口火山岩相似，SHRIMP年龄为2348±72Ma（赵风清，2006）。

寨子英云闪长质片麻岩的矿物成分为斜长石、石英、微斜长石、黑云母、白云母、绿泥石、绿帘石。片麻状构造，鳞片粒状变晶结构，斜长石呈半自形-自形板状体，具卡钠复合双晶和钠长石双晶。微斜长石自形较差，具格子双晶，交代斜长石现象普遍，形成交代港湾结构和反应边结构。黑云母自形较好，褐色、褐红色，常呈集合体产出（赵风清，2006）。

烟庄花岗岩野外为肉红色，块状构造，局部具有片麻状构造，中-细粒结构，主要组成矿物为条纹长石、微斜长石、石英、斜长石、黑云母，具有轻微的绿泥石和绢云母化。烟庄花岗岩为肉红色中细粒花岗岩和含微斜长石斑晶的似斑状花岗岩，块状构造，局部发育片麻状构造。该岩体岩性比较均一，主要由条纹长石、微斜长石、石英、斜长石、黑云母、绿泥石和少量的白云母组成。斜长石为钠、更长石，多为自形-半自形板状体，具钠长石双晶和卡钠复合双晶，斜长石被微斜长石交代的现象比较常见。微斜长石多为半自形-它形板状，具格子双晶，常被白云母交代。黑云母多呈集合体出现，绿泥石化强烈。除少量自形白云母外，多数白云母是交代微斜长石或黑云母的产物（赵风清，2006）。

横岭关花岗岩以中粗粒花岗岩为主，块状构造，局部由于受到剪切作用具弱片麻状构造。其矿物组成包括微斜长石、斜长石、石英、黑云母和白云母，偶含少量绿帘石和角闪石。斜长石多为自形板状，包括早晚两期，早期粒度较细，自形程度较高，双晶不发育；

较之早期斜长石，晚期斜长石的粒度变大，自形程度降低，双晶（钠长石双晶和卡钠复合双晶）发育，而且包裹早期斜长石矿物包体。微斜长石自形程度较差，多为半自形-它形晶。黑云母为自形片状（赵风清，2006）。

盖家庄片麻岩呈灰粉色，中粒花岗结构，块状构造、片麻状构造，主要由斜长石、微斜长石（条纹长石）、石英、黑云母和角闪石等组成。暗色矿物分布不均匀，在宁家湾以黑云母为主，在盖家庄以角闪石为主（耿元生等，2006）。

宜阳片麻岩主要为黑云斜长片麻岩，条带状构造，中粒粒状鳞片变晶结构，暗色矿物主要为黑云母（10% ~15%）、斜长石（50% ~55%）和石英（25% ~30%），含少量的普通角闪石（1% ~5%）。副矿物为磁铁矿、磷灰石和自形-半自形的锆石（第五春荣等，2007）。

3.3.2.2 主微量元素地球化学

1. 寨子英云闪长质片麻岩

寨子英云闪长质片麻岩高 SiO_2（68.56% ~73.84%）、Al_2O_3（13.99% ~15.67%）、Na_2O（3.93% ~4.62%）和 K_2O（3.1% ~4.5%），低 TiO_2（0.2% ~0.42%）、Fe_2O_3（0.61% ~1.54%）、FeO（0.86% ~1.65%）、CaO（0.98% ~2.43%）、MgO（0.57% ~1.88%）（表3.7）。寨子英云闪长质片麻岩为亚碱性花岗岩（图3.29），属高钾钙碱性系列（图3.30），并具弱过铝质特征（图3.31）。

表3.7 中条地区2.4~2.3Ga花岗质岩石地球化学分析结果

（氧化物:%，微量元素和稀土元素：10^{-6}）

样品号	ZT04-1	ZT04-2	ZT05-1	ZT05-2	ZT22-2	ZT18-3	ZT19-1	ZT19-5
岩石名称	烟庄花岗岩	烟庄花岗岩	烟庄闪长岩	烟庄闪长岩	烟庄花岗岩	寨子英云闪长质片麻岩	寨子英云闪长质片麻岩	寨子英云闪长质片麻岩
SiO_2	74.70	74.54	64.71	56.83	74.78	70.68	68.56	73.84
TiO_2	0.24	0.21	0.48	0.82	0.16	0.27	0.42	0.20
Al_2O_3	12.95	13.43	15.56	17.95	13.16	13.99	15.67	13.54
Fe_2O_3	0.86	0.78	1.88	2.90	0.91	0.84	1.54	0.61
FeO	0.22	0.25	2.44	3.65	0.34	1.37	1.65	0.86
CaO	0.62	0.58	3.37	6.20	0.78	0.98	2.43	1.57
MgO	0.36	0.40	1.56	2.58	0.52	1.88	1.28	0.57
K_2O	5.72	5.86	4.26	2.95	4.46	4.50	3.10	3.65
Na_2O	3.32	3.50	3.72	3.92	3.86	3.93	4.62	4.01
MnO	0.01	0.01	0.08	0.11	0.01	0.03	0.03	0.02
P_2O_5	0.02	0.04	0.17	0.36	0.03	0.08	0.14	0.05
H_2O^+	0.58	0.54	1.28	1.24	0.64	0.68	0.58	0.46
CO_2	0.17	0.17	0.42	0.34	0.17	0.17	0.08	0.08
LOI	0.72	0.74	1.43	1.17	0.80	0.66	0.68	0.46
总计	99.77	100.31	99.93	99.85	99.82	99.40	100.10	99.46

续表

样品号	ZT04-1	ZT04-2	ZT05-1	ZT05-2	ZT22-2	ZT18-3	ZT19-1	ZT19-5
岩石名称	烟庄花岗岩	烟庄花岗岩	烟庄闪长岩	烟庄闪长岩	烟庄花岗岩	寨子英云闪长质片麻岩	寨子英云闪长质片麻岩	寨子英云闪长质片麻岩
La	16.60	23.50	29.00	28.70	31.30	13.10	25.20	15.90
Ce	26.10	34.60	52.90	57.50	54.40	23.60	47.90	27.00
Pr	3.18	4.61	5.96	6.43	5.71	2.58	5.58	3.04
Nd	11.30	16.20	22.20	25.40	18.80	8.96	21.20	10.90
Sm	2.03	2.80	3.79	4.47	2.85	1.60	3.60	1.91
Eu	0.46	0.62	1.24	1.42	0.63	0.40	0.95	0.51
Gd	1.45	1.93	3.16	3.55	1.92	1.29	2.48	1.61
Tb	0.21	0.24	0.41	0.46	0.26	0.17	0.32	0.22
Dy	1.10	1.32	2.24	2.44	1.17	0.84	1.38	1.10
Ho	0.21	0.24	0.44	0.47	0.22	0.16	0.23	0.21
Er	0.59	0.68	1.32	1.32	0.58	0.48	0.61	0.63
Tm	0.07	0.09	0.19	0.17	0.09	0.07	0.07	0.09
Yb	0.44	0.57	1.27	1.13	0.55	0.39	0.46	0.61
Lu	0.06	0.07	0.20	0.17	0.09	0.06	0.07	0.09
∑REE	63.80	87.47	124.32	133.63	118.57	53.70	110.05	63.82
Ba	660.00	724.00	1541.00	998.00	1035.00	864.00	1375.00	1003.00
Sc	1.02	0.97	8.51	13.00	1.16	2.73	3.22	2.70
Co	1.65	1.39	11.20	15.80	2.31	4.25	7.69	3.23
Cr	3.58	2.21	23.40	14.90	2.38	3.23	8.65	4.32
Cs	2.02	1.93	0.66	2.26	3.49	8.41	4.83	3.29
Ga	15.50	16.00	17.40	19.30	16.20	17.90	18.70	17.40
Hf	3.99	5.24	3.98	2.06	3.85	2.85	3.65	2.44
Mo	0.16	0.17	0.60	0.60	0.24	0.09	0.75	0.08
Nb	7.88	8.14	6.76	8.54	5.96	5.50	6.54	4.22
Ni	1.11	1.36	6.86	6.34	2.10	3.11	6.23	2.79
Pb	16.30	18.20	19.00	9.94	12.50	5.16	8.46	15.10
Rb	211.00	215.00	97.00	122.00	164.00	156.00	118.00	87.00
Sr	211.00	195.00	558.00	873.00	240.00	230.00	602.00	301.00
Ta	1.73	1.38	0.62	0.75	1.43	1.06	1.12	0.64
Th	23.40	25.10	10.10	5.09	43.30	7.33	5.21	4.18
U	2.41	2.36	1.88	1.61	7.82	1.16	1.01	0.85
V	8.57	6.72	64.70	114.00	11.50	21.30	40.80	13.90
Zr	129.00	165.00	146.00	70.10	119.00	86.80	139.00	76.20
Y	5.54	6.42	12.50	12.30	5.99	4.57	6.58	6.15

续表

样品号	ZT45-1	ZT45-2	ZT45-3	ZT45-4	ZT06-10	ZT06-11	ZT07-1	ZT20-1	ZT21-2
岩石名称	涞水杂岩	涞水杂岩	涞水杂岩	涞水杂岩	横岭关二长花岗岩	横岭关二长花岗岩	横岭关二长花岗岩	横岭关花岗岩	横岭关闪长岩
SiO_2	73.24	71.04	73.94	72.12	70.29	71.53	70.74	73.68	58.90
TiO_2	0.28	0.43	0.30	0.39	0.29	0.22	0.24	0.23	0.60
Al_2O_3	13.28	14.04	13.42	13.09	14.82	14.61	14.42	13.98	19.98
Fe_2O_3	1.26	1.57	0.83	1.41	1.48	0.85	1.38	0.59	2.63
FeO	0.68	1.11	0.93	1.17	1.08	0.84	0.84	0.47	2.89
CaO	1.63	1.80	1.08	1.46	0.66	0.88	1.31	0.57	4.05
MgO	0.42	0.67	0.56	0.58	1.03	0.62	0.46	0.75	1.56
K_2O	3.61	5.41	5.10	5.21	4.85	4.69	4.95	5.55	3.31
Na_2O	4.31	3.43	3.46	3.00	4.98	4.24	4.16	3.82	5.17
MnO	0.03	0.05	0.02	0.04	0.01	0.02	0.04	0.01	0.10
P_2O_5	0.06	0.15	0.07	0.11	0.10	0.06	0.06	0.05	0.26
H_2O^+	0.32	0.40	0.22	0.50	0.62	0.78	0.52	0.60	0.84
CO_2	0.59	0.50	0.25	0.25	0.08	0.25	0.25	0.17	0.25
LOI	0.57	0.79	0.48	0.61	0.83	1.21	0.65	0.71	0.83
总计	99.71	100.60	100.18	99.33	100.29	99.59	99.37	100.47	100.54
La	58.20	46.90	72.80	72.10	46.20	31.30	33.50	38.90	21.60
Ce	79.80	81.50	133.00	107.00	67.90	50.60	57.60	67.70	45.50
Pr	12.30	10.70	14.80	14.30	9.07	6.69	7.18	7.63	5.48
Nd	41.10	38.20	48.50	47.90	32.20	23.20	25.40	25.10	22.50
Sm	6.69	6.50	7.27	7.71	5.16	3.67	4.07	3.32	4.13
Eu	0.59	1.07	0.61	0.70	0.76	0.62	0.64	0.55	1.67
Gd	4.81	4.80	4.82	5.84	3.46	2.77	3.09	1.86	3.23
Tb	0.67	0.68	0.68	0.81	0.46	0.42	0.46	0.20	0.40
Dy	3.64	3.73	3.30	4.32	2.13	2.23	2.53	0.75	2.08
Ho	0.69	0.75	0.65	0.84	0.41	0.47	0.51	0.12	0.43
Er	2.04	2.22	1.85	2.40	1.15	1.44	1.55	0.42	1.21
Tm	0.29	0.34	0.25	0.34	0.16	0.22	0.24	0.06	0.16
Yb	2.06	2.13	1.61	2.21	1.16	1.52	1.73	0.43	1.07
Lu	0.28	0.31	0.24	0.31	0.19	0.24	0.25	0.07	0.18
ΣREE	213.16	199.83	290.38	266.78	170.41	125.39	138.75	147.11	109.64
Ba	414.00	974.00	449.00	511.00	610.00	648.00	623.00	646.00	1841.00

续表

样品号	ZT45-1	ZT45-2	ZT45-3	ZT45-4	ZT06-10	ZT06-11	ZT07-1	ZT20-1	ZT21-2
岩石名称	涑水杂岩	涑水杂岩	涑水杂岩	涑水杂岩	横岭关二长花岗岩	横岭关二长花岗岩	横岭关二长花岗岩	横岭关花岗岩	横岭关花岗岩
Sc	2.15	4.19	2.41	3.37	3.71	3.73	3.44	2.18	7.66
Co	1.96	4.12	2.10	3.12	6.40	2.46	2.20	1.35	10.30
Cr	3.69	6.86	11.90	5.48	2.61	1.63	1.50	4.43	6.20
Cs	3.70	4.56	5.12	8.50	1.55	0.60	0.89	0.89	0.58
Ga	18.50	17.10	17.20	17.60	18.50	16.50	16.50	18.30	19.60
Hf	7.08	6.37	6.36	7.52	7.42	5.80	5.70	5.44	9.22
Mo	1.13	0.32	1.39	2.91	0.36	0.13	0.39	0.17	0.16
Nb	22.60	18.60	19.00	23.90	14.80	13.00	12.60	6.70	6.88
Ni	1.50	3.61	2.41	2.65	3.75	3.03	0.75	1.52	3.23
Pb	22.30	23.30	25.70	27.80	4.53	2.21	6.99	12.20	7.43
Rb	224.00	252.00	299.00	358.00	154.00	132.00	173.00	135.00	84.00
Sr	179.00	226.00	122.00	141.00	67.00	83.00	203.00	121.00	788.00
Ta	2.43	1.81	2.29	2.54	1.38	1.36	1.47	0.57	0.47
Th	43.90	15.50	49.60	42.90	14.20	12.60	15.30	32.30	5.26
U	6.45	1.97	4.75	4.36	1.22	2.19	1.60	5.21	2.13
V	11.90	23.80	10.20	16.10	15	10.60	11.20	8.95	67.30
Zr	260.00	260.00	226.00	312.00	338.00	233.00	201.00	178.00	494.00
Y	20.20	21.70	17.90	24.20	11.30	13.10	14.50	3.90	11.30

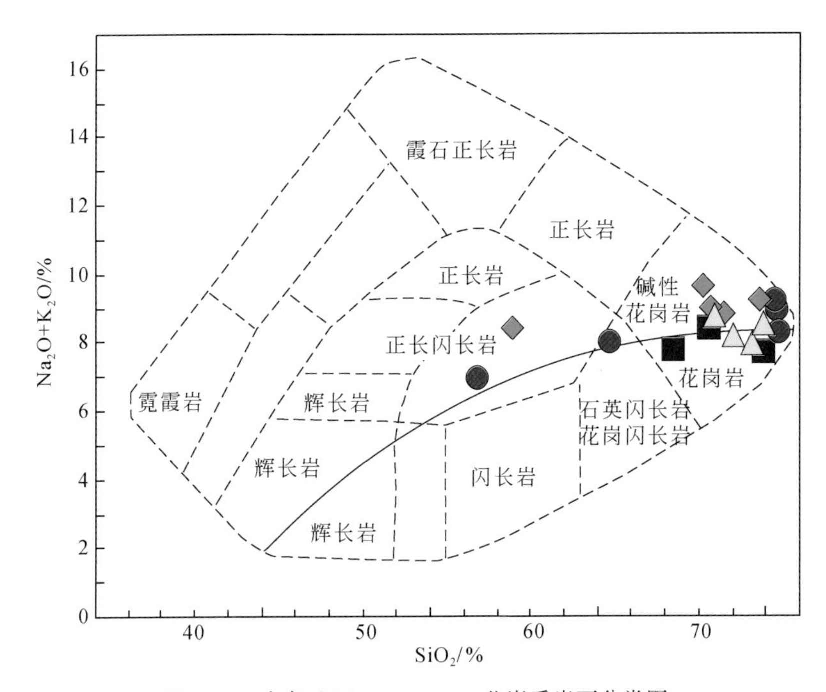

图 3.29 中条地区 2.4 ~ 2.3Ga 花岗质岩石分类图

■寨子英云闪长质片麻岩；●烟庄花岗岩和闪长岩；◆横岭关花岗岩；△涑水杂岩

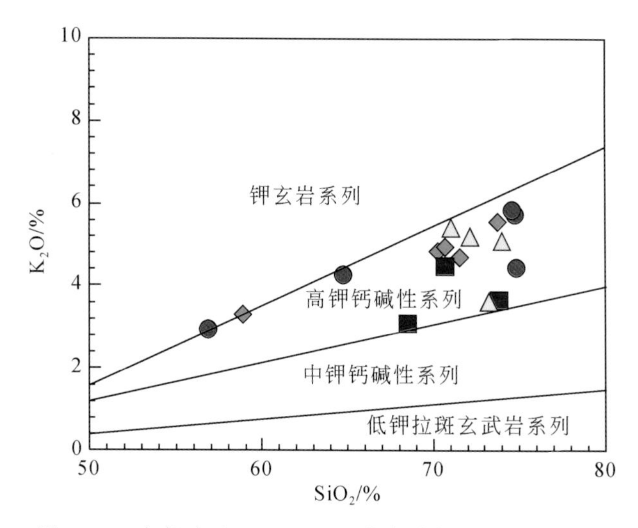

图3.30　中条地区2.4～2.3Ga花岗质岩石SiO_2-K_2O图

■寨子英云闪长质片麻岩；●烟庄花岗岩和闪长岩；◆横岭关花岗岩；△涑水杂岩

寨子英云闪长质片麻岩稀土元素含量低，且变化较大（∑REE＝53.7×10^{-6}～110.05×10^{-6}）（表3.7）。在球粒陨石标准化的稀土元素配分图解中［图3.32（a）］，具有较强烈的轻重稀土元素分异［$(La/Lu)_N$＝18.09～36.86］，且轻稀土元素部分［$(La/Sm)_N$＝4.26～5.07］和重稀土元素部分［$(Gd/Lu)_N$＝2.23～4.41］各自分异皆较为明显，Eu异常不明显（Eu/Eu^*＝0.83～0.93）。

寨子英云闪长质片麻岩富集Ba（864×10^{-6}～1375×10^{-6}）和Sr（230×10^{-6}～602×10^{-6}），而明显亏损相容元素Cr（3.23×10^{-6}～8.65×10^{-6}）、Co（3.23×10^{-6}～7.69×10^{-6}）、Ni（2.79×10^{-6}～6.23×10^{-6}）、V（13.9×10^{-6}～40.8×10^{-6}）、Sc（2.7×10^{-6}～3.22×10^{-6}）和Y（4.57×10^{-6}～6.58×10^{-6}）（表3.7）。因此，片麻岩具有较高的Sr/Y值（48.94～91.49），与埃达克岩特征类似（Defant and Drummond，1990）。在原始地幔标准化的微量元素配分图解中［图3.32（b）］，寨子英云闪长质片麻岩具有右倾的微量元素配分模式，同时具有较明显的Rb、Ba和Nb、Ti和P负异常。

2. 烟庄花岗岩和闪长岩

烟庄花岗岩高SiO_2（74.54%～74.78%）、K_2O（4.46%～5.86%）和Na_2O（3.32%～3.86%），低FeO、Fe_2O_3、MgO、CaO和TiO_2（表3.7）。花岗岩为碱性花岗岩（图3.29），属高钾钙碱性系列（图3.30），并具有弱过铝质花岗岩特征（图3.31）。闪长岩相对于花岗岩SiO_2、K_2O低，而FeO、Fe_2O_3、MgO、CaO和TiO_2高（表3.7）。在TAS分类图中（图3.29），闪长岩样品也具有碱性系列特征，分别位于正长闪长岩和花岗闪长岩范围。在SiO_2-K_2O图中（图3.30），闪长岩属于高钾钙碱性系列，并具有偏铝质岩石特征（图3.31）。

烟庄花岗岩稀土元素含量较低，且变化范围较大（∑REE＝63.8×10^{-6}～118.57×10^{-6}），而闪长岩相对于花岗岩稀土元素含量稍高，∑REE分别为124.32×10^{-6}和133.63×

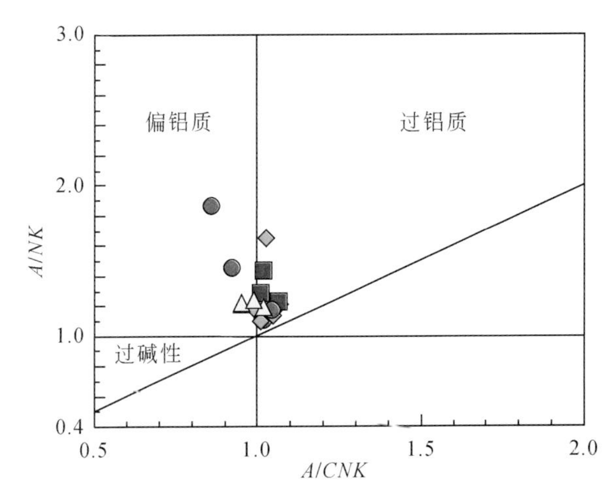

图 3.31 中条地区 2.4 ~ 2.3Ga 花岗质岩石 *A/CNK*-*A/NK* 图

■寨子英云闪长质片麻岩；●烟庄花岗岩和闪长岩；◆横岭关花岗岩；△涑水杂岩

10^{-6}（表 3.7）。在球粒陨石标准化的稀土元素配分图解中［图 3.32（c）］，烟庄花岗岩和闪长岩皆具有较明显的轻重稀土元素分异［$(La/Lu)_N$ = 14.85 ~ 35.61］，其中花岗岩的稀土元素较闪长岩分异更为强烈。烟庄花岗岩具有微弱的 Eu 负异常（Eu/Eu^* = 0.78 ~ 0.79），而闪长岩具有极微弱的 Eu 正异常（Eu/Eu^* = 1.06 ~ 1.08）。

烟庄花岗岩富集 Rb（164×10^{-6} ~ 215×10^{-6}）、Ba（660×10^{-6} ~ 1035×10^{-6}）、Th（23.4×10^{-6} ~ 43.3×10^{-6}）和 U（2.36×10^{-6} ~ 7.82×10^{-6}），亏损 Cr（2.21×10^{-6} ~ 3.58×10^{-6}）、Co（1.39×10^{-6} ~ 2.31×10^{-6}）、Ni（1.11×10^{-6} ~ 2.1×10^{-6}）、V（6.72×10^{-6} ~ 11.5×10^{-6}）和 Sc（0.97×10^{-6} ~ 1.16×10^{-6}）。相关对于花岗岩，闪长岩富集 Ba（998×10^{-6} ~ 1541×10^{-6}）、Sr（558×10^{-6} ~ 873×10^{-6}）、Cr（14.9×10^{-6} ~ 23.4×10^{-6}）、Co（11.2×10^{-6} ~ 15.8×10^{-6}）、Ni（6.34×10^{-6} ~ 6.86×10^{-6}）、V（64.7×10^{-6} ~ 114×10^{-6}）和 Sc（8.51×10^{-6} ~ 13×10^{-6}），而亏损 Rb（97×10^{-6} ~ 122×10^{-6}）、Th（5.09×10^{-6} ~ 10.1×10^{-6}）和 U（1.61×10^{-6} ~ 1.88×10^{-6}）（表 3.7）。在原始地幔标准化的微量元素配分图解中［图 3.32（d）］，花岗岩明显富集 Rb、Ba、Th 和 U，亏损 Nb、Ta、P 和 Ti，而闪长岩与花岗岩的配分模式相近，只是 P 和 Ti 的亏损程度弱一些。

3. 横岭关花岗岩

横岭关花岗岩高 SiO_2（70.29% ~ 73.68%）、K_2O（4.69% ~ 5.55%）和 Na_2O（3.82% ~ 4.98%），低 FeO（0.47% ~ 1.08%）、Fe_2O_3（0.59% ~ 1.48%）、MgO（0.46% ~ 1.03%）、CaO（0.57% ~ 1.31%）和 TiO_2（0.22% ~ 0.29%）（表 3.7）。相对于花岗岩，其中的一个闪长岩样品相对低 SiO_2、K_2O，而明显的高 CaO、Al_2O_3、MgO、Fe_2O_3和 FeO，并且相对富钠（表 3.7）。在 TAS 分类图解中（图 3.29），横岭关花岗岩主要位于碱性花岗岩区域，而闪长岩位于正长闪长岩区域。横岭关花岗岩和闪长岩皆属于高钾钙碱性系列（图 3.30），具有弱过铝质特征（图 3.31）。

横岭关花岗岩稀土元素含量较高（$\sum REE$ = 125.39×10^{-6} ~ 170.41×10^{-6}），而闪长岩较

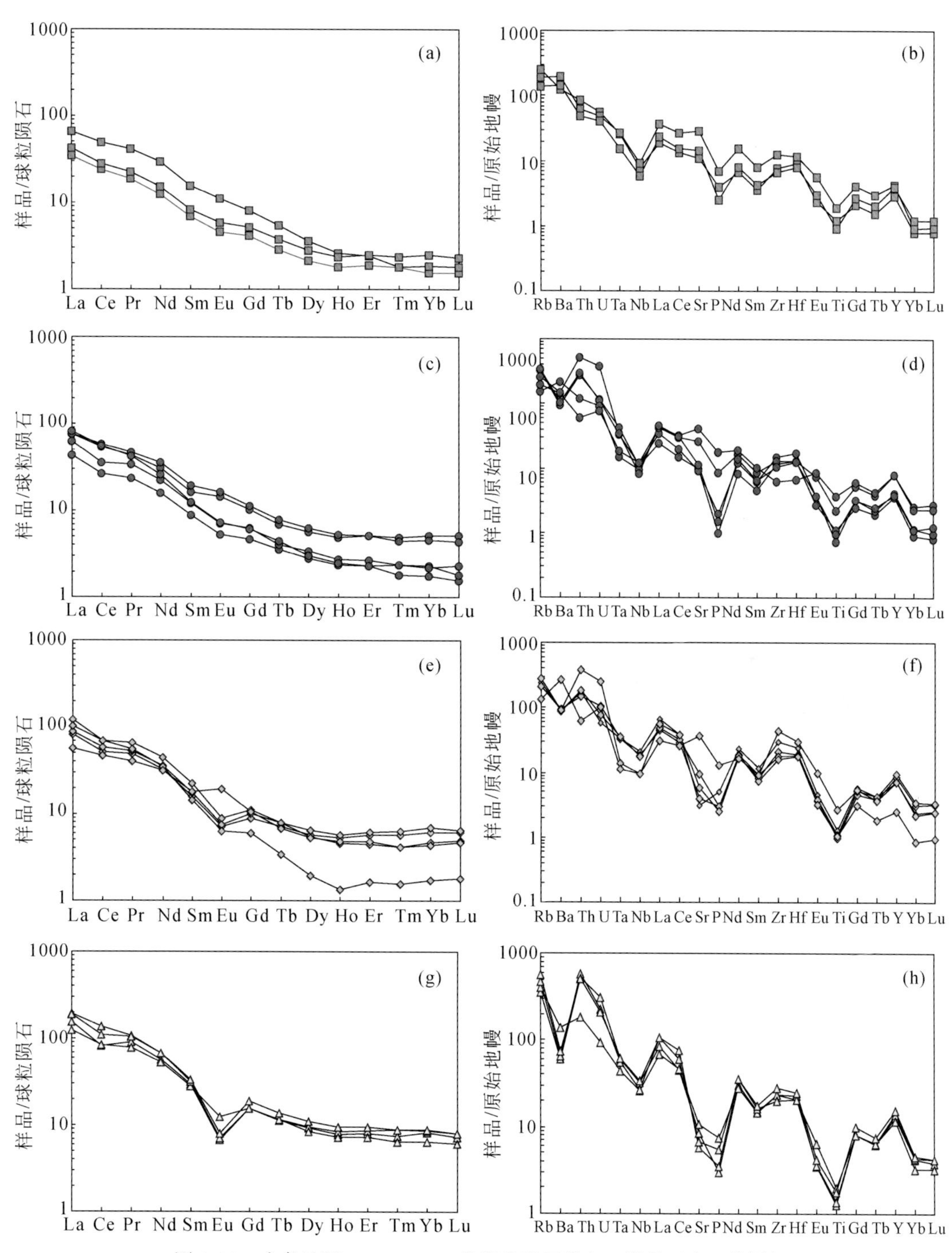

图 3.32　中条地区 2.4 ~ 2.3Ga 花岗质岩石稀土、微量元素配分图解

花岗岩稀土元素总量略低一些（表 3.7）。在球粒陨石标准化的稀土元素配分图解中［图 3.32（e）］，横岭关花岗岩和闪长岩具有较强烈的轻重稀土元素分异［$(La/Lu)_N$ = 12.29 ~ 56.89］，闪长岩的分异程度较花岗岩稍弱一些。横岭关花岗岩具有较明显的 Eu 负异常

（Eu/Eu*=0.52～0.62），而闪长岩具有弱的 Eu 正异常（Eu/Eu*=1.36）。

在微量元素中，横岭关花岗岩富集 Rb（132×10^{-6}～173×10^{-6}）、Ba（610×10^{-6}～648×10^{-6}）、Th（12.6×10^{-6}～32.3×10^{-6}），亏损 Cr（1.5×10^{-6}～4.43×10^{-6}）、Co（1.35×10^{-6}～6.4×10^{-6}）、Ni（0.75×10^{-6}～3.75×10^{-6}）、V（8.95×10^{-6}～15×10^{-6}）和 Sc（2.18×10^{-6}～3.73×10^{-6}）。闪长岩较花岗岩明显富集 Ba、Sr、V、Sc 和 Co，而亏损 Rb（表 3.7）。在原始地幔标准化的微量元素配分图解中［图 3.32（f）］，横岭关花岗岩具有明显的 Rb、Th、U、Zr 和 Hf 正异常以及 Nb、Ta、Sr、P 和 Ti 负异常；而闪长岩的 Sr、P 负异常不明显。

4. 涑水杂岩

涑水杂岩中花岗岩高 SiO_2（71.04%～73.94%）、K_2O（3.61%～5.41%）和 Na_2O（3%～4.31%），低 FeO（0.68%～1.17%）、Fe_2O_3（0.83%～1.57%）、MgO（0.42%～0.67%）、CaO（1.08%～1.8%）和 TiO_2（0.28%～0.43%）（表 3.7）。花岗岩总体具有富钾特征。在 TAS 分类图解中（图 3.28），所选择的花岗岩样品位于花岗岩和碱性花岗岩的过渡区域，属于高钾钙碱性系列（图 3.29），具有偏铝质到弱过铝质花岗岩特征（图 3.30）。

涑水杂岩中花岗岩稀土元素含量较高且变化较大（$\sum$REE=199.83×10^{-6}～290.38×10^{-6}）（表 3.7）。在球粒陨石标准化的稀土元素配分图解中［图 3.32（g）］，花岗岩具有较强烈的轻重稀土元素分异［$(La/Lu)_N$=15.49～31.06］，轻稀土元素分异较明显［$(La/Sm)_N$=4.39～6.09］，重稀土元素分异较弱［$(Gd/Lu)_N$=1.93～2.5）］，具有较明显的 Eu 负异常（Eu/Eu*=0.30～0.57）。

花岗岩相对富集 Rb（224×10^{-6}～358×10^{-6}）、Th（15.5×10^{-6}～49.6×10^{-6}）、Zr（226×10^{-6}～312×10^{-6}）和 Hf（6.36×10^{-6}～7.52×10^{-6}），亏损 Cr（3.69×10^{-6}～11.9×10^{-6}）、Co（1.96×10^{-6}～4.12×10^{-6}）、Ni（1.5×10^{-6}～3.61×10^{-6}）、V（10.2×10^{-6}～23.8×10^{-6}）和 Sc（2.15×10^{-6}～4.19×10^{-6}）。在原始地幔标准化的微量元素配分图解中［图 3.32（h）］，花岗岩具有明显右倾的配分模式，明显的 Rb、Th、U 正异常，而具有 Ba、Nb、Ta、Sr、P、Eu 和 Ti 负异常。

5. 宜阳片麻岩

宜阳片麻岩 SiO_2 含量为 59%～73%，Al_2O_3 含量大于 15%，Na_2O/K_2O 为 1.0～4.7，具有钠质花岗岩特征。标准矿物分析计算后，在 An-Ab-Or 三角图中，片麻岩主要为英云闪长岩，少数为花岗闪长岩和奥长花岗岩（第五春荣等，2007）。片麻岩稀土元素含量较低，轻重稀土元素分异较强烈，重稀土元素配分曲线相对较为平坦，Eu 异常不明显。微量元素中，富集 Rb、Sr、Ba、K 等大离子亲石元素，Y、Yb 含量低，Sr/Yb 值高，在原始地幔标准化的微量元素配分图解中，亏损 Nb、Ta、P、Ti。综合判定宜阳片麻岩为 TTG 质片麻岩（第五春荣等，2007）。

3.3.2.3 Rb-Sr 和 Sm-Nd 和同位素

我们选取了寨子英云闪长质片麻岩、烟庄花岗岩和闪长岩、横岭关花岗岩和涑水杂岩中花岗岩共 15 件样品完成了 Rb-Sr 和 Sm-Nd 同位素分析，具体结果见表 3.8。

表 3.8　中条地区 2.4 ~ 2.3Ga 花岗质岩石 Rb-Sr 和 Sm-Nd 同位素分析

样品号	样品名称	Rb	Sr	$^{87}Rb/^{86}Sr$	$^{87}Sr/^{86}Sr$	±2σ	Rb/Sr	$^{87}Sr/^{86}Sr\ (t)$
ZT04-1	烟庄花岗岩	181. 30	171. 10	3. 0920	0. 791729	14	1. 059614	0. 679991
ZT05-1	闪长岩	98. 87	482. 50	0. 5935	0. 717635	22	0. 204912	0. 696187
ZT05-2	闪长岩	121. 80	749. 70	0. 4705	0. 714805	15	0. 162465	0. 697802
ZT22-2	烟庄花岗岩	70. 29	105. 10	1. 9460	0. 762168	10	0. 668792	0. 691844
ZT06-10	横岭关花岗岩	144. 00	53. 61	7. 9100	0. 890934	12	2. 686066	0. 605085
ZT06-11	横岭关花岗岩	106. 50	65. 86	4. 7330	0. 829106	14	1. 617067	0. 658067
ZT07-1	横岭关花岗岩	179. 40	171. 30	3. 0520	0. 780738	20	1. 047285	0. 670446
ZT20-1	横岭关花岗岩	132. 20	99. 77	3. 8700	0. 811203	10	1. 325048	0. 671350
ZT21-2	横岭关闪长岩	40. 54	530. 10	0. 2214	0. 712622	15	0. 076476	0. 704621
ZT18-3	寨子英云闪长质片麻岩	157. 40	197. 70	2. 3150	0. 759683	17	0. 796156	0. 676024
ZT19-1	寨子英云闪长质片麻岩	59. 81	438. 30	0. 3953	0. 721315	15	0. 136459	0. 707030
ZT19-5	寨子英云闪长质片麻岩	79. 85	235. 70	0. 9826	0. 732902	13	0. 338778	0. 697393
ZT45-1	涑水杂岩	139. 80	99. 14	4. 1330	0. 843831	15	1. 410127	0. 694474
ZT45-3	涑水杂岩	215. 30	84. 68	7. 5290	0. 947494	15	2. 542513	0. 675414
ZT45-4	涑水杂岩	176. 90	56. 11	9. 3350	0. 946005	15	3. 152736	0. 608660

样品号	样品名称	Sm	Nd	$^{147}Sm/^{144}Nd$	$^{143}Nd/^{144}Nd$	±2σ	$^{143}Nd/^{144}Nd(t)$	$\varepsilon_{Nd}(0)$	$\varepsilon_{Nd}(t)$	$f_{Sm/Nd}$	t_{DM} /Ma	t_{2DM} /Ma
ZT04-1	烟庄花岗岩	2. 548	14. 63	0. 1054	0. 511169	5	0. 509572	-28. 7	-1. 67	-0. 46	2772	2840
ZT05-1	闪长岩	3. 519	21. 20	0. 1004	0. 511212	6	0. 509690	-27. 8	0. 66	-0. 49	2593	2653
ZT05-2	闪长岩	4. 529	26. 48	0. 1035	0. 511248	10	0. 509679	-27. 1	0. 44	-0. 47	2617	2670
ZT22-2	烟庄花岗岩	1. 187	7. 34	0. 0978	0. 510942	8	0. 509460	-33. 1	-3. 86	-0. 50	2885	3014
ZT06-10	横岭关闪长岩	5. 576	36. 07	0. 0935	0. 511093	7	0. 509676	-30. 1	0. 37	-0. 52	2595	2676
ZT06-11	横岭关花岗岩	3. 736	23. 31	0. 0970	0. 511127	9	0. 509658	-29. 5	0. 01	-0. 51	2627	2704
ZT07-1	横岭关花岗岩	4. 643	28. 97	0. 0970	0. 511156	10	0. 509687	-28. 9	0. 58	-0. 51	2589	2659
ZT20-1	横岭关花岗岩	3. 808	28. 42	0. 0811	0. 510771	10	0. 509543	-36. 4	-2. 24	-0. 59	2718	2885
ZT21-2	横岭关闪长岩	3. 604	19. 31	0. 1129	0. 511265	8	0. 509554	-26. 8	-2. 02	-0. 43	2833	2867
ZT18-3	寨子英云闪长质片麻岩	1. 810	10. 47	0. 1045	0. 511155	5	0. 509571	-28. 9	-1. 68	-0. 47	2768	2840
ZT19-1	寨子英云闪长质片麻岩	3. 337	19. 81	0. 1019	0. 511055	10	0. 509511	-30. 9	-2. 87	-0. 48	2839	2935
ZT19-5	寨子英云闪长质片麻岩	1. 781	10. 26	0. 1050	0. 511197	12	0. 509606	-28. 1	-1. 01	-0. 47	2723	2786
ZT45-1	涑水杂岩	5. 086	29. 73	0. 1035	0. 511091	5	0. 509522	-30. 2	-2. 64	-0. 47	2831	2917
ZT45-3	涑水杂岩	6. 115	39. 76	0. 0930	0. 51095	10	0. 509540	-32. 9	-2. 29	-0. 53	2763	2889
ZT45-4	涑水杂岩	4. 016	24. 51	0. 0991	0. 511034	5	0. 509531	-31. 3	-2. 46	-0. 50	2798	2903

寨子英云闪长质片麻岩的$^{87}Rb/^{86}Sr$值为0.3953～2.315，$^{87}Sr/^{86}Sr$值为0.721315～0.759683，$^{87}Sr/^{86}Sr(t)$值变化较大（t=2300Ma），为0.676024～0.707030。寨子英云闪长质片麻岩的$^{143}Nd/^{144}Nd$值为0.511055～0.511197，$^{147}Sm/^{144}Nd$值为0.1019～0.1050，变化范围较小。$\varepsilon_{Nd}(t)$值（t=2300Ma）为-1.01～-2.87，单阶段亏损地幔Nd模式年龄t_{DM}为2.72～2.84Ga，两阶段Nd模式年龄t_{DM2}为2.79～2.94Ga。

烟庄花岗岩的$^{87}Rb/^{86}Sr$值为1.946～3.092，$^{87}Sr/^{86}Sr$值为0.762168～0.791729，$^{87}Sr/^{86}Sr(t)$值（t=2300Ma）低且变化较大，为0.679991～0.691844。闪长岩的$^{87}Rb/^{86}Sr$值为0.4705～0.5935，$^{87}Sr/^{86}Sr$值为0.714805～0.717635，$^{87}Sr/^{86}Sr(t)$值（t=2300Ma）为0.696187～0.697802。花岗岩的$^{143}Nd/^{144}Nd$值为0.510942～0.511169，$^{147}Sm/^{144}Nd$值为0.0978～0.1054，$\varepsilon_{Nd}(t)$值（t=2300Ma）为-1.67～-3.86，单阶段亏损地幔Nd模式年龄t_{DM}为2.77～2.86Ga，两阶段Nd模式年龄t_{DM2}为2.84～3.0Ga。闪长岩的$^{143}Nd/^{144}Nd$值为0.510942～0.511169，$^{147}Sm/^{144}Nd$值为0.0978～0.1054，$\varepsilon_{Nd}(t)$值（t=2300Ma）为0.44～0.66，单阶段亏损地幔Nd模式年龄t_{DM}为2.59～2.62Ga，两阶段Nd模式年龄t_{DM2}为2.65～2.67Ga。

横岭关花岗岩的$^{87}Rb/^{86}Sr$值为3.052～7.91，$^{87}Sr/^{86}Sr$值为0.780738～0.890934，$^{87}Sr/^{86}Sr(t)$值（t=2300Ma）低且变化较大，为0.605085～0.671350。闪长岩的$^{87}Rb/^{86}Sr$、$^{87}Sr/^{86}Sr$值分别为0.2214、0.712622，相应的$^{87}Sr/^{86}Sr(t)$值（t=2300Ma）为0.704621。横岭关花岗岩的$^{143}Nd/^{144}Nd$为0.510771～0.511156，$^{147}Sm/^{144}Nd$比为0.0811～0.0970，$\varepsilon_{Nd}(t)$值（t=2300Ma）为-2.24～0.58，单阶段亏损地幔Nd模式年龄t_{DM}为2.59～2.72Ga，两阶段Nd模式年龄t_{DM2}为2.66～2.86Ga。闪长岩的$^{143}Nd/^{144}Nd$、$^{147}Sm/^{144}Nd$值分别为0.511265和0.1129，相应的$\varepsilon_{Nd}(t)$值（t=2300Ma）、t_{DM}和t_{DM2}值分别为-2.02Ga、2.83Ga和2.87Ga。

涑水杂岩中花岗岩的$^{87}Rb/^{86}Sr$值为4.133～9.335，$^{87}Sr/^{86}Sr$值为0.843831～0.947494，$^{87}Sr/^{86}Sr(t)$值（t=2300Ma）低且变化较大，为0.608660～0.694474。花岗岩的$^{143}Nd/^{144}Nd$值为0.511034～0.510950，$^{147}Sm/^{144}Nd$值为0.0930～0.1035，$\varepsilon_{Nd}(t)$值（t=2300Ma）为-2.29～-2.64，单阶段亏损地幔Nd模式年龄t_{DM}为2.76～2.83Ga，两阶段Nd模式年龄t_{DM2}为2.89～2.92Ga。

3.3.3 锆石年代学

本书分别选取了烟庄花岗岩中闪长质片麻岩（ZT05-2）、横岭关花岗岩（ZT07-1）和涑水杂岩（ZT47-1）中样品进行了锆石LA-ICP-MS U-Pb定年。

3.3.3.1 闪长岩

闪长岩（ZT05-2）中，锆石主要为不规则无色透明的粒状，少数锆石呈短柱状，锆石粒度大小多为300～500μm。在锆石阴极发光图像中，部分锆石可见宽缓的岩浆韵律环带，部分锆石具有板状环带，而个别锆石环带特征不明显（图3.33）。从锆石外部形态和内部结构分析，具中-基性岩浆锆石特征。

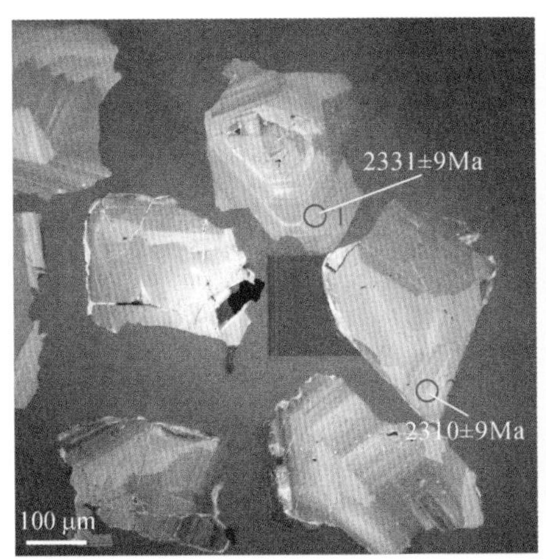

图 3.33　烟庄闪长岩锆石 CL 图像

我们从闪长岩锆石中随机选择了 20 粒锆石进行了 20 个测点分析。锆石 U、Th 含量分别为 $44\times10^{-6}\sim170\times10^{-6}$ 和 $25\times10^{-6}\sim135\times10^{-6}$，Th/U 值为 0.43 ~ 0.87（表 3.9）。根据分析结果，所有的分析点都位于谐和线上或附近，20 个测点获得 $^{207}Pb/^{206}Pb$ 加权平均年龄为 2320±7Ma（图 3.34）。该年龄结果代表了闪长岩的形成时代。

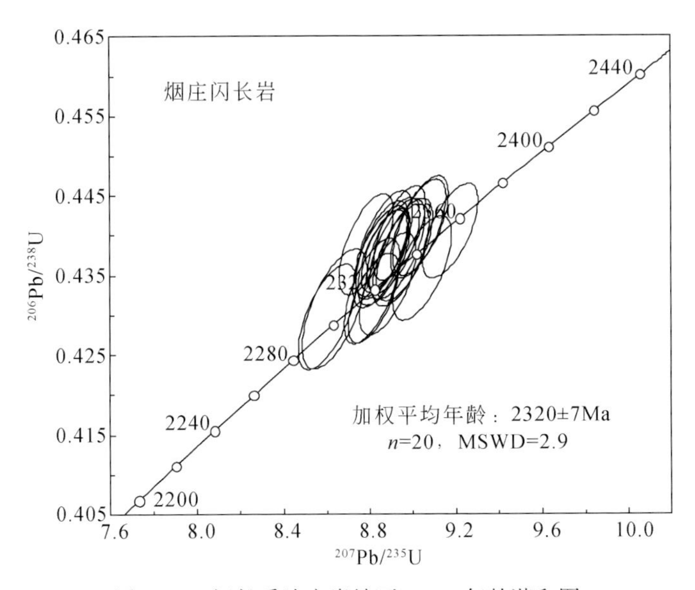

图 3.34　闪长质片麻岩锆石 U-Pb 年龄谐和图

3.3.3.2　横岭关花岗岩

横岭关花岗岩（ZT07-1）中，锆石多为无色透明的粒状、柱状，部分锆石保留有规则的晶面。锆石粒径以 200 ~ 400μm 为主，长宽比主要为 1∶2 ~ 1∶1。在锆石 CL 图像中，所有的锆石具有典型的岩浆韵律环带（图 3.35），具有岩浆锆石特征。

表 3.9 烟庄闪长岩锆石 LA-ICP-MS 分析结果

分析点号	Pb	Th	U	Th/U	$^{207}Pb/^{206}Pb$	1σ	$^{207}Pb/^{235}U$	1σ	$^{206}Pb/^{238}U$	1σ	$^{207}Pb/^{206}Pb$	1σ	$^{207}Pb/^{235}U$	1σ	$^{206}Pb/^{238}U$	1σ
	10^{-6}				同位素比值						年龄/Ma					
ZT05-2-1	64	64	106	0. 60	0. 148599	0. 000798	9. 040479	0. 084535	0. 441212	0. 004111	2331	9	2342	9	2356	18
ZT05-2-2	38	34	70	0. 48	0. 146879	0. 000787	8. 872094	0. 070339	0. 437997	0. 003410	2310	9	2325	7	2342	15
ZT05-2-3	69	82	101	0. 81	0. 148362	0. 000798	8. 964284	0. 086869	0. 438187	0. 004247	2327	9	2334	9	2343	19
ZT05-2-4	47	44	82	0. 54	0. 147270	0. 000792	8. 941727	0. 080201	0. 440244	0. 003902	2315	9	2332	8	2352	17
ZT05-2-5	111	135	155	0. 87	0. 151009	0. 000819	9. 178020	0. 084723	0. 440543	0. 003907	2357	9	2356	8	2353	17
ZT05-2-6	68	72	110	0. 66	0. 148467	0. 000784	9. 029160	0. 085221	0. 440826	0. 004071	2328	9	2341	9	2354	18
ZT05-2-7	72	84	113	0. 74	0. 148289	0. 000788	8. 947874	0. 086916	0. 437497	0. 004246	2328	9	2333	9	2339	19
ZT05-2-8	42	34	80	0. 43	0. 147753	0. 000805	8. 931065	0. 084672	0. 438292	0. 004165	2320	9	2331	9	2343	19
ZT05-2-9	112	135	170	0. 80	0. 150464	0. 000801	9. 046693	0. 090238	0. 435869	0. 004336	2351	9	2343	9	2332	19
ZT05-2-10	55	63	85	0. 74	0. 146784	0. 000792	8. 854370	0. 085957	0. 437259	0. 004214	2309	9	2323	9	2338	19
ZT05-2-11	28	25	54	0. 47	0. 146533	0. 000820	8. 870015	0. 088800	0. 438919	0. 004388	2306	10	2325	9	2346	20
ZT05-2-12	40	47	62	0. 75	0. 147070	0. 000806	8. 870512	0. 081912	0. 437278	0. 004018	2322	9	2325	8	2338	18
ZT05-2-13	71	87	109	0. 80	0. 147298	0. 000785	8. 914729	0. 081054	0. 438739	0. 003957	2315	9	2329	8	2345	18
ZT05-2-14	29	31	49	0. 62	0. 145166	0. 000801	8. 786342	0. 084109	0. 438858	0. 004175	2300	10	2316	9	2346	19
ZT05-2-15	50	52	91	0. 57	0. 146641	0. 000771	8. 860977	0. 081983	0. 438134	0. 004081	2307	9	2324	8	2342	18
ZT05-2-16	24	25	44	0. 58	0. 145142	0. 000804	8. 604093	0. 089093	0. 429767	0. 004365	2300	10	2297	9	2305	20
ZT05-2-17	32	37	53	0. 69	0. 145421	0. 000786	8. 638902	0. 100212	0. 430744	0. 004979	2294	9	2301	11	2309	22
ZT05-2-18	72	83	131	0. 63	0. 147660	0. 000785	8. 813334	0. 086330	0. 432975	0. 004372	2320	9	2319	9	2319	20
ZT05-2-19	66	71	122	0. 58	0. 147948	0. 000785	8. 819383	0. 078045	0. 432120	0. 003734	2324	9	2319	8	2315	17
ZT05-2-20	68	69	131	0. 53	0. 148511	0. 000794	8. 887079	0. 087119	0. 433898	0. 004233	2329	9	2326	9	2323	19

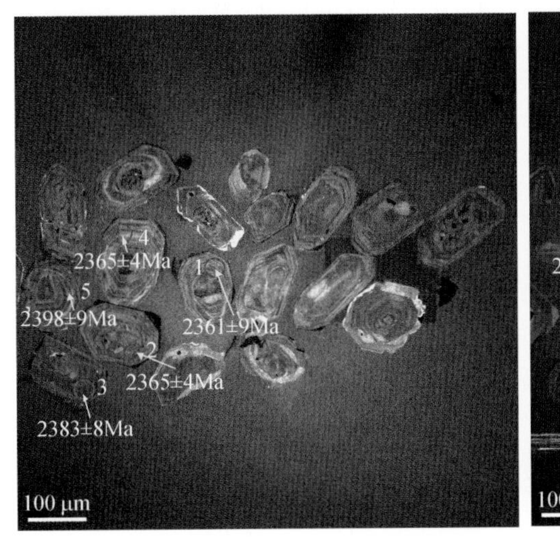

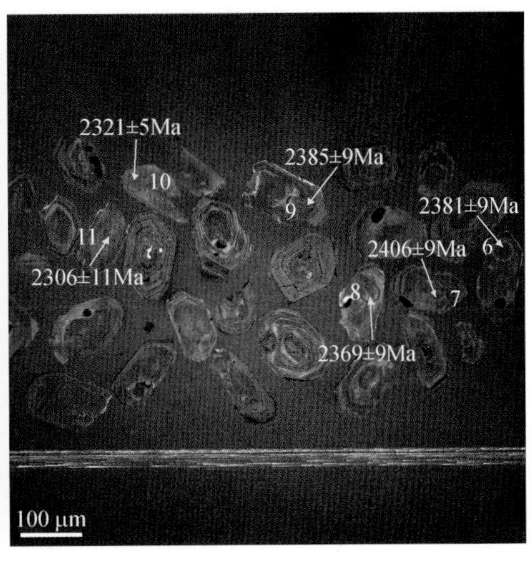

图 3.35 横岭关花岗岩锆石 CL 图像

从花岗岩中随机选择了 20 粒锆石进行了 20 个测点分析，锆石的 U、Th 含量分别为 138×10^{-6} ~ 940×10^{-6} 和 75×10^{-6} ~ 784×10^{-6}，Th/U 值为 0.40 ~ 0.94（表 3.10）。从分析结果看，由于锆石中较高的 U、Th 含量，所以部分分析点具有很强烈的铅丢失。利用所有分析点所获得不一致线 $^{207}Pb/^{206}Pb$ 上交点年龄为 2366±16Ma（图 3.37），而下交点年龄接近于 0。去除偏离不一致线 10 和 11 两个分析点，其余 18 个点获得 $^{207}Pb/^{206}Pb$ 加权平均年龄为 2376±7Ma，与上交点年龄在误差范围内完全一致（图 3.36）。该年龄结果应代表了横岭关花岗岩的侵位时代。

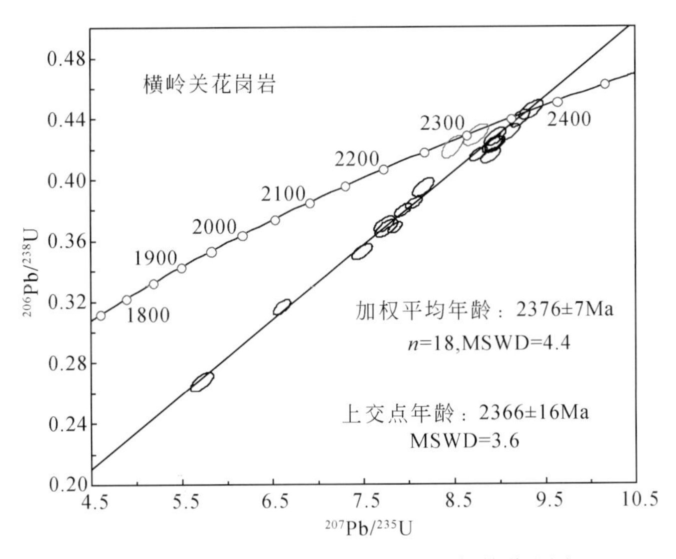

图 3.36 横岭关花岗岩锆石 U-Pb 年龄谐和图

表 3.10　横岭关花岗岩锆石 LA-ICP-MS 分析结果

分析点号	Pb	Th	U	Th/U	$^{207}Pb/^{206}Pb$	1σ	$^{207}Pb/^{235}U$	1σ	$^{206}Pb/^{238}U$	1σ	$^{207}Pb/^{206}Pb$	1σ	$^{207}Pb/^{235}U$	1σ	$^{206}Pb/^{238}U$	1σ
	10^{-6}				同位素比值						年龄/Ma					
ZT07-1-1	256	323	449	0. 72	0. 151365	0. 000799	7. 740722	0. 075268	0. 370563	0. 003447	2361	9	2201	9	2032	16
ZT07-1-2	322	553	630	0. 88	0. 151680	0. 000813	6. 608652	0. 062852	0. 316243	0. 003234	2365	4	2061	8	1771	16
ZT07-1-3	170	136	313	0. 43	0. 153306	0. 000801	9. 108522	0. 074606	0. 430720	0. 003486	2383	8	2349	7	2309	16
ZT07-1-4	217	267	356	0. 75	0. 151673	0. 000815	7. 944734	0. 059627	0. 379939	0. 002949	2365	4	2225	7	2076	14
ZT07-1-5	222	197	477	0. 41	0. 154705	0. 000834	7. 859155	0. 050791	0. 368409	0. 002394	2398	9	2215	6	2022	11
ZT07-1-6	167	138	303	0. 45	0. 153092	0. 000812	8. 924156	0. 073866	0. 422853	0. 003608	2381	9	2330	8	2273	16
ZT07-1-7	223	215	382	0. 56	0. 155442	0. 000818	8. 904919	0. 070934	0. 415507	0. 003399	2406	9	2328	7	2240	15
ZT07-1-8	162	158	270	0. 58	0. 151909	0. 000815	8. 952651	0. 077717	0. 427781	0. 004009	2369	9	2333	8	2296	18
ZT07-1-9	172	129	323	0. 40	0. 153461	0. 000811	8. 951274	0. 068547	0. 422915	0. 003173	2385	9	2333	7	2274	14
ZT07-1-10	73	57	138	0. 41	0. 147802	0. 000815	8. 739251	0. 090742	0. 429111	0. 004641	2321	5	2311	9	2302	21
ZT07-1-11	138	132	255	0. 52	0. 146603	0. 000929	8. 481214	0. 078898	0. 421373	0. 004846	2306	11	2284	8	2267	22
ZT07-1-12	192	168	337	0. 50	0. 153670	0. 000807	8. 952238	0. 073884	0. 422502	0. 003496	2387	4	2333	8	2272	16
ZT07-1-13	173	174	333	0. 52	0. 150160	0. 000829	8. 160490	0. 075980	0. 394728	0. 004012	2348	9	2249	8	2145	19
ZT07-1-14	207	201	381	0. 53	0. 152089	0. 000938	8. 060522	0. 060594	0. 384459	0. 002678	2369	10	2238	7	2097	12
ZT07-1-15	167	149	295	0. 51	0. 152668	0. 000802	8. 769482	0. 065544	0. 416477	0. 003002	2376	8	2314	7	2244	14
ZT07-1-16	328	483	516	0. 94	0. 154337	0. 000821	7. 497283	0. 072681	0. 352430	0. 003507	2395	8	2173	9	1946	17
ZT07-1-17	167	138	296	0. 47	0. 152297	0. 000847	9. 221623	0. 070800	0. 439816	0. 003854	2372	9	2360	7	2350	17
ZT07-1-18	432	784	940	0. 83	0. 155678	0. 000938	5. 720034	0. 082237	0. 267372	0. 004235	2409	11	1934	12	1527	22
ZT07-1-19	191	166	410	0. 41	0. 152939	0. 000812	7. 761991	0. 081427	0. 368042	0. 003821	2379	9	2204	9	2020	18
ZT07-1-20	150	118	269	0. 44	0. 152218	0. 000809	9. 346049	0. 086248	0. 445359	0. 004140	2372	9	2373	8	2375	18

3.3.3.3 涞水杂岩

涞水杂岩的花岗岩（ZT47-1）中，锆石主要为无色透明的短柱状、粒状，个别呈长柱状。锆石粒径以100～400μm为主，长宽比主要为1∶3～1∶2。在锆石阴极发光图像中，所有的锆石都具有较规则的振荡环带（图3.37），具有岩浆锆石特征。

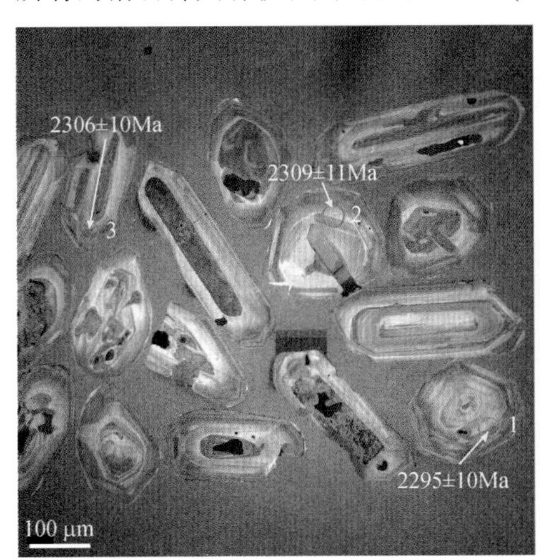

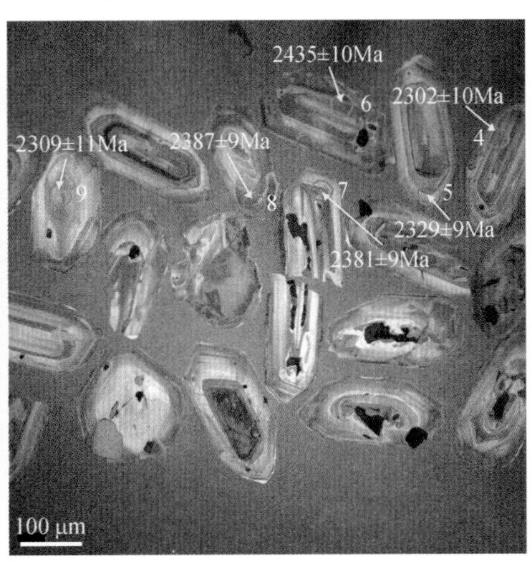

图3.37　涞水杂岩中古元古代花岗岩锆石CL图像

随机选择花岗岩中20粒锆石进行了20个测点分析。锆石U、Th含量分别为71×10^{-6}～432×10^{-6}和66×10^{-6}～654×10^{-6}，Th/U值为0.79～1.51（表3.11）。在所有的分析点中，绝大多数的分析结果位于谐和线上或附近，去除年龄较大的6、7、16点以及年龄结果偏大且具有较明显的铅丢失的8点，其余16个分析点的$^{207}Pb/^{206}Pb$加权平均年龄为2311±5Ma（图3.38）。该年龄结果代表了花岗岩的形成时代。

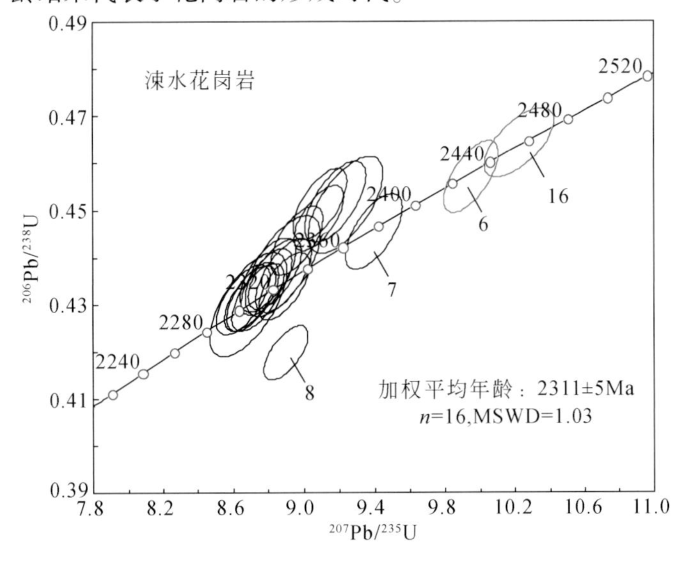

图3.38　涞水杂岩中古元古代花岗岩锆石U-Pb年龄谐和图

表 3.11　涞水杂岩中古元古代花岗岩锆石 LA-ICP-MS 分析

分析点号	Pb	Th	U	Th/U	$^{207}Pb/^{206}Pb$	1σ	$^{207}Pb/^{235}U$	1σ	$^{206}Pb/^{238}U$	1σ	$^{207}Pb/^{206}Pb$	1σ	$^{207}Pb/^{235}U$	1σ	$^{206}Pb/^{238}U$	1σ
	10^{-6}				同位素比值						年龄/Ma					
ZT47-1-1	63	76	85	0. 89	0. 145593	0. 000866	8. 658048	0. 101210	0. 431058	0. 004911	2295	10	2303	11	2310	22
ZT47-1-2	120	154	148	1. 04	0. 146809	0. 000838	8. 741177	0. 099033	0. 431600	0. 004767	2309	11	2311	10	2313	21
ZT47-1-3	126	154	161	0. 95	0. 146541	0. 000831	8. 686582	0. 145318	0. 430035	0. 007276	2306	10	2306	15	2306	33
ZT47-1-4	108	146	127	1. 15	0. 146081	0. 000804	8. 698628	0. 096784	0. 431391	0. 004599	2302	10	2307	10	2312	21
ZT47-1-5	173	224	226	0. 99	0. 148573	0. 000806	8. 889645	0. 095455	0. 433871	0. 004756	2329	9	2327	10	2323	21
ZT47-1-6	476	654	432	1. 51	0. 157943	0. 000910	9. 946908	0. 103255	0. 457081	0. 005033	2435	10	2430	10	2427	22
ZT47-1-7	193	238	222	1. 07	0. 153081	0. 000853	9. 398315	0. 106966	0. 445477	0. 005268	2381	9	2378	10	2375	23
ZT47-1-8	368	546	398	1. 37	0. 153620	0. 000844	8. 899169	0. 082688	0. 419770	0. 003785	2387	9	2328	8	2259	17
ZT47-1-9	95	142	97	1. 47	0. 146802	0. 000836	8. 837555	0. 099893	0. 436426	0. 004920	2309	11	2321	10	2335	22
ZT47-1-10	82	97	122	0. 79	0. 147056	0. 000834	8. 881424	0. 140069	0. 438169	0. 007050	2322	10	2326	14	2342	32
ZT47-1-11	57	75	70	1. 08	0. 146209	0. 000865	8. 798185	0. 104728	0. 436338	0. 005190	2302	15	2317	11	2334	23
ZT47-1-12	87	102	114	0. 90	0. 146469	0. 000824	8. 961915	0. 096665	0. 443569	0. 004793	2305	10	2334	10	2367	21
ZT47-1-13	73	99	86	1. 16	0. 146305	0. 000823	8. 712039	0. 097754	0. 431709	0. 004831	2303	9	2308	10	2313	22
ZT47-1-14	91	126	106	1. 19	0. 146584	0. 000839	8. 791577	0. 095513	0. 434802	0. 004684	2306	9	2317	10	2327	21
ZT47-1-15	66	77	85	0. 91	0. 148442	0. 000852	9. 237292	0. 140226	0. 451180	0. 006772	2328	10	2362	14	2400	30
ZT47-1-16	86	84	93	0. 90	0. 159516	0. 001472	10. 222396	0. 131740	0. 464290	0. 004843	2450	16	2455	12	2458	21
ZT47-1-17	131	196	146	1. 34	0. 147746	0. 000801	8. 887601	0. 104007	0. 436215	0. 005203	2320	9	2327	11	2334	23
ZT47-1-18	109	135	138	0. 98	0. 146909	0. 000795	9. 087953	0. 092644	0. 448361	0. 004535	2310	9	2347	9	2388	20
ZT47-1-19	110	138	137	1. 01	0. 147301	0. 000808	9. 182022	0. 114786	0. 451836	0. 005639	2317	10	2356	11	2403	25
ZT47-1-20	55	66	71	0. 93	0. 146129	0. 000839	9. 095125	0. 100230	0. 451313	0. 005006	2302	10	2348	10	2401	22

3.3.3.4 盖家庄片麻岩

盖家庄片麻岩中锆石为柱状自形晶，锥面和棱面清楚。晶体内部环带结构发育，具有岩浆成因特征。选择其中 10 粒锆石完成了 13 个测点 SHRIMP 分析，其中 U、Th 含量分别为 78×10^{-6} ~ 730×10^{-6} 和 26×10^{-6} ~ 542×10^{-6}，Th/U 值为 0.35 ~ 0.77（耿元生等，2006，表 1）。利用其中 12 个位于谐和线上的点进行加权平均，获得 $^{207}Pb/^{206}Pb$ 年龄结果为 2364±9Ma。代表盖家庄岩体的形成时代（耿元生等，2006）。Zhao 等（2008）再次对盖家庄片麻岩进行 SHRIMP 锆石 U-Pb 定年，获得年龄结果为 2375±10Ma。该年龄与耿元生等（2006）的结果在误差范围内完全一致。

3.3.3.5 宜阳 TTG 质片麻岩

宜阳 TTG 质片麻岩中锆石为半自形-自形，部分锆石具有残留核，具有典型的岩浆韵律环带结构。锆石 U、Th 含量较高，Th/U 值多大于 0.4。两个 TTG 质片麻岩 LA-ICP-MS 锆石 $^{207}Pb/^{206}Pb$ 不一致线上交点年龄分别为 2336±13Ma 和 2316±16Ma（第五春荣等，2007）。

3.3.4 形成环境讨论

赵风清（2006）利用单颗粒 U-Pb 法获得寨子英云闪长质片麻岩和烟庄二长花岗岩的年龄分别为 2321±2Ma 和 2297±21Ma。这些年龄结果和本次所获得涑水杂岩中古元古代花岗岩、烟庄附近的闪长质片麻岩和横岭关花岗岩时代一致。表明 2.4 ~ 2.3Ga 的岩浆岩在中条地区非常发育。

寨子英云闪长质片麻岩高 SiO_2、相对富 Na_2O，低 Fe_2O_3、FeO、CaO 和 MgO。稀土元素分异较强烈，Eu 异常不明显，同时具有低 Y 值和高的 Sr/Y 值，与 Adakite 类似（Defant and Drummond，1990）或 TTG。寨子英云闪长岩可能是俯冲洋壳部分熔融或加厚的下地壳部分熔融形成的。根据前述的英云闪长质片麻岩的 Nd 同位素发现，其 $\varepsilon_{Nd}(t)$ 值为 -2.87 ~ -1.01，而单阶段亏损地幔 Nd 模式年龄 t_{DM} 为 2.72 ~ 2.84Ga，两阶段 Nd 模式年龄 t_{DM2} 为 2.79 ~ 2.94Ga。因此，本项目倾向于该英云闪长质片麻岩为较老（2.7 ~ 2.9Ga）的下地壳部分熔融形成的。在花岗质岩石的构造环境判别图解中（图 3.39），寨子英云闪长质片麻岩主要位于火山弧花岗岩区域内。

烟庄花岗岩也具有高 SiO_2、K_2O、Na_2O，而低 FeO、Fe_2O_3、MgO、CaO 和 TiO_2 特征，但其稀土元素含量较低，具有较明显的轻重稀土元素分异和微弱的 Eu 负异常，同时相容元素 Cr、Co、Ni、V 和 Sc 含量很低，所以不应来自地幔。而闪长岩相对于花岗岩富集 FeO、Fe_2O_3、MgO、CaO，同时相容元素 Cr、Co、Ni、V 和 Sc 含量也较高。烟庄花岗岩的 $\varepsilon_{Nd}(t)$ 值（t=2300Ma）为 -1.67 ~ -3.86，单阶段亏损地幔 Nd 模式年龄 t_{DM} 为 2.77 ~ 2.86Ga，两阶段 Nd 模式年龄 t_{DM2} 为 2.84 ~ 3.0Ga；而闪长岩的 $\varepsilon_{Nd}(t)$ 值（t=2300Ma）为 0.44 ~ 0.66，单阶段亏损地幔 Nd 模式年龄 t_{DM} 为 2.59 ~ 2.62Ga，两阶段 Nd 模式年龄 t_{DM2} 为 2.65 ~ 2.67Ga。初步分析认为，烟庄花岗岩可能为 2.7 ~ 2.9Ga 的中下地壳部分熔融；而闪长岩可能为 2.6 ~ 2.7Ga 下地壳部分熔融，也可能是 2.5Ga 地幔物质与古老地壳的混合。在花岗质岩石的构造环境判别图解中（图 3.39），烟庄花岗岩和片麻状闪长岩位于火山弧和同碰撞花岗岩区域内。

横岭关花岗岩同样具有高 SiO_2、K_2O 和 Na_2O，而低 FeO、Fe_2O_3、MgO、CaO 和 TiO_2，同时花岗岩中相容元素 Cr、Co、Ni、V 和 Sc 含量也很低。花岗岩中轻稀土元素相对富集，但 Eu 异常微弱。横岭关花岗岩 $\varepsilon_{Nd}(t)$ 值为-2.21 ~0.01，而单阶段亏损地幔 Nd 模式年龄 t_{DM}为 2.59 ~2.72 Ga，两阶段 Nd 模式年龄 t_{DM2}为 2.66 ~2.86Ga。所以，初步认为该花岗岩为较老的中下地壳部分熔融形成的。横岭关花岗岩也具有火山弧和同碰撞花岗岩特征（图 3.39）。

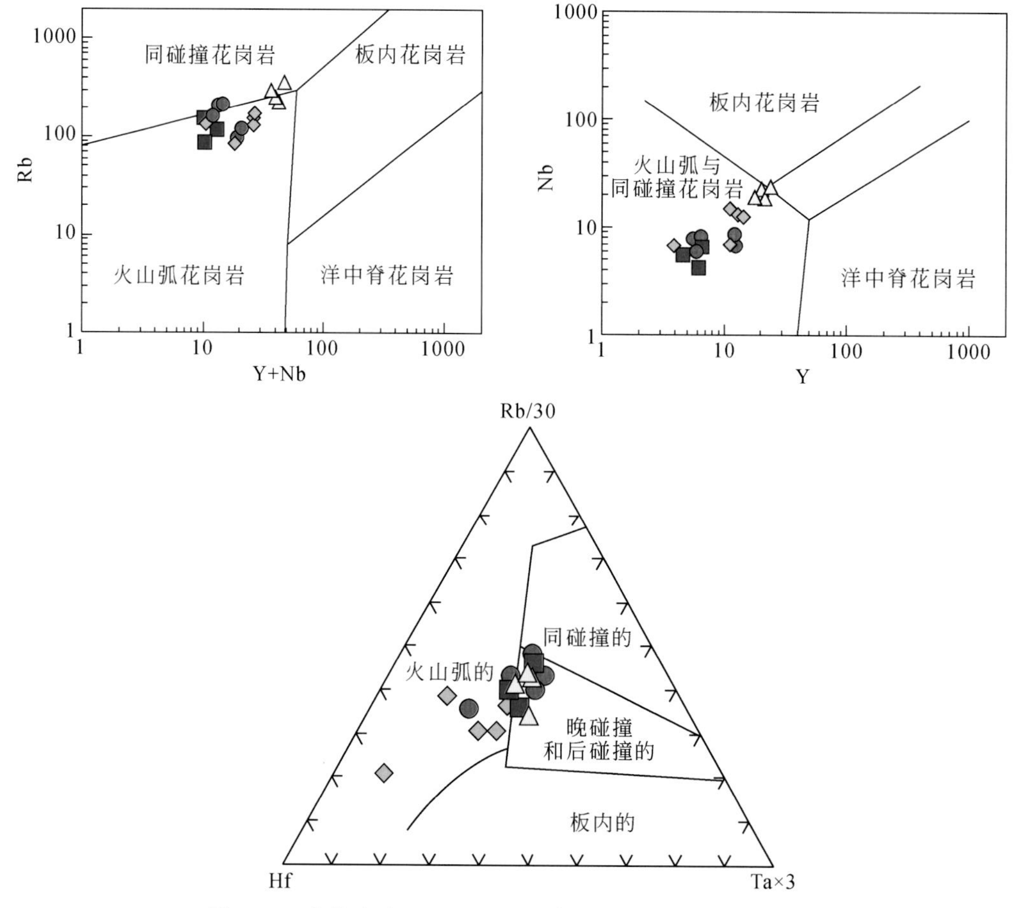

图 3.39 中条地区 2.4 ~2.3Ga 花岗质岩石构造环境判别图

■寨子英云闪长质片麻岩；●烟庄花岗岩和闪长岩；◆横岭关花岗岩；△涑水杂岩

涑水杂岩中古元古代花岗岩具有高 SiO_2、相对富 K_2O 特征，微量元素中相容元素 Cr、Co、Ni、V 和 Sc 含量很低。稀土元素与前述的花岗质岩石不同，涑水杂岩富集轻稀土元素，而普遍具有较明显的 Eu 负异常。花岗岩的 $\varepsilon_{Nd}(t)$ 值（t=2300Ma）为-2.64 ~ -2.29，单阶段亏损地幔 Nd 模式年龄 t_{DM}为 2.76 ~2.83Ga，而两阶段 Nd 模式年龄 t_{DM2}为 2.89 ~2.92Ga。根据岩石学、地球化学和同位素特征分析，初步认为涑水杂岩中古元古代花岗岩可能由 2.7 ~2.8Ga 的中上地壳部分熔融形成。在花岗岩构造环境判别图中，涑水花岗岩主要位于后碰撞花岗岩区域内（图 3.39）。

上述几个 2.4 ~2.3Ga 花岗岩较系统的分析认为，中条地区该阶段的花岗岩主要具有岛弧和同碰撞花岗岩特征。因此，中条地区在古元古代早期可能处于古陆块的边缘。

耿元生等（2006）根据吕梁地区古元古代早期岩浆活动特征和前人的研究资料认为，盖家庄片麻岩代表了古元古代早期华北克拉通拉张过程中岩浆活动的记录；而 Zhao 等（2008）根据盖家庄片麻岩的时代，将其解释为华北克拉通西部陆块向东部陆块俯冲过程中古元古代岛弧岩浆活动在中部带记录。对于豫西宜阳地区的 TTG 质片麻岩地球化学属性特征，第五春荣等（2007）认为其形成于岛弧环境；而赵风清（2006）根据中条地区 2.4 ~2.3Ga 火山岩和同期侵入岩年代学和地球化学研究认为，中条山地区存在 2300Ma 前后的造山事件，此次造山事件为华北地块西部地块和东部地块汇聚造山作用的结果。

从现有研究资料看，华北克拉通的 2.4 ~2.3Ga 的岩浆活动分布范围很小，并且主要分布于吕梁、中条和豫西地区（内蒙古大青山地区也可能存在）。在吕梁以西的鄂尔多斯盆地中，目前还没有确切的太古宙的岩浆活动记录，所以西部陆块是否真的存在还需要大量的验证工作。本项目根据 2.4 ~2.3Ga 的岩浆活动特征和分布区域认为，该期岩浆活动仅分布于华北克拉通陆块边缘的中条、吕梁和豫西地区，可能与华北克拉通西南缘古元古代早期的俯冲岛弧作用有关。

3.4　2.2 ~2.0Ga 花岗岩

大量的研究资料证实，华北克拉通最主要的岩浆-热事件集中于 ~2.5Ga 和 ~1.8Ga 两个阶段（彭澎和翟明国，2002；沈其韩等，2005）。但越来越多的资料发现，华北克拉通存在较强烈的 2.2 ~2.0Ga 岩浆活动，如五台地区的滹沱群基性火山岩（杜利林等，2009，2010）、赞皇地区的甘陶河群基性火山岩（颉颃强等，2013）、中条地区绛县群铜矿峪组流纹岩（孙大中等，1991）和吕梁地区野鸡山群基性火山岩（耿元生等，2003）。此外，在五台地区存在 2.2 ~2.0Ga 的大洼梁花岗岩和王家会花岗岩（王凯怡等，2000；Wilde *et al.*，2005）。Peng 等（2005）还在阜平地区发现了 2.2 ~2.1Ga 的基性岩墙。

本项目在前人研究的基础之上，在赞皇地区、五台地区和吕梁地区发现或进一步厘定出 2.2 ~2.0Ga 的花岗岩，在岩石学、地球化学和年代学工作基础上，对其成因和构造环境进行了初步的探讨。本节对研究较为系统的黄金山花岗斑岩和许亭花岗岩进行详细介绍。

3.4.1　地 质 背 景

3.4.1.1　黄金山花岗斑岩

五台地区黄金山花岗斑岩出露于华北克拉通中部五台县杨白乡下红表村西约 2.5km 的黄金山东山坡，岩体呈近东西向扁圆形（500m×400m）小岩株出露于滹沱群地层中（图 3.40）。前人曾经一直认为黄金山花岗斑岩和滹沱群之间为侵入关系，但根据详细的地质调查发现，黄金山花岗斑岩和滹沱群之间为构造接触关系。野外新鲜露头为砖红色，斑状构造，斑晶主要为钾长石和石英，基质为微晶钾长石和石英，部分样品中绢云母化较强烈。

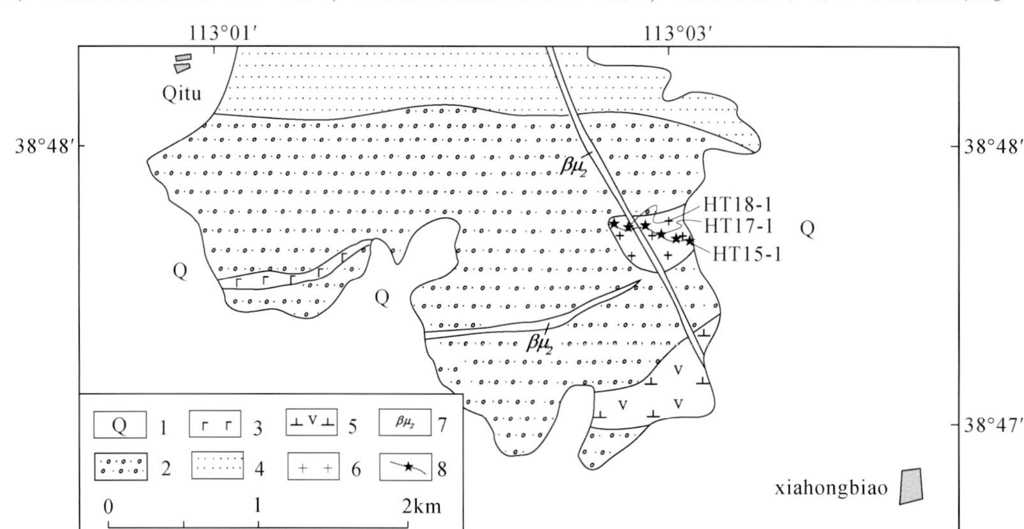

图 3.40 黄金山花岗斑岩地质简图

1. 第四系；2. 四集庄组；3. 四集庄组变质火山岩；4. 南台组；5. 辉长岩；6. 花岗斑岩；7. 辉绿岩；8. 采样点

3.4.1.2 许亭花岗岩

许亭岩体出露于赞皇县西部山区，大致呈南北延长的椭圆形岩基，面积约为 $160km^2$（图 3.1）。1968 年，1∶20 万高邑、邢台幅地质图及说明书认为该岩体是沉积岩经混合岩化作用形成的混合岩和混合岩化的花岗岩，归入赞皇群石家栏组（河北省地质局，1968）。1989 年，1∶5 万区域地质调查重新将其厘定为岩浆侵入的花岗岩，时代定为新太古代（河北省地质矿产局第十一地质大队，1989）。许亭岩体的东部及南部与新太古代的 TTG 片麻岩和地层为侵入关系，岩体明显切割了片麻岩的条带和片麻理。岩体与西部古元古代的甘陶河群底部的变质含砾长石砂岩接触，以往的地质图资料认为是不整合关系，但根据野外观察后，我们认为二者为韧性剪切构造接触。许亭岩体新鲜面为粉红-浅肉红色，风化后常呈黄褐-红褐色。宏观上岩体非常均匀，表现出典型的侵入岩特征，各类包体很少见，边部可见围岩的捕虏体。岩石中片麻理不均匀，主体为弱片麻状-块状构造，多数清晰的片理和片麻理为后期构造所致。岩体成分略有变化，以钾质花岗岩为主，局部过渡为二长花岗岩（杨崇辉等，2011a）。

3.4.2 岩石学特征与地球化学

3.4.2.1 黄金山花岗斑岩

1. 岩石学

黄金山花岗斑岩岩石结构为斑状结构，斑晶成分以钾长石和石英为主，其中石英斑晶大小多为 2 ~4mm，含量约为 10% ~15%，石英斑晶常出现溶蚀而具有港湾状结构。钾长石斑晶大小多为 2 ~5mm，含量约为 10% ~15%。基质主要为微晶的钾长石、石英和少量的绢云母。

2. 地球化学

黄金山花岗斑岩高 SiO_2、K_2O、FeO_T 和 FeO_T/MgO，低 Al_2O_3、CaO、Na_2O 和 MgO（表 3.12）。在 TAS 图解中，所有的样品都位于碱性花岗岩区域（图 3.41）。黄金山花岗斑岩为过铝质花岗岩，其中 *A/CNK* 和 *A/NK* 值分别为 1.08 ~ 1.33 和 1.13 ~ 1.36（图 3.42，表 3.12）。

表 3.12 黄金山花岗斑岩全岩化学分析（氧化物:%，微量元素和稀土元素：10^{-6}）

样品号	HT15-1	HT15-2	HT15-3	HT17-1	HT17-2	HT17-4	HT17-5	HT18-2	HT18-3	HT18-4	HT17-3
岩石类型	花岗斑岩										包体
SiO_2	74.95	73.38	76.38	74.66	74.44	73.81	73.67	71.86	70.30	74.20	57.32
TiO_2	0.17	0.21	0.18	0.23	0.22	0.27	0.27	0.32	0.27	0.28	2.27
Al_2O_3	12.80	13.88	11.80	12.83	12.43	12.46	12.88	13.72	14.84	12.79	16.38
Fe_2O_3	1.22	1.48	0.86	1.77	2.32	1.94	2.28	2.13	1.51	1.99	10.35
FeO	0.25	0.30	0.35	0.50	0.50	0.60	0.55	0.65	0.45	0.70	1.55
CaO	0.18	0.15	0.27	0.12	0.16	0.29	0.14	0.12	0.19	0.14	1.39
MgO	0.29	0.38	0.17	0.33	0.59	0.48	0.68	0.42	0.21	0.36	1.91
MnO	0.02	0.02	0.03	0.03	0.02	0.03	0.02	0.02	0.02	0.03	0.02
K_2O	8.67	8.63	8.63	8.14	7.68	7.83	7.44	8.51	9.36	7.82	6.63
Na_2O	0.58	0.49	0.66	0.47	0.63	0.76	0.89	1.03	1.78	0.65	0.25
P_2O_5	0.04	0.06	0.06	0.04	0.05	0.06	0.06	0.06	0.06	0.07	1.06
LOI	0.55	0.83	0.45	0.82	0.88	1.55	1.16	1.28	0.89	1.16	1.20
Total	99.72	99.81	99.84	99.94	99.92	100.08	100.04	100.12	99.87	100.19	100.33
A/NK	1.24	1.36	1.13	1.34	1.33	1.28	1.35	1.26	1.13	1.34	2.15
A/CNK	1.20	1.33	1.08	1.31	1.29	1.21	1.32	1.23	1.10	1.30	1.62
$Mg^{\#}$	28.00	30.00	21.00	22.00	29.00	27.00	32.00	23.00	17.00	21.00	24.00
FeO_T/MgO	4.65	4.29	6.61	6.34	4.39	4.89	3.83	6.11	8.61	6.92	5.69
La	91.90	146.00	76.80	76.00	135.00	130.00	121.00	192.00	95.80	112.00	170.00
Ce	182.00	331.00	134.00	168.00	269.00	255.00	226.00	400.00	190.00	279.00	343.00
Pr	21.50	34.80	17.60	18.00	30.10	28.90	26.80	44.20	21.10	25.20	41.10
Nd	78.20	126.00	64.60	63.70	114.00	106.00	98.40	160.00	77.10	96.40	166.00
Sm	12.30	21.20	10.30	10.90	18.20	16.70	16.10	23.90	12.40	15.80	30.60
Eu	1.20	2.49	1.22	0.70	1.57	1.58	1.49	2.92	1.64	1.94	3.67
Gd	8.22	14.10	7.82	7.69	13.60	11.10	12.10	12.90	7.83	10.70	22.40
Tb	1.32	2.10	1.33	1.24	2.15	1.48	1.96	1.30	1.08	1.68	3.65
Dy	7.57	11.50	8.14	7.16	12.60	7.46	10.90	5.31	5.90	9.45	18.20

续表

样品号	HT15-1	HT15-2	HT15-3	HT17-1	HT17-2	HT17-4	HT17-5	HT18-2	HT18-3	HT18-4	HT17-3
岩石类型	花岗斑岩										包体
Ho	1.60	2.19	1.73	1.53	2.57	1.39	2.30	1.00	1.26	1.91	3.36
Er	4.92	6.67	5.21	4.81	8.05	4.47	6.79	3.44	3.97	5.99	9.35
Tm	0.76	1.03	0.80	0.75	1.21	0.65	1.00	0.58	0.63	0.86	1.24
Yb	5.15	6.85	5.50	5.21	8.21	4.63	6.80	4.66	4.20	5.97	8.61
Lu	0.77	1.00	0.87	0.79	1.17	0.67	0.98	0.74	0.65	0.83	1.16
ΣREE	417.40	706.90	335.90	366.50	617.40	570.00	532.60	852.90	423.60	567.70	822.30
La/Lu	12.17	14.95	9.02	9.80	11.81	19.75	12.64	26.56	15.11	13.87	15.00
Eu/Eu*	0.35	0.42	0.40	0.23	0.30	0.34	0.32	0.46	0.48	0.43	0.41
Y	38.60	58.30	41.90	36.60	72.40	33.10	60.40	23.00	30.10	48.60	79.80
Rb	139.00	156.00	119.00	134.00	150.00	138.00	142.00	144.00	124.00	135.00	216.00
Ba	465.00	500.00	447.00	456.00	668.00	508.00	693.00	513.00	480.00	538.00	416.00
Th	14.90	19.30	14.00	13.30	15.90	12.50	13.50	13.50	10.70	12.30	4.80
U	1.76	1.68	2.03	2.27	1.89	1.75	1.80	2.08	1.57	1.67	3.20
Ta	3.00	5.58	2.98	2.83	3.41	2.40	2.66	2.64	2.23	2.15	1.97
Nb	37.30	48.20	32.60	37.10	38.30	33.80	35.90	38.90	38.50	31.50	44.50
Sr	18.70	20.10	22.30	15.90	20.60	22.80	18.30	14.50	18.10	17.40	38.50
Zr	337.00	354.00	305.00	331.00	384.00	353.00	357.00	410.00	383.00	341.00	572.00
Hf	10.30	10.80	9.71	9.83	11.80	10.50	10.50	12.10	11.00	9.87	12.50
Sc	3.11	2.69	2.61	3.19	3.89	4.19	3.49	3.81	4.01	3.75	22.20
V	17.00	23.40	12.70	23.80	18.10	20.00	16.60	19.70	22.20	18.80	88.20
Cr	1.23	1.82	1.58	2.29	0.39	3.48	1.85	2.54	2.65	2.33	9.39
Co	1.05	1.15	1.61	1.23	2.24	2.10	2.34	1.99	1.86	1.47	4.46
Ni	1.82	3.14	2.35	3.92	4.84	4.65	3.79	4.72	4.60	3.64	5.97
Cu	3.11	6.65	5.98	5.10	3.17	5.79	4.38	7.60	4.17	5.25	11.00
Zn	23.00	22.20	24.10	22.90	31.90	24.80	25.90	21.10	22.80	26.20	40.40
Ga	18.10	21.40	11.90	20.00	23.70	18.50	19.40	20.80	17.00	18.70	54.10
Cs	1.48	2.04	1.28	1.77	2.20	1.91	2.26	1.95	1.42	2.12	4.20
Pb	4.24	3.49	4.65	4.60	7.46	4.24	4.08	5.78	8.46	3.91	2.54
Y+Nb	75.90	106.50	74.50	73.70	110.70	66.90	96.30	61.90	68.60	80.10	124.30
Zr+Nb+Ce+Y	595.00	792.00	514.00	573.00	764.00	675.00	679.00	872.00	642.00	341.00	1039.00
Zr+Ce+Y	558.00	743.00	481.00	536.00	725.00	641.00	643.00	833.00	603.00	341.00	995.00
Ga/Al	2.67	2.91	1.90	2.94	3.60	2.80	2.84	2.86	2.16	2.76	6.23
Rb/Nb	3.73	3.24	3.65	3.61	3.92	4.08	3.96	3.70	3.22	4.29	4.85
Sc/Nb	0.08	0.06	0.08	0.09	0.10	0.12	0.10	0.10	0.10	0.12	0.50
Y/Nb	1.03	1.21	1.29	0.99	1.89	0.98	1.68	0.59	0.78	1.54	1.79
Ce/Nb	4.88	6.87	4.11	4.53	7.02	7.54	6.30	10.28	4.94	8.86	7.71
T/℃	875.00	888.00	856.00	882.00	895.00	880.00	888.00	894.00	871.00	884.00	932.00

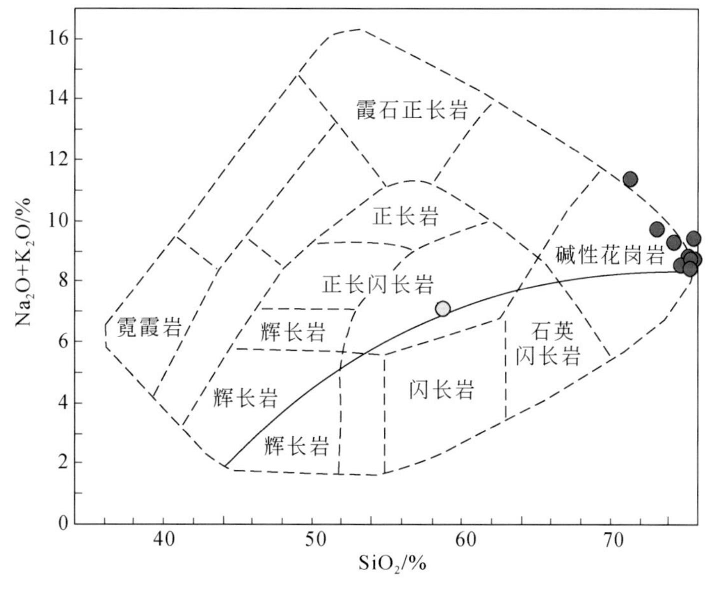

图3.41　黄金山花岗斑岩TAS图

●花岗斑岩；○花岗斑岩中的包体

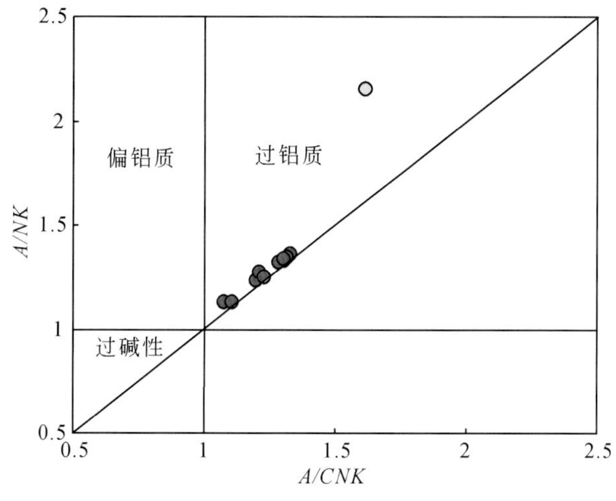

图3.42　黄金山花岗斑岩 *A/CNK-A/NK*

●花岗斑岩；○花岗斑岩中的包体图

黄金山花岗斑岩稀土元素含量高，且变化范围较大（表3.12）。在球粒陨石标准化的稀土元素配分图解中（图3.43），黄金山花岗斑岩具有较强烈的轻重稀土元素分异特征，中等程度的Eu负异常（图3.43和表3.12）。黄金山花岗斑岩富集Zr、Hf、Zn、Nb、Ga和Y，亏损Sr、V、Cr、Co和Ni（表3.12）。在原始地幔标准化的微量元素配分图解中（图3.44），黄金山花岗斑岩具有明显的Sr、P、Ti、Eu、Ba、Nb和Ta负异常和Rb、Th、U、La、Ce、Zr和Hf正异常。

黄金山花岗斑岩中暗色包体相对于花岗岩明显高 Al_2O_3、FeO_T、MgO、CaO、TiO_2、P_2O_5、Cr、Co、V 和 Sc，而低 SiO_2。在球粒陨石标准化的稀土元素配分图解中（图 3.43），包体与主体花岗岩具有相似的配分模式，具有较强烈的轻重稀土元素分异和中等程度的 Eu 负异常。在原始地幔标准化的微量元素配分图解中（图 3.44），包体具有明显的 Sr、Ti、Nb、Ta、Ba 和 U 负异常。此外，花岗岩中暗色包体具有低的 $Mg^{\#}$ 值，与主体花岗岩相近。以上这些特征皆表明，花岗岩及其中包体具有相同的源区。根据花岗岩及其中包体的野外地质关系，包体中相对富集 FeO_T、MgO、Cr、Co、V 和 Sc，我们推测花岗岩中暗色包体可能是从花岗质岩浆中早期分离结晶形成的。

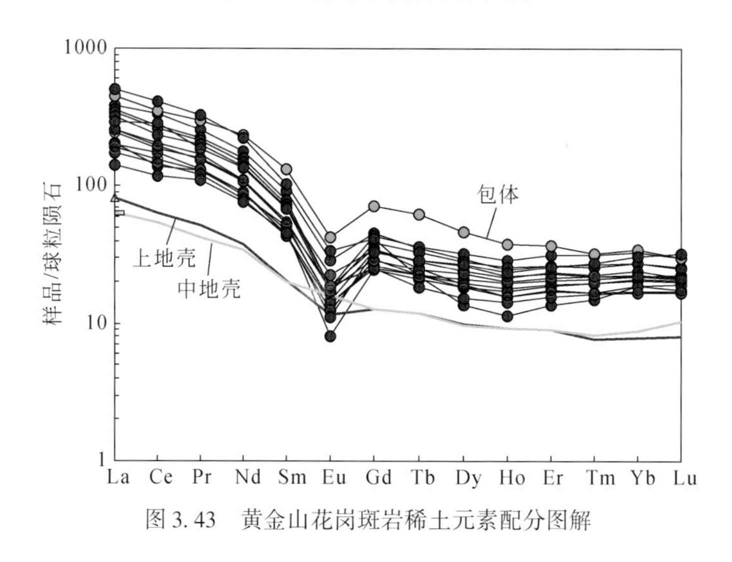

图 3.43 黄金山花岗斑岩稀土元素配分图解

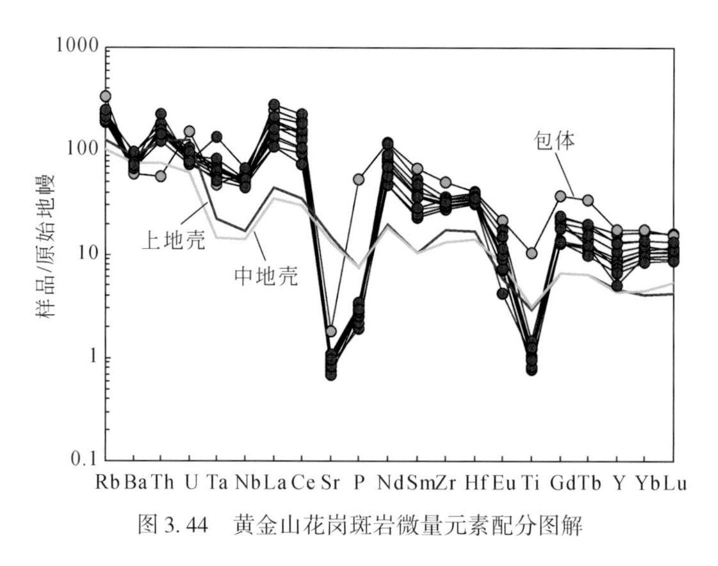

图 3.44 黄金山花岗斑岩微量元素配分图解

黄金山花岗斑岩 Sm-Nd 同位素分析结果见表 3.13，其中$^{147}Sm/^{144}Nd$ 和$^{143}Nd/^{144}Nd$ 值范围分别为 0.1018 ~ 0.1209 和 0.511167 ~ 0.511466，$\varepsilon_{Nd}(t)$ 值为 -5.47 ~ 2.69，t_{DM} 值为 2288 ~ 2938Ma。

表 3.13　黄金山花岗斑岩 Sm-Nd 同位素分析

样品号	岩石类型	Sm /10^{-6}	Nd /10^{-6}	$^{147}Sm/^{144}Nd$	$^{143}Nd/^{144}Nd$	2σ	$\varepsilon_{Nd}(0)$	$^{143}Nd/^{144}Nd(t)$	$\varepsilon_{Nd}(t)$	$f_{Sm/Nd}$	t_{DM} /Ma	t_{DM2} /Ma
HT15-1	花岗斑岩	12. 11	69. 49	0. 1054	0. 511466	0. 000012	-22. 86	0. 510008	1. 78	-0. 46	2359	2569
HT15-3		11. 37	67. 54	0. 1018	0. 511463	0. 000011	-22. 92	0. 510055	2. 69	-0. 48	2288	2544
HT17-1		8. 54	45. 31	0. 1139	0. 511214	0. 000006	-27. 78	0. 509639	-5. 47	-0. 42	2938	3035
HT18-3		8. 85	51. 35	0. 1042	0. 511167	0. 000008	-28. 69	0. 509726	-3. 76	-0. 47	2744	3029
HT17-3	包体	23. 30	116. 56	0. 1209	0. 511436	0. 000006	-23. 45	0. 509764	-3. 02	-0. 39	2798	2744

对黄金山花岗斑岩中 28 粒锆石进行了 Lu-Hf 同位素分析，结果见表 3. 14。$^{176}Lu/^{177}Hf$ 和 $^{176}Hf/^{177}Hf$ 值分别为 0. 000574 ~ 0. 00128 和 0. 281423 ~ 0. 281499，（$^{176}Hf/^{177}Hf_i$）值为 0. 281384 ~ 0. 281473，其平均值为 0. 281432±0. 000008. 所有分析点的 $\varepsilon_{Hf}(t)$ 值的变化范围为-1. 72 ~ 1. 84，锆石 Hf 模式年龄 t_{Hf}值为 2429 ~ 2554Ma。

表 3.14　黄金山花岗斑岩锆石 Lu-Hf 同位素分析

分析点号	年龄 /Ma	$^{176}Yb/^{177}Hf$	2σ	$^{176}Lu/^{177}Hf$	2σ	$^{176}Hf/^{177}Hf$	2σ	$f_{Lu/Hf}$	($^{176}Hf/^{177}Hf_i$)	$\varepsilon_{Hf}(0)$	$\varepsilon_{Hf}(t)$	t_{Hf1}	t_{Hf2}
HT17-5C-1	2157	0. 026793	0. 000056	0. 000641	0. 000003	0. 281428	0. 000017	-0. 98	0. 281402	-47. 5	-0. 20	2523	2632
HT17-5C-2	2119	0. 047259	0. 001952	0. 001105	0. 000035	0. 281460	0. 000017	-0. 97	0. 281415	-46. 4	-0. 61	2511	2621
HT17-5C-3	2122	0. 028004	0. 000067	0. 000669	0. 000004	0. 281454	0. 000015	-0. 98	0. 281427	-46. 6	-0. 13	2491	2600
HT17-5C-4	2112	0. 039422	0. 000894	0. 000866	0. 000011	0. 281484	0. 000016	-0. 97	0. 281449	-45. 5	0. 45	2462	2563
HT17-5C-5	2134	0. 025963	0. 000359	0. 000613	0. 000004	0. 281423	0. 000017	-0. 98	0. 281398	-47. 7	-0. 87	2529	2647
HT17-5C-6	2140	0. 025729	0. 000212	0. 000585	0. 000003	0. 281454	0. 000016	-0. 98	0. 281430	-46. 6	0. 42	2485	2588
HT17-5C-7	2190	0. 024259	0. 000205	0. 000574	0. 000002	0. 281458	0. 000016	-0. 98	0. 281434	-46. 5	1. 70	2479	2565
HT17-5C-8	2147	0. 031379	0. 000261	0. 000723	0. 000008	0. 281445	0. 000019	-0. 98	0. 281416	-46. 9	0. 06	2506	2611
HT17-5X-1	2115	0. 031444	0. 000122	0. 000680	0. 000001	0. 281451	0. 000016	-0. 98	0. 281424	-46. 7	-0. 38	2495	2607
HT17-5X-2	2137	0. 027938	0. 000075	0. 000644	0. 000001	0. 281447	0. 000014	-0. 98	0. 281421	-46. 8	0. 02	2498	2605
HT17-5X-3	2144	0. 033775	0. 000281	0. 000773	0. 000002	0. 281477	0. 000013	-0. 98	0. 281446	-45. 8	1. 06	2466	2559
HT17-5X-4	2165	0. 039074	0. 000354	0. 000919	0. 000009	0. 281485	0. 000014	-0. 97	0. 281447	-45. 5	1. 58	2465	2551
HT17-5X-5	2087	0. 032327	0. 000133	0. 000736	0. 000000	0. 281482	0. 000013	-0. 98	0. 281453	-45. 6	0. 01	2457	2565
HT17-5X-6	2136	0. 028968	0. 000210	0. 000686	0. 000002	0. 281462	0. 000015	-0. 98	0. 281434	-46. 3	0. 46	2481	2582
HT17-5X-7	2082	0. 029349	0. 000101	0. 000689	0. 000002	0. 281437	0. 000017	-0. 98	0. 281410	-47. 2	-1. 65	2515	2643
HT17-5X-8	2144	0. 035397	0. 000236	0. 000855	0. 000005	0. 281465	0. 000015	-0. 97	0. 281430	-46. 2	0. 48	2488	2588
HT17-5X-9	2137	0. 050822	0. 000348	0. 001282	0. 000008	0. 281480	0. 000018	-0. 96	0. 281427	-45. 7	0. 24	2496	2594
HT17-5X-10	2135	0. 029977	0. 000416	0. 000756	0. 000010	0. 281454	0. 000015	-0. 98	0. 281423	-46. 6	0. 04	2497	2603
HT17-5X-11	2136	0. 045507	0. 001966	0. 001202	0. 000069	0. 281477	0. 000017	-0. 96	0. 281428	-45. 8	0. 25	2494	2593
HT17-5X-12	2108	0. 038358	0. 000966	0. 001049	0. 000043	0. 281499	0. 000016	-0. 97	0. 281457	-45. 0	0. 63	2454	2551
HT17-5X-13	2165	0. 030059	0. 000197	0. 000756	0. 000002	0. 281481	0. 000015	-0. 98	0. 281450	-45. 7	1. 67	2460	2546

续表

样品号	年龄/Ma	$^{176}Yb/^{177}Hf$	2σ	$^{176}Lu/^{177}Hf$	2σ	$^{176}Hf/^{177}Hf$	2σ	$f_{Lu/Hf}$	$(^{176}Hf/^{177}Hf)_i$	$\varepsilon_{Hf}(0)$	$\varepsilon_{Hf}(t)$	t_{Hf1}	t_{Hf2}
HT17-5X-14	2162	0. 034759	0. 000172	0. 000875	0. 000001	0. 281488	0. 000013	-0. 97	0. 281452	-45. 4	1. 68	2458	2543
HT17-5X-15	2141	0. 024593	0. 000047	0. 000622	0. 000003	0. 281455	0. 000016	-0. 98	0. 281430	-46. 6	0. 42	2486	2588
HT17-5X-16	2139	0. 030129	0. 000323	0. 000796	0. 000016	0. 281492	0. 000016	-0. 98	0. 281460	-45. 3	1. 43	2447	2537
HT17-5X-17	2124	0. 028933	0. 000375	0. 000720	0. 000011	0. 281472	0. 000015	-0. 98	0. 281443	-46. 0	0. 49	2470	2571
HT17-5X-18	2137	0. 028683	0. 000044	0. 000724	0. 000004	0. 281457	0. 000015	-0. 98	0. 281428	-46. 5	0. 25	2490	2594
HT17-5X-19	2137	0. 026202	0. 000225	0. 000646	0. 000004	0. 281439	0. 000015	-0. 98	0. 281412	-47. 2	-0. 29	2510	2620
HT17-5X-20	2137	0. 026892	0. 000195	0. 000654	0. 000002	0. 281472	0. 000018	-0. 98	0. 281445	-46. 0	0. 88	2465	2562

注：表中年龄采用各点的$^{207}Pb/^{206}Pb$年龄。

3. 4. 2. 2 许亭花岗岩

1. 岩石学

许亭花岗岩岩石结构为中粒半自形柱状、粒状结构，岩体的边部多发育石英斑晶，斑晶大小多为3～5mm，与中粒的基质构成似斑状结构，少量为钾长石斑晶。石英斑晶的含量多在5%～15%，为特征的淡蓝-灰蓝色，形态多为圆粒状，少量为自形-半自形晶，反映了高温结构特征。

根据许亭花岗岩岩性的变化，本项目工作共选择了4件新鲜样品进行研究。Z19-1为中粒片麻状含黑云母钾长花岗岩，受后期构造影响，黑云母定向排列形成片麻理。不等粒半自形粒状结构，偶见小的石英斑晶。该样品暗色矿物含量较少，黑云母（4%）的绿帘石化和绿泥石化强烈。白云母（1%）多为自形片状，为原生白云母。Z20-1为中细粒弱片麻状含黑云母钾长花岗岩，与Z19-1基本一致，只是粒度稍细，片麻理更弱。Z20-2和Z21-1岩性基本相同，为中粒弱片麻状似斑状黑云母钾长花岗岩。斑晶为灰蓝色的石英晶体，有些为石英集合体，暗色矿物分布不均匀（8%），多集中为团块和条带分布，主要为黑云母和绿泥石，其中多数绿帘石为黑云母退变的产物，偶见角闪石。

显微镜下，许亭花岗岩中石英斑晶的边界常为港湾状，偶见交代穿孔现象。基质主要由微斜长石和条纹长石及微斜条纹长石（40%～50%）、斜长石（10%～20%）、黑云母（5%～10%）和少量白云母、角闪石、绿帘石和磁铁矿等组成。暗色矿物黑云母、绿帘石、绿泥石和不透明磁铁矿等分布不均匀，常聚集呈条纹状和团块状。石英为他形粒状，粒度多为1～2. 5mm，常以集合体存在。微斜长石和微斜条纹长石多为它形粒状，少量半自形板柱状，分别发育格子双晶和钠长石条纹，粒度多为1. 5～2mm，常发育石英条纹和补片，构成显微文象结构。斜长石主要为钠长石，呈它形粒状-半自形板柱状，粒度多为1. 5～2. 5mm，发育聚片双晶，常被微斜长石和条纹长石所交代。黑云母多为它形，Ng方向为绿色，绿泥石化和绿帘石化强烈。

另外，本项目还对测年样品Z19-1进行了人工重砂鉴定，副矿物主要为锆石、萤石、黄铁矿、磁铁矿和赤铁矿等，并有少量绿帘石、钛铁矿。副矿物属萤石-磁铁矿-锆石组合。

2. 地球化学

许亭花岗岩高硅，富碱、低铝、低钛和贫钙、镁及铁。$Mg^{\#}$低，铝饱和指数也较低，为偏铝质到弱过铝质（图3.45）。岩石中 K_2O 含量较高，且与 SiO_2 含量无相关性，在 SiO_2-K_2O 图中，许亭花岗岩属于高钾钙碱性系列（图3.45）。

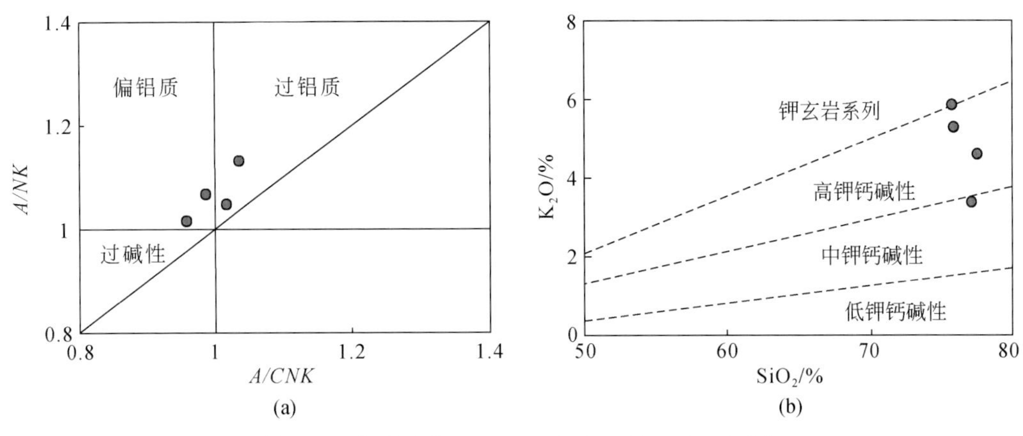

图3.45 许亭花岗岩 *A/NK*-*A/CNK* 与 K_2O-SiO_2 图

许亭花岗岩的稀土元素总量高（表3.15）且变化较大。所有样品都表现为“V”字型的球粒陨石标准化稀土元素配分模式［图3.46（a）］，轻稀土元素相对富集并具有较明显分异，重稀土元素分异较弱，轻重稀土元素具有中等程度分异，且有明显的Eu负异常，这与岩石富含钾长石、斜长石为贫钙的钠长石特征相一致，且Eu异常大小与岩石 SiO_2 含量有一定的负相关性，反映了可能未经历明显的斜长石分离结晶作用。该岩体稀土元素特征与A型花岗岩相似（Whalen *et al.*，1987；Eby，1990）。

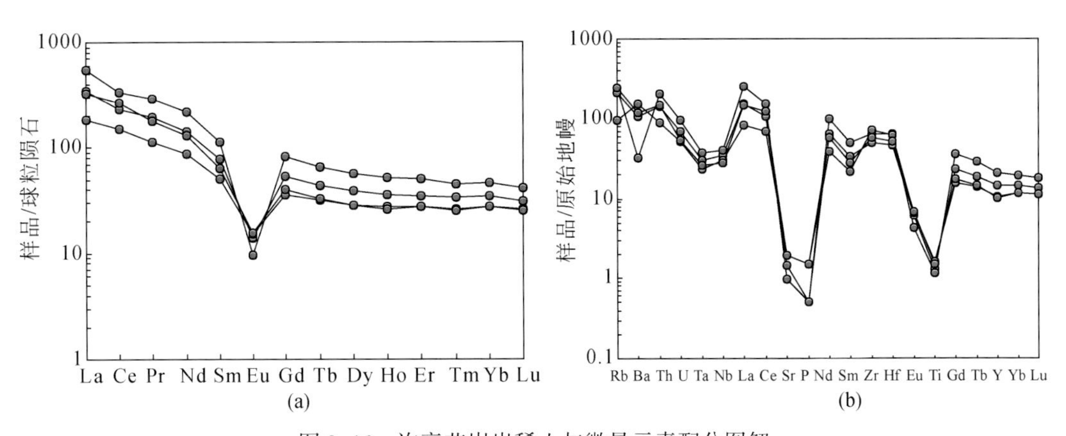

图3.46 许亭花岗岩稀土与微量元素配分图解

表 3.15　许亭花岗岩主微量元素分析（氧化物：%，微量元素和稀土元素：10^{-6}）

样品号	Z019-1	Z20-1	Z20-2	Z21-1
SiO_2	75.95	75.50	77.06	77.21
TiO_2	0.29	0.26	0.36	0.33
Al_2O_3	11.42	11.64	10.70	10.32
Fe_2O_3	2.06	2.20	1.65	1.46
FeO	0.59	0.34	1.63	1.28
MnO	0.02	0.01	0.04	0.04
MgO	0.23	0.16	0.31	0.40
CaO	0.38	0.18	0.48	0.44
Na_2O	3.32	2.91	3.54	2.85
K_2O	5.33	5.84	3.36	4.59
P_2O_5	0.01	0.01	0.03	0.03
H_2O^+	0.48	0.50	0.62	0.50
CO_2	0.03	0.03	0.12	0.12
总计	100.11	99.58	99.90	99.57
A/CNK	0.99	1.03	1.08	1.03
La	107.00	172.00	57.40	101.00
Ce	186.00	270.00	123.00	217.00
Pr	23.60	35.90	13.90	21.80
Nd	85.50	132.00	53.20	77.50
Sm	15.00	22.30	9.76	12.40
Eu	1.02	0.71	1.11	1.16
Gd	13.80	21.40	9.35	10.40
Tb	2.06	3.10	1.50	1.55
Dy	12.50	18.50	9.20	9.16
Ho	2.60	3.72	1.98	1.89
Er	7.44	10.70	5.87	5.77
Tm	1.09	1.46	0.86	0.83
Yb	7.21	9.71	5.83	5.78
Lu	1.01	1.34	0.84	0.83
ΣREE	465.83	702.84	293.8	467.07
Eu/Eu*	0.21	0.10	0.35	0.30
$(La/Yb)_N$	10.01	11.94	6.64	11.78
Sc	3.71	2.80	5.24	5.20
V	1.98	0.61	2.29	1.87
Cr	16.20	0.14	49.00	16.60

续表

样品号	Z019-1	Z20-1	Z20-2	Z21-1
Co	1.68	0.64	1.81	1.36
Ni	9.60	1.19	24.70	9.63
Ga	21.70	25.20	20.10	21.30
Rb	135.00	155.00	60.10	156.00
Sr	30.20	20.60	41.50	41.30
Zr	568.00	721.00	799.00	646.00
Nb	24.70	28.60	21.40	20.30
Mo	0.83	0.37	1.11	0.76
Cs	0.13	0.14	0.16	0.57
Ba	755.00	227.00	1050.00	843.00
Hf	14.50	19.80	19.20	16.10
Ta	1.23	1.56	0.97	1.07
Pb	6.28	7.67	11.20	18.60
Th	12.00	17.50	7.65	12.50
U	1.47	1.98	1.10	1.14
Y	65.90	95.90	47.40	45.80
Rb/Sr	4.47	7.52	1.45	3.78
Ga/Al	3.59	4.08	3.54	3.89
Y/Nb	2.67	3.35	2.21	2.26
T/℃	902.00	937.00	953.00	924.00

在微量元素中，许亭花岗岩高 Zr、Nb、Ga 和 Y，具有典型 A 型花岗岩的特征（Collins *et al.*，1982；Whalen *et al.*，1987；Eby，1990）。岩石具有很低的 Sr 含量和较高的 Yb 含量，类似张旗等（2006）划分的非常低 Sr 高 Yb 的南岭型花岗岩类，其认为该类型花岗岩大多相当于 A 型花岗岩。在原始地幔标准化的微量元素配分图解中，具有非常明显的 Sr、P、Eu 和 Ti 负异常［图 3.46（b）］。样品的 Rb/Sr 值较高，且高于全球上地壳的平均值，但低于高分异的花岗岩类。同时，许亭花岗岩具有高的 Ga/Al 值，高于 A 型花岗岩的下限值 2.6×10^{-6}（Whalen *et al.*，1987），在 K_2O+Na_2O-10000Ga/Al 和 FeO_T/MgO-10000Ga/Al 判别图解中均落入 A 型花岗岩区域（图 3.47）。元素组合 Zr+Nb+Ce+Y 值明显高于 A 型花岗岩下限值 350×10^{-6}（Whalen *et al.*，1987）。样品的Y/Yb值较高，介于 2.21～2.67，大于划分 A1 型和 A2 型的界限值 1.2（Bonin *et al.*，1998），但在 Nb-Y 和 Rb-Y+Yb 构造环境判别图中均落入板内花岗岩区（WPG）（图 3.48，Pearce *et al.*，1984），表明其成因与非造山拉张环境有关。

一般认为锆石饱和温度可以近似代表花岗质岩石近液相线的温度，许亭花岗岩中未见残留锆石或捕获锆石，可以应用 Watson 和 Harrison（1983）锆石饱和温度计，计算得出许亭岩体饱和温度在 902～953℃（表 3.15），平均为 929℃，证明许亭花岗岩中锆石为高温成因，并与岩石中含有自形石英斑晶等吻合。该温度高于铝质 A 型花岗岩的平均值 800℃，也高于碱性 A 型花岗岩的平均温度（刘昌实等，2003），推测与岩体中高的 Zr 含

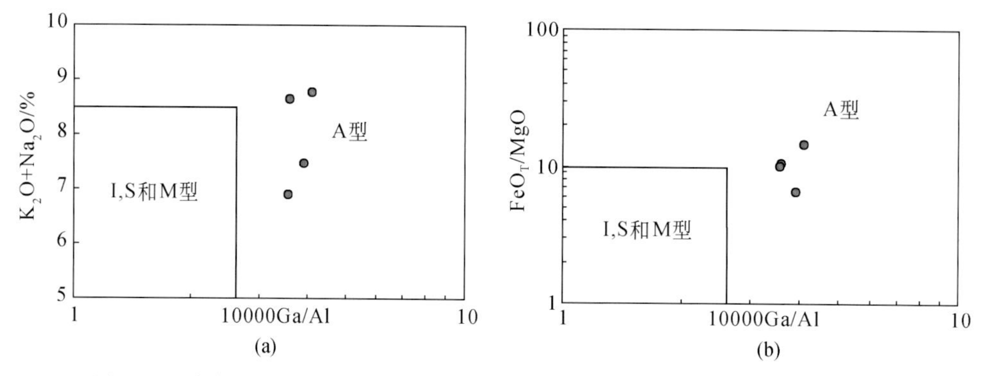

图 3.47 许亭花岗岩 K_2O+Na_2O-10000Ga/Al 和 FeO_T/MgO-10000 Ga/Al 关系图

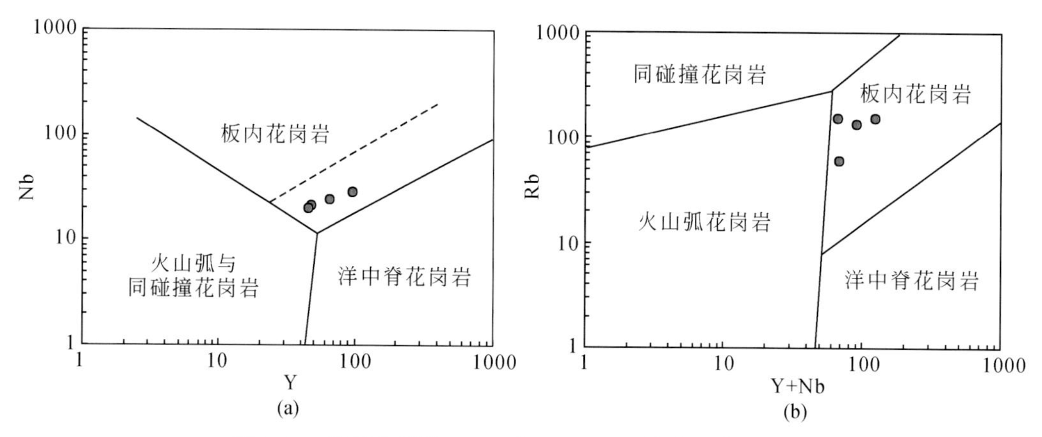

图 3.48 许亭花岗岩 Nb-Y 和 Rb-Y+Nb 构造环境判别图

量有关。

本项目选取了 3 件样品进行 Sm-Nd 同位素分析，结果见表 3.16。样品的 Nd 同位素组成存在一定的差别，$^{143}Nd/^{144}Nd$ 值变化较大（0.510537 ~ 0.511395）。$\varepsilon_{Nd}(t)$ 值（t = 2090Ma）变化范围也较大，介于-14.29 ~ -0.29，平均为-5.58，该值远高于华北克拉通古老下地壳的 $\varepsilon_{Nd}(t)$ 值（-44 ~ -32）以及上地壳的 $\varepsilon_{Nd}(t)$ 值（-32 ~ -20）（Jahn *et al.*, 1999），而又明显低于显生宙花岗岩通常大于 0 的 $\varepsilon_{Nd}(t)$ 值（吴福元等，1999；洪大卫等，2000，2003）。两阶段 Nd 模式年龄 t_{DM2} 为 2.74 ~ 3.95，其中两个样品一致均为 2.74Ga。样品的 $f_{Sm/Nd}$ 值均为变化范围不大的负值（-0.42 ~ -0.50），表明源区 Sm、Nd 元素分馏不明显，计算的 Nd 模式年龄具有明确的地质意义。

表 3.16 许亭花岗岩 Sm-Nd 同位素分析

样品号	Sm/10^{-6}	Nd/10^{-6}	$^{147}Sm/^{144}Nd$	$^{143}Nd/^{144}Nd$	$\varepsilon_{Nd}(t)$	$f_{Sm/Nd}$	t_{DM2}/Ma
Z19-1	15.70	90.7	0.1048	0.511352	-0.29	-0.47	2743
Z20-2	9.50	50.1	0.1147	0.511395	-2.15	-0.42	2758
Z21-1	11.70	72.7	0.0975	0.510537	-14.29	-0.50	3959

3.4.3 锆石年代学

3.4.3.1 黄金山花岗斑岩

用于锆石年龄测定的样品中（HT17-5），锆石呈无色透明的自形粒状、柱状。锆石粒径以100～400μm为主，长宽比主要为1∶4～1∶1。锆石CL图像中，大多数锆石具有典型的岩浆振荡环带（图3.49），具有岩浆锆石特征。

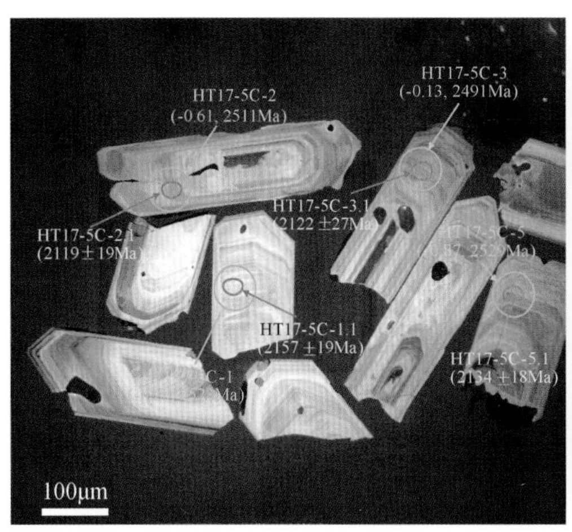

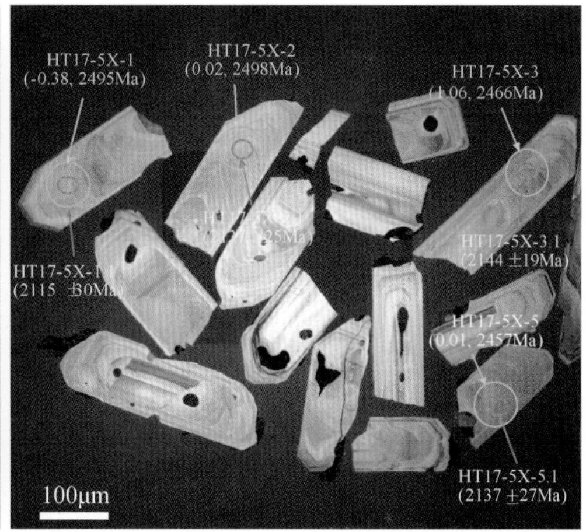

图3.49 黄金山花岗斑岩锆石CL图像

随机选择了黄金山花岗斑岩中25粒锆石进行了25个测点分析。锆石U、Th含量分别为22×10^{-6}～111×10^{-6}和18×10^{-6}～57×10^{-6}，Th/U值为0.54～1.10（表3.17）。大多分析结果位于谐和线上或谐和线附近，25个测点获得的$^{207}Pb/^{206}Pb$加权平均年龄为2137±9Ma（图3.50）。该年龄结果代表黄金山花岗斑岩的形成时代。

表3.17 黄金山花岗斑岩锆石SHRIMP分析

分析点号	$^{206}Pb_c$ /%	U $/10^{-6}$	Th $/10^{-6}$	Th/U	$^{206}Pb^*$ $/10^{-6}$	同位素比值						年龄/Ma	
						$^{207}Pb^*/^{206}Pb^*$	±%	$^{207}Pb^*/^{235}U$	±%	$^{206}Pb^*/^{238}U$	±%	$^{206}Pb/^{238}U$	$^{207}Pb/^{206}Pb$
HT17-5C-1.1	—	62	40	0.66	21.1	0.1344	1.1	7.33	2.2	0.3952	1.9	2147±35	2157±19
HT17-5C-2.1	0.08	73	46	0.65	24.9	0.1315	1.0	7.21	2.1	0.3974	1.9	2157±34	2119±18
HT17-5C-3.1	0.21	65	38	0.60	21.0	0.1318	1.5	6.79	2.7	0.3736	2.2	2047±39	2122±27
HT17-5C-4.1	0.26	93	53	0.59	30.9	0.1310	1.2	6.97	2.2	0.3858	1.8	2104±33	2112±20
HT17-5C-5.1	0.05	75	45	0.62	25.1	0.1327	1.0	7.09	2.1	0.3873	1.9	2110±34	2134±18
HT17-5C-6.1	0.05	61	40	0.67	20.6	0.1313	1.2	7.11	2.3	0.3928	1.9	2136±35	2115±20
HT17-5C-7.1	0.09	39	26	0.70	12.9	0.1370	1.4	7.34	2.5	0.3884	2.1	2116±37	2190±25
HT17-5C-8.1	0.16	26	18	0.72	8.40	0.1337	1.9	6.90	3.0	0.3745	2.3	2051±40	2147±34

续表

分析点号	$^{206}Pb_c$ /%	U /10^{-6}	Th /10^{-6}	Th/U	$^{206}Pb^*$ /10^{-6}	同位素比值						年龄/Ma	
						$^{207}Pb^*/^{206}Pb^*$	±%	$^{207}Pb^*/^{235}U$	±%	$^{206}Pb^*/^{238}U$	±%	$^{206}Pb/^{238}U$	$^{207}Pb/^{206}Pb$
HT17-5X-1. 1	0. 36	45	31	0. 70	15. 10	0. 1313	1. 7	7. 03	3. 1	0. 388	2. 6	2115±47	2115±30
HT17-5X-2. 1	0. 15	47	32	0. 69	15. 30	0. 1329	1. 5	6. 91	2. 5	0. 3769	2. 0	2062±36	2137±25
HT17-5X-3. 1	0. 09	73	48	0. 68	23. 30	0. 1334	1. 1	6. 83	2. 2	0. 3710	1. 9	2034±33	2144±19
HT17-5X-4. 1	0. 16	48	31	0. 68	15. 40	0. 1351	1. 4	7. 01	2. 5	0. 3763	2. 1	2059±37	2165±25
HT17-5X-5. 1	0. 27	59	38	0. 67	19. 40	0. 1292	1. 5	6. 83	2. 5	0. 3835	2. 0	2093±35	2087±27
HT17-5X-6. 1	0. 17	72	41	0. 59	23. 90	0. 1329	1. 1	7. 07	2. 2	0. 3861	1. 9	2105±34	2136±19
HT17-5X-7. 1	0. 54	27	24	0. 92	8. 83	0. 1288	1. 9	6. 82	3. 1	0. 3838	2. 4	2094±42	2082±34
HT17-5X-8. 1	0. 00	75	47	0. 65	24. 50	0. 1335	1. 1	7. 02	2. 2	0. 3816	2. 0	2084±35	2144±19
HT17-5X-9. 1	—	44	45	1. 06	14. 90	0. 1330	1. 4	7. 30	2. 6	0. 3981	2. 1	2160±39	2137±25
HT17-5X-10. 1	0. 21	47	33	0. 73	15. 90	0. 1328	1. 5	7. 23	2. 5	0. 3948	2. 0	2145±37	2135±26
HT17-5X-11. 1	0. 17	111	57	0. 54	37. 00	0. 1328	0. 9	7. 12	2. 0	0. 3889	1. 8	2118±33	2136±16
HT17-5X-12. 1	0. 17	87	45	0. 54	30. 40	0. 1308	1. 4	7. 27	2. 3	0. 4034	1. 9	2185±35	2108±24
HT17-5X-13. 1	0. 05	73	44	0. 63	24. 60	0. 1351	1. 1	7. 35	2. 2	0. 3946	1. 9	2144±35	2165±19
HT17-5X-14. 1	0. 02	77	50	0. 67	24. 60	0. 1349	1. 1	6. 88	2. 2	0. 3698	1. 9	2028±33	2162±19
HT17-5X-15. 1	0. 28	23	22	0. 96	7. 84	0. 1332	1. 8	7. 13	2. 9	0. 3880	2. 2	2114±40	2141±31
HT17-5X-16. 1	0. 26	57	41	0. 74	20. 80	0. 1331	1. 3	7. 75	2. 5	0. 4225	2. 2	2272±42	2139±22
HT17-5X-17. 1	0. 49	22	24	1. 10	8. 22	0. 1320	2. 3	7. 73	3. 3	0. 425	2. 4	2283±47	2124±40

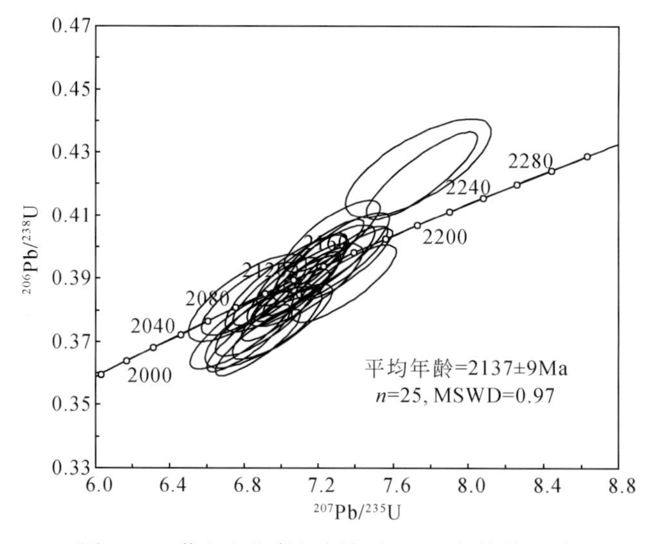

图 3. 50　黄金山花岗斑岩锆石 U-Pb 年龄谐和图

3.4.3.2　许亭花岗岩

用于锆石年龄测定的样品中（Z19-1），锆石颜色为淡粉色，自形-半自形板柱状，柱面发育，锥面少见。大部分晶体晶棱平直，晶面光滑。透明-半透明，油脂光泽。部分锆石透明度低，晶体内部气液包体发育。锆石粒径以 100 ~ 500μm 为主，另有少量为 50 ~ 100μm。锆石的延长系数以 2 ~ 3.5 为主，少量在 3.5 ~ 5。从锆石特征来看，具有典型碱性岩锆石的特征。在阴极发光图像中，多数锆石发光较弱，大多具有板状环带，个别出现振荡环带（图 3.51）。从锆石的表面形态及内部结构特征分析，这些锆石具有高温岩浆成因的特征。

图 3.51　许亭花岗岩锆石 CL 图像

选择许亭花岗岩中 15 粒锆石共进行了 16 个测点分析。锆石 U、Th 含量分别为 $32\times10^{-6}\sim375\times10^{-6}$ 和 $22\times10^{-6}\sim338\times10^{-6}$，Th/U 值为 0.52 ~ 1.24（表 3.18）。除 1 粒锆石分析点具有轻微的铅丢失外，其余的分析结果皆位于谐和线上或谐和线附近，获得 16 个测点的 $^{207}Pb/^{206}Pb$ 加权平均年龄为 2090±10Ma（图 3.52）。该年龄代表锆石结晶年龄，即许亭岩体的形成时代。

表 3.18　许亭花岗岩锆石 SHRIMP 分析

分析点号	$^{206}Pb_c$ /%	U /10^{-6}	Th /10^{-6}	$^{232}Th/^{238}U$	$^{206}Pb^*$ /10^{-6}	$^{206}Pb/^{238}U$ 年龄 /Ma	$^{207}Pb/^{206}Pb$ 年龄 /Ma	不谐和性 /%	$^{207}Pb^*/^{206}Pb^*$	±%	$^{207}Pb^*/^{235}U$	±%	$^{206}Pb^*/^{238}U$	±%	误差相关性
Z019-1-1.1	0.34	49	33	0.69	14.3	1897±53	2085±35	9	0.1291	2.00	6.09	3.8	0.3420	3.20	0.852
Z019-1-2.1	0.07	247	161	0.67	79.9	2056±14	2093±15	2	0.1296	0.85	6.712	1.2	0.3756	0.82	0.694
Z019-1-3.1	—	110	113	1.06	37.5	2151±24	2094±21	−3	0.1297	1.20	7.09	1.8	0.3962	1.30	0.746
Z019-1-4.1	0.07	141	79	0.58	46.9	2105±19	2089±19	−1	0.1294	1.10	6.89	1.5	0.3862	1.10	0.701
Z019-1-5.1	0.08	196	98	0.52	62.3	2026±18	2064±17	2	0.1275	0.99	6.495	1.4	0.3694	1.00	0.719
Z019-1-6.1	0.06	140	71	0.53	46.7	2115±19	2127±19	1	0.1322	1.10	7.08	1.5	0.3884	1.10	0.693

续表

分析点号	$^{206}Pb_c$ /%	U /10^{-6}	Th /10^{-6}	$^{232}Th/^{238}U$	$^{206}Pb^*$ /10^{-6}	$^{206}Pb/^{238}U$ 年龄/Ma	$^{207}Pb/^{206}Pb$ 年龄/Ma	不谐和性/%	$^{207}Pb^*/^{206}Pb^*$	±%	$^{207}Pb^*/^{235}U$	±%	$^{206}Pb^*/^{238}U$	±%	误差相关性
Z019-1-7.1	0.19	87	104	1.24	28.4	2078±24	2094±26	1	0.1297	1.50	6.80	2.0	0.3804	1.40	0.686
Z019-1-8.1	0.02	375	338	0.93	120.0	2047±14	2104±12	3	0.1304	0.67	6.72	1.0	0.3738	0.77	0.755
Z019-1-9.1	0	84	64	0.79	28.4	2145±25	2139±24	0	0.1331	1.40	7.24	2.0	0.3948	1.40	0.708
Z019-1-10.1	—	126	66	0.54	41.4	2089±20	2084±20	0	0.1290	1.10	6.81	1.6	0.3828	1.10	0.706
Z019-1-11.1	0.07	98	97	1.03	31.6	2057±22	2097±23	2	0.1299	1.30	6.73	1.8	0.3759	1.30	0.694
Z019-1-12.1	0.41	32	22	0.69	10.4	2046±39	2020±42	-1	0.1244	2.40	6.41	3.3	0.3736	2.30	0.684
Z019-1-13.1	—	50	26	0.54	16.9	2135±32	2158±38	1	0.1345	2.20	7.28	2.8	0.3926	1.80	0.634
Z019-1-14.1	—	342	242	0.73	110.0	2050±13	2063±12	1	0.1275	0.70	6.58	10.0	0.3744	0.71	0.713
Z019-1-15.1	0.04	134	130	1.00	44.3	2098±30	2071±20	-1	0.1280	1.10	6.79	2.0	0.3847	1.70	0.833
Z019-1-15.2	0	107	120	1.16	35.2	2094±22	2092±22	0	0.1295	1.20	6.86	1.8	0.3838	1.20	0.707

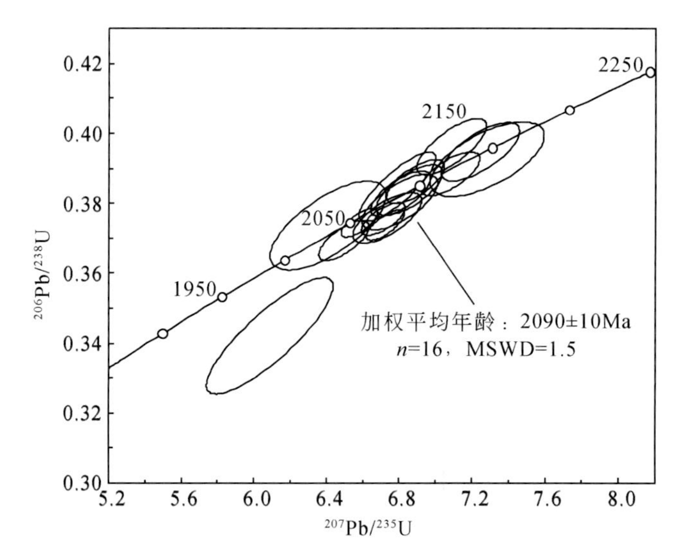

图 3.52 许亭花岗岩锆石 U-Pb 年龄谐和图

3.4.4 形成环境讨论

3.4.4.1 黄金山花岗斑岩

黄金山花岗斑岩高 SiO_2、FeO_T/MgO、∑REE（除 Eu）、Zr、Nb、Ga、Y、Zn，低 MgO、CaO、Al_2O_3、Sr、Ba、V、Cr 和 Ni，具有 A 型花岗岩的基本特征（Collins *et al.*，1982；Whalen *et al.*，1987）。黄金山花岗斑岩中多数样品 Ga/Al 值大于 2.6（表 3.12），因此，

在 K_2O+Na_2O、(K_2O+Na_2O) /CaO、FeO_T/MgO 和 Zr 与 10000Ga/Al 关系图中（图 3.53），所有的样品皆位于 A 型花岗岩区域，明显不同于 I、S 和 M 型花岗岩（Whalen *et al.*，1987）。黄金山花岗斑岩富集高场强元素，如 Zr、Nb、REE 和 Y，因此，在（K_2O+Na_2O）/CaO 和 FeO_T/MgO 对 Zr+Nb+Ce+Y 判别图解中（图 3.54），黄金山花岗斑岩属于 A 型花岗岩，明显不同于高分异的花岗岩和未分异的 I、S 和 M 型花岗岩。此外，黄金山花岗斑岩中锆石饱和温度的计算值为 856～895℃，平均值为 881℃，该温度值明显高于 I 型和 S 型花岗岩。因此，黄金山花岗斑岩为 A 型花岗岩，而非 I 或 S 型花岗岩。

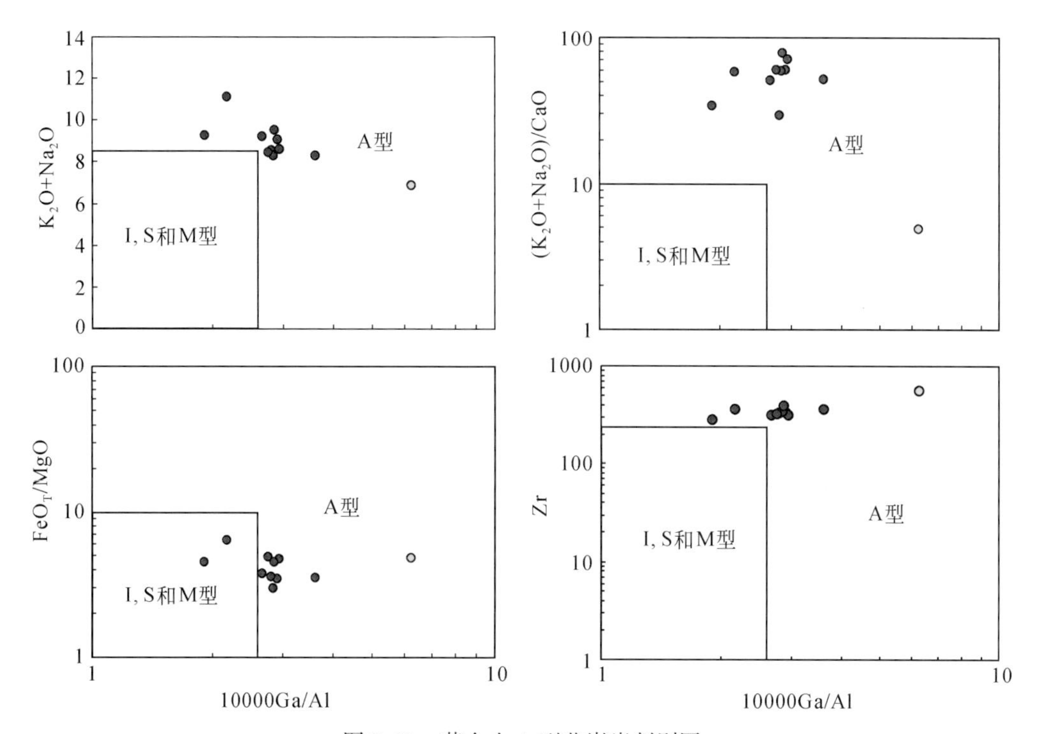

图 3.53　黄金山 A 型花岗岩判别图

红圆为花岗斑岩；绿圆为花岗斑岩中的包体；底图引自 Whalen *et al.*，1987

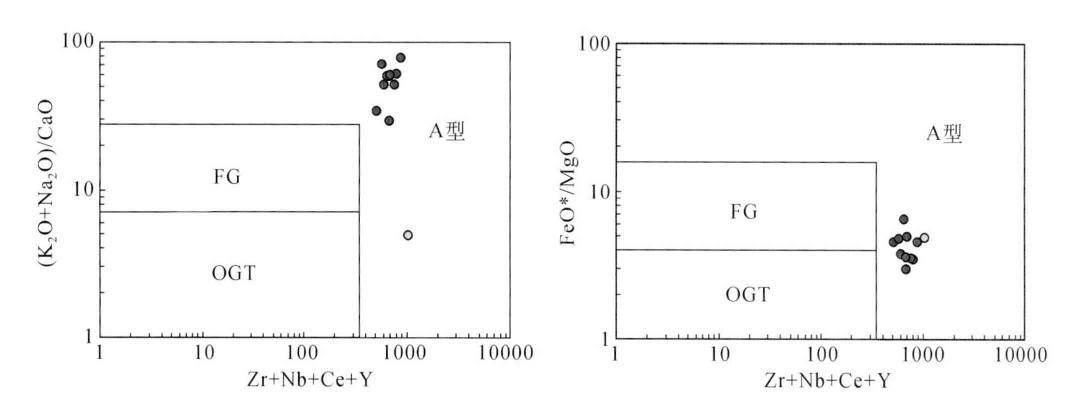

图 3.54　黄金山花岗斑岩 A 型花岗岩与分异型花岗岩判别图

G. 分异的花岗岩；OGT. 未分异的 M、I-和 S-型花岗岩；红圆为花岗斑岩；绿圆为花岗岩中的包体

与典型A型花岗岩的高 K_2O+Na_2O 特征相比，黄金山花岗斑岩具有异常高的 K_2O 和低 Na_2O（表3.12）。这可能与花岗岩侵位之后的钾质交代有关。然而，花岗岩中包体也具有高 K_2O 和低 Na_2O 特征，表明花岗岩中的高钾特征为源区特征。因此，我们认为黄金山花岗斑岩是异常高钾的A型花岗岩。

黄金山花岗斑岩高硅、钾，低铁、镁和钙，同时低Cr、Ni等相容性微量元素，因此其很可能是壳源岩石的部分熔融，而非直接由地幔部分熔融而成。黄金山花岗斑岩的 $\varepsilon_{Nd}(t)$ 值为 -5.47 ~ 2.69，变化范围较大。在 $\varepsilon_{Nd}(t)$ 与锆石U-Pb年龄关系图中（图3.55），所有的分析样品皆位于亏损地幔和大陆地壳演化线之间，表明黄金山花岗斑岩源区为亏损地幔和古老地壳的混合。锆石 $\varepsilon_{Hf}(t)$ 值变化范围为 -1.72 ~ 1.84，变化范围不大而基本位于球粒陨石演化线附近。锆石单阶段模式年龄 t_{DM1} 值为2429 ~ 2554Ma。（图3.55），一种可能的成因是黄金山花岗斑岩为壳幔混合的产物，另一种可能的成因是黄金山花岗斑岩是由 ~2.5Ga的花岗岩部分熔融形成的。但从黄金山花岗斑岩野外地质特征看，其中并未发现幔源岩石包体，所以壳幔混合应不是该花岗岩的主要成因。黄金山花岗斑岩很可能是地壳岩石部分熔融形成的。黄金山花岗斑岩稀土元素含量较高，低Sr，高Yb，同时具有较明显的Eu负异常，所以，黄金山花岗斑岩可能是中上地壳部分熔融的。

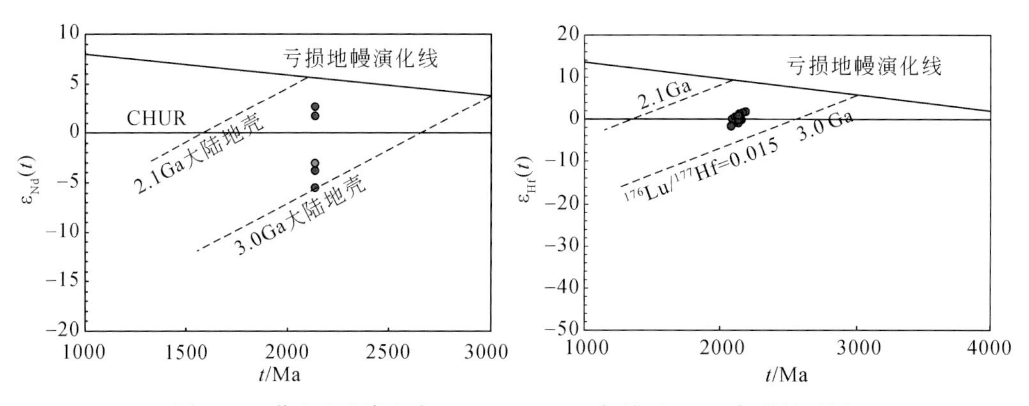

图3.55 黄金山花岗斑岩 $\varepsilon_{Nd}(t)$，$\varepsilon_{Hf}(t)$ 与锆石U-Pb年龄关系图

前已述及，黄金山花岗斑岩为高钾的A型花岗岩，而且在Nb-Y和Rb-（Y+Nb）花岗岩判别图解中（Pearce *et al.*，1984），所有的样品皆位于板内花岗岩区域。对于A型花岗岩而言，已有的研究证实其形成于伸展的构造环境中，可以形成于造山后伸展环境，也可以形成于板内伸展环境（Eby，1990，1992；洪大卫等，1995）。板内环境的A型花岗岩称为A1型，而造山后花岗岩称为A2型。利用相关判别图解，黄金山花岗斑岩多位于A1花岗岩区域内（图3.56）。如果黄金山花岗斑岩为A2型花岗岩，即形成于造山后环境，那么区域内一定存在与其时代相近的岛弧型和碰撞型花岗岩。但从目前的研究资料来看，五台地区2.4 ~ 2.2Ga的岩浆活动并未有报道，因此，黄金山花岗斑岩应形成于板内构造环境。

3.4.4.2 许亭花岗岩

许亭花岗岩具有A型花岗岩的岩石学和地球化学特征，结合Nd同位素特征可以有效

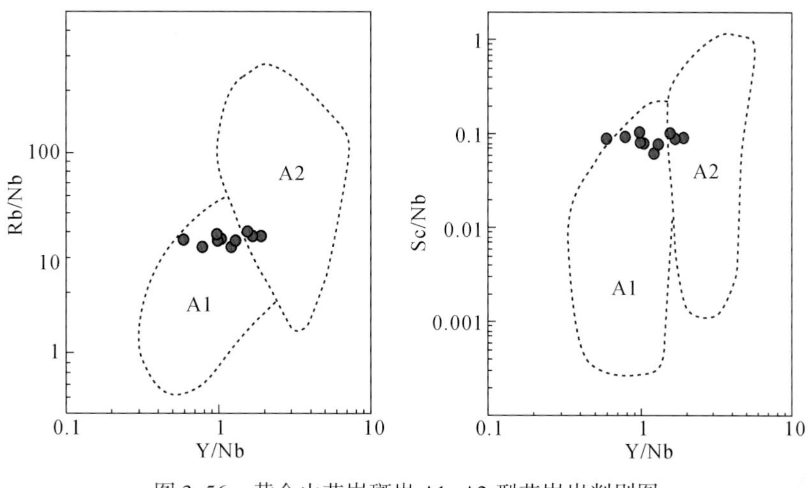

图 3.56 黄金山花岗斑岩 A1-A2 型花岗岩判别图

地探讨其物质来源和成因。通常根据 Nd 初始同位素成分将大陆地壳分为具有正 $\varepsilon_{Nd}(t)$ 值的地幔来源的新生地壳和具有负 $\varepsilon_{Nd}(t)$ 值的有部分古老地壳来源的演化地壳。前者类似亏损地幔来源，后者类似古老地壳来源（洪大卫等，2000，2003；Jahn *et al.*，2000），而通常高 $\varepsilon_{Nd}(t)$ 值的深成岩直接或间接地与地幔岩浆有关。许亭花岗岩明显高硅、富钾、贫镁、低铬，不可能由地幔直接分异而来。根据负 $\varepsilon_{Nd}(t)$ 值分析，一种可能的成因是幔源基性岩浆与地壳混染或壳源岩浆的混合。但从许亭花岗岩岩相学特征来看，岩体无暗色包体，特别是没有岩浆混合标志的淬冷细粒幔源包体。另一方面从较高的 $\varepsilon_{Nd}(t)$ 值来看，如果是由地幔岩浆与地壳混染或壳源岩浆混合形成的话，那么应该有大量的地幔物质加入才可以形成上述 Nd 同位素特征（孙德有等，2005），这又与岩石的常量元素组成矛盾。对于具有这种特征的花岗岩还有一种解释是新生地壳的深熔成因（吴福元等，1999；洪大卫等，2000，2003），但从许亭花岗岩具有较老的 Nd 模式年龄（2.7～4.0Ga）来看，它不应该是由新生地壳深熔而来。许亭花岗岩的周围有大量的新太古代 TTG 片麻岩分布，条带状 TTG 的成岩年龄为 2.7Ga，与许亭花岗岩主要的 Nd 模式年龄一致，而 TTG 片麻岩直接来源于幔源玄武质岩石的部分熔融，继承了许多幔源岩石的特征，具有较高的 $\varepsilon_{Nd}(t)$ 值，所以推测许亭花岗岩可能是岩浆底侵，导致晚太古代的 TTG 片麻岩深熔而成，同时从样品具有负的 $\varepsilon_{Nd}(t)$ 值以及有一个样品的 Nd 模式年龄为 4.0Ga 来看，应该有少量古老地壳物质的加入，但从没有发现老的残留锆石来看，这种古老陆壳的物质加入的比例应该不高。

如前所述，A 型花岗岩是一种特殊的花岗岩类型，以产于伸展环境为特征，但其构造背景可以是非造山的裂谷环境，也可以是造山后的伸展环境，据此 A 型花岗岩又分为非造山的 A1 型或 AA 型和后造山的 A2 型或 PA 型（Loiselle and Wones，1979；Collins *et al.*，1982；Whalen *et al.*，1987；洪大卫等，1995；Pitcher，1997；Bonin *et al.*，1998；Bonin，2007）。许亭花岗岩尽管在某些特征上具有 A2 型花岗岩的特征，如高的 Y/Nb 值，但不能仅此就断定其为 A2 型的后造山花岗岩类。张旗等（2006）认为 A1 型花岗岩几乎全部落入 Sr-Yb 分类中非常低 Sr 高 Yb 区，而 A2 型花岗岩 Sr 和 Yb 的变化较大，跨越非常低 Sr

高 Yb 区和低 Sr 高 Yb 区，从许亭花岗岩非常低 Sr 高 Yb 情况看，更像是 A1 型花岗岩。在 Nb-Y 和 Rb-（Y+Nb）构造环境判别图解中均落在板内花岗岩区（图 3.49），表明其有可能形成于板内拉张的裂谷环境。

从地质演化过程来看，后造山花岗岩形成于板块俯冲后或碰撞作用之后（洪大卫等，1995），那么它必然与紧邻其形成之前的造山岩浆活动有密切关系。与俯冲作用有关的是岛弧岩浆岩作用，与碰撞作用有关的同碰撞岩浆作用，但在本地区尚未发现时代为 ~2.1Ga 的岛弧岩浆作用和同碰撞岩浆活动。从岩石组合特征来看，与造山有关的 A 型花岗岩常与新生的大陆地壳，同时代的伴生岩石通常是岛弧玄武岩以及蛇绿岩等，标志着大陆岩石圈开始变得稳定，而非造山的 A 型花岗岩多定位于早已存在的大陆地壳中，同时代的伴生岩石通常是与裂谷有关的玄武岩（洪大卫等，1995）。从许亭花岗岩伴生的岩石来看，除西部与古元古代的甘陶河群为构造接触外，其他主要的部位均侵位于时代较老的新太古代 TTG 片麻岩或变质地层。在本地区与许亭花岗岩同时代的地层是甘陶河群，发育大量的基性火山岩，其时代为 2.09Ga（颉颃强等，2013）。这些基性火山岩与许亭花岗岩构成了双峰式的岩浆组合，表明其应该形成于裂谷环境。

从沉积环境分析，与岛弧有关的还有弧前盆地，但弧前盆地沉积序列是连续的从深海沉积过渡到浅海甚至陆相的巨厚层，总体表现为一个向上变粗、变浅的沉积序列，通常下部由硅质岩、再搬运重力流沉积和深水、半深水泥岩组成，向上整合覆盖滨、浅海，甚至陆相沉积（张传恒和张世红，1995）。而甘陶河群的碎屑沉积岩主要是陆缘碎屑物质，底部为粗碎屑的变质长石石英砂岩，向上粒度变细主要为斑岩和云母片岩，原岩为页岩+泥岩-粉砂岩组合，没有明显的火山碎屑物质。所以，从沉积特征分析，甘陶河群并非弧后盆地或弧前盆地的沉积产物。综合所述，许亭花岗岩和与其同时代的甘陶河群地层的构造背景因为裂谷环境。

3.4.4.3 华北克拉通中部带的 2.2 ~2.0Ga 岩浆岩

随着研究工作的深入，在华北克拉通的“中部带”内陆续发现了 2.2 ~ 2.0Ga 的岩浆活动记录。孙大中等（1991）在中条地区绛县群变流纹质凝灰岩中获得 2115±6Ma 的单颗粒锆石离子探针年龄；在吕梁地区，吕梁群中上部近周营组变质玄武岩和杜家沟组变质流纹岩的锆石年龄结果为 2.2 ~ 2.1Ga（于津海等，1997a；耿元生等，2008），野鸡山群白龙山组火山岩的时代为 2124±38Ma（耿元生等，2000）；在赞皇地区，颉颃强等（2013）报道甘陶河群基性火山岩的时代为 ~2.1Ga；在五台地区，杜利林等（2010）获得滹沱群底部玄武安山岩的锆石 SHRIMP U-Pb 年龄结果为 2140±14Ma。除这些火山岩之外，还陆续发现一些同时代的侵入体。例如，五台地区的王家会粉色相花岗岩（2117±18Ma，王凯怡等，2000）和大洼梁花岗岩（2176±12Ma，王凯怡和 Wilde，2002）；阜平地区的南营片麻岩（2077±13Ma，Zhao *et al.*，2002）和岗南片麻岩（2045±64Ma，Guan *et al.*，2002）；恒山地区的长城岭花岗岩（2113±8Ma，Kröner *et al.*，2005）；吕梁地区的赤坚岭花岗岩（2150Ma，耿元生等，2000）。另外，Peng 等（2005）在五台地区厘定出 2147±5Ma 的变质基性岩墙；Wang 等（2010）在恒山地区雁门关发现 2193±15Ma 辉长岩。2.2 ~2.0Ga 火山-侵入岩浆活动也得到长城系和滹沱群中碎屑锆石年龄谱的支持（万渝生等，2003；杜利林等，2011；Liu *et al.*，2011）。此外，路孝平等（2004）在辽-吉地区也发现存在一些 2.2 ~ 2.1Ga 的花岗岩。上述研究资料表明，华北克拉通中部古元古代岩浆活动集中于 2.2 ~ 2.0Ga，且活动范围较以前认为的更广泛、强烈（杜利林等，2010）。

华北克拉通中部 2.2 ~ 2.0Ga 火山岩浆活动构造环境争议较大。Zhao 等（2002）认为这些火山岩浆活动与 2.1 ~ 1.9Ga 俯冲碰撞有关，并将这一演化阶段与古元古代末 Columbia 超大陆的聚合相关联。Wang 等（2010）认为“中部带”内 2.3 ~ 2.1Ga 为华北东、西部陆块之间恒山-五台-阜平新太古代岛弧地体汇聚、拼贴阶段，并提出“中部带”内存在 2.1Ga 和 1.9 ~ 1.8Ga 两期碰撞事件。但本项目工作对黄金山花岗斑岩和许亭花岗岩的详细研究认为，这两套花岗岩形成于板内构造环境，而非岛弧环境中。同时，结合区域内大量 2.2 ~ 2.0Ga 岩浆岩，我们认为华北克拉通在古元古代中期处于伸展的构造环境中，也支持华北克拉通在晚太古代末期已初步的克拉通化。

3.5　~1.8Ga 花岗岩

大量的研究资料表明，~1.8Ga 的地质事件在华北克拉通非常强烈（彭澎和翟明国，2002）。该期地质事件主要以中-高级变质岩系的大量出现为特征，如阜平地区（Zhao *et al.*，2001；程裕淇等，2004）、恒山地区（郭敬辉等，1999）、五台地区（刘树文等，2004；Liu *et al.*，2006）、赞皇地区（Xiao *et al.*，2011）、太华地区（Liu *et al.*，2009）和怀安地区（郭敬辉和翟明国，2000；郭敬辉等，2001，2002）皆出现大量的 ~1.8Ga 角闪岩相-麻粒岩相变质作用信息。随着资料的不断积累，陆续在华北吕梁地区和辽东地区发现了一些该期的花岗质岩石（耿元生等，2000，2004；路孝平等，2004）。由于本项目对早元古代末期的岩浆活动没有重点研究，同时由于该期事件的活动范围有限。因此，本节对于该期花岗质岩浆活动性质主要依据前人的研究资料加以分析讨论。吕梁地区的 ~1.8Ga花岗岩主要为芦芽山辉石石英二长岩和云中山花岗岩（耿元生等，2000，2004）；辽东地区该期花岗岩主要为卧龙泉岩体和矿洞沟岩体（路孝平等，2004）。

1. 芦芽山辉石石英二长岩

芦芽山辉石石英二长岩出露在五寨县以东到宁武县东寨之间，出露面积约为 200km^2。岩体南部主要与古元古代的界河口岩群片麻岩呈侵入接触，北部被寒武纪地层所覆盖。芦芽山辉石石英二长岩可分为两部分：一部分为斑状，斑晶主要由微斜长石组成，粒径可达 3 ~ 5cm；另一部分为粗粒状，其矿物组成与斑状相似，二者之间为过渡关系。局部可见灰白色黑云母花岗岩呈脉状侵入到斑状含辉石石英二长岩之中。芦芽山辉石石英二长岩可分为内部相斑状含辉石石英二长岩和边缘相粗粒辉石石英二长岩。斑状含辉石石英二长岩具有斑状结构，斑晶主要为微斜长石，主要组成矿物为微斜长石+条纹长石（40%）、斜长石（35%）、紫苏辉石（5% ~ 10%）、角闪石（5%）、黑云母（2%）、石英（5% ~ 10%）以及少量单斜辉石。粗粒辉石石英二长岩为粗粒不等粒结构，主要组成矿物为微斜长石+条纹长石（35%）、斜长石（30% ~ 40%）、石英（10% ~ 15%）、紫苏辉石（5%）、角闪石（3%）、黑云母（2%）以及少量单斜辉石。芦芽山辉石石英二长岩具有板内花岗岩地球化学特征，其锆石 SHRIMP U-Pb 年龄为 1794±13Ma（耿元生等，2004）。

2. 云中山花岗岩

云中山花岗岩出露于宁武县、静乐县和忻州市交界的云中山地区，与芦芽山辉石二长岩相距约 25km，之间被古生代—中生代沉积盆地相分隔，岩体出露面积约为 200km²。岩体呈楔状，南部出露宽，北部出露窄，岩体南部和东部主要侵位于五台片麻岩中，西北部被寒武纪地层不整合覆盖。岩体中部为斑状、似斑状结构，边部为粗粒状结构。岩体主体为粗粒半自形粒状结构和似斑状结构，块状构造，主要由微斜条纹长石（35%～40%）、斜长石（30%）、石英（20%～25%）、黑云母（5%～8%）、角闪石（2%～5%）组成。云中山花岗岩也具有板内花岗岩的地球化学特征，其锆石 SHRIMP U-Pb 年龄为 1801±11Ma（耿元生等，2004）。

3. 卧龙泉岩体和矿洞沟岩体

卧龙泉岩体出露于辽宁盖县东部，面积约为 90km²，岩性为巨斑状黑云母二长花岗岩，野外可见其侵入于辽河群盖县组之中，并显示微弱的变形叠加和片麻状构造。该岩体的锆石 LA-ICP-MS U-Pb 年龄为 1848±10Ma。矿洞沟岩体出露于辽宁盖县东南约 30km，面积约为 36km²，侵入于辽河群盖县组中，该岩体的锆石 LA-ICP-MS U-Pb 年龄为 1842±23Ma（路孝平等，2004），岩体具有造山后花岗岩特征。

对于出露范围有限的～1.8Ga 花岗岩的构造环境，耿元生等（2004）和路孝平等（2004）获得相似的认识，认为该期岩浆活动可能是吕梁运动后伸展作用的开始。结合华北克拉通在古元古代末期最终克拉通化，其后出现广泛的古元古代末期（中元古代早期）基性岩墙群，我们初步认为该期花岗质岩浆活动可能与造山后的局部抬升有关。

第4章　阜平–吕梁杂岩的变质、深熔及岩浆混合作用

4.1 引　　言

华北克拉通的阜平杂岩、吕梁杂岩长英质岩石中常产出显著的浅色体、岩脉和花岗岩侵入体，并形成广泛的混合岩化作用。通过矿物自形晶的形成、黑云母向角闪石的转换和大量钠长石净边的出现以及其他与熔体活动有关结构的分析，浅色脉体和混合岩化作用的发生与外来熔体的注入有关。在长英质片麻岩中可出现明显的熔体注入，在一些不易片理化的岩石，如石英岩中也可形成浸染状熔体渗入。熔体汇集可形成浅色体、岩脉，甚至花岗岩侵入体，而深熔作用本身形成熔体的作用在阜平地区几乎可以忽略不计。在遭受渗透式混合岩化作用的过程中，岩石成分发生了改变，形成开放系统。随着渗透熔体的结晶，可形成一些岩浆锆石，在副片麻岩中则很容易被当作碎屑锆石。

华北克拉通是一个由周围显生宙断裂限定的大地构造单元，曾被划分出多个微陆块（伍家善等，1998；翟明国和卞爱国，2000）。近年来根据变质事件的时代和变质作用 *P–T–t* 轨迹性质被划分为西部陆块、东部陆块和其间的中部带（Zhao *et al.*，2001）或中部造山带（Kusky *et al.*，2007；Santosh，2010）。其中，中部带内又可包括复杂的岩石–构造单元，阜平杂岩即其中重要的一个组成部分。阜平杂岩包括新太古代 TTG 片麻岩、新太古代变质表壳岩（狭义的阜平群）、以浅粒岩和副片麻岩为主的古元古代湾子岩系和古元古代的南营正片麻岩以及基性脉岩等（Guan *et al.*，2002；程裕淇等，2004；Liu *et al.*，2005）。吕梁杂岩除一些表壳岩变质程度比阜平杂岩稍低外，混合岩化及正片麻岩的特征与阜平杂岩有许多类似之处，尤其是吕梁杂岩中的恶虎滩–交楼申混合片麻岩与阜平杂岩中的南营片麻岩，有不少可以类比之处。

阜平杂岩近似一个片麻岩穹窿（马杏垣等，1963）。张寿广等（1983）认为太古宙阜平群岩系构成了穹状复合褶皱群，并经历了水平构造和垂直构造体制的转换。从露头尺度上看，阜平杂岩的变形程度并不是很强，片（麻）理并不是很密集，无论是早期的片麻岩，还是相对晚期的岩浆岩，如南营片麻岩，片麻理发育程度较弱；有的副变质岩中可能还保留一些沉积构造，如交错层理、粒序层理等（伍家善等，1989）。较明显的变形或韧–脆性破裂性片（麻）理集中在后期剪切带，如阜平杂岩西部的龙泉关剪切带和东南部的剪切带上（李江海等，2004）。

TTG 片麻岩主要形成时期在 2.7Ga、2.5Ga（Guan *et al.*，2002），其中部分的侵入体形态可以从野外界定（河北地勘局第十三队，1995）。这些正片麻岩包裹着一些斜长角闪岩、麻粒岩、富角闪石的片麻岩和较少量的表壳岩石，间夹少量的浅粒岩、副片麻岩、大理

岩、磁铁石英岩和镁铁质变质岩（伍家善等，1989）。湾子岩系分布在阜平杂岩的东南和西部（图2.60），属角闪岩相的层状表壳岩。阜平杂岩变质程度主要为高角闪岩相，局部达麻粒岩相（伍家善等，1989；谭应佳等，1993）。阜平杂岩各组成部分均受到1.88～1.85Ga区域变质事件的改造（Kröner *et al.*，2005）。

阜平杂岩多数岩石、吕梁杂岩部分片麻岩呈现出强烈的混合岩化特征，一般认为，这些混合岩化作用代表阜平杂岩经历了中-高级变质作用改造和强烈的深熔作用活动（程裕淇等，2000，2004；张西平等，2003）。通过详细的观察和分析得知，阜平杂岩中的混合岩化作用主要是由外来熔体注入所引起的，深熔作用较弱，熔体活动对片麻岩的成分、结构均有重大影响，甚至在一些不易显示明显混合岩特征的岩石［如石英岩，图4.1（a）］中，也可产生影响。

4.2 关于混合岩化作用

混合岩化作用是由新生成的长英质或花岗质组分和原来的变质岩相互作用并形成混合岩的一种地质作用。混合岩即变质岩和花岗质岩石两种岩石的复合体，其中的变质岩多呈窄条或条痕状，另一部分即花岗质岩石多经历过熔体阶段（Sederholm，1907）。

关于混合岩化作用的方式目前存在不同认识，一般认为主要有如下四种方式：① 岩浆注入作用，由外来的花岗质岩浆注入变质岩中所形成，强调外来岩浆与原地变质岩的相互作用，关键是浅色体组分与变质岩差别较大甚至基本无联系；② 再生作用，由来自地壳深部的富含碱金属和二氧化硅的流体（有人称为岩汁，ichor）与变质岩发生交代作用所形成的混合岩，长石含量比原岩中明显增多，长石和石英具缝合线结构、蠕英石结构、交代条纹和反条纹结构、交代棋盘结构、净边结构、交代斑晶等；③ 深熔作用（或重熔作用，anatexis），是在区域变质作用的基础上，主要由于地壳内部温度的继续升高，可使部分岩石发生选择性熔融，生成部分熔浆，它们与已变质的岩石发生混合岩化作用；④ 变质分异作用，由原来的变质岩发生部分熔融后经变质分异作用所形成。前两种属开放体系，后两种属封闭体系。这四种方式在不同的混合岩地区都可能存在。实际上，所谓的“岩汁”仅是一种推测性的描述，这样的“流体”很难存在，应是经过一定改造的熔体，再生作用可隶属于岩浆注入作用；变质分异作用则可划入广义的深熔作用范畴。这样，混合岩化作用应有两种基本类型：岩浆注入和深熔作用。

混合岩的形成离不开熔体。Sawyer（1999，2001）总结了变质岩粒间曾存在熔体的重要标志：① 固相产物具有面向熔体的晶面；② 结晶熔体中残留经溶蚀圆化了的反应残留物（Büsch *et al.*，1974）；③ 熔体池结晶造成的尖状、舌状矿物集合体（Jurewicz and Watson，1984），也包括钾长石粒间的斜长石窄边等（Hasalová *et al.*，2008a），尤其是一些矿物面向石英的自形晶面（Vernon and Collins，1988）。

在我国，有一种趋势是把大部分混合岩的形成简单归因于深熔作用。根据流体的有无，深熔作用可以分为两种：存在流体相的熔融和缺乏流体相的熔融。存在流体相的熔融开始于固相线上或其附近（Zen，1988），熔融涉及的矿物主要是长石和石英。如果是存在于颗粒之间的自由水，其含量很低，仅能产生少量（<1%）的熔体（Stevens and Clemens，1993）。

计算表明，锆石的饱和温度（平均为 737℃，<805℃）位于花岗岩具饱和水时的温度条件内，但对于脱水熔融形成足够多的熔体而言显得太低（Johannes and Holtz，1996；López *et al.*，2005；Watkins *et al.*，2007）。根据锆石饱和度计算的较低的最大温度值和 TTG 岩石的矿物学特征，可能的存在流体时的熔融反应为

$$Qtz + Pl + Kfs + H_2O = Melt \tag{4.1}$$

熔融相当于低共熔，仅涉及长石、石英的熔融，云母不参与熔融。饱和水熔融通常需要外来含水流体的加入，尽管可以形成黏度很低的长英质熔体，但与源岩的分离程度很低，侵位能力有限，一般不形成大的花岗岩体，但可以产生混合岩（Thompson and Connolly，1995；Jung *et al.*，2000a，2000b）。

根据实验结果，反应式（4.1）发生的温度低于 700℃（Johannes and Holtz，1996；Watkins *et al.*，2007）。TTG 岩石中钾长石的含量是变化的，而且，如果在熔融的开始存在的话，很快就会被耗尽，因此，随后的熔融反应则为

$$Qtz + Pl + H_2O = Melt \tag{4.2}$$

如果斜长石的钙长石含量低于 40%，该反应发生的温度高过反应式（4.1）不足 50℃的范围（Johannes and Holtz，1996），而反应式（4.2）又与涉及黑云母脱水的反应式（4.3）有关，即

$$Bt + Pl + Qtz + H_2O = Hbl + Melt \tag{4.3}$$

或因体系中有一定的水，在较高温度下可发生一定程度的脱水，出现有水深熔作用（Mogk，1992；Escuder，1999）：

$$Bt + Pl(\text{I}) + Qtz \pm Ep + H_2O(aq) \rightarrow Hbl + Pl(\text{II}) + \text{花岗质熔融富钾长石} \tag{4.4}$$

然而，角闪石仅在部分的 TTG 岩石中出现（Mikkola，2008），因此，反应式（4.1）和式（4.2）可能是主要的。

相反，缺乏水的熔融的发生则远高于固相线之上，主要涉及含水矿物，如白云母、黑云母和角闪石的分解，形成一些无水矿物，结果形成的熔体通常缺水，而且所形成的熔体量可以达到 30% 以上（Clemens，1984），远远超过流体相存在情况下形成的熔体。

$$Mica + Sil + Qtz \rightarrow Grt + Kfs + Melt(\text{缺流体的部分熔融}) \tag{4.5}$$

典型的无水深熔作用的特征是出现大量的石榴子石、堇青石、辉石和钾长石等“干”矿物（名义上无水的矿物）（Kriegsman，2001；Brown，2007）。无流体条件下由白云母脱水形成的深熔熔体（5% ~10%）可留在原地形成混合岩，随后由黑云母脱水形成的深熔熔体（>15%）可因挤压而分凝或汲出。英云闪长质和奥长花岗质熔体由含角闪石岩石的脱水熔融形成（Rapp *et al.*，1991；Wolf and Wyllie，1994），而白云母、黑云母的脱水熔融产生花岗质熔体（Gardien *et al.*，1995；Patiño Douce and Harris，1998）。变形更容易使得熔体分凝而难以形成混合岩。脱水熔融作为主要的熔融机制似乎不太可能，因为多数的 TTG 岩石和残留的暗色组分均包含含水矿物（Mikkola *et al.*，2012）。

由此可看出深熔混合岩与熔体注入混合岩的区别。深熔作用是在高级变质作用的基础上进一步脱水、直至熔融的结果，必然有含水矿物的转化、减少和溶蚀分解，必然发生熔体的形成过程。除了上述“干”矿物的出现外，往往还可伴随早期反应矿物的溶蚀、残留

以及一些相关结构和构造；Sawyer（1999）指出，混合岩中的浅色体、中色体和暗色体同时出现是高级变质地质体中深熔作用存在的主要宏观标志。而且，浅色体与变质岩成分往往呈互补关系。若是熔体注入式混合岩，混合岩的形成主要是外来熔体的结晶，其中的变质岩部分缺少熔体的诞生过程；在浅色体、甚至相邻的变质岩中主要表现为熔体的结晶，如云母、角闪石、长石的结晶，石英甚至可出现自形晶（Vernon and Collins，1988），除晚期流体影响外，很少有早期矿物的溶蚀、残留；浅色体与变质岩成分之间没有关系或联系不密切。总之，深熔混合岩与熔体注入混合岩都可发生熔体的结晶过程，而深熔作用还伴随着前期的熔体形成过程。

4.3 与混合岩化有关的岩相特征

不同岩石类型中，混合岩化的特点各不相同［图4.1（b）～（d）］。TTG片麻岩的混合岩化主要表现为TTG片麻岩中不同宽度的浅色脉体［图4.1（d）］，片麻岩中的造岩矿物为钾长石、斜长石、云母、角闪石和石英，局部见石榴子石，其中云母、角闪石多呈它形-半自形晶，偶见自形晶，如黑云斜长片麻岩中的黑云母常呈半自形晶［图4.1（a）］，极少溶蚀；可见黑云母与钾长石接触处黑云母转化为白云母边的现象；副矿物有不透明金属氧化物、帘石、榍石、磷灰石、独居石、锆石，偶见萤石。

图4.1 阜平杂岩混合岩化作用的野外照片

（a）湾子石英岩；（b）湾子岩系含夕线钾长浅粒岩及其中的钾质脉体；（c）龙泉关剪切带中的长英质脉体；（d）阜平杂岩正片麻岩及其中的浅色脉体

南营片麻岩的混合岩化表现为花岗岩类的片麻理化和少量的脉体。在南营片麻岩内的黑云角闪斜长片麻岩透镜状包体中，黑云母可部分转化为角闪石［图4.2（b）］。在同时具有黑云母和角闪石的岩石中，有时出现钾长石，可见钾长石粒间生长角闪石，斜长石边缘具有钠长石净边。

湾子岩系因岩性差异而表现出不同的混合岩化强度：大理岩、磁铁石英岩、斜长角闪岩混合岩化较弱，而云母石英片岩、浅粒岩、黑云斜长片麻岩等往往具有较显著的混合岩化特征，如夕线片麻岩中见富钾长石脉体大致沿片麻理注入［图4.1（b）］，夕线片麻岩的造岩矿物为夕线石、钾长石、石英和白云母，少量黑云母和斜长石，往往具有不透明金属氧化物（磁铁矿、钛铁矿和赤铁矿），副矿物为磷灰石、榍石、独居石和锆石，锆石可以呈集合体出现，极其罕见的情况下出现刚玉和尖晶石，并包裹于钾长石中。

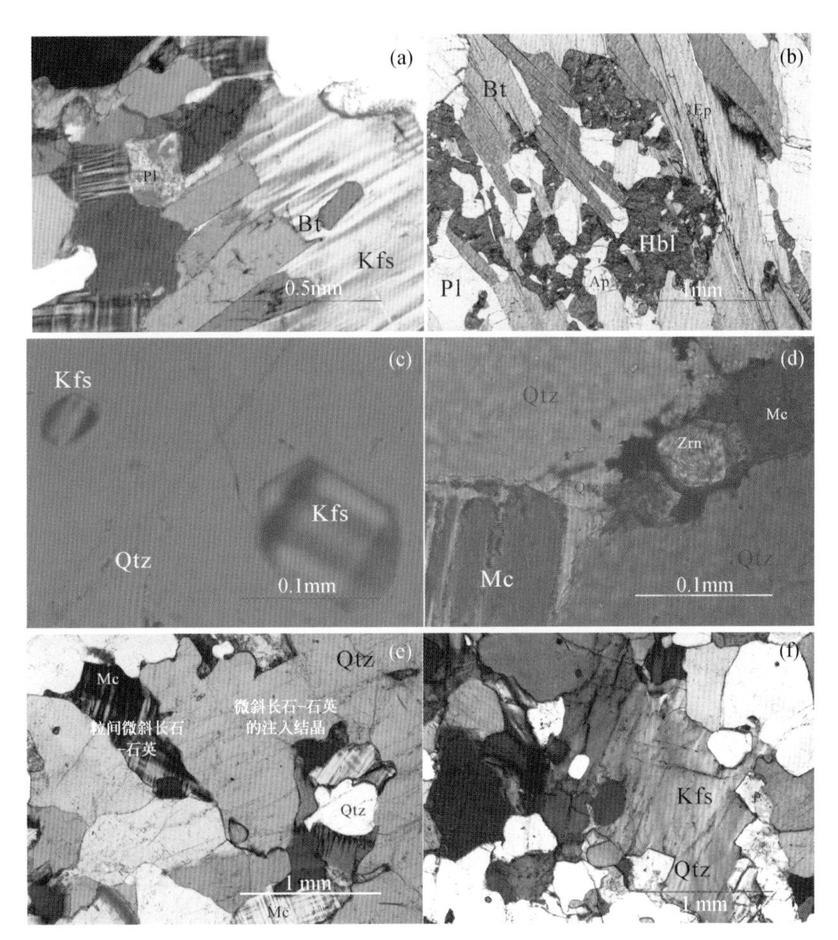

图4.2　阜平杂岩混合岩化作用的显微照片

（a）钾长花岗片麻岩中半自形、自形黑云母；（b）黑云母向角闪石、绿帘石的转化，南营片麻岩中的长透镜体；（c）石英颗粒内的微斜长石自形晶，湾子石英岩；（d）石英粒间微斜长石-石英-锆石组合，湾子石英岩；（e）石英粒间、粒内的微斜长石-石英集合（注入）体，湾子石英岩；（f）微斜长石中石英半自形晶，花岗片麻岩；Pl. 斜长石；Kfs. 钾长石；Bt. 黑云母；Qtz. 石英

湾子岩系石英岩出露较少，呈2～3m长的透镜状［图4.1（a）］，岩石SiO_2含量达88.2%，观察表明，石英岩呈致密块状构造，不显示片麻理，未见明显的浅色脉体注入。岩石中除石英外，还分布有一定量的长石，其中以钾长石居多，少量角闪石、黑云母、白云母、绿泥石、绿帘石、磷灰石、磁铁矿和锆石。在斜长石周围具有少量的钠长石净边，石英颗粒内可有钾长石（微斜长石）自形晶［图4.2（c）］，石英粒间偶见微斜长石的半自形晶、斜长石-微斜长石-石英的镶嵌结构、微斜长石-磷灰石-磁铁矿的镶嵌结构和微斜长石-石英-锆石组合［图4.2（d）］；微斜长石-石英呈舌状位于石英粒间或嵌入石英粒内以及石英粒间的钾长石窄条［图4.2（e）］、三角形的钾长石-斜长石-石英镶嵌团块，斜长石可与角闪石共存。人工重砂分析表明，石英岩中的锆石主要为碎屑锆石。

不论是正片麻岩还是副片麻岩，阜平杂岩的混合岩中花岗质浅色脉体主要分为两种类型（任留东等，2009a，2009b），早期浅色体基本沿片麻理分布，较富钾长石（微斜长石）、石英，贫斜长石；晚期浅色体可近于平行片麻理，也可呈团块状散布于片麻岩中，切割片麻理，较富斜长石、石英，贫钾长石，可含黑云母、角闪石，其组合为Pl+Qtz±Mc组合，这些团块可切割变质岩（片麻理）部分（Hbl+Bt+Kfs+Pl+Qtz+Ap）。浅色体旁的变质岩中可具有富角闪石的组合：Bt+Hbl+Pl+Qtz±Mc+Tit，并具有一定的分异现象，分异形成分别富集Bt+Hbl+Pl和Kfs±Pl+Bt+Ms的两部分，且均有榍石、磁铁矿和石英。花岗质浅色团块或平行或切割片麻理，表明其形成与变形作用没有必然的联系，形成于片麻理晚期或之后。

阜平杂岩的多种长英质片麻岩和浅粒岩中，发育显著或轻微的混合岩化现象。经受了混合岩化改造的大部分长英质岩石，如TTG片麻岩、南营片麻岩、湾子岩系云母石英片岩、浅粒岩、黑云斜长片麻岩和夕线片麻岩，甚至石英岩中，有一个较为普遍的现象：沿其中的斜长石边缘或钾长石粒间，经常可以发现清晰的钠长石净边。这些岩石中有钾长石和斜长石两种长石，且以钾长石为主。钠长石净边一般分布于斜长石-钾长石之间的斜长石边缘，紧邻的斜长石-石英之间不见钠长石净边的延伸［图4.3（a）］。若钠长石净边量较多（通常钾长石/斜长石远大于1）时，净边还可同时出现于钾长石-钾长石之间［图4.3（b）］。斜长石-钾长石之间的钠长石净边基本呈单一晶体［图4.3（a）、图4.3（c）～（f）］，而钾长石-钾长石之间的钠长石净边往往呈叠置的小透镜状［图4.3（b）］；有时见两期钾长石，早期（隐）条纹长石、晚期微斜长石，钾长石之后出现钠长石净边［图4.3（c）］，净边之后形成白云母。与不透明金属氧化物（Op）相伴时可见钠长石净边插入钾长石内部，并有黑云母相伴［图4.3（d）］。与钠长石净边仅限于长石边缘不同，钾长石中的斜长石出溶条纹出现于颗粒内部，且晚于钠长石净边［图4.3（e）］。钾长石中可包裹半自形斜长石，有石英的多期加大现象。

岩石的结构观察表明，钠长石净边与混合岩化作用、花岗岩具有密切联系。下面的论述将试图说明钠长石净边是熔体过程的一种反映。

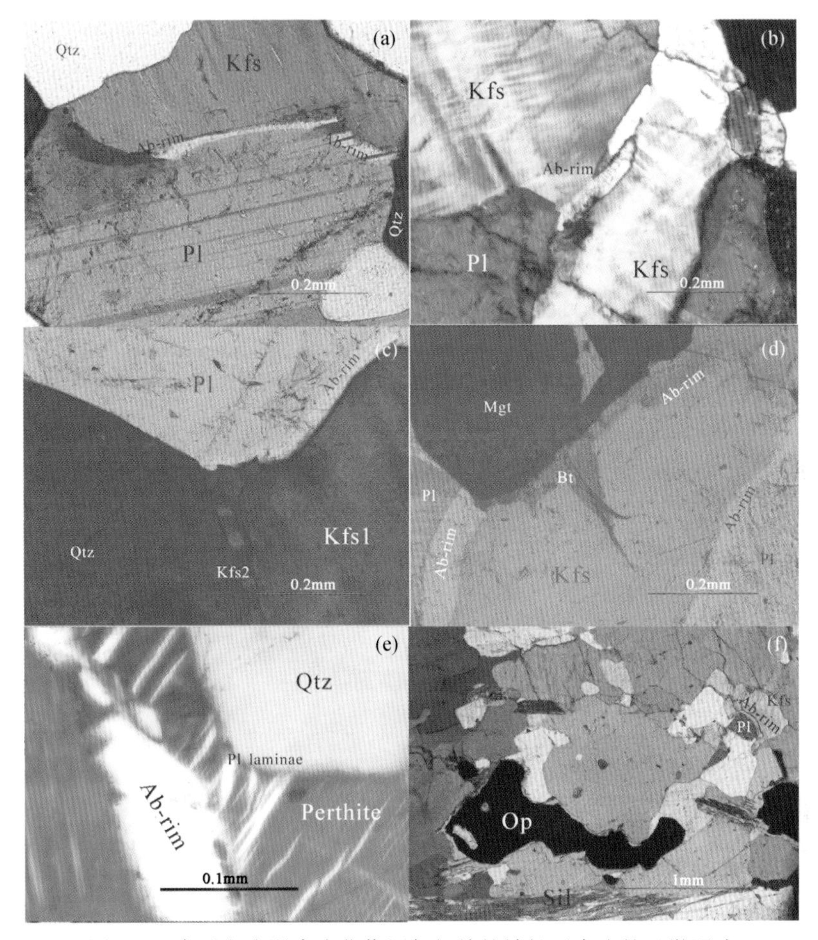

图4.3 阜平杂岩混合岩化作用与相关的钠长石净边的显微照片

(a) 钠长石净边仅出现于斜长石-钾长石间，而斜长石-石英间则无，钾长花岗片麻岩；(b) 钾长石间的透镜状钠长石净边，且与斜长石-钾长石间净边不连续，钾长花岗片麻岩；(c) 两期钾长石之后形成钠长石净边，钾长花岗片麻岩；(d) 磁铁矿边缘黑云母与钠长石净边相伴，钾长花岗片麻岩；(e) 钠长石净边之后形成条纹长石，黑云钾长片麻岩；(f) 磁铁矿外的白云母退变边，湾子岩系含夕线钾长浅粒岩。

Mgt. 磁铁矿；Ab-rim. 钠长石净边；Pl-laminae. 斜长石条纹；Perthite. 条纹长石；Op. 不透明矿物；Sil. 夕线石

4.4 混合岩化作用的表现——熔体特征

阜平杂岩大多数片麻岩显示了明显的混合岩化作用，甚至有人提出阜平杂岩中有广泛的“阜平混合岩”地质体（Trap *et al.*, 2008）。混合岩化表现为平行或切割片麻理的浅色体或脉体（Kfs+Pl+Qtz+Bt+Ms）[图4.1（b）~（d）]。这些混合岩脉体均属于熔体结晶所致。

1. 矿物的自形晶

湾子岩系石英岩中自形磁铁矿、磷灰石及其与微斜长石间的镶嵌结构表明磁铁矿和磷灰石属于自熔体或流体直接结晶或重结晶，而不是碎屑成因；石英中包裹自形微斜长石［图4.2（c）］、钾长石中可见半自形、自形斜长石细小颗粒，石英粒间的微斜长石可见石英的半自形晶［图4.2（f）］。一般变质作用很难形成长石、石英的自形晶。虽说石英岩中石英晶体内的微斜长石自形晶也可以由碎屑石英裹挟而来，但这种自形微斜长石与石英粒间的微斜长石光性、三斜度等特征完全一致，表明其为同期形成；阜平杂岩内与正片麻岩、副片麻岩有关的混合岩中，钾长石内包裹早期斜长石自形晶，这些结构均表现为熔体结晶的特征（Zeck，1970；Vernon and Collins，1988）。花岗质片麻岩中的钾长石斑晶可具有自形斜长石定向包裹体，这种结构代表了晶体可自由漂浮的岩浆环境，在有限的岩浆活动，如深熔导致的局部熔体中难以形成类似的结构（Hibbard，1987）。

实验表明，熔体可在粒间形成熔体膜（Mehnert *et al.*，1973），形成三角状或尖状、舌状长英质矿物聚集体［图4.3（e）］，表明发生过熔体的结晶（Jurewicz and Watson，1984；Sawyer，1999，2001）。石英岩中有很多的碎屑锆石，说明其原岩属沉积成因，但是，这并不排除有部分石英系熔体结晶而成，包裹钾长石自形晶的石英即可能属于这种类型。

片麻岩中石英的多次生长可能与熔体脉动注入有关；钾长石中常见圆化石英、偶见圆化斜长石，表明经历了熔（溶）蚀而不仅仅是固相变质改造，如Büsch等（1974）所总结的，一些矿物自形晶的出现、早期矿物的圆化和港湾状结构并被新生矿物包裹等，都可以作为熔体存在的依据。

2. 钠长石净边

一般说来，钠长石净边被当作一种典型的交代结构（陈曼云等，2009），被当作交代混合岩的依据之一（程裕淇等，1963；程裕淇，1987；Mehnert，1971），而阜平杂岩中微斜长石之间的钠长石净边被称为铰链结构，并被当作深熔作用的一种标志（程裕淇等，2004）。

通过详细观察和对比发现，在龙泉关剪切带内大部分岩石中钠长石净边量较少，片（麻）岩伴随少量长英质脉体［图4.1（c）］时，仅在脉体中有钠长石净边；阜平杂岩中若有明显的钾质熔体结晶，即可形成钠长石净边［图4.3（a）～（e）］。在吕梁群中等变形强度的条带状混合岩［Hbl+Mc+Bt+Pl（±rim）+Qtz+Tit+Ap］中有一定量的黑云母，以及少量的钠长石净边；随着局部后期韧性变形的叠加，矿物组合发生改变（Hbl+Mc+Pl+Qtz+Tit+Ap），最突出的变化就是黑云母和钠长石净边的消失，表明与熔体有关的混合岩中可见钠长石净边，真正的变质岩中钠长石净边则不再出现。我们的观察表明，钠长石净边仅见于花岗质岩浆岩或涉及熔体活动的混合岩、变质岩中。钠长石净边与熔体的关系更为密切。

通过镜下观察得知，钠长石净边的形成不仅仅是粒间流体结晶所致，而与钾长石的直接参与有着密不可分的联系，如钾长石的分解可提供成分和空间：

$$\mathrm{Kfs} + \mathrm{Na^+} \rightarrow \mathrm{Ab} + \mathrm{K^+} \tag{4.6}$$

若是钾长石所致，钠长石净边应限于钾长石内部或周围，但是，钾长石-石英间无净边，钾长石-钾长石间也可无净边，净边的形成相对于钾长石而言是外部因素在起作用。此外，钾长石可有斜长石出溶条纹［图4.3（e）］，条纹似乎晚于净边形成，且出溶条纹的斜长石An牌号可达更长石，而净边仅为An牌号极低的钠长石。钠长石净边与斜长石出溶条纹分属不同的形成机制。

钠长石净边仅限于钾长石与钾长石或斜长石之间，表明其形成与溶蚀钾长石有关，而不是溶蚀斜长石。游振东等（1996）专门报道过大别罗田黄土岭长英质片麻岩中的钠长石净边，并认为片麻岩实际上是由片麻状A型花岗岩经历了明显的混合岩化形成的，只是其认为净边为交代斜长石而成，这可能与实际情况不符。张春华等（1990）指出，一些混合花岗质岩石或岩浆型花岗质岩石中的钠长石净边起因于岩浆晚期或末期的强烈钠质交代作用。Peng（1970）认为，花岗岩、正长岩矿物粒间钠长石净边结晶于残余岩浆流体，并交代钾长石，而不是钾长石出溶所致。

正如Hasalová等（2008a，2008b）所指出的，净边结构从条痕状混合岩开始出现，并可当作熔体存在的依据之一，即钠长石净边与熔体作用有着更为密切的联系，甚至具有岩浆成因的指示意义。正是石英岩中的钠长石净边的出现促使作者意识到，以沉积成因为主的石英岩中的熔体显然是他处迁移而来，该岩石曾经历了熔体的渗透改造。阜平杂岩中钠长石净边的普遍发育与该岩系经历了广泛的熔体渗透式混合岩化作用有关，钠长石净边可能形成于熔体作用后期非岩浆的流体（减少）阶段。钠长石净边仅存在于长石粒间，从不出现于粒内，也表明当岩石处于岩浆结晶晚期，尚未彻底凝固或变形。类似地，钾长石间晚期愈合而成的长石-石英聚集体也形成于熔体尚未彻底固结的阶段（Trap *et al.*，2009a）。

4.5 深熔作用与熔体

混合岩化作用伴随着密切的熔体活动。我们知道，阜平杂岩经历了中-高级变质作用，并具有较高的水活度（刘树文和梁海华，1997），这些条件与深熔作用的温压范围（Thompson and Connolly，1995）大致相当，因此，很容易考虑到熔体源于深熔作用的可能性。如前所述，深熔作用可分为无水和有水两种类型，下面分别讨论其可能性。

1. 无水深熔作用?

绝大多数花岗岩的产生与脱水熔融反应有关，但脱水反应多发生在高角闪岩相-麻粒岩相变质条件下，往往伴随石榴子石、斜方辉石、钾长石、堇青石部分或多数“干”矿物的出现，如东南极拉斯曼丘陵高级变质岩系，因含水矿物含量较少，尽管经历了典型的大面积麻粒岩相脱水部分熔融反应，形成大量的深熔浅色体，但浅色体并不显示明显的岩浆结晶结构（Carson *et al.*，1997）；在长英质片麻岩及深熔浅色体中可形成锆石的变质增生边但极少形成岩浆增生边（Wang *et al.*，2008），即无水深熔作用或脱水部分熔融作用形成的浅色体反而不具有典型的熔体特征，有一定的流体活动参与时即可形成真正的深熔花岗岩（正长花岗岩）（Zhao *et al.*，1992）。

阜平杂岩中熔体所致浅色脉体普遍发育，其中有较多的含水矿物，如角闪石、黑云母、白云母、帘石、榍石等，但上述“干”矿物极少，如仅有少量的石榴子石、辉石，大部分情形下甚至缺失这些矿物；虽有晚期钾化，但未见到部分熔融反应的岩相证据，即片麻岩没有发生典型的脱水深熔作用（Kriegsman，2001），刚玉、尖晶石的形成可能与此有关，但这类结构非常局限。大部分的阜平杂岩片（麻）岩仅达中级变质程度，如十字石、白云母的出现（刘树文和梁海华，1997），片（麻）岩矿物组合为 Grt+Bt+Ms+Mc±Pl+Qtz+Ttn，仅达角闪岩相，变质温度较低的部位甚至不足700℃，阜平杂岩仅有少量的变基性岩和长英质岩石达角闪-麻粒岩相变质，如大柳树一带。即使在这些部位，根据岩石学特征和变质流体研究，黑云母斜长片麻岩和眼球状片麻岩也未经历过麻粒岩相变质作用（刘树文等，2000）。极少见到麻粒岩相残留组合也不支持花岗岩脉体的原地重熔成因（Chen and Grapes，2007）。此外，由侵入体引起深熔作用的情况（Jung *et al.*，1998）阜平地区似乎也没有发生。因此，阜平杂岩中没有或极少无水深熔作用的指示结构，混合岩熔体不应该由无水深熔作用形成。

2. 有水深熔作用？

尽管在稍低温（<700℃）、有流体存在的条件下片麻岩中可以发生一致熔融（低共熔），但这种熔融主要是长石、石英和少量云母的熔融，而本区大多数混合岩脉体、花岗岩脉及侵入体较富钾长石或斜长石，并非低共熔组成，因而与此有所不同。

在阜平杂岩多种岩石中可识别出角闪岩相的变质矿物组合，在中-基性成分的变质岩内可见 Grt+Bt+Hbl+Pl+Kfs+Tit±Ep+Qtz 组合，变质岩及相伴的混合岩中则可见到黑云母向角闪石的转化［图4.2（b）］，Mogk（1992）和 Escuder（1999）把这种现象称之为有水深熔作用［反应式（4.4）］。

闪石和钾长石的密切共生可能即与反应式（4.4）有关。的确，黑云角闪片麻岩的浅色体或团块中往往含有一定量的黑云母和角闪石，但问题是尽管变质岩中可以见到自形角闪石、少量石英和斜长石的残留，但是极少有残留的黑云母，实际上，黑云母反而常呈半自形-自形晶［图4.2（a）］，表明片麻岩中由反应（4.4）对混合岩熔体形成的贡献并不大，温度仍低于云母的脱水熔融条件。许多片麻岩中浅色脉体量较多，片麻岩本身仍具有较多的黑云母，因此，现今层次上的变质岩（片麻岩）由反应式（4.4），即黑云母向角闪石转化所形成熔体的量也不足以解释区域上浅色脉的分布密度［图4.1（d）］，绿帘石是产物而不是反应物［图4.2（b）］也不支持反应式（4.4）的发生。所以，阜平杂岩中的变质岩（片麻岩）由反应式（4.4）通过有水深熔作用形成主要的混合岩化熔体脉的可能性不大。由于熔体结晶产物中有较多的云母，尤其是黑云母，前期熔体的形成必然牵涉到黑云母的分解，不排除反应式（4.4）发生在较深层次的可能性，这样浅色脉体可通过熔体上升、注入现今的位置。

此外，与一般理解的变质岩中出现熔融反应和部分反应物的残留、浅色体中主要为产物及熔体结晶有所不同，黑云角闪片麻岩与其中的浅色团块均有黑云母-普通角闪石的转化，且片麻岩和浅色体中的黑云母、角闪石在光性、成分特征上均非常类似，片麻岩（变质岩）和浅色体中发生的主要是结晶过程而不是进变质反应，很难看到直接由变质岩生成熔体的迹象。

角闪石、钾长石和钠长石净边往往相伴出现，可能代表了如下两个相继发生的反应（递进反应）：

$$Bt + Pl \rightarrow Hbl + Kfs + Na^{+} + Tit \ \pm Ep \qquad (4.7)$$

$$Kfs + Na^{+} \rightarrow Ab + K^{+}(Ms 或 Kfs) \qquad (4.8)$$

反应式（4.7）可能代表了熔体结晶或与之相关的变质反应，反应式（4.8）则反映净边的形成过程，实际上是一个置换反应。其中 Na^{+}离子可存在于以钾长石为主的长石结晶后的残余流体中，而释放出的 K^{+}离子则迁移至其他位置，形成云母［图 4.3（d）、（f）］或钾长石，可能是该杂岩中有较多钾质伟晶岩脉的原因。黑云母向角闪石的转化，可能与钠长石净边一样，反映了与熔体活动有关的一种结构。

由于变质岩、浅色体中主要发生的是云母及其他造岩矿物的结晶过程而罕见形成熔体的熔融反应，在阜平杂岩现今出露的层次发生无水或有水深熔作用的可能性都不大。相反，若采用源自外来（深部）熔体的注入形成混合岩的模型，对一些岩相和结构更容易解释。当然，这些脉体在深部源区可能是由深熔作用形成，如 Whalen 等（1987）所指出的，富钾长石的 A 型花岗岩是富含 F-Cl 的麻粒岩在下地壳部分熔融的产物，但已不属于本书讨论的范围。

3. 相关的退变质结构

外来熔体的注入可能是多幕次的，如石英的多次生长。早期混合岩化与特定的变质级别相伴随，后期的熔体注入对早期的变质矿物进行改造，形成退变质矿物组合，如变质作用形成镁铁闪石、黑云母、白云母、帘石，甚至绿泥石、方解石。与钾长石接触处的黑云母转化为白云母蚀变边，可能与熔体注入对早期矿物的改造有关。当然，白云母可以是退变形成，也可能是岩浆结晶的结果（Jung *et al.*，1998）。一般来说，浅色体本身不能使麻粒岩相组合发生明显的退变质（Carson *et al.*，1997）。若后期的混合岩化与早期的中-高变质不属于同一个变质过程，后期混合岩化容易引起早期变质岩的退变质改造。熔体固化结晶过程中，释放出的流体可水化变质体，或向上迁移诱发退变质作用、甚至某些变质体中的熔融作用（Thompson and Connolly，1995）。多次或多种类型的退变质现象与可能发生了熔体的多阶段注入或渗透是一致的。

4.6　混合岩化对岩石化学成分及锆石的影响

对于封闭体系下的深熔作用，浅色体与变质岩部分的岩石化学应是互补的，开放体系下外来熔体注入所致混合岩浅色体与变质岩部分的地化特征可以相似或无关。Pinarelli 等（2008）根据阿尔卑斯山南部 Serie dei Laghi 混合岩中花岗岩部分与变质岩部分的地球化学（Sr-Nd-Pb）特征呈现相似而不是互补，指出不可能是原地深熔。阜平杂岩中的大石峪片麻岩/浅色体、平阳岩体及其附近的片麻岩/浅色体稀土、微量元素（具体含量数据略）对比表明，大石峪片麻岩与其早期富钾质浅色体相比，除 Eu 异常互补外，稀土元素的分馏［图 4.4（a）］较为相似，微量元素的 MORB 配分也较为相似

[图4.5（a）]，而晚期富钠质浅色体的稀土、微量元素则与片麻岩既不相似、也不互补。平阳岩体附近的片麻岩与浅色体除微量元素略有相似［图4.5（b）］之外，稀土元素［图4.4（b）］之间似乎没有联系。这些特征均表明，阜平杂岩的浅色体应是外来熔体注入、而不是原地深熔形成。

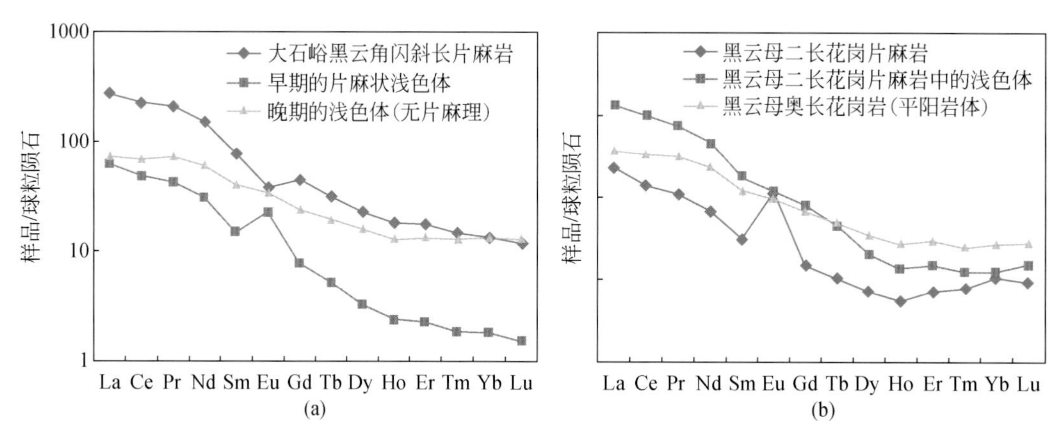

图4.4 阜平杂岩中片麻岩及其中浅色体的稀土元素球粒陨石配分曲线

（a）大石峪片麻岩；（b）平阳岩体及围岩片麻岩

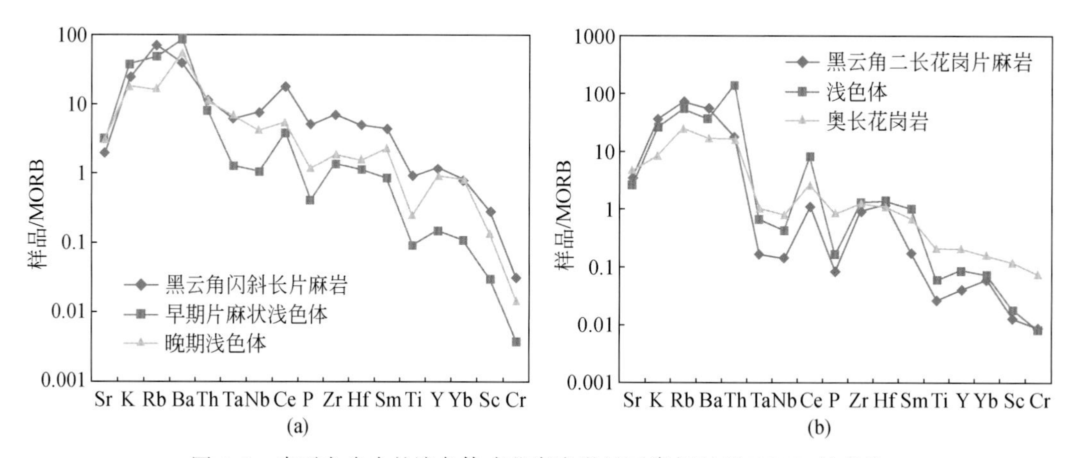

图4.5 阜平杂岩中的浅色体或花岗岩微量元素相对于MORB的变化

（a）大石峪片麻岩；（b）平阳岩体及围岩片麻岩

引起混合岩化作用的熔体系外来岩浆注入，大多数情况下，岩浆源与这些被混合岩化的岩石没有关系，但是，在熔体注入过程中，其与先存变质岩间的相互作用使得变质岩、结晶熔体的成分都有一定的改造。对于经历了变形-变质作用和注入式混合岩化改造的阜平杂岩，出现变质流体迁移、组分活动，即形成开放系统；在遭受注入式混合岩化作用改造的过程中，如湾子表壳岩熔体沿片麻理注入形成钾质浆体结晶［图4.1（b）］。强烈混合岩化地区的岩石组分改造较为明显（Hasalová *et al.*，2008a，2008b），这种改造使得正、副片麻岩的成分均有向岩浆岩成分靠近的趋势，从而在野外极似副片麻岩的岩石却显示岩浆岩的成分特征，如湾子表壳岩浅粒岩的地球化学特征显示为岩浆成因（孙敏和关鸿，

2001)，即可能与此有关。

从元素组成上，万渝生和杨崇辉（2002）注意到，阜平杂岩深熔作用（即本书强调的外来熔体注入式混合岩化作用）刚开始、即仅有少量浅色体时其元素含量、分布模式与熔融母岩（变质岩部分）完全不同（无关），Nd同位素组成存在较大差别。随着深熔作用（混合岩化作用）的进行，两者Nd同位素组成的差异越来越小，最后几乎完全消失。若采用外来熔体注入模型来解释，实际上是原地岩石与外来熔体两个完全不同系统的混合，当浅色体比例较小时，两者的组成差别较为明显；当熔体注入比例较大，变质岩组分则逐渐显示出注入熔体组分的性质，浅色体与变质岩间的差异逐渐被弥合。

如前所述，多数人认为阜平杂岩经历了强烈的变质–深熔作用（程裕淇等，2004），当然，本书强调发生了显著的熔体注入式混合岩化作用，不论哪种情形，都说明存在熔体活动，从而可形成岩浆锆石［图4.2（d）］。对于副变质岩，其中的锆石基本为碎屑来源和变质成因两种情形。若这些岩浆锆石出现在副片麻岩中，很容易被当作碎屑锆石，对于此类混合岩地区，采用副变质岩碎屑锆石年龄限定原岩沉积时代的做法需要慎重。

4.7 混合岩化作用的类型

混合岩的形成既可与原地深熔有关，也可与熔体的注入或渗透有关。对于与熔体的注入有关的混合岩化，可称之为熔体注入式混合岩化（任留东等，2010），但在我国的一些混合岩分类中，注入混合岩有其特定的含义，专指较弱的混合岩化作用，表示浅色体的含量较低（15%～50%），基体与脉体间的界线清楚（陈曼云等，2009）。

通过野外观察、构造分析和室内显微构造、矿物成分和同位素地球化学的研究，Hasalová等（2006，2008a，2008b）提出了混合岩化作用可由外来“熔体渗透”（melt infiltration）造成，该过程导致一些早期矿物的消减、新矿物的形成以及岩石化学成分的明显改变，因而与封闭体系下的深熔作用有所不同，Hasalová等（2006，2008a，2008b）称之为“熔体渗透式混合岩化”（melt infiltration migmatization），从而与注入混合岩化有所区分。熔体渗透式混合岩化发生在体系晚期剥露、上升阶段的温压降低过程中，类似的情形已有报道（Weinberg and Searle，1999；Baumgartner *et al.*，2001；Hasalová *et al.*，2006，2008a，2008b）。阜平杂岩也经历了后期的构造隆升（唐先梅和刘树文，1997；Zhao *et al.*，2001）。

与混合岩作用有关的酸性熔体较富水、黏度小，结晶缓慢，并具有较大的活动性，使得熔体在保持浆体或与之相当的流体状态的时间较长、可作较长距离的迁移，很容易沿片（麻）理裂隙迁移注入形成浅色脉体，在熔体就位、结晶过程中不断（脉动）发生分异、挤出，在适当的部位聚集成块状、脉状，形成各种注入式浅色脉体，表现出混合岩的外貌；熔体沿致密岩石［如石英岩片状矿物较少，难以形成明显的片（麻）理］的岩石中的微裂缝渗入或浸染状注入，在矿物粒间出现显微尺度的钾长石–石英聚集团块［图4.2（e）］，岩石的结构和成分均发生明显的改造。

4.8 关于混合岩化作用的时间

孙敏和关鸿（2001）指出，阜平地区有一期2.05Ga的岩浆活动，以岗南岩体和南营花岗片麻岩为代表。南营片麻岩代表了2077±13Ma和2024±21Ma前侵位的深熔花岗岩（Guan *et al.*，2002；Zhao *et al.*，2002）。刘树文等（2002）认为2.0~2.1Ga的花岗岩可广泛分布于吕梁山-太行山-恒山-五台山变质地块中，是吕梁运动的产物，代表了太行山-恒山变质地块的活化事件，强调2.0~2.1Ga的深熔花岗岩侵位结晶事件。对照本书的论述，该期事件可能相当于阜平杂岩中的熔体渗透式混合岩化作用。

一些钾长石-石英脉平行片麻理且呈条带状分布［图4.1（b）］，说明熔体注入的时间与阜平杂岩的变形-变质阶段基本同期，与混合岩化作用有关的熔体注入可能是多期次或脉动式的，如晚期浅色脉体切割片麻理和早期脉体。而且，可能是注入熔体的活动导致了阜平杂岩的主要变质过程。这也是阜平杂岩变质作用、深熔作用、岩浆活动、混合岩化以及退变质作用均有显示、并且变质岩石结构异常复杂的原因。另一方面，阜平杂岩、吕梁杂岩多数岩石中的锆石仅显示岩浆振荡环带结构和部分重启特征，如形成无结构的亮边或暗边，却少见典型的变质边，可能也与此有关。

所以，一方面，除阜平杂岩外吕梁地区也存在明显的古元古代（2200~2000Ma）花岗岩及相伴随的变形-变质作用，该期花岗岩岩浆活动较为强烈，在许多表壳岩中都有其反映，甚至直接影响到表壳岩年龄的判断。赞皇地区许亭花岗岩侵位时代为2090±10Ma（杨崇辉等，2011a），刘树文等（2002）指出，2.1~2.0Ga的花岗岩还可广泛产出于恒山-五台山变质地体。在内蒙古贺兰山地区，可见~2.05Ga和1.95~1.92Ga的花岗岩岩浆活动（耿元生等，2009）。另一方面，古元古代花岗岩岩浆活动时期吕梁地区（2200~2000Ma）比阜平同期花岗岩（南营花岗岩，2100~2000Ma）稍早，可能反映了二者构造位置的差别，而且，该时期吕梁地区发育浅成岩、甚至喷发岩，如吕梁群、岚河群和野鸡山群，而阜平地区沉积岩系可能仅有湾子岩系变火山-碎屑岩（Guan *et al.*，2002）。

4.9 小　　结

（1）阜平杂岩、吕梁杂岩中有大量的浅色熔体脉，外来岩浆活动形成侵入脉体、条带和一些侵入岩，以及广泛的混合岩化作用。强烈的混合岩化作用使得在长英质片麻岩中可形成较明显的熔体注入，甚至在一些不易片理化的岩石中形成浸染状熔体渗入。

（2）虽然形成于岩浆作用之后，净边的出现是熔体或相关流体活动的一种重要标志；其他与熔体活动有关的结构包括一些矿物自形晶的形成、黑云母向角闪石的转换。浅色脉体、岩脉和花岗岩侵入体的形成与岩浆的直接侵位有关，阜平杂岩片麻岩中深熔作用直接形成熔体的作用几乎可以忽略不计。

（3）对于经历了变形-变质作用和混合岩化改造的阜平杂岩和吕梁杂岩，在遭受熔体渗透式混合岩化作用的过程中，岩石成分发生了改变，即体系属于形成开放系统。与熔体的渗透相关，可形成一些岩浆锆石。若这些岩浆锆石出现在副片麻岩中，很容易被当作碎屑锆石。

（4）阜平杂岩、赞皇杂岩、吕梁杂岩和恒山-五台山地区均存在明显的古元古代花岗岩、混合岩化作用及相伴随的变形-变质作用。此外，吕梁地区（2200～2000Ma）比阜平同期花岗岩（南营花岗岩，2100～2000Ma）稍早，而且，该时期吕梁地区发育浅成岩、喷发岩和沉积岩，而阜平地区沉积岩系很少发育该时期的建造，可能反映了二者构造位置的差别。

第5章　古元古代环境变化研究

国内外地质工作者在研究古元古代C、O同位素时发现，在2.33～2.06Ga期间存在全球性的$\delta^{13}C$正向漂移现象，即Jatulian事件（Schidlowski *et al.*，1975；陈衍景，1996；Karhu and Holland，1996；Melezhik *et al.*，1999；唐国军等，2004；汤好书等，2008；关平和王颖嘉，2009；李延河等，2010），揭示了该时期可能存在全球性的环境变化（Schidlowski *et al.*，1975；陈衍景，1987；陈衍景等，1996；Karhu *et al.*，1996；Melezhik *et al.*，1999；汤好书等，2008；关平和王颖嘉，2009）。在我国华北克拉通边缘广泛分布的归属于古元古代的辽河群（1800～2200Ma）（表5.1）、中条群（1900～2200Ma）和湾子群（2200～2300Ma）中的碳酸盐岩为研究这一事件提供了很好的物质基础。

表5.1　辽河群王家沟组大理岩C、O同位素数据

样品号	$\delta^{13}C/‰_{V-PDB}$	$\delta^{18}O/‰_{V-PDB}$	样品号	$\delta^{13}C/‰_{V-PDB}$	$\delta^{18}O/‰_{V-PDB}$
L69-1	3.141	-10.312	L69-11	1.307	-12.712
L69-2	1.073	-10.674	L69-12	0.82	-13.077
L69-3	2.307	-10.655	L69-13	1.412	-11.548
L69-4	1.477	-12.855	L69-14	0.163	-12.284
L69-5	2.203	-11.954	L69-15	0.392	-13.424
L69-6a	1.442	-12.223	L69-16a	1.421	-17.126
L69-6b	1.445	-12.238	L69-16b	1.404	-17.202
L69-7	2.129	-10.209	L69-17	-0.997	-10.677
L69-8	0.910	-13.213	L69-18	-0.707	-12.906
L69-9	1.329	-12.525	L69-19	0.207	-12.551
L69-10	1.786	-10.961	L69-20	-1.018	-10.115

注：V-PDB表示以Vienna Pee Dee Belemnite进行标准化。

所研究样品的C、O同位素组成分析由中国地质科学院矿产资源研究所国土资源部同位素实验室完成。C、O同位素样品制备采用磷酸法，即在真空系统中，碳酸盐岩样品粉末与100%的磷酸于50±0.2℃水浴恒温反应24小时，收集释放出的CO_2用于质谱分析，经MAT-253EM型质谱仪测定，$\delta^{13}C$和$\delta^{18}O$均以PDB标准给出，$\delta^{18}O_{PDB}$采用分馏系数1.01066校正，实验精度$\sigma=\pm0.2\%$。

研究中存在的一个关键问题是碳酸盐岩样品是否能保留原始C、O同位素组成。碳酸盐岩中$\delta^{18}O$相对于$\delta^{13}C$更容易发生变化，沉积期后大气和热水流体的影响会使$\delta^{18}O$值明显降低，因此$\delta^{18}O$可以用来指示流体蚀变作用的强度，部分研究者建议将$\delta^{18}O_{PDB}>-10‰$或-11‰作为岩石是否经受明显的流体蚀变作用的界限（Derry *et al.*，1992；Kaufman *et al.* ,1993；Kaufman and Knoll，1995；冯洪真等，2000），认为岩石 $\delta^{18}O_{PDB}$大于该值才能代表原始 C、O 同位素组成。我们所研究的大理岩除辽河群外，其余 $\delta^{18}O$ 值均大于-10‰。

1. 辽河群大理岩 C、O 同位素

辽河群广泛出露在辽-吉地块，主要岩性为碎屑岩、碳酸盐岩、硅质岩、蒸发岩及部分火山岩和火山碎屑岩夹层，赋存有石墨、大理石、菱镁矿、滑石、硼矿、石棉、BIF 铁矿等多种沉积变质矿产及金、铅-锌、铀等多种金属矿床。不同的研究者对辽河群形成时代有不同认识，多数研究者认为其形成于 2.4～1.9Ga 或 2.3～1.9Ga（倪培，1991；陈从喜，2000；Chen and Cai，2000；Jiang *et al.* ，2004），我们通过对辽河群顶底层位的锆石 SHRIMP U-Pb 定年，认为辽河群的形成年龄可进一步限制在 2.2～1.8Ga（见第2章）。

辽河群大理岩采自艾海新兴滑石矿采场，出露为王家沟组条带状大理岩（40°46′21.1″N，122°53′33.1″E），剖面连续，采样时尽量选取受后期变形、变质影响比较小的岩石，从北到南（从老到新）依次采集样品 L69-1～L69-20，样品间距约 5m，采样位置示意如图 5.1 所示，测试 C、O 同位素数据见表 5.1，C、O 同位素变化趋势示意如图 5.2 所示。辽河群大理岩 $\delta^{13}C$ 变化于-1.02‰～3.14‰，大部分在 0.16‰～1.79‰，平均值为 1.07‰，高于海相碳酸盐岩的 $\delta^{13}C$ 平均值 0.5‰（Schidlowski *et al.* ，1976）。辽河群大理岩 $\delta^{18}O$ 变化于-17.2‰～-10.1‰，大部分在-13.4‰～-10.1‰，除异常低的两组数据，其余 20 组数据的均值为-11.9‰。

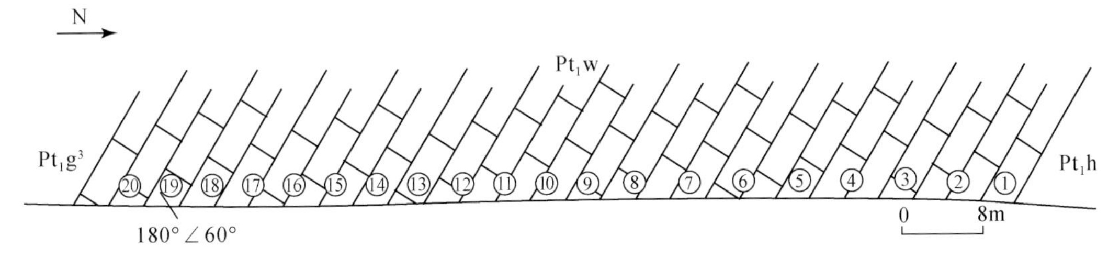

图 5.1 辽河群王家沟组大理岩样品采集位置示意图

Pt_1g^3. 高家峪组上段；Pt_1w. 王家沟组；Pt_1h. 华子峪组

由于沉积后的成岩、变质和热流体蚀变均可造成 $\delta^{13}C$ 和 $\delta^{18}O$ 的降低（Veizer *et al.* ，1976，1999；蒋少涌，1987，1988；Jiang *et al.* ，2004），王家沟组大理岩原始 $\delta^{13}C$ 和$\delta^{18}O$ 组成应该高于测试值，所以该测试结果可以反映出具有 $\delta^{13}C$ 的正向漂移。

2. 中条群大理岩 C、O 同位素

中条群大理岩样品采于沙金河西（35°16′51.4″N，111°36′21.5″E）余家山组大理岩中，大理岩呈灰白-浅粉色，部分层位含自形方柱石，局部见黑色条带状大理岩。在余家山组大理岩中从西到东（从老到新）依次采集 ZT49-1～ZT49-30 共 30 个 C、O 同位素样品，样品间隔约 10m，其中前 14 个样品在一个连续的剖面上，后 16 个样品越过第四系覆盖层向东移约 300m，在另一个连续的剖面上采集，采样位置示意如图 5.3 所示，测试 C、O 同位素数据见表 5.2，C、O 同位素变化趋势示意如图 5.4 所示。余家山组大理岩$\delta^{13}C$变

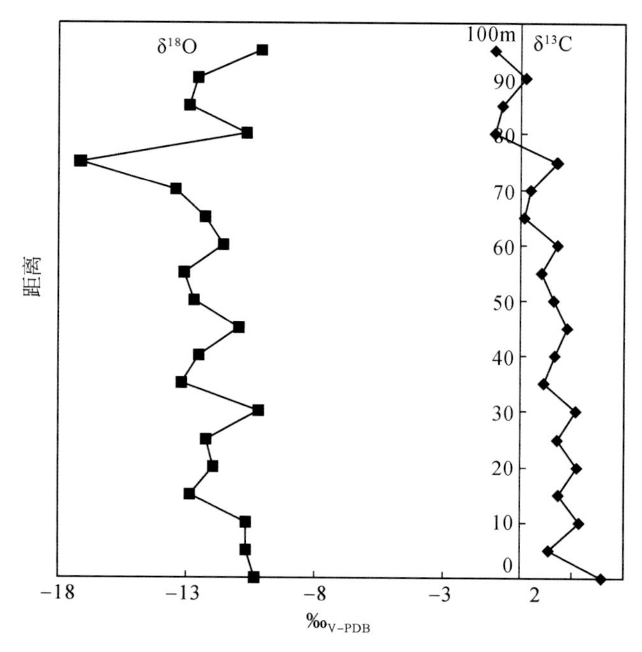

图 5.2 辽河群王家沟组大理岩 C、O 同位素变化趋势示意图

化于-0.2‰~0.8‰，大部分在0‰~0.3‰，前14个样品的 $\delta^{13}C$ 平均值为0.34‰，稍低于海相碳酸盐岩的 $\delta^{13}C$ 平均值0.5‰，后16个样品的 $\delta^{13}C$ 平均值为0.54‰，与海相碳酸盐岩的 $\delta^{13}C$ 平均值0.5‰基本一致。余家山组大理岩 $\delta^{18}O$ 变化于-7.9‰~-6.1‰，大部分在-7.3‰~-6.1‰，前14个样品的 $\delta^{18}O$ 平均值为-6.80‰，后16个样品的 $\delta^{18}O$ 平均值为-6.68‰，两个剖面上的 $\delta^{18}O$ 值没有明显差别。

表 5.2 中条群余家山组大理岩 C、O 同位素数据

样品号	$\delta^{13}C$/‰$_{V-PDB}$	$\delta^{18}O$/‰$_{V-PDB}$	样品号	$\delta^{13}C$/‰$_{V-PDB}$	$\delta^{18}O$/‰$_{V-PDB}$
ZT49-1	0.3	-6.6	ZT49-16	-0.2	-7.3
ZT49-2	0	-6.8	ZT49-17	0.5	-6.3
ZT49-3	0.1	-7.2	ZT49-18	0.7	-6.6
ZT49-4	0.4	-6.2	ZT49-19	0.6	-6.9
ZT49-5	0.4	-6.9	ZT49-20	0.7	-7.0
ZT49-6	0.4	-6.5	ZT49-21	0.8	-6.2
ZT49-7	0.1	-6.5	ZT49-22	0.6	-7.2
ZT49-8	0.4	-6.4	ZT49-23	0.4	-7.3
ZT49-9	0.4	-6.8	ZT49-24	0.6	-7.0
ZT49-10	0.7	-6.5	ZT49-25	0.4	-6.7
ZT49-11	0.2	-6.8	ZT49-26	0.5	-6.5
ZT49-12	0.2	-7.9	ZT49-27	0.6	-6.2
ZT49-13	0.7	-6.7	ZT49-28	0.7	-6.2
ZT49-14	0.5	-7.3	ZT49-29	0.6	-6.7
ZT49-15	0.6	-6.7	ZT49-30	0.6	-6.1

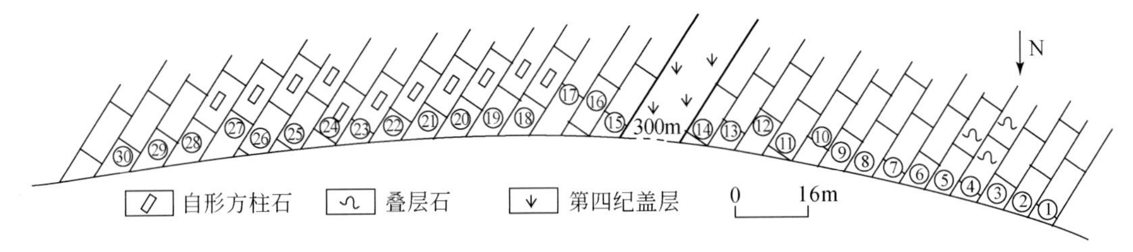

图 5.3 中条群余家山组大理岩样品采集位置示意图

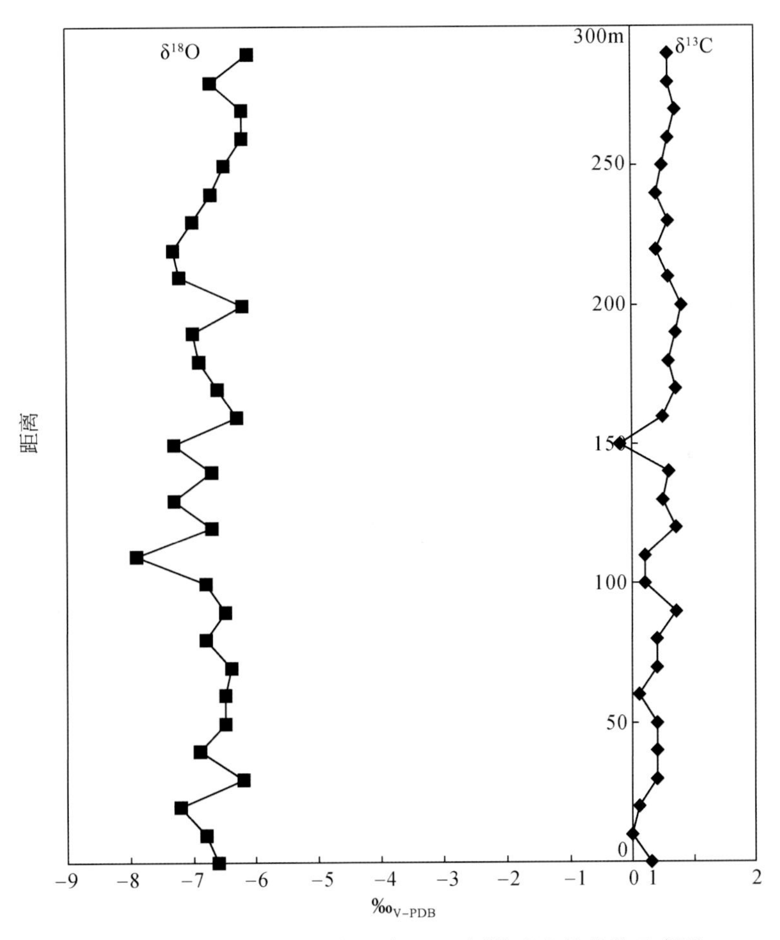

图 5.4 中条群余家山组大理岩 C、O 同位素变化趋势示意图

3. 湾子群大理岩 C、O 同位素

湾子群大理岩采自宋家口南（38°26′56.4″N，113°43′18.12″E），大理岩呈白色，发育层理，部分层位含有金云母，样品 F47-6 和 F47-7 的间距为 3m，F47-13 和 F47-14 的间距为 15m，其他样品间距为 5m。采样位置示意如图 5.5 所示，测试 C、O 同位素数据见表 5.3，C、O 同位素变化趋势示意如图 5.6 所示。湾子群大理岩 $\delta^{13}C$ 变化于 1.0‰～3.8‰，

平均值为2.65‰，明显高于海相碳酸盐岩的δ¹³C平均值0.5‰。其δ¹⁸O变化于-8.8%～-5.7‰，平均值为-6.97‰。

表5.3 湾子群宋家口南大理岩C、O同位素数据

样品编号	$\delta^{13}C/‰_{V-PDB}$	$\delta^{18}O/‰_{V-PDB}$	样品编号	$\delta^{13}C/‰_{V-PDB}$	$\delta^{18}O/‰_{V-PDB}$
F47-1a	3.338	-8.087	F47-9	3.155	-6.256
F47-1b	3.367	-8.011	F47-10	2.750	-7.059
F47-2	3.726	-6.576	F47-11a	2.498	-5.992
F47-3	3.369	-6.300	F47-11b	2.470	-6.014
F47-4	3.807	-5.702	F47-12	1.913	-7.207
F47-5	3.077	-6.583	F47-13	2.059	-6.791
F47-6	3.038	-6.588	F47-14	1.169	-7.336
F47-7	2.975	-6.770	F47-16	1.000	-7.790
F47-8	2.787	-7.585	F47-17	1.135	-8.750

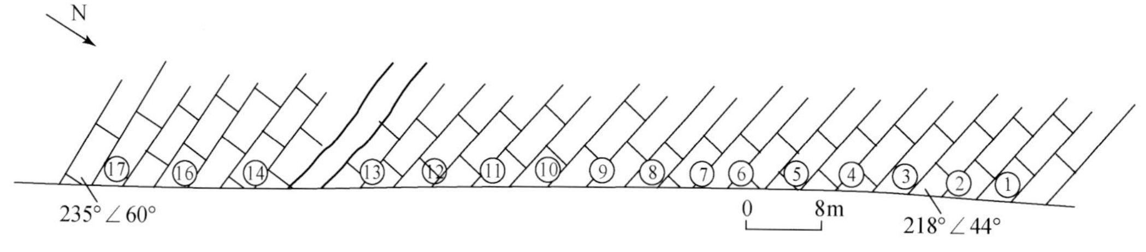

图5.5 湾子群宋家口南大理岩样品采集位置示意图

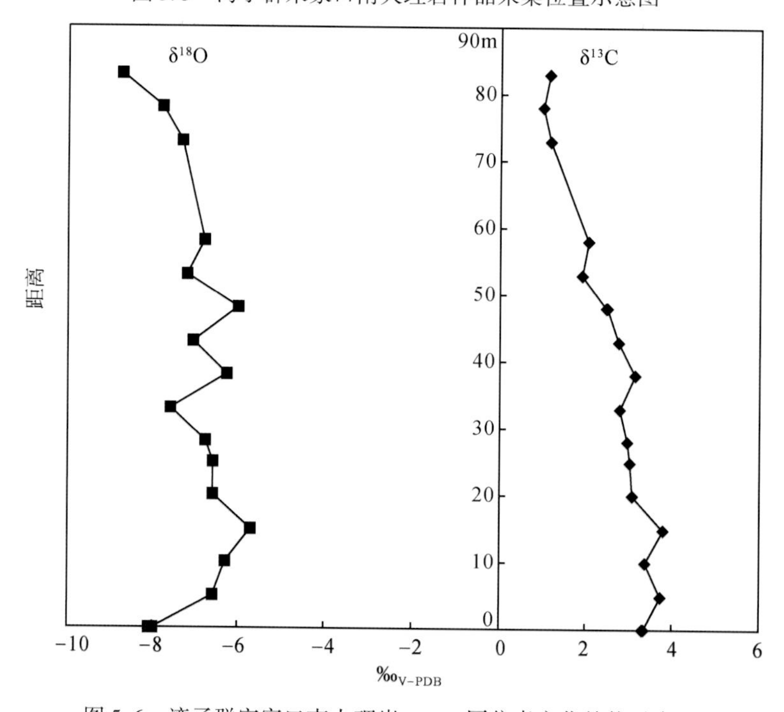

图5.6 湾子群宋家口南大理岩C、O同位素变化趋势示意图

4. 讨论

对显生宙以来海相碳酸盐岩的研究认为，在影响海相碳酸盐岩碳同位素变化的若干因素中，有机碳氧化与相对埋藏量是最重要的因素之一（黄思静，1997；李忠雄和管士平，2001）。由于有机碳往往富集^{12}C，当大量有机碳快速埋藏时，会造成自然界碳库以及与之平衡的海水中无机碳富集^{13}C，从而造成沉积碳酸盐岩的 $\delta^{13}C$ 发生正向漂移（沈渭洲和黄耀生，1987）。海洋有机碳的埋藏速率明显受海平面变化的控制（田景春和曾允孚，1995；沈渭洲等，1997），而影响海平面变化的主要因素是温度，温度升高海平面上升时，有机碳埋藏速率大，沉积碳酸盐岩 $\delta^{13}C$ 相应增加（李儒峰和刘本培，1996；李玉成，1998a，1998b；王鸿祯等，2000；彭苏萍等，2002），即 $\delta^{13}C$ 与海平面和温度具有正相关关系。

从辽河群王家沟组、中条群余家山组和湾子群宋家口剖面大理岩 C 同位素的分析结果来看，它们均形成于一个比较稳定而又相对波动的气候环境，大理岩沉积期间有海平面和气温旋回变化但没有突变事件。辽河群王家沟组从老到新存在弱的 C 同位素的负漂移，指示了该组在形成过程中气候有逐渐变冷的趋势；中条群余家山组从老到新存在很微弱的 C 同位素的正向漂移，指示了该组在形成过程中气候环境稳定，可能存在微弱的气候变暖趋势；湾子群宋家口剖面从老到新存在较明显的 C 同位素负向漂移，指示了该组形成过程中气候有较明显的变冷的趋势。

仅从这次工作来看，Jatulian 事件对我国古元古代地层的影响在湾子群宋家口大理岩中有反映，在中条群余家山组大理岩中没有反映，在辽河群王家沟组中的反映不确切。汤好书等（2008）通过对辽河群关门山组白云岩的研究认为存在明显的 $\delta^{13}C$ 正向漂移，即 Jatulian 事件在辽河群的部分层位有反映，因此可以推断 Jatulian 事件从空间上来看是一次影响广泛的全球性事件，从时间上来看是一次突变事件，对该事件之后的地层鲜有影响。

参考文献

白瑾 . 1959. 中条山前寒武纪地层及其对比简述 . 第一届全国地层会议论文
白瑾 . 1986. 五台山早前寒武纪地质 . 天津：天津科学技术出版社 . 1 ~ 475
白瑾，戴凤岩，颜耀阳 . 1993b. 中条山胡-篦型铜矿成矿区域地质背景 . 见：张德全，赵一鸣主编 . 大兴安岭及邻区铜多金属矿床论文集 . 北京：地震出版社 . 65 ~ 78
白瑾，高亚东，徐文燕等 . 1982. 初论五台山区五台群的构造变形 . 构造地质论丛，第 2 集 . 北京：地质出版社
白瑾，黄学光，戴凤岩等 . 1993a. 中国前寒武纪地壳演化 . 北京：地质出版社 . 1 ~ 230
白瑾，王汝铮，郭进京 . 1992. 五台山早前寒武纪重大地质事件及其年代 . 北京：地质出版社 . 1 ~ 65
白瑾，余致信，戴凤岩等 . 1997. 中条山前寒武纪地质 . 天津：天津科学技术出版社 . 143
陈斌，刘树文，耿元生等 . 2006. 吕梁-五台地区晚太古宙-古元古代花岗质岩石锆石 U-Pb 年代学和 Hf 同位素性质及其地质意义 . 岩石学报，22（2）：296 ~ 304
陈从喜 . 2000. 辽东早元古代镁质碳酸盐岩建造镁质非金属矿床成矿系统研究 . 北京：中国地质大学（北京）博士学位论文
陈曼云，金巍，郑常青 . 2009. 地质调查工作方法指导手册——变质岩鉴定手册 . 北京：地质出版社 . 1 ~ 232
陈荣度 . 1984. 一个早元古代裂谷盆地——辽东裂谷 . 辽宁地质，（2）：125 ~ 183
陈衍景，欧阳自远，杨秋剑等 . 1994. 关于太古宙-元古宙界线的新认识 . 地质论评，40（6）：483 ~ 488
陈衍景，杨秋剑，邓健等 . 1996. 地球演化的重要转折——2300Ma 时地质环境灾变的揭示及其意义：沉积物微量元素示踪地壳成分和环境及其演化的最新进展 . 地质地球化学，3：106 ~ 128
程裕淇 . 1987. 关于混合岩和混合岩化作用的一些问题——对半个世纪以来某些基本认识的回顾 . 中国地质科学院院报，第 16 号：5 ~ 19
程裕淇，沈其韩，刘国惠等 . 1963. 变质岩的一些基本问题和工作方法 . 北京：中国工业出版社 . 9 ~ 159
程裕淇，万渝生，高吉凤 . 2000. 河北平山小觉地区阜平群变质作用和深熔作用同位素年代研究的初步报道 . 地质学报，74（1）：30 ~ 38
程裕淇，杨崇辉，万渝生等 . 2004. 太行山中北段早前寒武纪地质和深熔作用对地壳岩石的改造 . 北京：地质出版社 . 1 ~ 191
邓军，孙忠实，王建平等 . 2003. 太古宙-元古宙过渡分界及成矿动力体制转换 . 地球科学，28（1）：87 ~ 96
第五春荣，孙勇，林慈銮等 . 2007. 豫西宜阳地区 TTG 质片麻岩锆石 U-Pb 定年和 Hf 同位素地质学 . 岩石学报，23（2）：253 ~ 262
第五春荣，孙勇，袁洪林等 . 2008. 河南登封地区嵩山石英岩碎屑锆石 U-Pb 年代学、Hf 同位素组成及其地质意义 . 科学通报，53（16）：1923 ~ 1934
董春艳，刘敦一，李俊建等 . 2007. 华北克拉通西部孔兹岩带形成时代新证据：巴彦乌拉-贺兰山地区锆石 SHRIMP 定年和 Hf 同位素组成 . 科学通报，52（16）：1913 ~ 1922
董申保等 . 1986. 中国变质作用及其与地壳演化的关系 . 北京：地质出版社 . 1 ~ 233
杜利林，杨崇辉，郭敬辉等 . 2010. 五台地区滹沱群底界时代：玄武安山岩 SHRIMP 锆石 U-Pb 定年 . 科学通报，55（3）：246 ~ 254
杜利林，杨崇辉，任留东等 . 2009. 山西五台山区滹沱群变质玄武岩岩石学、地球化学特征及其成因意义 . 地质通报，28（7）：867 ~ 876
杜利林，杨崇辉，王伟等 . 2011. 五台地区滹沱群时代与地层划分新认识：地质学与锆石年代学证据 .

岩石学报，27（4）：1037～1055
冯洪真，刘家润，施贵军．2000．湖北宜昌地区寒武系下奥陶统的碳氧同位素记录．高校地质学报，6（1）：106～115
高林志，张传恒，尹崇玉等．2008．华北古陆中、新元古代年代地层框架SHRIMP锆石年龄优化新依据．地球学报，29（3）：366～376
高林志，赵汀，万渝生等．2005．河南焦作云台山早前寒武纪变质基底锆石SHRIMP U-Pb年龄．地质通报，24（12）：1089～1093
高山，周炼，凌文黎等．2005．华北克拉通南缘太古-元古界线安沟群火山岩的年龄及地球化学．地球科学，30（3）：259～263
高维，张传恒，高林志等．2008．北京密云环斑花岗岩的锆石SHRIMP U-Pb年龄及其构造意义．地质通报，27（6）：793～798
高振家，陆松年．1999．关于震旦系的时限及划分．现代地质，13（2）：236
耿元生，沈其韩，任留东．2010．华北克拉通晚太古代末-古元古代初的岩浆事件及构造热体制．岩石学报，26（7）：1945～1966
耿元生，万渝生，沈其韩等．2000．吕梁地区早前寒武纪主要地质事件的年代格架．地质学报，74（3）：216～223
耿元生，万渝生，沈其韩．2002．华北克拉通早前寒武纪基性火山作用与地壳增生．地质学报，199～208
耿元生，万渝生，杨崇辉．2003．吕梁地区古元古代裂陷型火山作用及其地质意义．地球学报，24（2）：97～104
耿元生，万渝生，杨崇辉．2008．中国古元古界建系综合研究报告——吕梁地区古元古代主要地质事件的厘定和古元古代的初步划分．第三届全国地层委员会编．中国主要断代地层建阶研究报告（2001-2005）．北京：地质出版社．515～533
耿元生，杨崇辉，宋彪等．2004．吕梁地区18亿年的后造山花岗岩：同位素年代和地球化学制约．高校地质学报，10（4）：477～487
耿元生，杨崇辉，万渝生．2006．吕梁地区古元古代花岗岩浆作用——来自同位素年代学的证据．岩石学报，22（2）：305～314
耿元生，周喜文，王新社等．2009．内蒙古贺兰山地区古元古代晚期的花岗岩岩浆事件及其地质意义：来自同位素年代学的证据．岩石学报，25（8）：1830～1842
关鸣，孙敏，徐平．1998．阜平报告中几种不同类型片麻岩的锆石激光等离子体质谱年代学研究．岩石学报，14（4）：460～470
关平，王颖嘉．2009．全球古元古代碳同位素正异常的数据分析与成因评述．北京大学学报（自然科学版），45（5）：906～914
郭安林．1988．河南临汝安沟地区前嵩山群变质作用．西安地质学院学报，10（2）：8～17
郭敬辉，翟明国．2000．华北克拉通桑干地区高压麻粒岩变质作用的Sm-Nd年代学．科学通报，45（19）：2055～2061
郭敬辉，石昕，卞爱国等．1999．桑干地区早元古代花岗岩长石Pb同位素组成和锆石U-Pb年龄：变质与地壳熔融作用及构造-热事件演化．岩石学报，15（2）：199～207
郭敬辉，王松山，桑海清等．2001．变斑晶石榴石 $^{40}Ar/^{39}Ar$ 年龄谱的含义与华北高压麻粒岩变质时代．岩石学报，17（3）：436～442
郭敬辉，翟明国，许荣华．2002．华北桑干地区大规模麻粒岩相变质作用的时代：锆石U-Pb年代学．中国科学（D辑），32（1）：10～18
和政军，牛宝贵，张新元等．2011．北京密云元古宙常州沟组之下环斑花岗岩古风化壳岩石的发现及其

碎屑锆石年龄．地质通报，30（5）：798～802
河北地勘局第十三地质大队．1995. 1：5 万地质图及说明书（稻园幅，下平阳幅）
河北省地质矿产局．1989a. 河北省北京市天津市区域地质志．北京：地质出版社．16～30
河南省地质矿产局．1989b. 河南省区域地质志．北京：地质出版社．12～32
贺高品，叶慧文．1998. 辽东-吉南地区早元古代两种类型变质作用及其构造意义．岩石学报，14（2）：152～162
洪大卫，王式洸，韩宝福等．1995. 碱性花岗岩的构造环境分类及其鉴别标志．中国科学（B 辑），25（4）：418～426
洪大卫，王式洸，谢锡林等．2000. 兴蒙造山带正 $\varepsilon_{Nd}(t)$ 值花岗岩的成因和大陆地壳生长．地学前缘，7（2）：441～456
洪大卫，王式洸，谢锡林等．2003. 从中亚正 $\varepsilon_{Nd}(t)$ 值花岗岩看超大陆演化和大陆地壳生长关系．地质学报，77（2）：203～207
黄思静．1997. 上扬子地台区晚古生代海相碳酸盐岩的碳、锶同位素研究．地质学报，71（1）：45～53
吉林省地质矿产局．1988. 吉林省区域地质志．北京：地质出版社．1～597
姜春潮．1987. 辽吉东部前寒武纪地质．沈阳：辽宁科学技术出版社．1～229
蒋少涌．1987. 碳酸盐的碳氧同位素组成及其在矿床研究中的应用．辽宁地质学报，2：73～79
蒋少涌．1988. 辽宁青城子铅锌矿床氧、碳、铅、硫同位素地质特征及矿床成因．地质论评，34（6）：515～523
金文山，王汝铮，孙大中等．1996. 中国地层典——古元古界．北京：地质出版社．1～65
劳子强，王世炎．1999. 河南嵩山地区登封岩群研究的新进展．中国区域地质，18（1）：9～16
雷世和，胡胜军，赵占元等．1994. 河北阜平、赞皇变质核杂岩构造及成因模式．河北地质学院学报，17（1）：54～64
李怀坤，苏文博，周红英等．2011. 华北克拉通北部长城系底界年龄小于 1760Ma：来自密云花岗斑岩岩脉锆石 LA-ICP-MS U-Pb 年龄的约束．地学前缘，18（3）：108～120
李基宏，杨崇辉，杜利林．2004. 河北平山深熔伟晶岩锆石成因及 SHRIMP U-Pb 年龄，自然科学进展，14（7）：774～781
李基宏，杨崇辉，杜利林等．2005. 河北平山湾子群的时代：SHRIMP 锆石年代学证据．地质论评，51（2）：201～207
李江海，何文渊，钱祥麟．1997. 元古代基性岩墙群的成因机制．构造背景及其古板块再造意义．高校地质学报，3（3）：272～281
李江海，黄雄南，钱祥麟等．2001. 太古宙—元古宙界线研究现状．高校地质学报，7（1）：43～49
李江海，牛向龙，陈征等．2004. 太行山区深层次推覆构造的发现及其地质意义．自然科学进展，14（10）：1118～1127
李江海，牛向龙，程素华等．2006a. 大陆克拉通早期构造演化历史探讨：以华北为例．地球科学，31（3）：286～293
李江海，牛向龙，钱祥麟等．2006b. 五台山区太古宙/元古宙界线划分及其地球演化意义．大地构造与成矿学，30（4）：409～418.
李江海，钱祥麟，谷永昌．1998. 华北克拉通古元古代区域构造格架及其板块构造演化探讨．地球科学（中国地质大学学报），23（3）：230～235
李秋根，刘树文，王宗起等．2008. 中条山绛县群碎屑锆石 LA-ICP-MS U-Pb 测年及其地质意义．岩石学报，24（6）：1359～1368
李儒峰，刘本培．1996. 碳氧同位素与碳酸盐岩层序地层学关系研究——以黔南马平组为例．地球科学，

31 (3) : 261 ~ 266

李三忠，韩宗珠，刘永江等．2001. 辽河群区域变质特征及其大陆动力学意义．地质论评，47 (1)：9 ~ 18

李世麒．1964. 河高嵩山前寒武纪地层问题及豫西冰碛时代的初步探讨．地质学报，44 (2)：131 ~ 136

李曙光，Hart S R，郭安林等．1987. 河南中部登封群 Sm-Nd 同位素年龄及其构造意义．科学通报，(22)：1728-1731

李树勋，冀树楷，马志红等．1986. 五台山区变质沉积铁矿地质．长春：吉林科学技术出版社

李延河，侯可军，万德芳等．2010. 前寒武纪条带状硅铁建造的形成机制与地球早期的大气和海洋．地质学报，84 (9)：1359 ~ 1373

李玉成．1998a. 华南二叠系长兴阶层型剖面碳竣盐岩的碳氧同位素地层．地层学杂志，22 (1) : 36 ~ 41

李玉成．1998b. 华南晚二叠世碳酸盐岩碳同位素旋回对海平面变化的响应．沉积学报，16 (3) : 52 ~ 57

李忠雄，管士平．2001. 扬子地台西缘宁蒗泸沽湖地区志留系沉积旋回及锶、碳、氧同位素特征．古地理学报，3 (4)：69 ~ 76

刘昌实，陈小明，陈培荣等．2003. A 型岩套的分类、判别标志和成因．高校地质学报，9 (4)：573 ~ 591

刘敦一，佩吉 R W，康普斯顿 W 等．1984. 太行山区-五台山前寒武纪变质岩系同位素地质年代学研究．中国地质科学院院报，1：57 ~ 82

刘建忠，欧阳自远．2003. 区域地球化学不均一性起因初探——以吕梁-中条古元古代裂谷带为例．矿物岩石地球化学通报，22 (1)：1 ~ 7

刘树文，梁海华．1997. 太行山太古宙变质杂岩中富铝片麻岩的变质作用．岩石学报，13 (3)：303 ~ 312

刘树文，李江海，潘元明等．2002. 太行山-恒山太古代古老陆块：年代学和地球化学制约．自然科学进展，12 (8)：826 ~ 833

刘树文，梁海华，华永刚．1999. 太行山太古宙湾子岩系的流体与岩石平衡体系．北京大学学报（自然科学版），35 (2)：259 ~ 264

刘树文，梁海华，赵国春等．2000. 太行山早前寒武纪杂岩同位素年代学和地质事件．中国科学（D 辑），30 (1)：18 ~ 24

刘树文，舒桂明，潘元明等．2004. 电子探针独居石定年法及五台群的变质时代．高校地质学报，10 (3)：64 ~ 74

刘树文，张臣，刘超辉等．2007. 中条山-吕梁山前寒武纪变质杂岩的独居石电子探针定年研究．地学前缘，14 (1)：64 ~ 74

刘勇胜，高山，骆庭川．1998. 华北克拉通基性火山岩高场强元素对 Ar-Pt 界限及新生代地幔源区特征的示踪．地球科学（中国地质大学学报），23 (5)：469 ~ 474

刘勇胜，高山，王选策等．2004. 太古宙-元古宙界线基性火山岩 Nb/Ta 比值变化及其对地球 Nb/Ta 平衡的指示意义．中国科学（D 辑），34 (11)：1002 ~ 1014

陆松年．1998. 关于中国元古宙地质年代划分几个问题的讨论．前寒武纪研究进展，21 (4)：1 ~ 9

陆松年．1999. 中国前寒武纪地质年代划分再讨论．现代地质，3 (2)：195 ~ 196

陆松年．2002a. 关于我国前寒武纪研究中几个重点问题的分析．前寒武纪研究进展，25 (2)：65 ~ 72

陆松年．2002b. 关于中国新元古界划分几个问题的讨论．地质论评，48 (3)：242 ~ 248

陆松年．2006. 国际前寒武纪划分最新研究动态——国际前寒武纪地层分会 Fremantle 工作会议简介．地层学杂志，30 (2)：141 ~ 142

陆松年，李怀坤，王惠初等．2005a. 对国际地层委员会前寒武纪划分参考方案的简介及评述．地质论评，51 (2)：169 ~ 173

陆松年，王惠初，李怀坤．2005b. 解读国际地层委员会 2004 年前寒武纪地质年表及 2004 ~ 2008 年参考

方案．地层学杂志，29（2）：180～187
路孝平．2004. 通化地区古元古代构造岩浆事件．长春：吉林大学博士学位论文
马杏垣．1957. 关于河南嵩山地区的前寒武纪地层及其对比问题．地质学报，37（1）：12～31
马杏垣，蒋荫昌，蔚葆衡等．1957. 五台山区地质构造基本特征．北京：地质出版社
马杏垣，游振东，索书田．1981. 嵩山构造变形——重力构造解析．北京：地质出版社：1～176.
马杏垣，游振东，谭应佳等．1963. 中国东部前寒武纪大地构造发展的样式．地质学报，43：27～52
倪培．1991. 辽东半岛地质演化及金矿床的成因．南京：南京大学博士学位论文
牛树银，陈路，许传诗等．1994a. 太行山地区地壳演化及成矿规律．北京：地震出版社．1～90
牛树银，许传诗，国连杰等．1994b. 太行山变质核杂岩的特征及成因探讨．河北地质学院学报，17（1）：43～53
欧祥喜，马云国．2000. 龙岗古陆南缘光华岩群地质特征及时代探讨．吉林地质，19（3）：16～25
彭澎，翟明国．2002. 华北陆块前寒武纪两次重大地质事件的特征和性质．地球科学进展，17（6）：818～825
彭苏萍，何宏，邵龙义等．2002. 塔里木盆地 C-O 碳酸盐岩碳同位素组成特征．中国矿业大学学报，31（4）：353～357
彭勇民，潘桂棠，罗建宁．1999. 弧后盆地火山-沉积特征．岩相古地理，19（5）：65～72
任留东，王彦斌，杨崇辉等．2010. 麻山杂岩的变质-混合岩化作用和花岗岩活动．岩石学报，26（7）：2005～2014
任留东，杨崇辉，杜利林．2009a. 阜平杂岩长英质片麻岩中一些浅色体的地化性质及其地质意义．地质通报，28：857～866
任留东，杨崇辉，王彦斌等．2009b. 长英质高级片麻岩中夕线石的形成与变形-变质-深熔作用的关系——以南极拉斯曼丘陵区为例．岩石学报，25（8）：1937～1946
山西省地质矿产局．1989. 山西省区域地质志．北京：地质出版社．1～780
沈保丰，骆辉．1994. 华北陆台太古宙绿岩带金矿的成矿特征．华北地质矿产杂志，9（1）：87～96
沈其韩，耿元生，刘国惠等．1996. 中国地层典——太古宇．北京：地质出版社．1～74
沈其韩，耿元生，宋彪等．2005. 华北和扬子陆块及秦岭-大别造山带地表和深部太古宙基底的新信息．地质学报，79（5）：616～627
沈其韩，伍家善，耿元生．1999. 中国太古宙陆壳演化阶段划分．现代地质，13（2）：193～194
沈渭洲，黄耀生．1987. 稳定同位素地质．北京：原子能出版社：162～164
沈渭洲，方一亭，倪琦生等．1997. 中国东部寒武系与奥陶系界线地层的碳氧同位素研究．沉积学报，15（4）：38～42
宋彪，张玉海，万渝生等．2002. SHRIMP 样品靶制作、年龄测定及有关现象讨论．地质论评，48（增刊）：26～30
孙大中．1984. 冀东早前寒武纪地质．天津：天津科学技术出版社．108～114
孙大中，胡维兴．1993. 中条山前寒武纪年代构造格架和年代地壳结构．北京：地质出版社．1～107
孙大中，石世民．1959. 山西省中条山前寒武纪地质及构造．地质学报，39（3）：305～317
孙大中，李惠民，林源贤等．1991. 中条山前寒武纪年代学、年代构造格架和年代地壳结构模式的研究．地质学报，65（3）：216～231
孙德有，吴福元，高山等．2005. 吉林中部晚三叠世和早侏罗世两期铝质 A 型花岗岩的厘定及对吉黑东部构造格局的制约．地学前缘，12（2）：263～275
孙海田，葛朝华．1990. 中条山式热液喷气成因铜矿床．北京：北京科学技术出版社．1～135
孙海田，葛朝华，冀树楷．1990. 中条山地区前寒武纪地层同位素年龄及其意义．中国区域地质，1990（3）：237～248

孙继源，冀树楷，真允庆 . 1995. 中条裂谷铜矿床 . 北京：地质出版社 . 1 ~ 111
孙敏，关鸿 . 2001. 阜平杂岩年龄及其地质意义：兼论前寒武高级变质地体的定年问题 . 岩石学报，17 (1)：145 ~ 156
孙枢，张国伟，陈志明 . 1985. 华北断块南部前寒武纪地质演化 . 北京：冶金工业出版社 . 1 ~ 216
孙勇，魏晓立 . 1986. 从嵩阳运动到登封绿岩带-嵩山前寒武纪地质研究简史 . 西北大学学报，1 (16)：99 ~ 106
孙忠实，邓军，王建平等 . 2003 . 吉林古陆边缘新太古-古元古代过渡时期变质杂岩构造演化史 . 中国科学 (D 辑)，33 (8)：723 ~ 733
谭少华 . 1997. 山西中条群多期变形的厘定 . 矿产与地质，11 (4)：254 ~ 258
谭应佳，王方正，赵温霞 . 1993. 太行山阜平隆起南部早前寒武纪地质——兼论太古宙地质若干问题及研究方法 . 武汉：中国地质大学出版社 . 1 ~ 161
汤好书，陈衍景，武广等 . 2008. 辽北辽河群碳酸盐岩碳-氧同位素特征及其地质意义 . 岩石学报，24 (1)：129 ~ 138
唐国军，陈衍景，黄宝玲等 . 2004. 古元古代 $\delta^{13}C_{carb}$ 正漂移事件：2. 3Ga 环境突变研究的进展 . 矿物岩石，24 (3)：103 ~ 109
唐立忠 . 1996. 中条山西南段太古宙变质岩石单位的划分与对比 . 华北地质矿产杂志，11 (3)：463 ~ 468
唐先梅，刘树文 . 1997. 太行山北段晚太古宙变质杂岩伸展变形带的初步研究 . 北京大学学报 (自然科学版)，33：447 ~ 455
田景春，曾允孚 . 1995. 贵州二叠纪海相碳酸盐岩碳、氧同位素地球化学演化规律 . 成都理工学院学报，22 (1) ：78 ~ 82
田伟，刘树文，刘超辉等 . 2005. 中条山涑水杂岩中 T TG 系列岩石的锆石 SHRIMP 年代学和地球化学及其地质意义 . 自然科学进展，15 (12)：1476 ~ 1484
田永清 . 1991. 五台山-恒山绿岩带地质及金的成矿作用 . 太原：山西科技出版社 . 1 ~ 244
田永清，苗培森 . 1999. 中国古元古代年代地层再划分的若干问题与建议 . 现代地质，13 (2)：216 ~ 217
万渝生，吴澄宇 . 1997. 稀土元素地球化学与玄武质岩石的成因——应用与问题 . 见：张炳熹 . 岩石圈研究的现代方法 . 北京：地质出版社 . 215 ~ 228
万渝生，杨崇辉 . 2002. 河北平山小觉地区阜平岩群浅粒岩深熔作用的地球化学研究 . 岩石矿物学杂志，21 (4)：421 ~ 428
万渝生，耿元生，沈其韩等 . 2000. 孔兹岩系—山西吕梁地区界河口群的年代学和地球化学 . 岩石学报，16 (1)：49 ~ 58
万渝生，刘敦一，王世炎等 . 2009. 登封地区早前寒武纪地壳演化——地学化学和锆石 SHRIMP U-Pb 年代学制约 . 地质学报，83 (7)：982 ~ 999
万渝生，苗培森，刘敦一等 . 2010. 华北克拉通高凡群、滹沱群和东焦群的形成时代和物质来源：碎屑锆石 SHRIMP U-Pb 同位素年代学制约 . 科学通报，55 (7)：572 ~ 578
万渝生，张巧大，宋天锐 . 2003. 北京十三陵长城系常州沟组碎屑锆石 SHRIMP 年龄：华北克拉通盖层物源区及最大沉积年龄的限定 . 科学通报，48 (18)：1970 ~ 1975
王鸿祯，史晓颖，王训练等 . 2000. 中国层序地层研究 . 广州：广东科技出版社 . 353 ~ 394
王惠初，陆松年，赵风清等 . 2005. 华北克拉通古元古代地质记录及其构造意义，地质调查与研究，28 (3)：129 ~ 143
王集源，吴家弘 . 1984. 吉林省元古宇老岭群的同位素地质年代学研究 . 吉林地质，3 (1)：11 ~ 21
王凯怡，Wilde S A. 2002. 山西五台地区大洼梁花岗岩的 SHRIMP 锆石 U-Pb 精确年龄 . 岩石矿物等杂志，21 (4)：407 ~ 411

王凯怡，郝杰，Wilde S 等. 2000. 山西五台山-恒山地区晚太古代-早元古代若干关键地质问题的再认识：单颗粒锆石离子探针质谱年龄提出的地质制约. 地质科学，35：175～184
王凯怡，李继亮，郝杰等. 1997. 山西省五台山晚太古代镁铁质-超镁铁质岩：一种可能的古蛇绿混杂岩. 岩石学报，13（2）：139～151
王仁民，贺高品，陈珍珍等. 1987. 变质岩原岩图解判别法. 北京：地质出版社. 1～165
王彦斌，童英，王涛等. 2011. 西伯利亚克拉通东南缘 1.84 Ga 构造热事件——俄罗斯斯塔诺夫南带南缘混合岩化黑云斜长片麻岩锆石 U-Pb 年龄和 Hf 同位素记录. 岩石矿物学杂志，30（5）：873～882
王曰伦. 1952. 五台山五台纪地层新见. 地质学报，32（4）：325～353
王曰伦. 1960. 嵩山地质观察. 地质论评，20（5）：191～196
王岳军，范蔚茗，郭锋，等. 2003. 赞皇变质穹隆黑云母$^{40}Ar/^{39}Ar$年代学研究及其对构造热事件的约束. 岩石学报，19（1）：131～140
王泽九，黄枝高. 2006. 中国区域年代地层研究取得重要进展. 地质论评，52（6）：747～756
王植，闻广. 1957. 中条山斑岩铜矿. 地质学报，37（1）：401～415
吴昌华. 2007. 华北克拉通的变质沉积岩及其克拉通的构造划分. 高校地质学报，13（3）：442～457
吴昌华，李惠民，钟长汀等. 2000. 阜平片麻岩和湾子片麻岩的单颗粒锆石 U-Pb 年龄——阜平杂岩并非一统太古宙基底的年代学证据. 前寒武纪研究进展，23（3）：129～139
吴昌华，钟长汀，陈强安. 1997. 晋蒙高级地体孔兹岩系的时代. 岩石学报，13（3）：289～302
吴福元，孙德有，林强. 1999. 东北地区显生宙花岗岩的成因与地壳增生. 岩石学报，15（2）：181～189
伍家善，耿元生，沈其韩等. 1998. 中朝古大陆太古宙地质特征及构造演化. 北京：地质出版社. 1～211
伍家善，耿元生，徐惠芬等. 1989. 阜平群变质地质. 中国地质科学院地质研究所所刊，19：219
伍家善，刘敦一，耿元生. 2008. 中国古元古界滹沱群建系综合研究报告——滹沱群地质年代格架和重大地质事件序列见：第三届全国地质委员会编. 中国主要断代地层建阶研究报告（2001～2005）. 北京：地质出版社. 534～544
伍家善，刘敦一，金龙国. 1986. 五台山区滹沱群变质基性熔岩中锆石 U-Pb 年龄. 地质论评，32（2）：178～185
肖玲玲，王国栋. 2011. 赞皇变基性岩中锆石的 U-Pb 定年及其地质意义. 岩石矿物学杂志，30（5）：781～794
肖玲玲，蒋宗胜，王国栋等. 2011. 赞皇前寒武纪变质杂岩区变质反应结构与变质作用 *P-T-t* 轨迹. 岩石学报，27（4）：980～1002
薛良伟，原振雷，冯有利. 1996. 河南箕山登封群单颗粒锆石$^{207}Pb/^{206}Pb$同位素年代学研究. 地质论评，42（1）：71～75
薛良伟，原振雷，赵太平等. 2005. 河南箕山登封岩群变质中基性火山岩的地球化学及年代学研究. 地球化学，34（1）：57～65
薛良伟，张天义，徐莉等. 2004. 登封群的定年及其划分问题的探讨. 地球学报，25（2）：229～234
颉颃强，刘敦一，殷小艳等. 2013. 甘陶河群形成时代和构造环境：地质、地球化学和锆石 SHRIMP 定年. 科学通报，58（1）：75～85
徐朝雷，徐有华，张忻. 1994. 中条山变质岩系的层序和年代讨论. 中国区域地质，1994（3）：268～273
徐朝雷，朱关祥，檀伊洛等. 2008. 吕梁山区前寒武系地层划分评述. 地质论评，54（4）：459～465
徐勇航，赵太平，彭澎等. 2007. 山西吕梁地区古元古界小两岭组火山岩地球化学特征及其地质意义. 岩石学报，23（5）：1123～1132
杨崇辉，杜利林，任留东等. 2011a. 河北赞皇地区许亭花岗岩的时代及成因：对华北克拉通中部带构造演化的制约. 岩石学报，27（4）：1003～1016

杨崇辉，杜利林，任留东等．2011b．赞皇杂岩中太古代末期营等钾质花岗岩的成因及动力学背景．地学前缘，18（2）：62～78

杨崇辉，杜利林，万渝生等．2004．河北平山英云闪长质片麻岩锆石 SHRIMP 年代学．高校地质学报，10（4）：514～522

杨振升，李树勋，冀树楷 1980．试论台怀运动．长春地质学院学报，（4）：1～17

杨振升，李树勋，冀树楷 1982．五台群的解体与台怀运动的建立．构造地质论丛，第 2 集．北京：地质出版社

游振东，钟增球，汤中道等．1996．混合岩中斜长石的交代净边结构和倒转双晶研究——以大别罗田黄土岭长英片麻岩为例．地球科学（中国地质大学学报），21：513～518

于津海，王赐银，赖鸣远等．1999．山西古元古代吕梁群变质带的重新划分及地质意义．高校地质学报，5（1）：66～75

于津海，王德滋，耿建华．1998．一个古元古代型流纹岩．地球化学，27（6）：549～558

于津海，王德滋，王赐银等．1997a．山西吕梁群和主要变质作用的锆石 U-Pb 年龄．地质论评，43（4）：403～408

于津海，王德滋，王赐银．1997b．山西吕梁群早元古代双峰式火山岩地球化学特征及成因．岩石学报，13（1）：59～70

于津海，王德滋，王赐银等．2004．山西吕梁山中段元古代花岗质岩浆活动和变质作用．高校地质学报，10（4）：500～513

翟明国．2004．华北克拉通 2.1～1.7Ga 地质事件群的分解和构造意义探讨．岩石学报，20（6）：1343～1354

翟明国．2006．新太古代全球克拉通事件与太古宙-元古宙分界的地质涵义．大地构造与成矿学，30（4）：419～421

翟明国，卞爱国．2000．华北克拉通新太古代末超大陆拼合及古元古代末-中元古代裂解．中国科学（D 辑），30（增刊）：129～137

翟明国，彭澎．2007．华北克拉通古元古代构造事件．岩石学报，23（11）：2665～2682

翟明国，郭敬辉，赵太平．2001．新太古—古元古代华北陆块构造演化的研究进展．前寒武纪研究进展，24（1）：17～27

张伯声．1951．嵩阳运动和嵩山区的五台系．地质论评，16（1）：79～81

张伯声．1958．中条山的前寒武系及其大地构造发展．西北大学学报，2：1～19

张传恒，张世红．1998．弧前盆地研究进展综述．地质科技情报，17（4）：1～7

张春华，王启超，高明文等．1990．河北早前寒武纪变质作用．北京：地质出版社．1～178

张尔道．1954．河南嵩山前寒武纪地层．地质学报，34（2）：197～208

张国伟．1988．华北地块南部早前寒武纪地壳的组成及其演化和秦岭造山带的形成及其演化．西北大学学报，18（1）：21～23

张国伟，周鼎非，周立法．1982．嵩箕地区前嵩山群古构造基本特征．西北大学学报（前寒武纪地质专辑）：2～22

张建中，苗培森，张振福．1997．吕梁山区早元古代地层层序探讨．华北地质矿产杂志，12（1）：1～8

张旗，王焰，李承东等．2006．花岗岩的 Sr-Yb 分类及其地质意义．岩石学报，22（9）：2249～2269

张秋生．1988．辽东半岛早期地壳与矿床．北京：地质出版社．1～254

张秋生，李守义．1985．辽吉岩套——早元古宙的一种特殊优地槽相杂岩．长春地质学院学报．15（1）：1～12

张寿广，金龙国，肖庆辉．1983．阜平太古宙穹状复合褶皱群的构造样式及变形史．中国区域地质，6（4）：97～110

张西平，万渝生，杨崇辉．2003．河北阜平平阳片麻状奥长花岗岩的地质和岩相学特征．中国地质，30：61～71

张兆琪，薛文彦，柴金钟等．2003．中条山西南段基底岩系的地质特征．地质调查与研究，26（4）：193～199

章森桂，严惠君．2005．“国际地层表”与GSSP．地层学杂志，29（2）：188～204

赵风清．1989．山西中条山涑水杂岩中花岗质岩石地球化学．前寒武纪地质，No.4，北京：地质出版社．185～189

赵风清．1994．山西中条山涑水杂岩中冷口变质火山岩的地球化学和构造环境．西安地质学院学报，16（2）：27～33

赵风清．1997．山西中条山地区北峪奥长花岗岩的同位素年龄和同位素地球化学特征．前寒武纪研究进展，20（1）：44～50

赵风清，唐敏．1994．山西中条山地区北峪奥长花岗岩的地球化学．华北地质矿产杂志，9（3）：271～280

赵风清，李惠民，左义成等．2006．晋南中条山古元古代花岗岩的锆石U-Pb年龄．地质通报，25（4）：442～447

赵风清，林源贤，李惠民等．1992．山西中条山北段涑水杂岩地质及年代学新证据．山西地质，7（4）：423～433

赵国春，孙敏，Wilde S A．2000．华北克拉通基底构造单元特征及早元古代拼合．中国科学（D辑），32（7）：538～549

赵宗溥．1954．中国前寒武纪地层问题．地质学报，34（2）：169～195

赵宗溥．1956．关于中国滹沱系与震旦系问题．地质学报，36（1）：81～93

赵祖斌，高山，骆庭川等．2000．华北克拉通碎屑沉积岩地球化学：异常太古宙-元古宙界线的初步研究．地学前缘，7（2）：431～439

真允庆．1997．论中条裂谷铜矿床的形成时代．桂林工学院学报，17（4）：307～315

真允庆．2001．中条山北峪奥长花岗岩地质学及其地质年代学．桂林工学院学报，21（4）：309～317

真允庆，杜继盛，刘丽玲等．1993．中条裂谷与落家河铜矿床．武汉：中国地质大学出版社．96～99

中国地层委员会．2001．中国地层指南说明书（修订版）．北京：地质出版社．1～59

中条山铜矿地质编写组．1978．中条山铜矿地质．北京：地质出版社．190

钟长汀，邓晋福，万渝生等．2007．华北克拉通北缘中段古元古代造山作用的岩浆记录：S型花岗岩地球化学特征及锆石SHRIMP年龄．地球化学，36（6）：633～637

Wilde S A，赵国春，王凯怡等．2003．五台山滹沱群SHRIMP锆石U-Pb年龄：华北克拉通早元古代拼合新证据．科学通报，48（20）：2180～2186

Amelin Y，Lee D C，Halliday A N．2000．Early-middle Archean crustal evolution deduced from Lu-Hf and U-Pb isotopic studies of single zircon grains．Geochimica et Cosmochimica Acta，64（24）：4205～4225

Andersen T．2005．Detrital zircons as tracers of sedimentary provenance：Limiting conditions from statistics and numerical simulation．Chemical Geology，216：249～270

Arculus R J，Lapierrre H，Jaillard E．1999．Geochemical window into subduction and accretion processes：Raspas metamorphic complex，Ecuador．Geology，27：547～550

Atherton M P，Petford N．1993．Generation of sodium-rich magmas from newly underplated basaltic crust．Nature，362：144～146

Avchenko O V，Frost B R，Chamberlain K R，*et al.* 2001．Evidence for Extensive Proterozoic Remobilization of the Aldan Shield and Implication for Proterozoic Plate Tectonic Reconstructions of Siberia and Laurentia．GondwanaResearch，4：566～567

Barker F, Arth J G. 1976. Generation of trondhjemitic-tonalitic liquids and Archaean bimodal Trondhjemites-basatt suites. Geology, 4: 596 ~ 600

Baumgartner L P, Clemens R M, Putlitz B, *et al.* 2001. Fluid and melt movement in contact aureoles. 11th Annual Goldschmidt Conference

Bievre D P, Taylor P D. 1993. Table of the isotopic compositions of the elements. International Journal of Mass Spectrometry and Ion Process, 123 (2): 149 ~ 166

Black L P, Kamo S L, Allen C M, *et al.* 2003. TEMORA 1: A new zircon standard for Phanerozoic U-Pb geochronology. Chemical Geology, 200: 155 ~ 170

Bleeker W. 2004. Towards a 'natural' time scale for the Precambrian-A Proposal. Lethaia, 37: 219 ~ 222

Bonin B. 2007. A-type granites and related rocks: Evolution of a concept, problems and prospects. Lithos, 97: 1 ~ 29

Bonin B, Azzouni-Sekkal A, Bussy F, *et al.* 1998. Alkali-calcic and alkaline post-orogeic (PO) granite magmatism: Petrologic constraints and geodynamic setting. Lithos, 45: 45 ~ 70

Brown M. 2007. Crustal melting and melt extraction, ascent and emplacement in orogens: mechanisms and consequences. Journal of the Geological Society, 164: 709 ~ 730

Büsch W, Schneider G, Mehnert K R. 1974. Initial melting at grain boundaries. Part II. Melting in rocks of granodioritic, quartz dioritic and tonalitic composition. Neues Jahrbuch Für Mineralogie Monatshefte, 8: 345 ~ 370

Carson C J, Powell P, Wilson C J L, *et al.* 1997. Partial melting during tectonic exhumation of a granulite terrane: an example from the Larsemann Hills, East Antarctica. Journal of Metamorphic Geology, 15: 105 ~ 126

Cawood PA, Wilde S A, Wang K Y, *et al.* 1998. Application of integrated field mapping and SHRIMP U-Pb geochronology to subdivision of precambrian in China: Constraints from the Wutaishan. Abstracts of ICOG-9. Chinese Science Bulletin, 43: 17

Chen B, Liu S W, Geng Y S, *et al.* 2006. Zircon U-Pb ages, Hf isotopes and significance of the late Archean-Paleoproterozoic granitoids from the Wutai-Lüliang terrain, North China. Acta Petrologica Sinica, 22 (2): 296 ~ 304

Chen C X, Cai K Q. 2000. Minerogenic system of magnesian nonmetallic deposits in Early Proterozoic Mg-rich carbonate formations in eastern Liaoning Province. Acta Geologica Sinica, 74: 623 ~ 631

Chen G N, Grapes R. 2007. Granite Genesis: In-situ Melting and Crustal Evolution. Netherlands: Springer. 278

Cheng Y Q, Wan Y S, Gao J F. 2000. Preliminary study on the isotopic age of metamorphism and anatexis of the Fuping Group of the environs of Xiaojue, Pingshan County, Hebei Province. Acta Geologica Sinica, 74 (1): 30 ~ 38

Chu N C, Taylor R N, Chavagnac V, *et al.* 2002. Hf isotope ratio analysis using multi-collector inductively coupled plasma mass spectrometry: An evaluation of isobaric interference corrections. Journal of Analytical Atomic Spectrometry, 17: 1567 ~ 1574

Clemens J D. 1984. Water contents of intermediate to silicic magmas. Lithos, 17: 273 ~ 287

Collins W J, Beams S D, White A J R, *et al.* 1982. Nature and origin of A-type granites with particular reference to Southeastern Australia. Contrib Mineral Petrol, 80: 189 ~ 200

Condie K C. 2002. Continental growth during a 1.9 Ga superplume event. Journal of Geodynamics, 34: 249 ~ 264

Condie K C, Belousova E, Griffin W L, *et al.* 2009. Granitoid events in space and time: Constraints from igneous and detrital zircon age spectra. Gondwana Research, Special Issue: Supercontinent Dynamics, 15: 228 ~ 242

Darby B J, Gehrels G. 2006. Detrital zircon reference for the North China Block. Journal of Asian Earth Sciences, 26: 637 ~ 648

Defant M J, Drummond M S. 1990. Derivation of some modern arc magmas by melting of young subducted lithosphere. Nature, 347: 662 ~ 665

Defant M J, Xu J, Kepezhinskas P, *et al*. 2002. Adakites: some variations on a theme. Acta Geologica Sinica, 18: 129 ~ 142

Derry L A, Kaufaman A J, Jacobsen S B. 1992. Sedimentary cycling and environmental change in the Late Proterozoic: evidence from stable and radiogenic isotopes. Geochimica et Cosmochimica Acta, 56: 1317 ~ 1329

Dickinson W R, Beard L S, Brakenridge G R, *et al*. 1983. Provenance of North American Phanerozoic sandstones in relation to tectonic setting. Geological Society of America Bulletin, 94: 222 ~ 235

Dickinson W R. 1995. Forearc basins. In: Busby C J, Ingersoll R V (eds). Tectonics of Sedimentary Basins. Cambridge Massachusetts: Blackwell Science. 211 ~ 261

Eby G N. 1990. The A-type granitoids: A review of their occurrence and chemical characteristics and speculations on their petrogenesis. Lithos, 26: 115 ~ 134

Escuder V J. 1999. Hornblende-bearing leucosome development during syn-orogenic crustal extension in the Tormes Gneiss Dome, NW Iberian Massif, Spain. Lithos, 46: 751 ~ 772

Faure M, Trap P, Lin W, *et al*. 2007. Polyorogenic evolution of the Paleoproterozoic Trans-North China Belt, new insights from the Lüliangshan-Hengshan-Wutaishan and Fuping massifs. Episodes, 30: 96 ~ 107

Gao S, Rudnick R L, Xu W L, *et al*. 2008. Recycling deep cratonic lithosphere and generation of intraplate magmatism in the North China Craton. Earth and Planetary Science Letters, 270: 41 ~ 53

Gao S, Rudnick R L, Yuan H L, *et al*. 2004. Recycling lower continental crust in theNorth China craton. Nature, 432: 892 ~ 897

Geng Y S, Du L L, Ren L L. 2012. Growth and reworking of the early Precambrian continental crust in the North China Craton: Constraints from zircon Hf isotopes. Gondwana Research, 21 (2-3): 517 ~ 529

Geng Y S, Yang C H, Wan Y S. 2006. Paleoproterozoic granitic magmatism in the Lliang area, North China Craton: constraint from isotopic geochronology. Acta Petrologica Sinica, 22 (2): 305 ~ 314

Geng Y S, Zhou X W, Wang X S, *et al*. 2009. Late-Paleoproterozoic granite events and their geological significance in Helanshan area, Inner Mongolia: evidence from geochronology. Acta Petrologica Sinica, 25 (8): 1830 ~ 1842

Gradstein F M. 2010. Improving the Geologic Time Scale. Geophysical Research Abstracts, 12: EGU2010-8748-2

Gradstein F M, Ogg J G, Smith A G, *et al*. 2004. A new Geologic Time Scale, with special reference to Precambrian and Neogene. Episodes, 27 (2): 83 ~ 100

Grant M L, Wilde S A, Wu F Y, *et al*. 2009. The application of zircon catholuninescence imaging, Th-U-Pb chemistry and U-Pb ages in interpreting discrete magmatic and high-grade metamorphic events in the North China Craton at the Archean/Proterozoic boundary. Chemical Geology, 261: 155 ~ 171

Griffin W L, Pearson N J, Belousova E, *et al*. 2000. The Hf isotope composition of cratonic mantle: LAM-MC-ICP-MS analysis of zircon megacrysts in kimberlites. Geochim Cosmochim Acta, 64: 133 ~ 147

Guan H. 2000. The Fuping Complex and Its Significance in Early Precambrian Crustal Evolution of Sino-Korean Craton. Hong Kong: PhD thesis, The University of Hong Kong. 223

Guan H, Sun M, Wilde S A, *et al*. 2002. SHRIMP U-Pb zircon geochronology of the Fuping Complex: implications for formation and assembly of the North China craton. Precambrian Research. 113: 1 ~ 18

Harland W B, Armstrong R L, Cox A V, *et al*. 1990. A Geologic Time Scale 1989. London: Cambridge University Press. 1 ~ 263

Harland W B, Cox A V, Llewellyn P G, *et al*. 1982. A Geologic Time Scale. Cambridge: Cambridge Press. 1 ~ 131

Hasalová P, Schulmann K, Lexa O, *et al.* 2008a. Origin of migmatites by deformation-enhanced melt infiltration of orthogneiss: a new model based on quantitative microstructural analysis. Journal of Metamorphic Geology, 26: 29 ~ 53

Hasalová P, Štípská P, Powell R, *et al.* 2008b. Transforming mylonitic metagranite by open-system interactions during melt flow. Journal of Metamorphic Geology, 26: 55 ~ 80

Hasalovά P, Štípskά P, Powell R, *et al.* 2006. The role of melt infiltration in the formation of migmatitic orthogneiss. Geolines, 20: 48 ~ 49

Hibbard M J. 1987. Deformation of incompletely crystallized magma systems: granitic gneisses and their tectonic implications. Journal of Geology, 95: 543 ~ 561

Hou Z Q, Gao Y F, Qu X M, *et al.* 2004. Origin of adakitic intru-sives generated during mid-Miocene east-west extension in south-ernTibet. Earth and Planetary Science Letters, 220: 139 ~ 155

Jahn B M, Gruau G, Capdevila R, *et al.* 1998. Archean crustal evolution of the Aldan Shield, Siberia: geochemical and isotopic constraints. Precambrian Research, 91: 333 ~ 363

Jahn B M, Wu F Y, Chen B. 2000. Granitoids of the central Asian orogenic belt and continental growth in the Phanerozoic. Transactions of the Royal Society of Edinburgh: Earth Sciences, 91: 181 ~ 193

Jahn B M, Wu F Y, Lo C H, *et al.* 1999. Crust-mantle interaction induced by deep subduction of the continental crust: Geochemical and Sr-Nd isotopic evidence from post-collisional mafic-ultramific intrusions of the northern Dabei complex, central China. Chemical Geology, 157: 119 ~ 146

Jahn B M, Zhou X H, Li J L. 1990. Formation and tectonic evolution of southeasternChina and Taiwan: Isotopic and geochemical constraints. Tectonophysics, 183: 145 ~ 160

Jayananda M, Chardon D, Peucat J J, *et al.* 2006. 2.61Ga potassic granites and crustal reworking in the western Dharwar craton, southernIndia: Tectonic, geochronologic and geochemical constraints. Precambrian Research, 150: 1 ~ 26

Jiang N, Liu Y S, Zhou W G, *et al.* 2007. Derivation of Mesozoic adakitic magmas from ancient lower crust in the North China craton. Geochim Cosmochim Acta, 71: 2591 ~ 2608

Jiang S Y, Chen C X, Chen Y Q, *et al.* 2004. Geochemistry and genetic model for the giant magnesite deposits in the eastern Liaoning Province, China. Acta Petrologic Sinica, 20 (4): 765 ~ 772

Johannes W, Holtz F. 1996. Petrogenesis and Experimental Petrology of Granitic Rocks. Berlin: Springer: 335

John B M, Aavary B, Shen Q H, *et al.* 1988. Archean Crustal evolution in China: The Taishan complex, and evidence for jurenile crustal from long-term depleted mantle. Precambrian Research, 38: 381 ~ 403

Jung S, Hoernes S, Mezger K. 2000a. Geochronology and petrogenesis of Pan-African, syn-tectonic, S-type and post-tectonic A-type granite (Namibia): products of melting of crustal sources, fractional crystallization and wall rock entrainment. Lithos, 50: 259 ~ 287

Jung S, Hoernes S, Mezger K. 2000b. Geochronology and petrology of migmatites from the Proterozoic Damara Belt-importance of episodic fluid-present disequilibrium melting and consequences for granite petrology. Lithos, 51: 153 ~ 179

Jung S, Mezger K, Masberg P, *et al.* 1998. Petrology of an intrusion-related high-grade migmatite-implications for partial melting of metasedimentary rocks and leucosome-forming processes. Journal of Metamorphic Geology, 16: 425 ~ 445

Jurewicz S R, Watson E B. 1984. Distribution of partial melt in a felsic system: the importance of surface energy. Contributions to Mineralogy and Petrology, 85: 25 ~ 29

Karhu J A, Holland H D. 1996. Carbon isotopes and the rise of atmospheric oxygen. Geology, 24: 867 ~ 870

Kaufman A J, Knoll A H. 1995. Neoproterozoic variations in the C isotope composition of seawater: stratigraphic and biogeochemical implications. Precambrian Research, 73: 27 ~ 49

Kaufman A J, Jacobsen S R, Knoll A H. 1993. The Vendian record of Sr and C isotopic variations in seawater: implications for tectonics and paleoclimate. Earth and Planetary Science Letters, 120: 409 ~ 430

Kelemen P B, Hangh J K, Greene A R. 2003. One view of the Geochemistry of subduction-related magmatic arcs, with an emphasis on primitive andesite and lower crust. In: Rudnick R L (ed). Treatise on Geochemistry. 3: 593 ~ 659

Kelemen P B, Johunson K T M, Kinzler R J, *et al.* 1990. High field-strength element depletions in arc basalts due to mantle-magma interaction. Nature, 345: 521 ~ 523

Kepezhinskas P K, Defant M J, Drummond M S. 1995. Na-metasomatism in the island arc mantle by slab melt-peridotite interaction: evidence from mantle xenoliths in the north Kamchatka arc. Journal of Petrology, 36: 1505 ~ 1527

Kriegsman L M. 2001. Partial melting, partial melt extraction and partial back reaction in anatectic migmatites. Lithos, 56: 75 ~ 96

Kröner A, Layer P W. 1992. Crust formation and plate motion on the early Archean. Science, 256: 1405 ~ 1411

Kröner A, Compston W, Zhang G W, *et al.* 1988. Age and tectonic setting of late Archaean greenstone-gneisses terrain in Henan Province, China, as revealed by single-grain zircon dating. Geology, 16: 211 ~ 215

Kröner A, Wilde S A, Li J H, *et al.* 2005. Age and evolution of a late Archean to Paleoproterozoic upper to lower crustal section in the Wutaishan/Hengshan/Fuping terrain of northern China. Journal of Asian Earth Science, 24: 577 ~ 595

Kusky T M, Li J H. 2003. Paleoproterozoic tectonic evolution of the North China Craton. Journal of Asian Earth Sciences, 22: 383 ~ 397

Kusky T M, Li J H, Santosh M. 2007. The Paleoproterozoic NorthHebei Orogen: North China Craton's collisional suture with the Columbia Supercontinent. Gondwana Research, 12: 4 ~ 28

Lahtinen R, Korja A, Nironen M, *et al.* 2009. Palaeoproterozoic accretionary processes in Fennoscandia. Geological Society, London, Special Publications, 318: 237 ~ 256

Li H K, Li H M, Lu S N. 1995. Grain zircon U-Pb age for volcanic rocks from Tuanshanzi Formation of Changcheng System and their geological implication. Geochimica, 24: 43 ~ 48

Li J H, Kusky T. 2007. A late Archean foreland fold and thrust belt in the North China Craton: Implications for early collisional tectonics. Gondwana Research, 12: 47 ~ 66

Liu C H, Zhao G C, Sun M, *et al.* 2011. U-Pb and Hf isotopic study of detrital zircons from the Yejishan Group of the Lüliang Complex: Constraints on the timing of collision between the Eastern and Western Blocks, North China Craton. Sedimentary Geology, 236: 129 ~ 140

Liu D Y, Wilde S A, Wan Y S, *et al.* 2009. Combined U-Pb, hafnium and oxygen isotope analysis of zircons from meta-igneous rocks in the southern North China Craton reveal multiple events in the Late Mesoarchean-Early Neoarchean. Chemical Geology, 261: 140 ~ 154

Liu D, Page Y, Compston R W, *et al.* 1985. U-Pb zircon geochronology of late Archean metamorphic rocks in the Taihangshan-Wutaishan area, North China. Precambrian Research, 27: 85 ~ 109

Liu S W, Li Q G, Liu C H, *et al.* 2009. Guandishan granitoids of the Paleoproterozoic Lüliang metamorphic complex in the Trans-North China orogen: SHRIMP zircon ages, petrogenesis and tectonic implications. Acta Geologica Sinica, 83 (3): 580 ~ 602

Liu S W, Liang H H, Zhao G C, *et al.* 2000. Isotopic chronology and geological events of Precambrian complex in Taihangshan region. Science in China (Series D), 43 (4): 386 ~ 393

Liu S W, Pan Y M, Li J H, *et al.* 2002. Geological and isotopic geochemical constraints on the evolution of the Fuping Complex, North China Craton. Precambrian Research, 117: 41 ~ 56

Liu S W, Pan Y M, Xie Q, *et al.* 2005. Geochemistry of the Paleoproterozonic Nanying granitic gneisses in the Fuping Complex: implications for the tectonic evolution of the Central Zone, North China Craton. Journal of Asian Earth Sciences, 24: 643 ~ 658

Liu S W, Zhao G C, Wilde S A, *et al.* 2006. Th-U-Pb monazite geochronology of the Lüliang and Wutai Complexes: Constraints on the tectonothermal evolution of the Trans-North China Orogen. Precambrian Research, 148: 205 ~ 224

Loiselle MC, Wones D R. 1997. Characteristics and origin of anorogenic granites. Abstract. Programs of Geology Society America, 11: 468

Ludwig K R. 2000. User's manual for Isoplot/Ex version 2.2: A geochronological toolkit for Microsoft Excel. Berkeley Geochronology Center, Special Publication, 1a: 1 ~ 50

Ludwig K R. 2001. SUQID. 1.02: A user's manual. Berkeley Geochronology Center, Special Publication, 2: 1 ~ 19

Ludwig K R. 2003. Isoplot 3.0-A geochronological toolkit for Micro-soft Excel. Berkeley Geochronology Center, Special Publication, 4: 1 ~ 70

Luo Y, Sun M, Zhao G C, *et al.* 2004. LA-ICP-MS U-Pb zircon ages of the Liaohe Group in the Eastern Block of the North China Craton: constraints on the evolution of the Jiao-Liao-Ji Belt. Precambrian Research, 134: 349 ~ 371

López S, Castro A, Garcia-Casco A, 2005. Production of granodiorite melt by interaction between hydrous mafic magma and tonalitic crust; experimental constraints and implications for the generation of Archean TTG complexes. Lithos, 79 (1-2): 229 ~ 250

Ma X Y, You Z D, Tan Y J, *et al.* 1963. Tectonic pattern in Precambrian of eastern China. Acta Geologica Sinica, 43: 27 ~ 52

Marsaglia K M. 1992. Tectonic evolution of the Japanese islands as reflected in model compositions of Cenozoic forarc and backarc sand and sandstone. Tectonics, 83: 1213 ~ 1226

Martin H. 1987. Petrogenesis of Archaean trondhjemites, tonalities and granodiorites fromEastern Finland: Majior and trace element Geochemistry. Journal of Petrology, 28: 921 ~ 953

Martin H. 1999. Adakitic magmas: modern analogues of Archaean granitoids. Lithos, 46: 411 ~ 429

Martin H, Smithies R H, Rapp R, *et al.* 2005. An overview of adakite, tonalite-trondhjemite-granodiorite (TTG), and sanukitoid: relationships and some implications for crustal evolution. Lithos, 79: 1 ~ 24

Mc Culloch M T, Gamble J A. 1991. Geochemical and geodynamical constraints on subduction zone magmatism. Earth and Plaretary Science Letters, 102: 358 ~ 374

Mehnert K R. 1971. Migmatites and the Origin of Granitic Rocks. Developments in Petrology. Elsevier.

Mehnert K R, Busch W, Schneider G. 1973. Initial melting at grain boundaries of quartz and feldspar in gneisses and granulites. Neues Jahrb Mineral Monatsh, 4: 165 ~ 183

Melezhik V A, Fallick A E, Medvedev, *et al.* 1999. Extreme $\delta^{13}C_{carb}$ enrichment in 2.0Ga magnesite-stromatolite-dolomite- 'red beds' as-sociation in a global context: a case for the world-wide signal enhanced by a local environment. Earth-Science Reviews, 48: 71 ~ 120

Meschede M. 1986. A method of discriminating between different types of mid-ocean ridge basalts and continental tholeiites with the Nb-Zr-Y diagram. Chemical Geology, 56: 207 ~ 218

Miller C F, McDowell S M, Mapes R W. 2003. Hot and cold granites? Implication of zircon saturation temperatures and preservation of inheritance. Geology, 31: 529 ~ 532

Misch P. 1968. Plagioclase compositions and non-anatectic origin of migmatic gneisses in Northern Cascade Mountains of Washington State. Contribution to Mineralogy and Petrology, 17: 1 ~ 70

Mogk D W. 1992. Ductile shearing and migmatization at mid-crustal crustal levels in an Archean high grade gneiss belt, northernGallatin Range, Montana, USA. Journal of Metamorphic Geology, 10: 427 ~ 438

Möller A, Kennedy A. 2006. Extremely high Th/U in metamorphic zircon: in situ dating of the Labwor Hills granulites. Geochim Cosmochim Acta (Suppl Lement), 70: 425

Ogg J G. 2004. Status of divisiums of the International Geologic Time Scale. Lethaia, 37 (2): 183 ~ 199

Patiño Douce A E, Harris N. 1998. Experimental constraints on Himalayan Anatexis. Journal of Petrology, 39: 689 ~ 710

Pearce J A, Harris N B W, Tindle A G. 1984. Trace element discrimination diagram for the tectonic interpretation of granitic rocks. Journal of Petrology, 25: 956 ~ 983

Peng C C J. 1970. The intergranular albite in some granites and syenites ofHong Kong. American Mineralogist, 55: 270 ~ 282

Peng P, Bleeker W, Ernst R E, *et al.* 2011. U-Pb baddeleyite ages, distribution and geochemistry of 925Ma mafic dykes and 900Ma sills in the North China craton: Evidence for a Neoproterozoic mantle plume. Lithos, 127: 210 ~ 221

Peng P, Zhai M G, Zhang H F, *et al.* 2005. Geochronological constraints on the Paleoproterozoic evolution of the North China Craton: SHRIMP zircon ages of different types of mafic dikes. International Geology Review, 47 (5): 492 ~ 508

Pinarelli L, Bergomi M A, Boriani A, *et al.* 2008. Pre-metamorphic melt infiltration in metasediments: geochemical, isotopic (Sr, Nd, and Pb), and field evidence from Serie dei Laghi (Southern Alps, Italy). Mineral Petrology, 93: 213 ~ 242

Pitcher W S. 1997. The Nature and Origin of Granite. 2nd Edition. London: Chapman and Hall, 1 ~ 386

Rapp R P, Watson E B. 1995. Dehydration melting of metabasalt at 8-32 kbar: Implications for continental growth and crust-mantle recycling. Journal of Petrology, 36: 891-931

Rapp R P, Watson E B, Miller C F. 1991. Partial melting of amphibolite/eclogite and the origin of Archean trondhjemites and tonalites. Precambrian Research, 51: 1 ~ 25

Reid R R, McMannis W J, Palmquist J C. 1975. Precambrian geology of North Snowy Block. Beartooth Mountains, Montana. Geological society of America, Special Paper, 157: 135

Remane J. 2000. International Stratigraphic Chart, with Explanatory Note. Sponsored by ICS, IUGS and UNESCO. (distributed at the 31st International Geological Congress, Rio de Janeiro 2000) 1 ~ 16

Rogers J J. 1961. Origin of albite in granitic rocks. American Journal of Science, 259: 186 ~ 193

Rudnick R L, Gao S. 2004. Composition of the continental curst. Holland H D, Ture kian K K. Treatise on Geochemistry. Elsevier: 1 ~ 64

Santosh M, Wilde S A, Li J H, *et al.* 2007. Timing of Paleoproterozoic ultrahigh-temperature metamorphism in the North China Craton: Evidence from SHRIMP U-Pb zircon geochronology. Precambrian Research, 159: 187 ~ 196

Santosh M, Zhao D, Kusky T. 2010. Mantle dynamics of the Paleoproterozoic North China Craton: a perspective based on seismic tomography. Journal of Geodynamics, 49: 39 ~ 53

Sawyer E W. 1999. Criteria for the recognition of partial melting. Physics and Chemistry of the Earth, Part A: Solid Earth and Geoclesy, 24 (3): 269 ~ 279

Sawyer E W. 2001. Melt segregation in the continental crust: distribution and movement of melt in anatectic rocks. Journal of Metamorphic Geology, 19: 291 ~ 309

Scherer E, Muenker C, Mezger K. 2001. Calibration of the lutetium-hafnium clock. Science, 293: 683 ~ 687

Schidlowski M, Eichmann R, Junge C E. 1975. Precambrian sedimentary carbonates: Carbon and oxygen isotope geochemisrty and implications for the terrestial oxygen budget. Precambrian Research, 2: 1 ~ 69

Schidlowski M, Eichmann R, Junge C E. 1976. Carbon isotope geochemistry of the Precambrian Lomagundi carbonate province, Rhodesia. Geochim Cosmochim Acta, 40: 449 ~ 455

Sederholm J J. 1907. Om Granit och Gneis, deras uppkomst, uppträdande och utbredning inom urberget i Fennoscandia. Bulletin de la Commission géologigue de Finlande, 23: 1 ~ 110

Simon E J, Norman J P, William L G, *et al.* 2004. The application of laser ablation-inductively coupled plasma-mass spectrometry to in-situ U-Pb zircon geochronology. Chemical Geology, 211: 47 ~ 69

Sklyarov E V, Gladkochub D P, Mazukabzov A M, *et al.* 2003. Neoproterozoic mafic dike swarms of the Sharyzhalgai metamorphic massif, southern Siberian craton. Precambrian Research, 122: 359 ~ 376

Smelov A P, Timofeev V F. 2007. The age of the North Asian Cratonic basement: An overview. Gondwana Research, 12: 279 ~ 288.

Song B, Nutman A P, Liu D Y, *et al.* 1996. 3800 to 2500Ma crustal evolution in the Anshan area of Liaoning Province, northeastern China. Precambrian Research, 78: 79 ~ 94

Stevens G, Clemens J D. 1993. Fluid-absent melting and the roles of fluids in the lithosphere: a slanted summary? In: Touret J L R, Thompson A B (eds). Fluid-rock interaction in the deeper continental lithosphere. Chemical Geology, 108: 1 ~ 7

Sun S S, Mc Donough W F. 1989. Chemical and isotopic sysematics of oceanic basalts: implications for mantle wmposition and processe. In: Sawnders A D, Norry M J (eds). Magmatism in the Ocean Basins. The Geological Society Publishing House. 313 ~ 345

Taylor S R, Mc Lennam S M. 1985. The Continental Crust: Its Composition and Evolution. Oxyord: Blackwell. 1 ~ 312

Thompson A B, Connolly J A D. 1995. Melting of the continental crust: some thermal and petrological constraints on anatexis in continental collision zones and other tectonic settings. Journal of Geophysical Research, 100 (B8): 15565 ~ 15579

Tian W, Liu S W, Zhang H F. 2006. Palooproterozoic potassic granitoids in the Sushii complex from the Zhongtiao Mountains, North China: Geochronology, geochemisfry and petrogenesis. Asta Geologica Sinica, 80: 875 ~ 885

Trap P, Faure M, Lin W, *et al.* 2008. Contrasted tectonic styles for the Paleoproterozoic evolution of the North China Craton. Evidence for a ~2. 1 Ga thermal and tectonic event in the Fuping Massif. Journal of Structural Geology, 30: 1109 ~ 1125

Trap P, Faure M, Lin W, *et al.* 2009a. The Zanhuang Massif, the second and eastern suture zone of the Paleoproterozoic Trans-North China Orogen. Precambrian Research, 172: 80 ~ 98.

Trap P, Faure M, Lin W, *et al.* 2009b. The Lüliang Massif: a key area for the understanding of the Palaeoproterozoic Trans-North China Belt, North China Craton. Geological Society, London, Special Publications, 323: 99 ~ 125

Veizer J, Hoefs J. 1976. The nature of $^{18}O/^{16}O$ and $^{13}C/^{12}C$ secular trends in sedimentary carbonate rocks. Geochim Cosmochim Acta, 40: 1387 ~ 1395

Veizer J, Ala D, Azmy K, *et al.* 1999. $^{87}Sr/^{86}Sr$, $\delta^{13}C$ and $\delta^{18}O$ evolution of Phanerozoic seawater. Chemical Geology, 161: 59 ~ 88

Vernon R H, Collins W J. 1988. Igneous microtextures in migmatites. Geology, 16: 1126 ~ 1129.

Vielzeuf D, Montel J M. 1994. Partial melting of metagreywackes, Part Ⅰ: Fluid-absent experiments and phase relations. Contribution to Mineralogy and Petrology, 17: 375 ~ 393

Wan Y S, Dong C Y, Liu D Y, *et al.* 2012. Zircon ages and geochemistry of late Neoarchean syenogranites in the North China Craton: A review. Precambrian Research, 222-223: 265 ~ 289

Wan Y S, Liu D Y, Dong C Y, *et al.* 2009. The Precambrian Khondalite Belt in the Daqingshan area, North China Craton: evidence for multiple metamorphic events in the Palaeoproterozoic era. Geological Society, London, Special Publications, 323: 73 ~ 97

Wan Y S, Liu D Y, Wang S J, *et al.* 2011. Juvenile magmatism and crustal recycling at the end of Neoarchean in western Shandong province, north China Craton: evidence from SHRIMP zircon dating. American Journal of Science, 186: 169 ~ 180

Wan Y S, Song B, Liu D Y, *et al.* 2006. SHRIMP U-Pb zircon geochronology of Palaeoproterozoic metasedimentary rocks in the North China Craton: evidence for a major Late Palaeoproterozoic tectono-thermal event. Precambrian Research, 149: 249 ~ 271

Wang K Y, Li J L, Hao J, *et al.* 1996. The Wutaishan orogenic belt within the Shanxi Province, northern China: a record of late Archaean collision tectonics. Precambrian Research, 78: 95 ~ 103

Wang Y B, Liu D Y, Chung S L, *et al.* 2008. SHRIMP zircon age constraints from the Larsemann Hills region, Prydz Bay, for a late Mesoproterozoic to early Nepproterozoic tectono-thermal event in East Antarctica. American Journal of Science, 38: 573 ~ 617

Wang Y J, Fan W M, Guo F, *et al.* 2003. Structural evolution and $^{40}Ar/^{39}Ar$ dating of the Zamhuang metamorphic domain in North China Craton. Constraints on Paleoproterozoic tectonothermal overprinting. Precambrian: Research, 122 (1-4): 159 ~ 182

Wang Y J, Fan W M, Zhang Y H, *et al.* 2004. Geochemical. $^{40}Ar/^{39}Ar$ geochronological and Sr-Nd isotopic constraints on the origin of Paleopraterozoic magic dikes from the southern Taihang Mountains and implications for the ca. 1800Ma event of the North China Craton. Precambrian Research, 135: 55 ~ 77

Wang Z H, Wilde S A, Wan J L. 2010. Tectonic setting and signigicance of 2. 3 ~ 2. 1Ga magmatic events in the Trans-North China Orogen: New constraints from the Yanmenguan mapic-ultrar mafic intrusion in the Hengshan-Wutai-Fuping area. Precambrian Research, 178: 27 ~ 42

Wang Z H, Wilde S A, Wang K Y, *et al.* 2004. A MORB-arc basalt-adakite association in the 2. 5 Ga Wutai greenstone belt: late Archean magmatism and crustal growth in the North China Craton. Precambrian Research, 131: 323 ~ 34

Watkins J M, Clemens J D, Treloar P J. 2007. Archean TTGs as sources of younger granitic magmas: melting of sodic metatonalites at 0. 6 ~ 1. 2GPa. Contribution to Minerodogy and Petrology, 154: 91 ~ 110

Watson E B, Harrison T M. 1983. Zircon saturation revisited: temperature and composition effects in a variety of crustal magma types. Earth and Planetary Science Letters, 64: 295 ~ 304

Weinberg R F, Searle M P. 1999. Volatile-assisted intrusion and autometasomatism of leucogranites in the Khumbu Himalaya, Nepal. Journal of Geology, 107: 27 ~ 48

Whalen J B, Currie K C, Chappell B W. 1987. A-type granites: geochemical characteristics, discrimination and petrogenesis. Contribution to Mineralogy and Petrology, 95: 407 ~ 419

Whitney J A. 1988. The origin of granite: the role and source of water in the evolution of granitic magmas. Geological Society ofAmerica Bulletin, 100: 1886 ~ 1897

Wiedenbeck M, Alle P, Griffin W L, *et al.* 1995. Three natural zircon standards for U-Th-Pb, Lu-Hf, trace element and REE analyses. Geostandards Newsletter, 19: 1 ~ 23

Wilde S A, Cawood P A, Wang K Y. 1997. The Relationship and Timing of Granitoid Evolution with Respect to Felsic Volcanism in the Wutai Complex, North China Craton. Proceedings of the 30th International Geological Congress, Beijing, Vol. 17. Amsterdam: VSP International Science Publishers: 75 ~ 87

Wilde S A, Cawood P A, Wang K Y, *et al.* 1998. SHRIMP U-Pb zircon dating of granites and gneisses in the Taihangshan-Wutaishan area: implications for the timing of crustal growth in the North China Craton. Chinese Science Bulletin, 43: 144 ~ 145

Wilde S A. Cawood P A, Wang K Y, *et al.* 2004. Determining Precambrian crustal evolution in China: a case-study from Wutaishan, Shanxi Province, demonstrating the application of precise SHRIMP U-Pb geochronology. In: Malpas J, Fletcher C J N, Ali J R, *et al* (eds) . Aspects of the Tectonic Evolution of China. Geological Society, London, Special Publications. 226: 5 ~ 25

Wilde S A, Cawood P A, Wang K Y, *et al.* 2005. Granitoid evolution in the Late Archean Wutai complex, North China Craton. Journal of Asian Earth Science, 24: 597 ~ 613

Williams I S, Claesson S. 1987. Isotopic evidence for the Precambrian provenance and Caledonian metamorphism of high grade paragneisses from the Seve Nappes, Scandinavian Caledonides: II. Ion microprobe zircon U-Th-Pb. Contributions to Mineralogy and Petrology, 97: 205 ~ 217

Williams I S. 1998. U-Th-Pb geochronology by ion microprobe In: McKibben M A, Shanks W C P, Ridley W I (eds) . Applications of Micro Analytical Techniques to Understanding Mineralizing Processes. Reviews in Economic Geology, 7: 1 ~ 35

Willis B, Blackwelder E, Sargent R H. 1907. Research in China, Vol. 1, Part 1. Harft, 98 ~ 159, 363 ~ 371

Wood D A. 1980. The application of a Th-Hf-Ta diagram to problems of tectomagmatic classification and to establishing the nature of crustal contamination of basaltic lavas of the British Tertiary volcanic province. Earth and Planetary Science Letters, 50: 11 ~ 30

Woodhead J D. 1989. Geochemistry of the Mariana arc (western Pacific): Source composition and processes. Chemical Geology, 76: 1 ~ 24

Wu C H. 2007. Meta-Sedimentary Rocks and Tectonic Division of the North China Craton. Geological Journal of China Universities, 13 (3): 442 ~ 457

Wu F Y, Yang J H, Wilde S A, *et al.* 2007, Detrital zircon U-Pb and Hf isotopic constraints on the crustal evolution of North Korea. Precambrian Research, 157: 155 ~ 177

Wu F Y, Yang Y H, Xie L W, *et al.* 2006. Hf isotopic compositions of the standard zircons and baddeleyites used in U-Pb geochronology. Chemical Geology, 234: 105 ~ 126

Wu F Y, Zhao G C, Wilde S A, *et al.* 2005. Nd isotopic constraints on crustal formation in the North China Craton. Journal of Asian Earth Science, 24: 523 ~ 545

Wu J S, Geng Y S, Xu H F, *et al.* 1989. Metamorphic geology of Fuping Group. Journal of Chinese Institute of Geology, 19: 1 ~ 213 (in Chinese)

Xia X P, Sun M, Zhao G C, *et al.* 2006a. LA-ICP-MS U-Pb geochronology of detrital zircons from the Jining Complex, North China Craton and its tectonic significance. Precambrian Research, 144: 199 ~ 212

Xia X P, Sun M, Zhao G C, *et al.* 2006b. U-Pb and Hf isotopic study of detrital zircons from the Wulashan khondalites: Constraints on the evolution of Ordos Terrane, Western Block of the North China Craton. Earth and Planetary Science Letters, 241: 581 ~ 593

Xia X P, Sun M, Zhao G C, *et al.* 2006c. U-Pb age and Hf isotope study of detrital zircons from the Wanzi supracrustals: constraints on the tectonic setting and evolution of the Fuping Complex, Trans-North China Orogen.

Acta Geologica Sinica, 80: 844 ~ 863

Xiao L L, Wu C M, Zhao G C, *et al.* 2011. Metamorphic *P-T* paths of the Zanhuang amphibolites and metapelites: constraints on the tectonic evolution of the Paleoproterozoic Trans-North China Orogen. International Journal of Earth Sciences, 100: 717 ~ 739

Xiong X L. 2006. Trace element evidence for the growth of early continental crust by melting of rutile-bearing hydrous eclogite. Geology, 34: 945 ~ 948.

Xiong X L, Keppler H, Audétat A, *et al.* 2009. Experimental constraints on rutile saturation during partial melting of metabasalt at the amphibolite to eclogite transition, with applications to TTG genesis. American Mineralogist, 94: 1175 ~ 1186

Xu J F, Shinjio R, Defant M J, *et al.* 2002. Origin of Mesozoic adakitic intrusive rocks in the Ningzhen area of east China: partial melting of delaminated lower continental crust? Geology, 30: 1111 ~ 1114

Xu Y H, Zhao T P, Peng P, *et al.* 2007. Geochemical characteristics and geological significance of the Paleoproterozoic volcanic rocks from the Xiaoliangling Formation in the Lüliang area, Shanxi Province. Acta Petrologica Sinica, 23 (5): 1123 ~ 1132.

Yang J H, Wu F Y, Sao J A, *et al.* 2006. Constraints on the timing of uplift of the Yanshan Fold and Thrust Belt, North China. Earth and Planetary Science Letters, 241: 336 ~ 352

Yang J H, Wu F Y, Wilde S A, *et al.* 2008. Petrogenesis and geodynamics of Late Archean magmatism in easternHebei, eastern North China Craton: Geochronological, geochemical and Nd-Hf isotopic evidence. Precambrian Research, 167: 125 ~ 149

Yang K. 1936. Note preliminaire sur la geologie in Wutaichan (Chanhsi). Bullettin Geology society China, 15 (2): 261 ~ 268

Yu S Q, Liu S W, Tian W, *et al.* 2006. SHRIMP zircon U-Pb chronology and geochemistry of the Henglingguom and Beiyu granitoids in the Zhongtiao Mountains, Shanxi Province. Acta Geologica Sinica, 80: 912 ~ 924

Yuan H L, Gao S, Dai M N, *et al.* 2008. Simultaneous determinations of U-Pb age, Hf isotopes and trace element compositions of zircon by excimer laser ablation quadrupole and multiple collector ICP-MS. Chemical Geology, 247: 100 ~ 117

Zeck H P. 1970. An erupted migmatite from Cerro de Hoyazo, S E Spain. Contributions to Mineralogy and Petrology, 26: 225 ~ 246

Zen E A. 1988. Thermu modelling of step-wise anatexis in a thrust-thickened silica crust. Transactions of Royal Society Edinburgh Earth Science, 79: 223 ~ 235

Zhai M G. 2004. Precambrian tectonic evolution of the North China Craton. In: Malpas J, Fletcher C J N, Ali J R, *et al* (eds). Aspects of the Tectonic Evolution of China. Geological Society, London, Special Publications. 226: 57 ~ 72

Zhai M G, Santosh M. 2011. The early Precambrian odyssey of North China Craton: A synoptic overview. Gondwana Research, 20: 6 ~ 25

Zhai M G, Windley B F. 1990. The Archaean and Early Proterozoic banded iron formations of North China: their characteristics, geotectonic relations, chemistry and implications for crustal growth. Precambrian Research, 48: 267 ~ 286

Zhai M G, Bian A G, Zhao T P. 2000. The amalgamation of the supercontinent of North China Craton at the end of Neo-Archaean and its breakup during late Palaeoproterozoic and Mesoproterozoic. Science in China (Series D), 43 (Supplement): 219 ~ 232

Zhai M G, Guo J H, Liu W J. 2005. Neoarchean to Paleoproterozoic continental evolution and tectonic history of the North China Craton: a review. Journal of Asian Earth Sciences, 24: 547 ~ 561

Zhang G W, Bai Y B, Sun Y, *et al.* 1985. Composition and evolution of the Archaean crust in central Henan, China. Precambrian Research, 27: 7 ~ 35

Zhang J, Zhao G C, Li S Z, *et al.* 2006a. U-Pb zircon dating of the granitic conglomerates of the Hutuo Group: affinities to the Wutai granitoids and significance to the tectonic evolution of the Trans-North China Orogen. Acta Geologica Sinica, 80 (6): 886 ~ 898

Zhang S B, Zheng Y F, Wu Y B, *et al.* 2006b. Zircon U-Pb and Hf isotope evidence for 3. 8Ga Crustal remnant and episodic reworking of archean crust in South China. Earth and Planetary Science Letters, 252: 56 ~ 71

Zhao G C, Cawood P A, Wilde S A, *et al.* 2000. Metamorphism of basement rocks in the Central Zone of the North China Craton: implications for Paleoproterozoic tectonic evolution. Precambrian Research, 103: 55 ~ 88

Zhao G C, Sun M, Wilde S A, *et al.* 2005. Late Archean to Paleoproterozoic evolution of the North China Craton: key issues revisited. Precambrian Research, 136: 177 ~ 202

Zhao G C, Sum M, Wilde S A, *et al.* 2006. Composite nature of the North China Granulite-facies belt: tectonothermal and gevchrowogical constraints. Gndwana Research, 9: 337 ~ 348

Zhao G C, Wilde S A, Cawood P A, *et al.* 2001. Archean blocks and their boundaries in the North China Craton: lithological, geochemical, structural and *P-T* path constraints and tectonic evolution. Precambrian Research, 107: 45 ~ 73

Zhao G C, Wilde S A, Cawood P A, *et al.* 2002. SHRIMP U-Pb zircon ages of the Fuping Complex: implications for late Archean to Paleoproterozoic accretion and assembly of the North China Craton. American Journal of Science, 302: 191 ~ 226

Zhao G C, Wilde S A, Guo J H, *et al.* 2010. Single zircon grains record two Paleoproterozoic collisional events in the North China Craton. Precambrian Research, 177: 266 ~ 276

Zhao G C, Wilde S A, Sun M, *et al.* 2008. SHRIMP U-Pb zircon ages of granitoid rocks in the Lüliang Complex: Implications for the accretion and evolution of the Trans-North China Orogen. Precambrian Research, 160: 213 ~ 226